"十四五"职业教育国家规划教材

融媒体新形态教材

全国水利行业"十三五"
规划教材(职业技术教育)

陕西省"十四五"职业教育
规划教材 GZZK2023-1-028

水利水电工程施工技术

(修订版)

主　编　朱显鸽
副主编　郭　庆　刘庭想　韩冬梅
　　　　戚　丹　庞　洁　司效英
　　　　赵　琦　杨建飞
主　审　郑　玲

黄河水利出版社
·郑州·

内容提要

本书是“十四五”职业教育国家规划教材、全国水利行业“十三五”规划教材、陕西省“十四五”职业教育规划教材，是根据中国水利教育协会职业技术教育分会高等职业教育教学研究会制定的水利水电工程施工技术课程标准编写完成的。全书包括地基开挖、地基处理、土石坝施工、混凝土坝施工、隧洞施工、水电站厂房施工、渠系建筑物施工等7个模块，按照水利工程典型建筑物现场施工流程模块化、项目化、任务式设计教材结构和组织教材内容，融入了课程思政元素，是传统纸质教材与富媒体数字资源相结合的新形态一体化教材。

本书可作为高等职业教育水利水电建筑工程、水利工程、水利水电工程技术、水利水电工程智能管理等专业的教学用书，也可作为水利工程技术人员岗位培训及参考用书。

图书在版编目(CIP)数据

水利水电工程施工技术/朱显鸽主编. —郑州：黄河水利出版社，2020.7 (2025.11 修订版重印)
全国水利行业“十三五”规划教材. 职业技术教育
ISBN 978-7-5509-2758-2

Ⅰ.①水… Ⅱ.①朱… Ⅲ.①水利水电工程-工程施工-高等职业教育-教材 Ⅳ.①TV5

中国版本图书馆 CIP 数据核字(2020)第135035号

出版顾问：王路平　电话：13623813888　E-mail：hhslwlp@163.com
组稿编辑：田丽萍　0371-66025553　912810592@qq.com

出 版 社：黄河水利出版社　网址：www.yrcp.com
地址：河南省郑州市顺河路黄委会综合楼14层　邮政编码：450003
发行单位：黄河水利出版社
发行部电话：0371-66026940、66020550、66028024、66022620(传真)
E-mail：hhslcbs@126.com
承印单位：河南承创印务有限公司
开本：787 mm×1 092 mm　1/16
印张：17.25
字数：410千字　印数：6 001—10 000
版次：2020年7月第1版　印次：2025年11月第3次印刷
2025年11月修订版

定价：60.00元

前　言

本书是根据中共中央、国务院《教育强国建设规划纲要(2024—2035 年)》,中共中央办公厅、国务院办公厅《关于推动现代职业教育高质量发展的意见》,国务院《国家职业教育改革实施方案》(简称"职教 20 条"),教育部《职业院校教材管理办法》《高等学校课程思政建设指导纲要》《职业教育产教融合赋能提升行动实施方案(2023—2025 年)》《"十四五"职业教育规划教材建设实施方案》,水利部、教育部《关于进一步推进水利职业教育改革发展的意见》等文件精神和全国职业教育大会精神,在中国水利教育协会精心组织和指导下,组织编写的"十四五"职业教育国家规划教材。教材以习近平新时代中国特色社会主义思想为指导,以工作任务为导向,融入课程思政元素,践行"三教"改革,注重吸收产业升级和行业发展的新知识、新技术、新工艺、新方法、新规范,丰富了课程思政案例、微课、题库等数字化教学资源,以学生能力培养为主线,以实际工程案例为载体,是理论联系实际、教学面向生产,产教融合、校企合作编写的职业教育融媒体新形态教材,具有鲜明的时代特点,体现了科学性、实用性、实践性、创新性的特色。

本教材按照水利工程专业群国家"双高"建设要求,以培养学生职业能力、职业素养和正确价值观为主线,坚持以学生为中心、教师为主导,由水利行业龙头企业的专家、多所水利职业院校的双师型教师组成的"校校企"多元团队共同开发,彰显了校企协同育人、产教深度融合的特点。

本书自 2020 年 7 月出版第 1 版、2022 年 1 月出版修订版以来,因其理实结合、通俗易懂、全面系统、实践性强、可操作性强等特点,受到全国高等职业院校水利类专业师生及广大水利从业人员的喜爱。2023 年 12 月被纳入陕西省"十四五"首批职业教育规划教材(GZZK2023-1-028),2025 年 11 月入选第二批"十四五"职业教育国家规划教材。

近年来,随着水利行业新技术、新材料、新建设成果的出现,以及最新规范、标准的颁布,编者于 2025 年 11 月对本书进行了全面修订完善。修订后的教材具有以下特色:

(1)思政元素丰富。教材中思政教学逐层递进,润物细无声,白鹤滩工程、智能大坝施工等行业新成果和行业新技术作为思政导引,将思政教育寓于案例分析之中,有机融入职业精神、工匠精神,培养德技并修的水利技术技能人才。

(2)创新性突出。依据高职学生认知规律,在教材中首次按照水利工程现场施工的真实施工步骤模块化、项目化、任务式设计教材结构,按照实际工作流程组织教材内容。如将导截流施工和爆破施工放在地基开挖模块,地基开挖先要控制水流,进行导截流施工,形成干地后选用机械开挖,对于坚硬岩石采用爆破施工,理论与工程实际紧密结合。

(3)先进性明显。教材形态为融媒体新形态教材,将数码电子雷管爆破技术、智能大坝施工等新技术加入教材,配套有水利行业特色鲜明、内容丰富的立体化、可视化数字教学资源,利于学生自学自测。

(4)实用性强。语言通俗易懂,规范既新又全,能力训练题目参考工程实际及注册工程师相关考试内容。教材分为7个学习模块12个工程项目50个工作任务,各个项目、任务虽有联系但相对独立,便于使用者根据需要进行学习。每个学习模块之前设置学习目标、思政导引,之后设置能力训练,有助于学生职业能力培养,便于学习者使用。

本书编写人员及编写分工如下:内蒙古机电职业技术学院司效英编写模块1项目1;中国水利水电第三工程局有限公司赵琦编写模块1项目2;陕西农林职业技术大学郭庆编写模块2和模块3项目2;陕西农林职业技术大学戚丹编写模块3项目1;陕西农林职业技术大学朱显鸽编写模块4项目1;陕西农林职业技术大学庞洁编写模块4项目2;湖北水利水电职业技术学院刘庭想编写模块5;新疆石河子职业技术学院韩冬梅编写模块6;陕西省西安市周至县农业农村局杨建飞编写模块7。全书由朱显鸽担任主编,并负责全书内容规划和统稿;由郭庆、刘庭想、韩冬梅、戚丹、庞洁、司效英、赵琦、杨建飞担任副主编;由湖北水利水电职业技术学院郑玲担任主审。

本书中的教学视频由陕西农林职业技术大学范灵芝、高振兴、郭庆、芦琴、闵江涛、庞洁、戚丹、茹秋瑾、张敬博、朱显鸽(此处按照姓氏拼音字母顺序排名),内蒙古机电职业技术学院司效英,湖北水利水电职业技术学院郑玲提供。

本书在编写过程中,得到了水利行业龙头企业、各院校专家、教授及出版社的支持、帮助,同时参考了不少相关资料、著作、教材,对提供帮助的同仁好友及资料、著作、教材的作者,在此一并致以诚挚的谢意!

由于编者水平和篇幅有限,书中难免存在疏漏和不足之处,恳请广大师生及专家、读者批评指正。

编　者

2025年11月

目　录

模块4 混凝土坝施工

模块5 隧洞施工

模块1 地基开挖

【学习目标】

名称	内容
知识目标	1. 掌握常见的导流方案及适用条件； 2. 掌握围堰的常见类型，熟悉堰顶高程的计算； 3. 掌握导流流量设计； 4. 掌握截流时间、截流材料的确定； 5. 掌握截流施工方法和工序； 6. 掌握基坑排水方法； 7. 熟悉地基开挖机械的性能； 8. 熟悉炸药性能和起爆器材、起爆方法和起爆网络； 9. 掌握爆破参数的确定； 10. 掌握爆破施工的基本方法； 11. 掌握爆破安全知识
能力目标	1. 能进行导截流施工； 2. 能进行基坑排水施工； 3. 能根据工程情况选择合适的施工机械； 4. 能根据工程要求和地质状况正确选择起爆方法及相应的爆破材料； 5. 能进行爆破设计； 6. 能根据爆破施工工序规范施工； 7. 能够正确使用爆破工程相关施工规范和标准
素质目标	1. 树立学生专业认同感，激发学生新时代水利人的使命担当； 2. 培养学生“忠诚、干净、担当、科学、求实、创新”的新时代水利行业精神； 3. 培养学生团队意识和协作习惯，养成良好的安全意识，逐步形成依照规范解决工程实际问题的意识和能力

学·思·悟

1. 结合三峡大坝截流工程案例，展示大型施工机械风采，激发学生的爱国热情，树立学生的民族自豪感及专业认同感，激发学生科技报国的家国情怀和使命担当。

2. 观看网络视频《直击中国丹江口大坝加高施工现场》，结合丹江口大坝加高工程坝体原有混凝土爆破工程案例，让同学们了解爆破可以不用炸药而采用生石灰的技术和施工工艺，培养学生安全、严谨、创新的工作作风。

三峡工程

3. 通过分组分配学习任务（查找相关施工规范，组内学习成果分享），培养学生团队意识和协作习惯，养成良好的安全意识，逐步形成依照规范解决工程实际问题的意识和能力。

【参考规范】

登陆国家标准化管理委员会(公众服务国家标准公告)、国家能源局(政策通知公告)、中华人民共和国住房和城乡建设部(标准定额→标准发布公告)、工标网等网站查询相关施工规范和标准。

1.《水利水电工程施工导流设计规范》(SL 623—2013);

2.《水利水电工程爆破施工技术规范》(DL/T 5135—2013);

3.《爆破安全规程》(GB 6722—2014);

4.《水电水利工程施工基坑排水技术规范》(DL/T 5719—2015);

5.《水电水利工程截流施工技术规范》(DL/T 5741—2016);

6.《水工建筑物岩石地基开挖施工技术规范》(SL 47—2020)。

项目 1 导截流施工

水利工程地基开挖及坝体施工需要在干地状态下进行,所以水利工程整个施工过程中需要进行水流控制(简称施工水流控制,又称施工导截流)。

施工导截流广义上可以概括为:采取“导、截、拦、泄”等工程措施,来解决施工和水流蓄泄之间的矛盾,避免水流对水工建筑物施工造成不利影响,把水流全部或部分导向下游或拦蓄起来,以保证水工建筑物的干地施工,在施工期内不影响或尽可能少影响水资源的综合利用。

施工导截流的目的:解决施工期间的水流控制问题,实现挡水建筑物的干地施工。

施工导流设计的主要任务是:分析研究水文、地形、地质、水文地质、枢纽布置及施工条件等基本资料,在满足上述要求的前提下,选定导流标准,划分导流时段,确定导流设计流量;选择导流方案及导流建筑物的形式;确定导流建筑物的布置、构造及尺寸;拟定导流建筑物修建、拆除、堵塞的施工方法,以及截断河床水流、拦洪度汛和基坑排水等措施。

任务 1 导流施工

为了使水工建筑物能在干地上施工,需要用围堰围护基坑,并将水流引向预定的泄水通道并往下游宣泄,称为施工导流,如图 1-1 所示。

1 导流挡水建筑物

为了保证水工建筑物在干地条件下施工,用来围护施工基坑,把施工期间的河水挡在基坑外的临时挡水建筑物,通常称为“围堰”。围堰按不同划分方法有多种类型:

(1)按使用材料分类,可分为土石围堰、混凝土围堰、草土围堰、木笼围堰、竹笼围堰、钢板桩格形围堰等。

图 1-1 水利工程施工导截流示意

(2)按围堰与水流方向的相对位置分类,可分为横向围堰和纵向围堰。

(3)按围堰和坝轴线的相对位置分类,可分为上游围堰和下游围堰。

(4)按导流期间基坑过水与否分类,可分为过水围堰和不过水围堰。过水围堰除需要满足一般围堰的基本要求外,还要满足堰顶过水的要求。

码 1-1 微课:导流挡水建筑物

(5)按围堰挡水时段分类,可分为全年挡水围堰和枯水期挡水围堰。

(6)按围堰施工分期分类,可分为一期围堰、二期围堰……

1.1 围堰的选择

选择围堰形式时,必须根据当时当地具体条件,在满足下述基本要求的原则下,通过技术经济比较加以选定。

(1)具有足够的稳定性、防渗性、抗冲性和强度。

(2)就地取材,造价便宜,构造简单,修建、拆除方便。

(3)围堰的布置,应力求使水流平顺,不发生严重的局部冲刷。

(4)围堰接头、与岸坡连接处要可靠,避免因集中渗漏等破坏作用而引起围堰失事。

(5)必要时应设置抵抗冰凌、船筏冲击破坏的设施。

1.2 围堰的基本形式及构造

1.2.1 不过水土石围堰

土石围堰可充分利用当地材料,对地基适应性强,施工工艺简单,应优先选用。不过水土石围堰是水利水电工程中应用最广泛的一种围堰形式,如图 1-2 所示。它能充分利用当地材料或废弃的土石方,构造简单,施工方便,可以在动水中、深水中、岩基上或有覆盖层的河床上修建。但其工程量大,堰身沉陷变形较大,一般不允许堰顶过水,所以汛期应有防护措施。

若当地有足够数量的渗透系数小于 1×10^{-4} cm/s 的防渗料(如沙壤土),土石围堰可以采用图 1-2 (a)、(b)两种形式。其中,图 1-2 (a)适用于基岩河床,图 1-2 (b)适用于覆盖层厚度不大的场合。斜墙和水平铺盖在大多数情况下均需水下抛填,一般坡度很缓,这与水深和抛填土料性质有关。若当地没有足够数量的防渗料或覆盖层较厚,土石围堰可以采用图 1-2(c)、(d)两种形式,用混凝土防渗墙、高喷墙、自凝灰浆墙、黏土心墙、土工膜心墙或帷幕灌浆来解决基础和堰身的防渗问题。

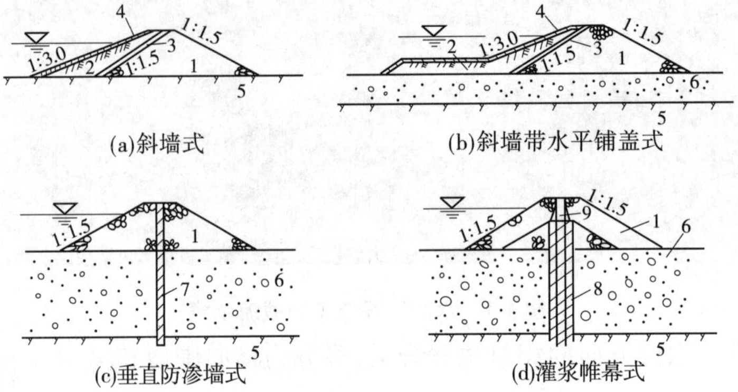

1—堆石体;2—黏土斜墙、铺盖;3—反滤层;4—护面;5—隔水层;
6—覆盖层;7—垂直防渗墙;8—帷幕灌浆;9—黏土心墙。

图 1-2 不过水土石围堰

1.2.2 过水土石围堰

当采用允许基坑淹没的导流方式时,围堰堰体应允许过水。土石围堰是散粒体结构,一般不允许过水,因为:①水流沿下游坡面下泄,动能不断增加,冲刷堰体表面;②过水时水流渗入堆石体所产生的渗透压力,引起下游坡面连同堰顶一起深层滑动,最后导致溃堰的严重后果。因此,过水土石围堰的下游坡面及堰脚应采取可靠的加固保护措施。目前,采用的有大块石护面、钢筋石笼护面、加筋护面及混凝土板护面等,应用较普遍的是混凝土板护面。

混凝土板护面过水土石围堰中,常用的混凝土护面板,按施工方式可分为现浇混凝土护面板和预制混凝土护面板;按面板截面形式可分为矩形板和楔形板;按面板连接方式可分为重叠搭接式和平顺连接式;按面板上有无排水设施可分为带排水孔面板和不带排水孔面板。面板与围堰下游坡之间一般需设置垫层,以削减板下水流压强,有利于面板的平整与稳定。对于面板形式、厚度、围堰下游坡度、垫层、堰角保护形式和范围,以及围堰整体的稳定性能,除参考工程经验和进行有关的计算外,一般应通过水工模型试验确定。

混凝土护面板的安装或浇筑应错缝、跳仓,施工顺序应从下游面坡脚向堰顶进行。

图 1-3 所示为天生桥一级水电站采用的混凝土板护面上游过水土石围堰。围堰由维持堰体稳定的堆石体及土石混合料堆体、防止渗透的高喷板墙(高 33 m、厚 0.5 m)、堰顶和高程 645 m 挑流平台均采用厚 1.0 m 的钢筋混凝土护面板,堰顶至高程 645 m 平台的斜坡段采用平均厚度 0.9 m 的混凝土楔形面板,以及上游压重体等部分所构成。设计最大过堰流速为 10.19 m/s,单宽流量为 12~18 $m^3/(s\cdot m)$。经过 1995 年 12 次、1996 年 7 次过水,过堰水流平稳,围堰完好无损。

带混凝土挡墙过水土石围堰的修建,一般需按设计断面分期施工。例如,江西上犹江水电站过水土石围堰,第一期修建所谓“安全断面”,即在围堰截流、闭气后,加高培厚戗

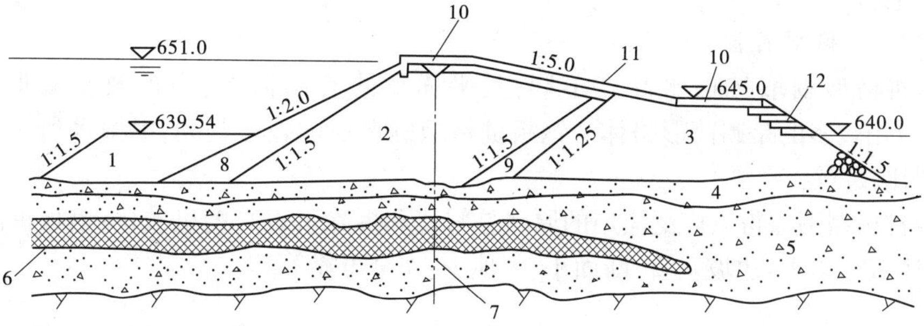

1—压重;2—土石混合料;3—截流戗堤;4—淤积层;5—砂砾石;
6—淤泥质黏土;7—高喷板墙;8—过滤料;9—反滤料;
10—钢筋混凝土护面板;11—混凝土楔形板;12—铅丝笼。

图1-3　天生桥一级水电站混凝土板护面上游过水土石围堰

堤,先完成临时断面,然后抽水排干基坑[如图1-4(a)所示];第二期在安全断面挡水条件下修建混凝土挡墙[如图1-4(b)所示],并继续加高培厚,修筑堰顶及下游坡护面等,直至完成设计断面[如图1-4(c)所示]。

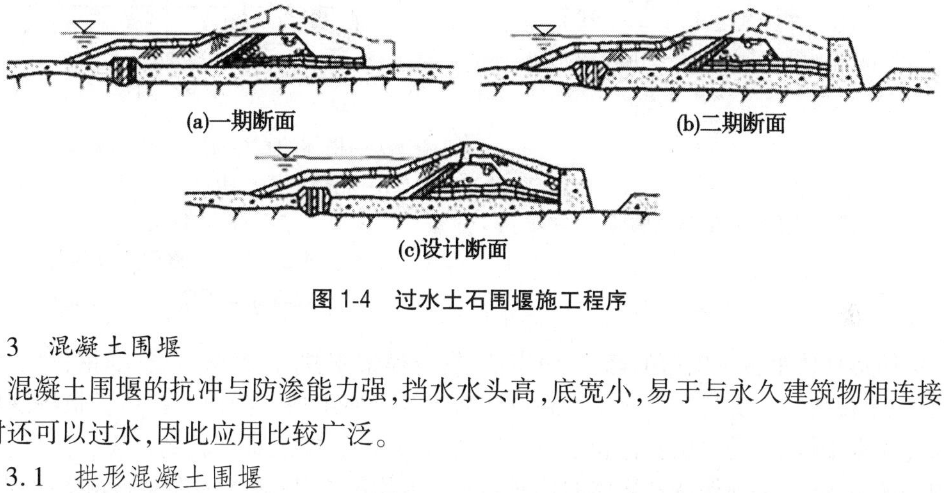

(a)一期断面　(b)二期断面

(c)设计断面

图1-4　过水土石围堰施工程序

1.2.3　混凝土围堰

混凝土围堰的抗冲与防渗能力强,挡水水头高,底宽小,易于与永久建筑物相连接,必要时还可以过水,因此应用比较广泛。

1.2.3.1　拱形混凝土围堰

拱形混凝土围堰一般适用于岸坡陡峻、岩石坚实的山区河流。此时常采用隧洞及允许基坑淹没的导流方案。通常,围堰的拱座设在枯水位以上。对围堰的基础处理,若河床的覆盖层较薄,常进行水下清基;若河床的覆盖层较厚,则可灌注水泥浆防渗加固。堰身的部分混凝土要进行水下施工,因此难度较大。拱形混凝土围堰,由于利用了混凝土抗压强度较高的特点,混凝土与重力式混凝土围堰相比,断面较小,可节省混凝土工程量。

1.2.3.2　重力式混凝土围堰

采用分段围堰法导流时,重力式混凝土围堰往往可兼作第一期和第二期纵向围堰,两侧均能挡水,还可作为永久建筑物的一部分,如隔墙、导墙等。

重力式混凝土围堰一般需修建在基岩上,断面可做成实体式,与非溢流重力坝类似,也可做成空心式(见图1-5)。为了保证混凝土的施工质量,通常需在土石低水围堰围护下进行干地施工。

1.2.4 钢板桩格型围堰

钢板桩格型围堰按挡水高度不同，其平面形式有圆筒形、扇形及花瓣形等（见图 1-6），应用较多的是圆筒形格体。钢板桩格型围堰在国外一些大、中型水利水电工程中应用得比较广泛。

钢板桩格型围堰得以广泛应用的原因是修建和拆除可以高度机械化；钢板桩的回收率高，可达 70%以上；边坡垂直、断面小、占地少、安全可靠等。

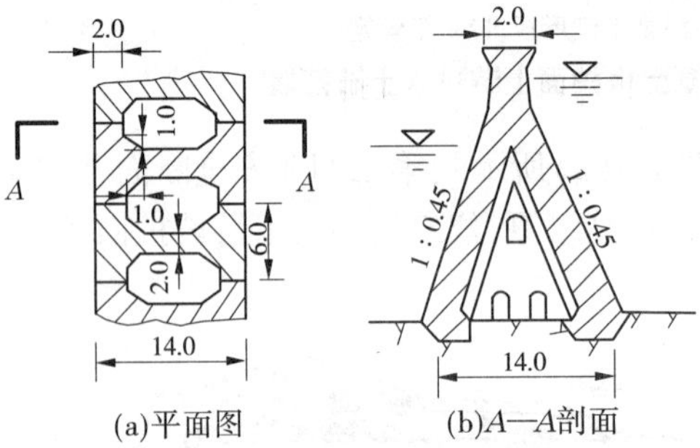

图 1-5 某工程重力式混凝土围堰 （单位：m）

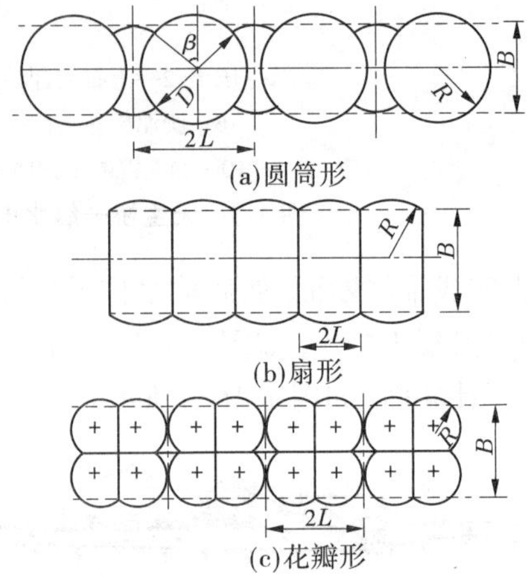

D—格体的直径；R—格体的圆弧半径；2L—格体的中心距；B—钢板桩平均宽度；β—格体的圆心角。

图 1-6 钢板桩格型围堰平面形式与纵向围堰 （单位：m）

圆筒形格体钢板桩围堰的修建，由定位、搭设模架支柱、模架就位、安插钢板桩、填充料渣、取出模架及其支柱和填充料渣到设计高度等工序组成。圆筒形格体钢板桩围堰一般需在流水中修筑，受水位变化和水面波动的影响较大，施工难度较高。应当注意，向格体内倾注填料时，必须保持各格体的填料表面大致均衡上升，高差太大会影响格体变形。

1.2.5 草土围堰

草土围堰是我国劳动人民长期与水作斗争的智慧结晶，远在 2 000 多年前，草土围堰就已广泛应用于宁夏引黄灌渠的取水工程上。草土围堰可就地取材，结构简单，施工方便，造价低，防渗性能好，适应能力强，便于拆除，施工速度快。但草土围堰不能承受较大的水头，宜用于水深不大于 6~8 m、流速不超过 3~5 m/s 的情况。

草土围堰的施工由压草、铺散草、铺土等主要工序组成。压草时，首先沿河岸在围堰宽度范围内分层铺设草捆。铺草捆时应将草绳拉直放在岸上，以便与后铺的草捆相连接。每层草捆应按水深大小搭接 1/3~1/2，这样逐层压放的草捆在迎水面形成 35°~45°的斜坡，直至高出水面 1.5~2.0 m。随后在草捆层的斜坡上铺一层 0.25~0.30 m 的散草，再在散草上铺一层厚 0.25~0.30 m 的土层（黄土、粉土、沙壤土或黏壤土等），铺好的土层只需用人工踏实即可。这样就完成了堰体的压草捆、铺散草和铺土等工作的一个循环。如此继续,堰体即向前进占,后部堰体也渐渐沉入河底。堰体高出水面后,立即铺土夯实,将围堰加高至设计高程。

1.3 围堰的平面布置

围堰的平面布置要求既便于主体工程施工、排水系统的布置,又尽量减小工程量并对围堰的抗冲有利。

1.3.1 上、下游横向围堰

通常围堰下坡趾距主体工程轮廓距离,不小于 20~30 m,以便布置排水设施、交通运输道路、堆放材料和模板等。采用全段围堰法时,为减少工程量,围堰一般与主河道垂直;采用分段围堰法时,为使水流顺畅,围堰一般不与河床中心线垂直,而呈梯形布置。

1.3.2 纵向围堰

围堰下坡趾距主体建筑轮廓的距离:当需要堆放模板和布置排水系统时,一般不小于 2.0 m。若无此要求,则可取为 0.4~0.6 m。

1.4 围堰堰顶高程的确定

围堰堰顶高程的确定,取决于导流设计流量和围堰的工作条件。

1.4.1 不过水围堰堰顶高程

(1)横向围堰堰顶高程按下列方法确定。

上游围堰堰顶高程为

$$H_{上} = h_d + Z + \delta \tag{1-1}$$

式中 $H_{上}$——上游围堰堰顶高程,m;

h_d——下游水面高程,m,可直接由原河流水位流量关系曲线中查得;

Z——上下游水位差,m;

δ——围堰的安全超高,m,按表 1-1 选用。

下游围堰堰顶高程为

$$H_{下} = h_d + \delta \tag{1-2}$$

式中 $H_{下}$——下游围堰堰顶高程,m;

其他符号含义同前。

表 1-1 不过水围堰堰顶安全超高 δ 下限值

围堰型式	围堰级别	
	3 级	4、5 级
土石围堰	0.7 m	0.5 m
混凝土围堰、浆砌石围堰	0.4 m	0.3 m

(2)纵向围堰,通常随导流设计流量时的束窄河床水面线,做成斜坡或台阶状,其上下游端分别与上下游围堰同高。

1.4.2 过水围堰堰顶高程

过水围堰堰顶高程应通过技术经济比较确定,使围堰造价与基坑淹没损失费之和最小。

1.5　围堰的防渗、接头和防冲

围堰的防渗、接头和防冲是保证围堰正常工作的关键问题，对土石围堰来说尤为突出。一般土石围堰在水流流速超过 3.0 m/s 时，会发生冲刷现象，尤其在采用分段围堰法导流时，若围堰布置不当，在束窄河段的进出口和纵向围堰会出现严重的涡流，淘刷围堰及其基础，导致围堰失事。

1.5.1　围堰的防渗

围堰防渗的基本要求和一般挡水建筑物无太大差异。一般采取斜墙、斜墙接水平铺盖、垂直防渗墙或灌浆帷幕等措施。

1.5.2　围堰的接头处理

围堰的接头是指围堰与围堰、围堰与其他建筑物及围堰与岸坡等的连接。围堰是临时建筑物，使用期不长，因此接头处理措施可适当简便。如混凝土纵向围堰与土石横向围堰的接头一般采用刺墙形式，以增加绕流渗径，防止引起有害的集中渗漏。

1.5.3　围堰的防冲

围堰遭受冲刷，局部流速显著增大，形成螺旋状的底层涡流，使流速方向自上而下，从而淘刷堰脚及基础。为避免由局部淘刷而导致溃堰的严重后果，必须采取保护措施。

一般多采取抛石护底、钢筋笼护底、柴排护底（由柳枝或竹子等扎结成排体，上压块石做成）、模袋混凝土排护脚（用以土工织物加工成形的模袋内充灌流动性混凝土或水泥砂浆后用于护岸护脚的一项新技术）等措施来保护堰脚及其基础的局部冲刷。对于围堰区护底范围、护底材料类型、尺寸等，应通过水工模型试验解决。

1.6　围堰的拆除

围堰是临时建筑物，导流任务完成后，应按设计要求进行拆除，以免影响永久建筑物的施工及运行。

土石围堰断面较大，因此有可能在施工期最后一个汛期之后，上游水位下降时，从围堰的背水坡开始分层拆除。但必须保证依次拆除后所残留的断面能继续挡水和维持稳定，以免发生安全事故，使基坑过早淹没，影响施工。土石围堰一般可用挖土机械或爆破等方法拆除。

草土围堰的拆除比较容易，一般水上部分用人工拆除，水下部分可在堰体开挖缺口，让其过水冲毁或用爆破法炸除。钢板桩格型围堰的拆除，首先要用抓斗或吸石器将填料清除，然后用拔桩机拔出钢板桩。混凝土围堰的拆除，一般只能用爆破法炸除，但应注意，必须使主体建筑物或其他设施不受爆破危害。

2　施工导流的方法及泄水建筑物类型

基本导流方法：全段围堰法导流和分段围堰法导流。

辅助导流方法：淹没基坑法导流。

2.1　全段围堰法导流

全段围堰法导流是指在河床主体工程（大坝、水闸等）的上下游各修筑一道围堰拦断水流，使上游来水经河床外修建的临时泄水道（或永久泄水建筑物）下泄，待主体工程建成后或接近建成时,再封堵临时泄水道。它又称“一次拦断法”或“河床外导流”。一般适用于河道狭窄的中小河流。

码1-2　微课:施工导流的方法及泄水建筑物类型

泄水形式及适用条件如下:

(1)明渠导流(见图1-7)。多用于河床外导流,适用于河谷岸坡较缓,有较宽阔滩地或有溪沟、老河道等可利用的地形,且导流流量较大,地形、地质条件利于布置明渠的情况。与隧洞导流比较,因明渠的过流能力较大,施工较方便,造价相对较低,在地形条件和枢纽布置允许时,用明渠导流的较多。

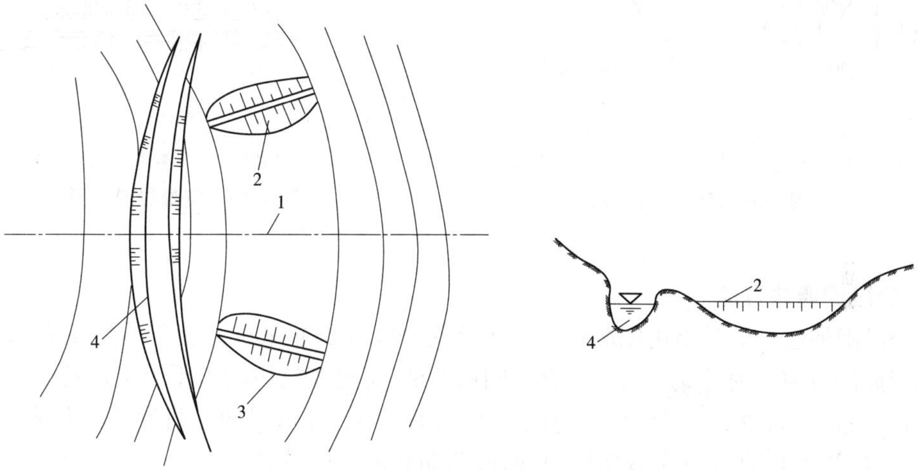

1—坝轴线;2—上游围堰;3—下游围堰;4—导流明渠。

图1-7　明渠导流示意

(2)隧洞导流(见图1-8)。适用于以下情况:①河谷狭窄,地形条件不利于布置导流明渠;②河岸山体地质条件较好,能够开挖隧洞;③有些工程要求一次拦断整个河床,全年施工。与明渠导流相比,隧洞导流的流量较小,但随着施工技术的发展,导流隧洞直径有增大的趋势。

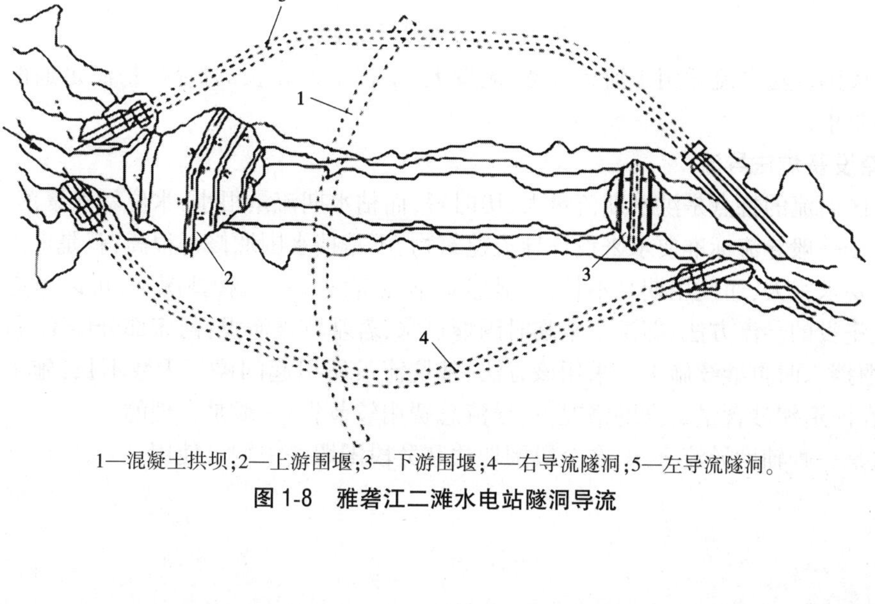

1—混凝土拱坝;2—上游围堰;3—下游围堰;4—右导流隧洞;5—左导流隧洞。

图1-8　雅砻江二滩水电站隧洞导流

(3)涵管导流(见图 1-9)。多用于中小型土石坝工程,导流流量不超过 1 000 m^3/s。

(4)渡槽导流(见图 1-10)。一般适用于小型工程的枯水期导流,导流流量不超过 20~30 m^3/s,个别达 100 m^3/s。

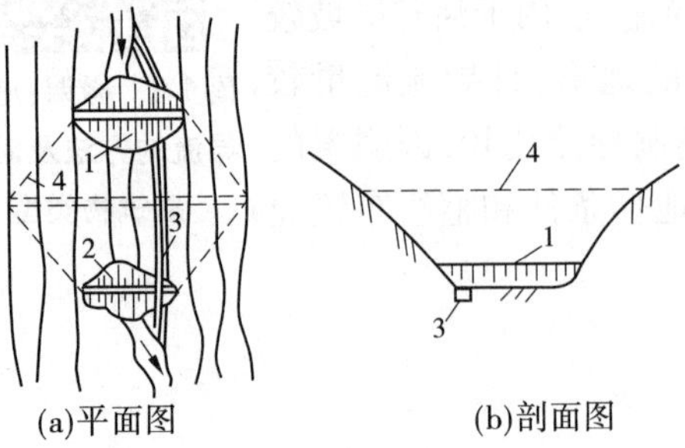

1—上游围堰;2—下游围堰;3—涵管;4—坝体。

图 1-9　涵管导流示意

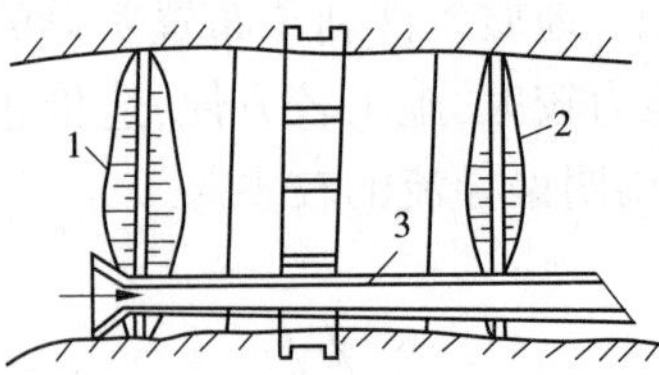

1—上游围堰;2—下游围堰;3—渡槽。

图 1-10　渡槽导流示意

2.2　分段围堰法导流

分段围堰法导流是指用围堰将建筑物分期分段围护起来进行施工的导流方法,又称分期围堰法或河床内导流。分段是就空间而言的,即将基坑围成若干个干地基坑,分段进行建筑物施工,如图 1-11 所示。分期是就时间而言的,即从时间上将导流过程划分成若干阶段,如图 1-12 所示。工程实践中,两段两期导流采用最多。

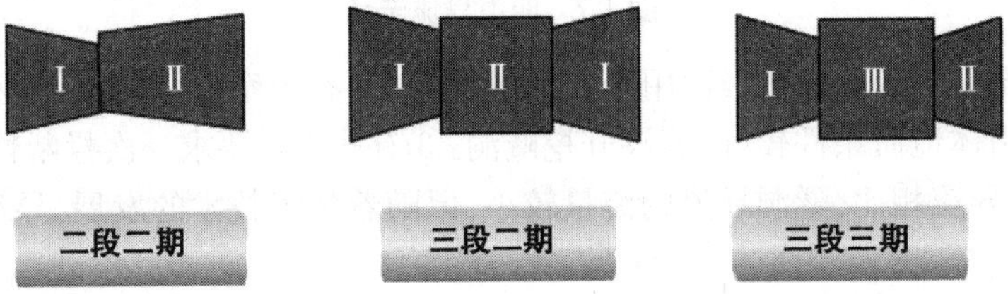

图 1-11　分段围堰法导流

分段围堰法导流适用于河床较宽、流量大、工程工期较长的情况,易满足通航、过木、排冰等要求。

2.3　淹没基坑法导流

山区河流的特点是洪水期流量大、历时短,而枯水期流量很小,水位暴涨暴落,变幅很大。若按一般导流标准要求来设计导流建筑物,不是挡水围堰修得很高,就是泄水建筑物的尺寸要求很大,而使用期又不长,这显然是不经济的。在这种情况下,可以考虑采用允许基坑淹没的导流方法,即洪水来临时围堰过水,若基坑被淹没,河床部分停工,待洪水退落,围堰挡水时再继续施工。采用该方法,基坑淹没所引起的停工天数不长,施工进度能保证,在河道泥沙含量不大的情况下,导流总费用较节省,一般是合理的。

这是一种辅助导流方法,在全段围堰法和分段围堰法中均可使用。

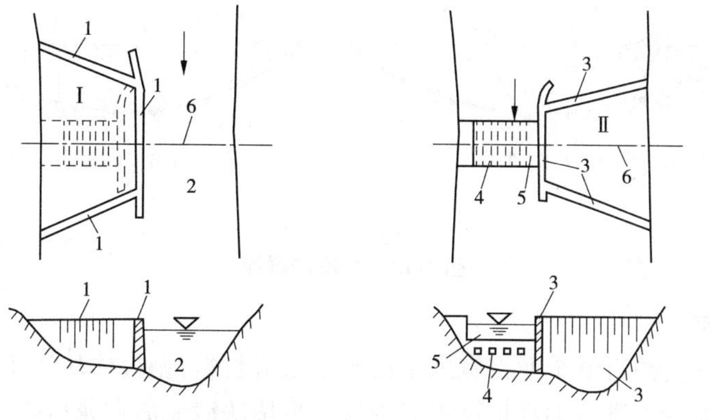

(a)一期导流(束窄河床导流)　　(b)二期导流(底孔与缺口导流)

1—一期围堰;2—束窄河床;3—二期围堰;4—导流底孔;5—坝体缺口;6—坝轴线。

图 1-12　分期导流布置示意

任务 2　截流施工

施工导流中,用围堰堰体的戗堤部分迅速截断原河道,迫使水流从预先修建好的导流泄水建筑物或预留泄水通道下泄的工程措施称为“截流”。截流是水利工程施工中的关键项目,有一定风险,需周密计划、充分准备,要有足够的抛投强度和现场统一指挥。

1　截流施工

截流的施工过程为:戗堤进占→龙口加固→合龙→闭气。

向流水中抛投料物填筑戗堤的工作称为进占。两岸进占后预留的河道泄流口门称为龙口。为防止龙口河床和戗堤端部被冲刷毁坏,需要对龙口范围内进行防冲加固。闭合龙口,最终拦断水流的过程称为合龙。合龙后在戗堤迎水面采取防渗措施封堵渗漏通道的工作称为闭气。

2　截流的基本方法

中国历史上,利用土石、秸料、柳枝等当地材料进行堤防堵口及截流,具有丰富的经验。现代截流工程多使用大块石和混凝土异形体等材料,利用大型自卸汽车及推土机施工。

码 1-3　微课:截流的基本方法

截流抛投方式可分为立堵、平堵和平立堵。

2.1　立堵法截流

立堵法截流是将截流材料从龙口的一端向另一端或从两端向中间抛投进占,如图 1-13 所示,逐步束窄龙口直至合龙截断河床水流。

立堵法截流施工较简单,但龙口单宽流量大、流速高,场地狭窄,抛投强度受限制,难度较大。因此,也可采用上下游双戗或多戗堤进占的立堵方式,使落差分散,减少截流难度。

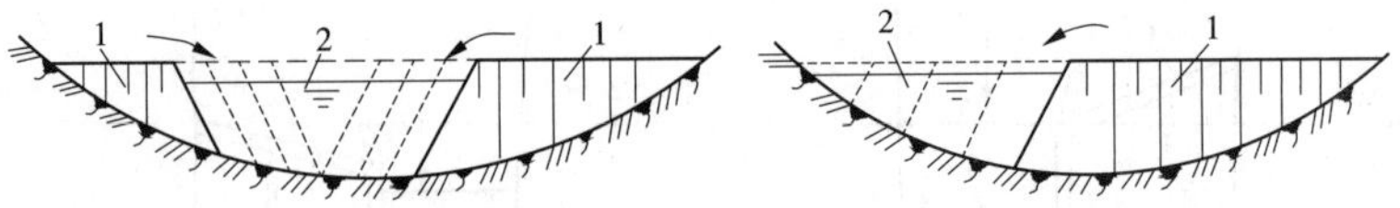

(a)双向进占　　(b)单向进占

1—截流戗堤;2—龙口。

图 1-13　立堵法截流

2.2　平堵法截流

平堵法截流时,是沿整个龙口宽度全线抛填截流材料,抛投体从河床底部开始逐层上升,直至露出水面后再进行加高培厚形成围堰。平堵法截流需在龙口架设浮桥、栈桥或其他跨河设施,其水力学条件较好,料物重量较小,施工场面宽阔,抛投强度高,但投资多,准备工作量大。

2.3　平立堵法截流

平立堵法截流是二者的结合,先立堵,后架桥平堵。长江葛洲坝水利枢纽于 1981 年 1 月进行大江截流,截流流量 4 800 m^3/s,最大落差 3.23 m,最大流速 7 m/s,日最大抛投强度 7.2 万 m^3,截流历时 36 h 23 min。

3　截流日期的选择

在选择截流日期时,应考虑以下几个方面因素:

(1)截流建筑物必须修建完成。

(2)截流后的许多工作必须抢在汛前完成(如将围堰或永久建筑物抢筑到拦洪高程等)。

(3)在有通航要求的河道上,截流日期最好选在对通航影响最小的时期内。

(4)在北方有冰凌的河流上,截流不宜在流冰期进行。

截流日期一般选在枯水期初,且流量已有显著减小时进行,而不选择在流量最小的时刻。

4　截流设计流量的确定

截流设计流量,一般可按工程的重要程度选用截流时段重现期为 5~10 年(20%~10%频率)的旬或月平均流量。

任务 3　基坑排水

码 1-4　微课:基坑初期排水

在施工期间,为保证工程施工质量,创造良好的施工环境,将大气降水、基坑积水、渗水、施工废水、污水及地下水等排到施工现场以外的措施称为基坑排水(或施工排水)。基坑排水有初期排水和经常性排水。

1　基坑初期排水

在围堰合龙或过水围堰过水之后,必须在一定时间内将残留在基坑内的积水一次排出,即初期排水。

1.1　初期排水量

基坑初期排水量包括:

(1)基坑积水。积水的计算水位,根据截流程序不同而异。应包括围堰堰体水下部分及覆盖地基的含水。

(2)围堰堰体渗水。混凝土围堰可视为不透水。

(3)地基渗水。渗水量与围堰结构形式、地基地质条件、防渗措施及初期排水时间长短有关。

(4)围堰接头漏水。

(5)降雨汇水。可采用初期排水时段当月多年平均降雨量,换算为日均降雨量。

1.2　基坑水位降落速度及排水时间

水位下降不宜过快,防止渗透压力过大,造成边坡失稳,产生坍坡事故。对土质围堰,开始排水时降落速度以 0.5~0.8 m/d 为宜,接近排干时可允许达到 1.0~1.5 m/d。

排水时间,应考虑工期、水位允许下降速度、各期抽水设备及相应电负荷均匀性等因素,一般大型基坑 5~7 d,中型基坑 3~5 d。

1.3　试抽法

在实际施工中,制订措施计划时,常用试抽法来确定设备容量。采用试抽法,可能出现以下 3 种情况:

(1)水位下降很快,表明原选用设备容量大,应关闭部分设备。

(2)水位不下降,可能是基坑有较大漏水通道或抽水容量过小,应查明漏水部位并及时堵漏,或加大抽水容量再试。

(3)水位下降至某一深度后不再下降,表明排水量与渗水量相等,需增大抽水容量并检查渗漏情况。

1.4　排水方法

基坑初期排水用固定(吸水高度<6 m)或浮动(吸水高度>6 m)的水泵站抽水,根据抽水量就可估算泵站抽水设备的配备功率,并考虑 20%以上的备用功率。

固定式排水,如图 1-14(a)所示,当水泵吸水高度足够(一般水泵的吸水高度为 4~6 m)时,可将水泵布置在围堰上。

移动式排水,如图 1-14(b)所示,当基坑较深,超过水泵吸水高度时,则应随基坑开挖及水位下降而改变水泵的安装高度。

水泵的安放方式:①将水泵放在基坑内较低的平台上;②把水泵安放在滑道移动的平台上;③把水泵放在浮船上等。

2　经常性排水(日常排水)

在基坑施工过程中,从围堰及地基渗透入基坑的渗流、降雨和施工废水等,必须不断

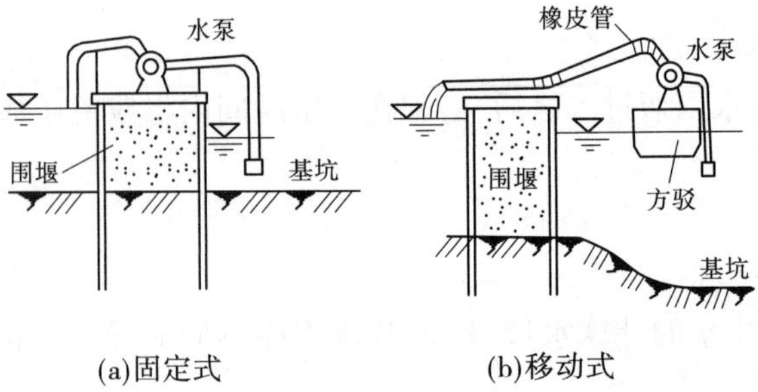

图 1-14　基坑初期排水

排出。为保持施工场地干燥,有的工程必须为降低地下水位进行长期的抽水工作。

码 1-5　微课:基坑经常性排水

2.1　经常性排水量

经常性排水量包括以下几个部分:

(1)基坑渗水。包括围堰堰体和地基渗水两部分,计算较复杂。

(2)降雨汇水。

一般时段:多年平均降雨量换算为日平均降雨量。

暴雨时段:多年最大日降雨量。

(3)施工弃水。包括混凝土养护用水、冲洗用水、冷却用水(施工弃水量和降水量不重复计算)。

2.2　经常性排水方法

经常性排水有明沟排水和人工降低地下水位两种方法。

2.2.1　明沟排水

基坑开挖过程中的排水系统一般将排水干沟布置在基坑中部(以利于出土);集水井布置在轮廓线的外侧,且低于干沟沟底(以便水位外抽排,而不妨碍开挖和运输工作)。

基坑明沟排水适用于地基为岩基或粒径较粗、渗透系数较大的砂卵石覆盖层,在国内已建的水利水电工程中应用最多。

基坑明沟排水的组成:排水沟渠→泵站集水井→水泵抽出井外。

基坑明沟排水系统布置分两种情况:①基坑开挖期,如图 1-15 所示,保持干沟深 1~1.5 m,支沟深 0.3~0.5 m。集水井在建筑物轮廓线外侧也可采用层层拦截,分级抽水。②基坑开挖完成后修建主体建筑物时期,如图 1-16 所示,通常布置在基坑的四周,且位于建筑物轮廓线的外侧,集水井与建筑物外缘轮廓的距离须大于井的深度,排水沟在建筑物轮廓线外侧,距坑边坡脚不小于 0.3~0.5 m,一般沟底宽≥0.3 m,沟深≤1 m,底坡≥2‰,集水井底高程低于沟底 1~2 m,平面尺寸 1.5~2 m^2,容积保证停泵 10~15 min 不漫溢,深度通常为 2~3 m,井壁和沟壁防渗破坏。

2.2.2　人工降低地下水位(暗式排水)

在基坑周围钻设一些井管,地下水渗入井中后,随即被抽走,使地下水位线降到开挖的基坑底面以下,为基坑的开挖创造有利条件。

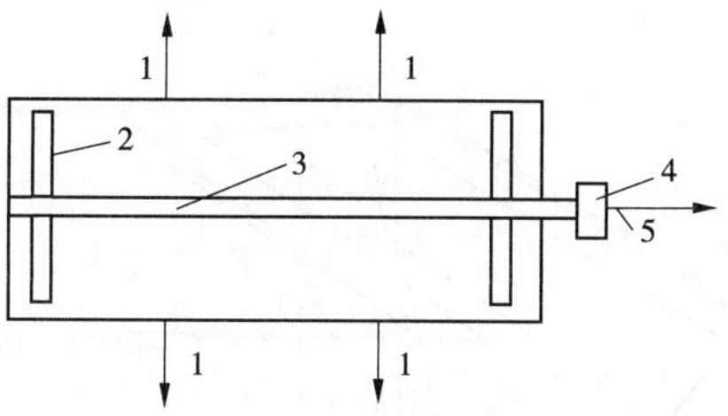

1—出渣方向;2—支沟;3—干沟;4—集水井;5—抽水。

图 1-15 基坑开挖过程中的排水系统布置

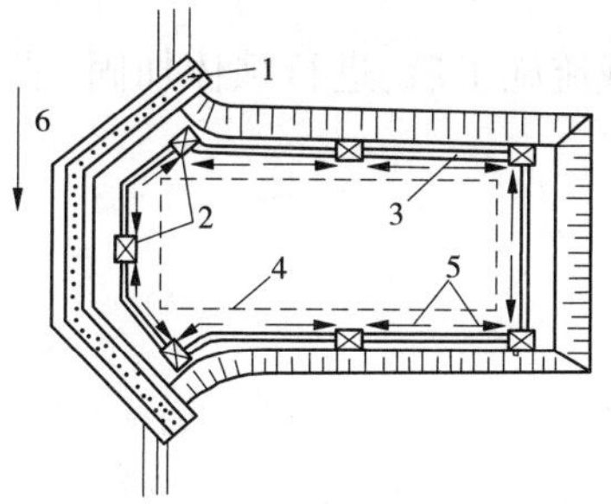

1—围堰;2—集水井;3—排水沟;4—建筑物轮廓线;5—沟内水流方向;6—河流方向。

图 1-16 修建主体建筑物时排水系统布置

人工降低地下水位有管井法(如图 1-17 所示)和井点法(如图 1-18 所示)两种,井点法是井管和吸水管合二为一。

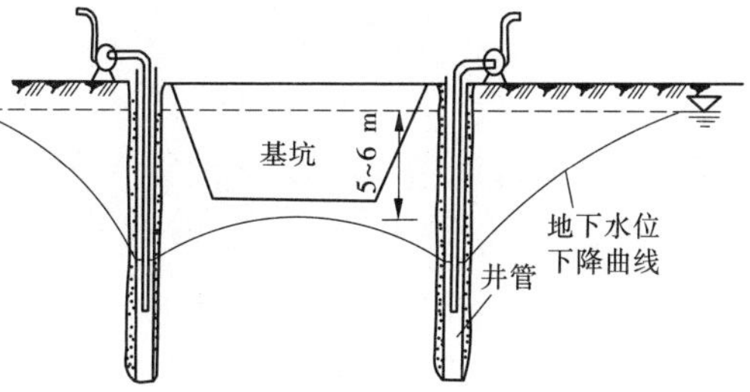

图 1-17 管井法示意

3 导截流施工安全保障措施

导截流施工安全保障措施如下:

(1)现场勘查和清理。在进行导截流施工前,必须进行现场勘查、清理场地、修建临时设施等准备工作。

(2)施工质量监管。加强施工质量监管,密切关注地下水流变化,建立健全应急预案和救援机制。

(3)应急预案。建立健全应急预案和救援机制,提高施工人员的安全意识和操作技能。

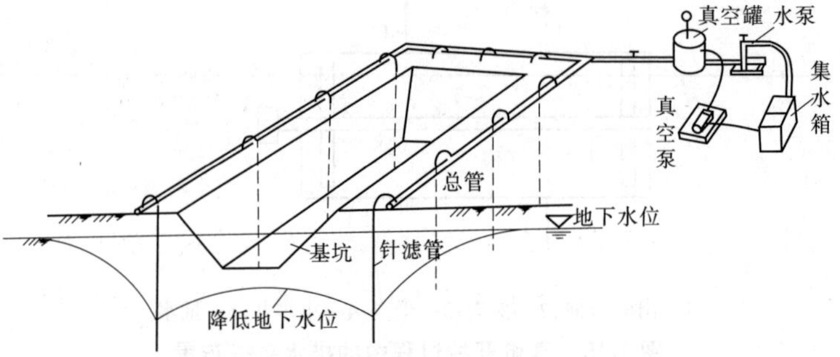

图 1-18　井点法示意

(4)监测与维护。完成截流施工后,进行坝体加固、清理场地等处理工作,并进行监测和维护。

项目2　地基开挖

地基开挖的目的是将不符合设计要求的风化、破碎、有缺陷和软弱的岩层、松软的土和冲积物等挖掉,使建筑物修建在可靠的地基上;或者是根据结构设计的要求,将建筑物建在指定的高程上。

任务1　机械开挖

1　土的工程分类及鉴别

按开挖的难易程度将土分为松软土、普通土、坚土、砂砾坚土、软石、次坚石、坚石、特坚硬石等8类。

松土和普通土可直接用铁锹开挖,或用铲运机、推土机、挖土机施工;坚土、砂砾坚土和软石要用镐、撬棍开挖,或预先松土,部分用爆破的方法施工;次坚石、坚石和特坚硬石一般要用爆破方法施工。

土的工程分类与现场鉴别方法见表1-2。

表1-2　土的工程分类与现场鉴别方法

土的分类	土的名称	可松性系数		现场鉴别方法
		K_s	K'_s	
一类土(松软土)	砂,亚砂土,冲积砂土层,种植土,泥炭(淤泥)	1.08~1.17	1.01~1.03	能用锹、锄头挖掘
二类土(普通土)	亚黏土,潮湿的黄土,夹有碎石、卵石的砂,种植土,填筑土及亚砂土	1.14~1.28	1.02~1.05	用锹、锄头挖掘,少许用镐翻松
三类土(坚土)	软及中等密实黏土,重亚黏土,粗砾石,干黄土及含碎石、卵石的黄土、亚黏土,压实的填筑土	1.24~1.30	1.04~1.07	要用镐,少许用锹、锄头挖掘,部分用撬棍
四类土(砂砾坚土)	重黏土及含碎石、卵石的黏土,粗卵石,密实的黄土,天然级配砂石,软泥灰岩及蛋白石	1.26~1.32	1.06~1.09	整个用镐、撬棍,然后用锹挖掘,部分用楔子及大锤
五类土(软石)	硬石炭纪黏土,中等密实的页岩、泥灰岩、白垩土,胶结不紧的砾岩,软的石灰岩	1.30~1.45	1.10~1.20	用镐或撬棍、大锤挖掘,部分使用爆破方法

续表 1-2

土的分类	土的名称	可松性系数		现场鉴别方法
		K_s	K'_s	
六类土(次坚石)	泥岩,砂岩,砾岩,坚实的页岩,泥灰岩,密实的石灰岩,风化花岗岩,片麻岩	1.30~1.45	1.10~1.20	用爆破方法开挖,部分用风镐
七类土(坚石)	大理岩,辉绿岩,玢岩,粗、中粒花岗岩,坚实的白云岩、砂岩、砾岩、片麻岩、石灰岩,风化痕迹的安山岩、玄武岩	1.30~1.45	1.10~1.20	用爆破方法开挖
八类土(特坚硬石)	安山岩,玄武岩,花岗片麻岩,坚实的细粒花岗岩、闪长岩、石英岩、辉长岩、辉绿岩、玢岩	1.45~1.50	1.20~1.30	用爆破方法开挖

2　基坑开挖中应解决的问题

基坑开挖中应解决的问题如下:

(1)及时排除基坑积水。

(2)合理安排开挖程序,掌握"自上而下,先岸坡后河槽"的原则,分层开挖,逐步下降,如图 1-19 所示。

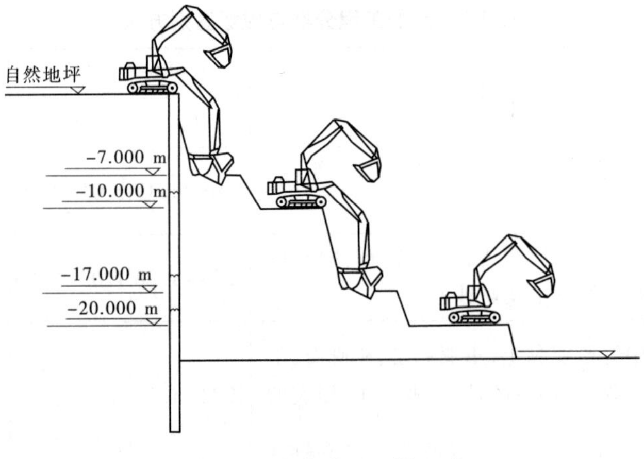

图 1-19　土方分层开挖示意

(3)合理选定基坑开挖范围与形态。

基坑开挖范围主要取决于水工建筑物的平面轮廓,同时考虑机械运行、道路布置、施工排水、立模支撑等要求,适当放宽,放宽的范围根据实际施工情况而定,一般从几米到几十米不等。

基坑开挖要避免形成高边坡、深槽壁,要求基岩面比较平整,高差不宜太大,要避免基岩有尖突部分和应力集中,并尽可能略向上游倾斜,基岩面形态为台阶状或锯齿状如图 1-20 所示。

图 1-20 坝基开挖形态

(4)正确选择开挖方法及开挖参数,以保证质量和安全为重点。

(5)做好开挖和利用石渣的综合平衡。

3 地基开挖方法

地基开挖的具体施工工序包括松土、爆破、挖掘、装车、运输、卸渣等,与一般的土石方开挖相同。一般情况下,地基开挖须从岸坡到基坑,自上而下进行,不采用自下而上或造成岩体倒悬的开挖方式。在施工前,应根据建筑物情况、地形地质条件、水文气象资料、工期要求等,编制施工组织设计或施工技术措施。

3.1 岩基开挖

对于岩石地基,多采用爆破方法将岩石破碎,再用人工或机械将石渣挖掉运走。如为软岩,也可用带有松土器的重型推土机直接用凿裂法开挖,无须爆破。开挖施工中,根据建筑物的特点、开挖范围的大小和深浅、基坑形状、施工导流方式等,采用不同的开挖方式和方法。在水利工程的大面积地基开挖中,广泛采用深孔梯段爆破(见深孔爆破)结合预裂爆破、光面爆破的施工方法,分层开挖,利用挖掘机配合自卸汽车出渣。在施工前,常先进行爆破试验,选定爆破参数。为防止爆破对基岩产生破坏性的影响,保证地基质量,需要采取一定的防护措施。许多国家都采用预留保护层的办法,即在临近基础底建基面的一定范围内,对爆破分层、钻孔深度、孔径、装药量和起爆方式等,均予限制。采用预裂爆破或光面爆破,也是一种防护措施。在坝基或厂房地基的开挖中,还要注意保持要求的体形和断面形状。为防止由于爆破振动影响而破坏基岩和损害邻近的建筑物或已经完工的灌浆地段,须根据被保护对象的质点振动速度允许值,控制爆破规模或采取防振措施。对高边坡开挖,要充分注意边坡稳定的问题,做好稳定分析、观测、排水等方面的工作,并且要采用正确的施工程序和施工方法。

坝基爆破开挖的基本要求是保证质量、注重安全、方便施工、综合平衡。

保证质量具体在以下两个方面:

(1)要求在爆破开挖过程中既有效地按分层逐层下挖,又要有效防止由于震动破坏保留岩体和设计基岩线下的岩体;

(2)要求在爆破开挖时防止对已建成的水工建筑物或已完工的灌浆地段造成损坏。

3.2 软基开挖

对土质或砂砾石地基(软基),包括岩基上覆盖层的开挖,同样要根据工程条件,采用不同的施工方式和方法。软基开挖需要注意边坡稳定,根据地质条件和开挖深度,确定开挖坡度。对于重要的土方开挖边坡,应专门进行边坡稳定设计;对于中小型临时边坡,坡度可根据经验确定或参考表1-3选用。

表1-3 中小型土质边坡允许坡度值

土料种类	土料性质		容许坡度值	
			坡高<5 m	坡高 5~10 m
碎石土	密实		1:0.35~1:0.50	1:0.50~1:0.75
	中密		1:0.50~1:0.75	1:0.75~1:1.00
	稍密		1:0.75~1:1.00	1:1.00~1:1.25
黏土	饱和度 S_r<0.5		1:1.00~1:1.25	1:1.25~1:1.50
黏性土	坚硬		1:0.75~1:1.00	1:1.00~1:1.25
	硬塑		1:1.00~1:1.25	1:1.25~1:1.50
黄土	按地质年代分类	次生黄土	1:0.50~1:0.75	1:0.75~1:1.00
		马兰黄土	1:0.30~1:0.50	1:0.50~1:0.75
		离石黄土	1:0.20~1:0.30	1:0.30~1:0.50
		午城黄土	1:0.10~1:0.20	1:0.20~1:0.30

如因地质原因或周围条件不允许按要求的坡度放坡开挖时,则要设置坑壁支撑,防止塌方和滑坡。还要注意做好施工排水措施,防止外水流入施工场地,并将地表积水、雨水排至场外。开挖低于地下水位的基坑时,可采用集水坑、井点排水或其他措施,降低地下水位,使基坑底部和边坡在施工期间保持无水状态,改善施工条件,稳定施工边坡。对于坝基和坝头岸坡,需按要求的坡度、深度及坝岸结合形态进行开挖。开挖后不能立即回填的部分,要预留保护层,在回填前再行挖除。

码1-6 图片:
开挖机械

4 地基开挖机械

4.1 挖掘机械

挖掘机械的种类繁多,就其构造及工作特点,有循环单斗式和连续多斗式之分。就其传动系统又有索式、链式和液压传动式之分。液压传动具有突出的优点,现代工程机械多采用液压传动。

4.1.1 单斗式挖掘机

单斗式挖掘机分为正铲和反铲。正铲挖掘机主要挖掘停机地面以上的土石方,也可以挖掘停机地面以下不深的地方,但不能用于水下开挖,如图1-21所示。反铲挖掘机用来挖掘停机地面以下和水下开挖，如图 1-22 所示。

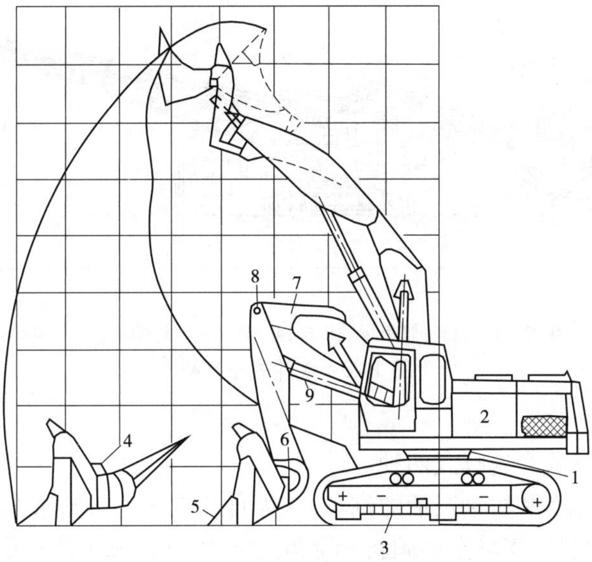

1—底座齿轮；2—发动机；3—履带行驶机构；4—挖斗；5—斗齿；
6—斗柄；7—动臂；8—铰；9—斗柄液压缸。

图 1-21　液压正向铲挖掘机

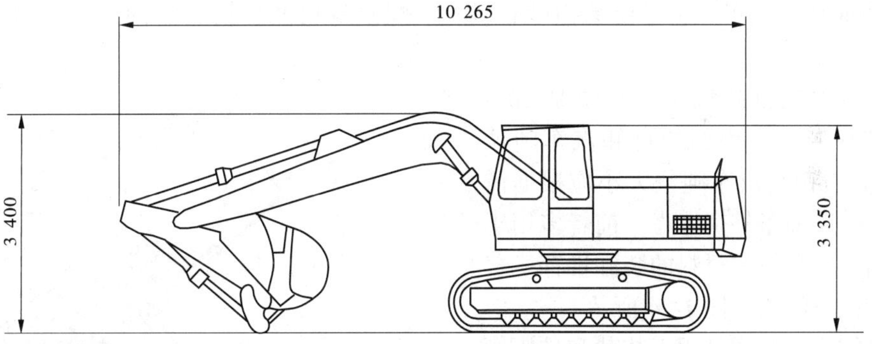

图 1-22　液压反向铲挖掘机　（单位：mm）

若要挖掘停机地面以下深处和进行水下开挖，还可将正向铲挖掘机的工作机构改装成用索具操作铲斗的索铲和合瓣式抓斗的抓铲。

4.1.2　多斗式挖掘机

斗轮式挖掘机是陆上使用较普遍的一种多斗连续式挖掘机，如图 1-23 所示，它的生产率很高。美国在建造奥罗维尔土石坝时，仅用一台斗轮式挖掘机承担了该工程 66% 的采料任务，其生产率达 2 300 m^3/h。该机装有多个挖斗，开挖料先卸入输送皮带，再卸入卸料皮带导向卸料口装车。我国陕西石头河水库工程施工，也采用了这种设备，取得了很好的效果。

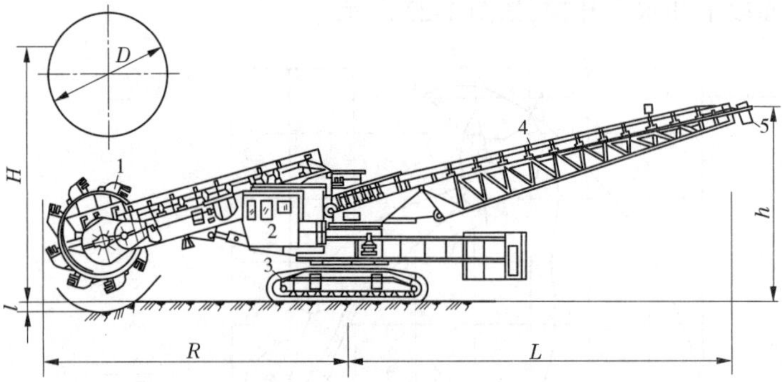

1—斗轮;2—机房;3—履带行驶机构;4—臂式带式运输机;5—卸料装置。

图 1-23　斗轮式挖掘机

4.2　运输机械

运输机械有循环式和连续式两种。

循环式有有轨机车和机动灵活的汽车,多为自卸汽车。自卸汽车是利用本车发动机动力驱动液压举升机构,将其车厢倾斜一定角度卸货,并依靠车厢自重使其复位的专用汽车。自卸汽车按其用途可分为两大类:一类属非公路运输用的重型和超重型(装载质量在 20 t 以上)自卸汽车。这类汽车也称为矿用自卸汽车。主要承担大型矿山、水利工地等运输任务,通常与挖掘机配套使用。它的长度、宽度、高度及轴荷等不受公路法规的限制,但它只能在矿山、工地上使用。另一类属公路运输用的轻、中、重型(装载质量在 2~20 t)普通自卸汽车。它主要承担砂石、泥土、煤炭等松散货物运输,通常与装载机配套使用。

一般工程自卸汽车的吨位是 10~35 t,现在工程中用到的自卸汽车吨位可高达上百吨,汽车吨位大小应根据需要并结合路面条件来考虑。前者多用于短距离运输和散体材料的装卸堆存。普通自卸汽车结构如图 1-24 所示。

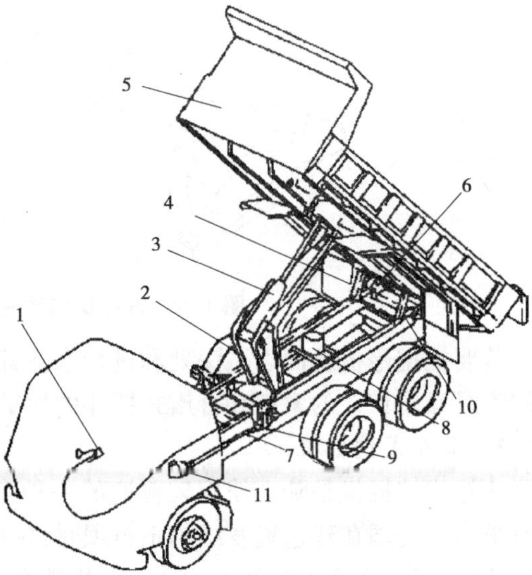

1—液压倾卸操纵装置;2—倾卸机构;3—液压油缸;4—拉杆;5—车厢;6—后铰链支座;7—传动轴;8—油箱;9—油泵;10—安全撑杆;11—取力器。

图 1-24　普通自卸汽车结构

自卸汽车车厢是用于装载和矿用倾卸货物。它一般是由前栏板、左右侧栏板、后栏板和底板等组成,如图 1-25 所示。

自卸汽车和重型自卸汽车的车厢多采用簸箕式,以方便装载,倾卸矿石、砂石等。有的簸箕式车厢采用双层底板结构,以增加底板的强度和刚度,并可减轻自重。簸箕式车厢如图 1-26 所示。

最常用的连续运输机械是带式运输机。根据有无行驶装置,分为移动式和

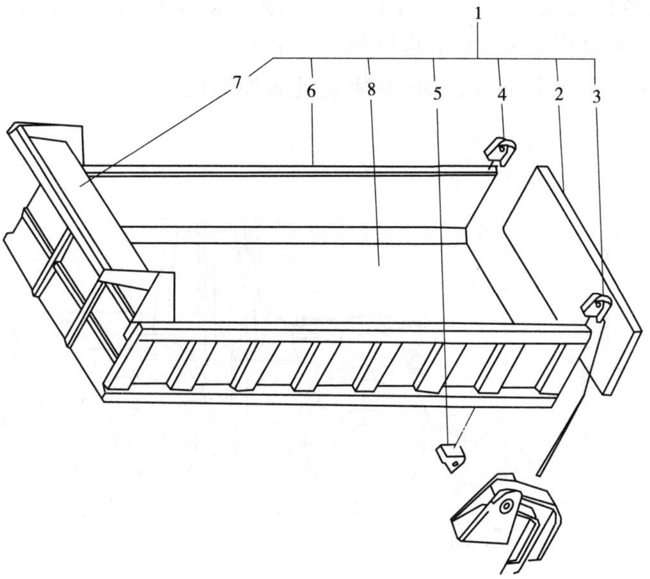

1—车厢总成;2—后栏板;3、4—铰链座;5—车厢铰支座;6—侧栏板;7—防护挡板;8—底板。

图 1-25　普通自卸汽车车厢结构

固定式两种。多用于长距离运输,美国奥罗维尔土石坝采用带式运输机运距长达 19.7 km。固定式常采用分段布置,每段一般在 200 m 以内,图 1-27 为固定式带式运输机的构造。

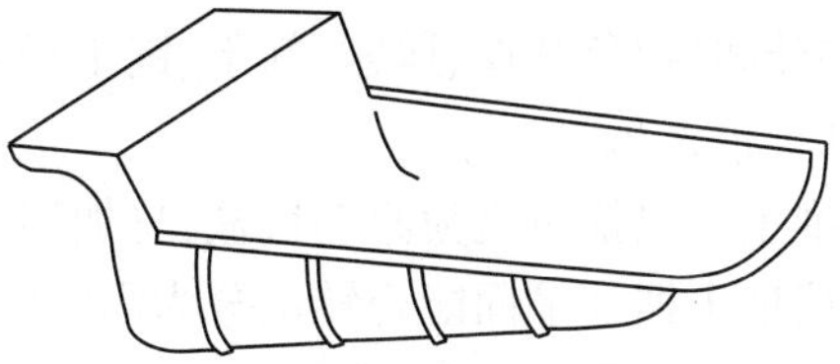

图 1-26　簸箕式车厢示意

带式运输机运行时驱动轮带动皮带连续运转。为防止皮带松弛下垂,在机架端部设有张紧鼓轮,沿机架设有上、下托辊避免皮带下垂。为保证运输途中卸料,设置卸料小车沿机架上的轨道移到卸料位置卸料。

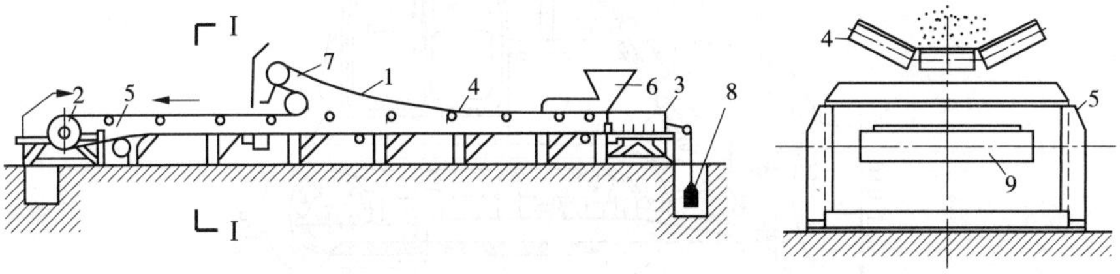

(a)纵剖面图　　(b) Ⅰ—Ⅰ剖面图

1—皮带;2—驱动鼓轮;3—张紧鼓轮;4—上托辊;5—机架;6—喂料器;
7—卸料小车;8—张紧重锤;9—下托辊。

图 1-27　固定式带式运输机构造

带式运输机有金属带和橡胶带,常用后者。带宽一般为 800~1 200 mm,最大带宽 1 800 mm,最大运行速度 240 m/min,最大生产率达 12 000 t/h。这种运输设备不受地形限制,结构简单,运行方便灵活,生产率高。使用时应防止和减轻带的磨损、老化、断裂。

装载机是一种短程装运结合的机械,常用的斗容量为 1 ~ 3 m^3,运行灵活方便。图 1-28 是斗容量 2 m^3 的国产 ZL-40 型装载机的外形尺寸。

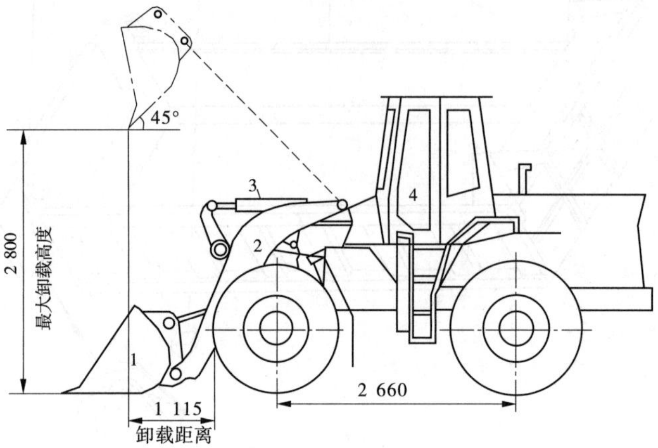

1—装载斗;2—活动臂;3—臂杆油缸;4—操作台。

图 1-28 ZL-40 型装载机的外形尺寸 (单位:mm)

4.3 挖运组合机械

能同时担负开挖、运输、卸土、铺土任务的有推土机和铲运机。

4.3.1 推土机

推土机以拖拉机为原动机械,另加切土片的推土器,既可薄层切土又能短距离推运。它又按推土器在平面能否转动分为固定式和万能式,前者结构简单而牢固,应用普遍,多用液压操作。图 1-29 为国产移山-120 型推土机的外形。

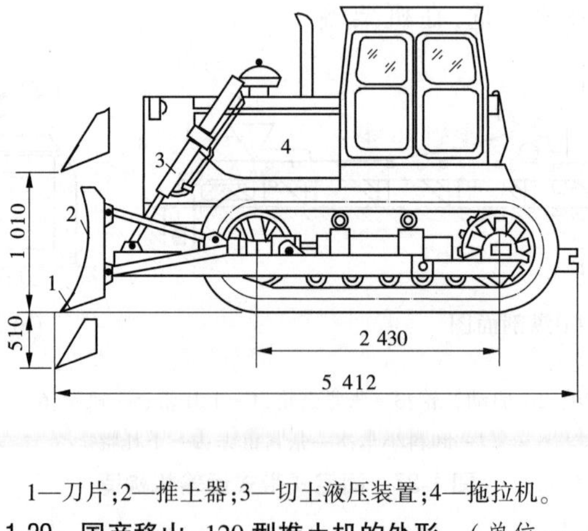

1—刀片;2—推土器;3—切土液压装置;4—拖拉机。

图 1-29 国产移山-120 型推土机的外形 (单位:mm)

若长距离推土,土料从推土器两侧散失较多,有效推土量大为减少。推土机的经济运距为 60~100 m,堆高 3 m。为了减少推土过程中土料的散失,可在推土器两侧加挡板,或先推成槽，然后在槽中推土，或多台并列推土。

4.3.2 铲运机

按行驶方式，铲运机分为牵引式和自行式。前者用拖拉机牵引铲斗，后者自身有行驶动力装置。目前，多用自行式，因其结构简便，可带较大的铲斗，行驶速度高，多用低压轮胎，有较好的越野性能。图 1-30 是铲斗容量为 7 m^3 的国产 CL7 型自行式铲运机。

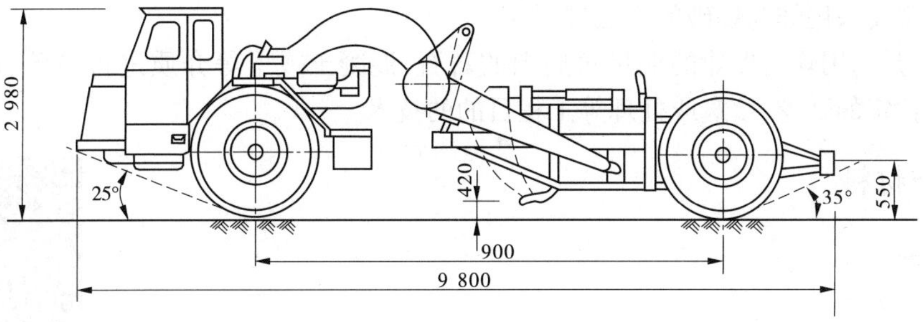

图 1-30 CL7 型自行式铲运机 （单位：mm）

国产铲运机的铲斗容量一般为 6~7 m^3。国外大容量铲运机多用底卸式，其斗容量高达 57.5 m^3。铲运机的经济运距与铲斗容量有关，一般在几百米至几千米以内。大容量的铲运机要求牵引力大，运行的灵活性降低。

5 工程机械施工安全

工程机械施工安全规范主要包括以下几个方面。

5.1 启动前检查

挖掘机启动前，应检查照明、信号及报警装置是否齐全有效，燃油、润滑油、液压油是否符合规定，各系统管路有无裂纹或泄漏，履带的松紧度或轮胎气压是否符合要求，确认一切正常后方可启动。轮胎式挖掘机使用前应支好支腿并保持水平位置，支腿应置于作业面的坚实、平整位置，转向驱动轮应置于作业面的后方或非受力则。

5.2 行驶中注意事项

挖掘机上下坡道的坡度不得超过性能参数范围。履带式挖掘机转移工地应采用平板拖车装运。短距离自行转移时，应低速缓行，每行走 500~1 000 m 应对行走机构进行检查和润滑。

5.3 作业中安全规范

挖掘机启动后作业范围内严禁站人。挖土作业时，进铲不应过深，提斗不应过猛，一次开挖高度一般不能高于 4 m。挖掘时停留地面必须平坦稳固，车身方向应与挖掘工作面延伸方向一致。

5.4 机械设备的安全使用和维护

机械设备应按其技术性能的要求正确使用，缺少安全装置或安全装置已失效的机械设备不得使用。严禁拆除机械设备上的自动控制机构、力矩限位器等安全装置，以及监测、指示、仪表、警报器等自动报警、信号装置。其调试和故障的排除应由专业人员负责。

新购或经过大修、改装和拆卸后重新安装的机械设备,必须按原厂说明书的要求和《建筑机械技术试验规程》的规定进行测试和试运转。

任务2 爆破开挖

在水利工程建设中,经常涉及岩基与石料开挖,由于岩石比较坚硬,机械难以直接挖掘,目前主要采用炸药爆破的方法进行。

爆破是利用炸药爆炸的能量对周围的岩石、混凝土或土等介质进行破碎、抛掷或压缩,达到预定的开挖、填筑或处理等工程目的的技术。

1 爆破材料

码1-7 微课:爆破材料

1.1 炸药

1.1.1 概念

炸药是指在一定条件下能够发生快速化学反应、放出能量、生成气体产物并显示出爆炸效应的化合物或混合物。由氧化剂和还原剂两类物质组成。

因环境和条件的不同,炸药有4种不同形式的化学变化:热分解、燃烧、爆炸和爆轰。

1.1.2 分类

炸药按照组成成分、用途、使用环境不同有多种类型。

1.1.2.1 按组成成分

炸药按组成成分为单体炸药和混合炸药两大类。

单体炸药又称为爆炸化合物。它本身是一种化合物,即一种均一的、相对稳定的化学系统。

混合炸药是由两种或两种以上化学性质不同的组分组成的混合物。混合炸药是目前工程爆破中应用最广、品种最多的一类炸药。

1.1.2.2 按用途分

炸药按用途分为起爆药、猛炸药、发射药。

起爆药是一种对外界作用十分敏感的炸药,主要用于装填雷管和其他火工品,利用它来起爆猛炸药。最常用的起爆药有雷汞、叠氮化铅和二硝基重氮酚等。

猛炸药具有相当大的稳定性,对外界作用的敏感度比起爆药低得多,在使用时需用起爆药起爆。如TNT、乳化炸药、浆状炸药和铵油炸药等,都是猛炸药。

发射药又称火药,其主要特点是对火焰敏感,化学反应呈燃烧形式,但在密闭条件下可变为爆炸。

1.1.2.3 按使用环境

炸药按使用环境分为煤矿许用炸药、岩石炸药和露天炸药。

工程爆破常用炸药分类见表1-4。

表1-4　工程爆破常用炸药分类

分类	特点	品种	应用范围
起爆药	感度高、加热、摩擦或撞击易引起爆炸	主要有二硝基重氮酚、雷汞、叠氮化铅等	用于制作起爆器材，如火雷管、电雷管
猛炸药(单体猛炸药和混合猛炸药)	爆炸威力大，破碎岩石效果好；同起爆药相比，猛炸药感度较低，使用时需用起爆药起爆	单质体猛炸药有TNT、黑索金、泰安、硝化甘油等；混合猛炸药有硝铵炸药、铵油炸药、铵沥蜡炸药、铵松蜡炸药、浆状炸药、水胶炸药、乳胶炸药、高威力炸药等	混合猛炸药是工业爆破工程中用量最大、最基本的一类炸药；单体猛炸药是制造某种品种混合猛炸药的主要成分；黑索金、泰安又常用作导爆索的药芯，黑索金也常用作雷管副起爆药
发射药	对火焰的感度极高，余火能迅速燃烧，在密闭条件下可转为爆炸	常用黑火药	用作导火索的药芯

1.2　起爆器材

起爆器材按其作用可分为起爆材料和传爆材料，各种雷管属于起爆材料，导爆索、导爆管属于传爆材料，继爆管、导爆索既可用于起爆，也可用于传爆。

1.2.1　雷管

工程爆破中常用的工业雷管有火雷管、电雷管和导爆管雷管等。电雷管和导爆管雷管又可分为瞬发、秒延期、毫秒延期等品种。

1.2.1.1　火雷管

在工业雷管中，火雷管是最简单的一种品种，但又是其他各种雷管的基本部分。火雷管的结构如图1-31所示。工业雷管按其起爆药量的多少，可以分为10个等级，号数愈大，其起爆药量愈多，雷管的起爆能力愈强。目前，工程爆破中常用的是8号和6号雷管。

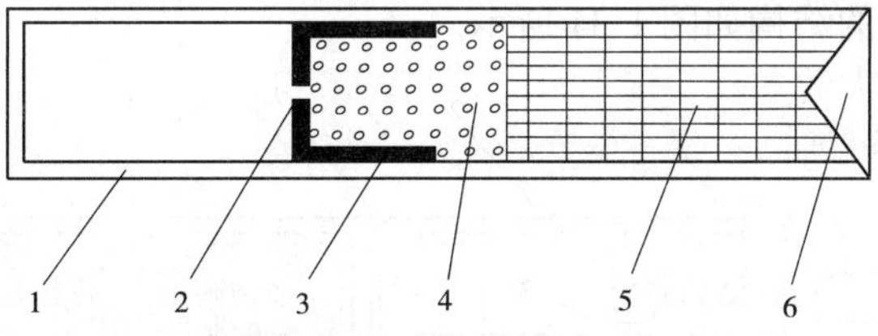

1—管壳；2—传火孔；3—加强帽；4—DDNP正起爆药；5—加强药(副起爆药)；6—聚能穴。

图1-31　火雷管结构示意

火雷管的结构简单，使用方便，不受杂散电流和雷电引爆的威胁，可用于直接起爆和间接起爆各种炸药和导爆索，多用在地面采石场、隧道爆破、水利建设工程中。随着起爆器材的发展,这种雷管应用范围变小,在有瓦斯、煤尘和矿尘爆炸危险的场合禁止采用。

1.2.1.2　电雷管

1. 瞬发(即发)电雷管

瞬发电雷管是一种通电即爆炸的电雷管,也称为即发电雷管。瞬发电雷管的结构如图 1-32 所示。它的装药部分与火雷管相同。不同之处在于其管内装有电点火装置。电点火装置由脚线、桥丝和引火药组成。

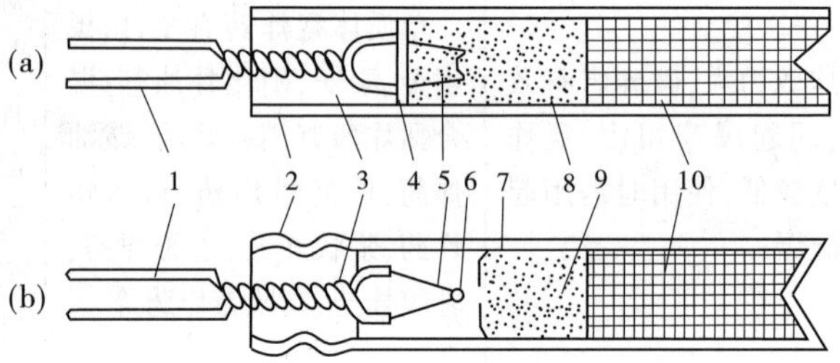

1—脚线;2—管壳;3—密封塞;4—纸垫;5—线芯;6—桥丝(引火药);
7—加强帽;8—散装 DDNP;9—正起爆药;10—副起爆药。

图 1-32　瞬发电雷管结构示意

工程爆破中最常见的是 8 号瞬发电雷管,其起爆药量与 8 号火雷管的起爆药量相同。

2. 延期电雷管

延期电雷管有秒延期电雷管和毫秒延期电雷管。

秒延期电雷管就是通电后隔一段以秒为计量单位的时间才爆炸的电雷管,秒延期电雷管的结构如图 1-33 所示。

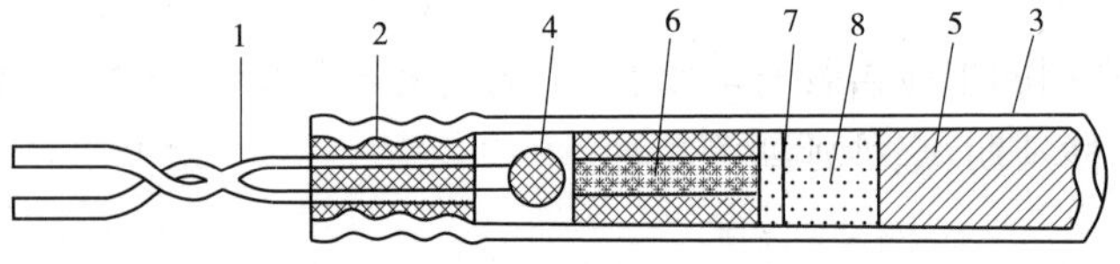

1—脚线;2—密封塞;3—管壳;4—引火头;5—副起爆药;6—导火索;7—加强帽;8—正起爆药。

图 1-33　秒延期电雷管结构示意

毫秒延期电雷管的结构如图 1-34 所示。

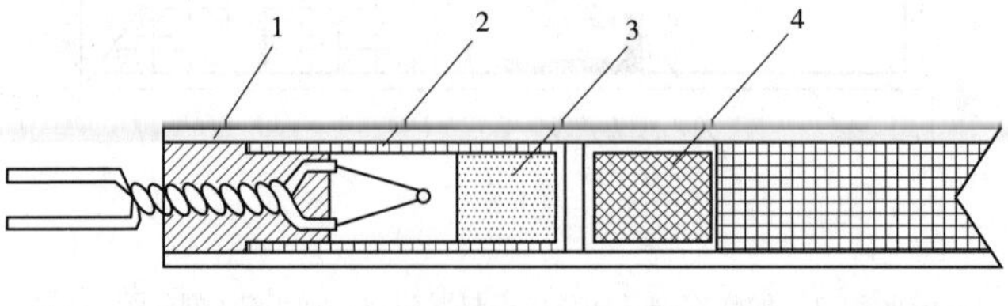

1—塑料塞;2—延期管壳;3—延期药;4—加强帽。

图 1-34　毫秒延期电雷管结构示意

1.2.1.3　电子雷管

电子雷管,又称数码电子雷管、数码雷管或工业数码电子雷管,即采用电子控制模块对起爆过程进行控制的电雷管。

电子雷管主要由基础雷管、电子芯片、引火药头、密封塞、脚线及接线卡组成,如图1-35所示。电子雷管的本质是:采用一个微型电子芯片替代普通电雷管中的化学延期药及电点火元件。

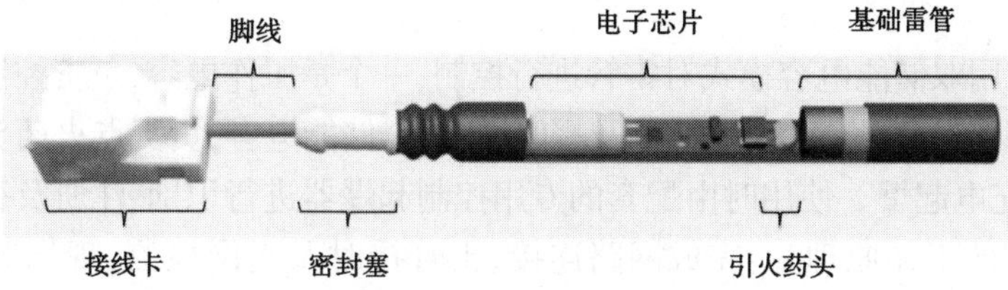

图1-35　电子雷管结构示意

电子雷管的分类见表1-5。各种类型的电子雷管适用于不同的场景,见表1-6。

表1-5　电子雷管的分类

分类方式	类型	分类方式	类型
按输入能量区分	爆管电子雷管	按使用场合区分	通用型电子雷管
	数码电子雷管		加强型电子雷管
按延期编程方式区分	固定延期(工厂)电子雷管		抗震型电子雷管
	现场可编程电子雷管		煤矿许用型电子雷管
	在线可编程电子雷管		地震勘探型电子雷管

表1-6　电子雷管应用场景与作业环境

序号	类型	应用场景	作业环境
1	通用型	1.露天浅孔、露天非现场混装中深孔爆破; 2.爆炸焊接、复合等特种爆破	1.适用常温环境(低温不低于-20 ℃,高温不高于55 ℃); 2.水深20 m以内作业环境
2	加强型	1.应用混装炸药的露天中深孔爆破; 2.非煤矿山地下采场爆破; 3.水下爆破	1.适用高低温环境(低温不低于-40 ℃,高温不高于85 ℃); 2.深水(50 m以内)作业环境
3	抗震型	1.隧道、孔桩、井下非煤矿山巷道掘进等爆破; 2.建(构)筑物拆除类爆破	适用小断面小孔距的爆破作业条件

续表 1-6

序号	类型	应用场景	作业环境
4	煤矿许用型	1. 有沼气、煤尘或其他可燃矿尘爆炸危险的矿井爆破； 2. 含瓦斯隧道掘进爆破等	适用于有沼气、煤尘或其他可燃矿尘爆炸危险的作业环境
5	地震勘探型	石油地震勘探爆破	适用于石油地震勘探作业环境

电子雷管采用双储能电容模式对雷管进行控制，一个是工作电容，负责控制芯片工作所需的能量，主要用于单发检测、组网检测及授时；另一个储能电容，负责点火药头激发所需的能量，用于高压充电起爆。使用时由配套的专用控制起爆器进行识别、注册及智能控制。

其起爆过程的工作原理为：完成网路连接、雷管授时及组网检测，现场起爆条件具备后，按下主控起爆器“高压充电”按钮，充电指令沿网路传达至各个电子雷管，电子雷管收到指令后主控芯片发出充电信号，储能电容即开始充电；充电完毕，确认无误后进入“起爆”界面，按提示验证起爆密码后执行起爆指令，此时芯片内部按预设授时开始延期计时，达到延期时间设定值后，主控芯片输出点火触发信号；随即储能电容将所储电能传递给引火药头桥丝，桥丝灼热引燃点火药头，药头燃烧喷火引爆基础雷管。

1. 电子雷管的特点（优点）

（1）延时灵活，时域宽，精度高。普通延期（电/导爆管）雷管分为毫秒、1/4 s、半秒及秒系列，其延期时间由以化学延期药为药芯的延期体控制，精度差，易发生漂移，各段延期时间固定不可更改。而电子雷管延期时间由电子芯片内部电子元件精确控制，延时现场设置，时域宽（0~20 000 ms），精度高，便于爆破优化设计及改善爆破效果。

（2）多重安全防护设计，可靠性高。电子雷管芯片模组采用多重安全防护设计，内部电路设计有静电保护及多个功能开关，抗射频、抗杂散电流的能力强，实现了组网、通信、身份识别、状态检测、精准延时及点火控制等多种功能。

在使用时可通过单发检测及网路检测，将质量异常雷管，以及网路连接出现的错连、漏连、断路、短路等问题，精确检测出来，并可以找到故障电子雷管的具体孔位，在爆破前进行处理，避免了传统起爆网络检查难度大的问题，最大限度地减少盲炮和使用中的危险因素，爆破作业安全条件得到了提升，确保了网路准爆的可靠性。

（3）部分环节操作简便。电子雷管现场设置延期时间，主要有 5 s、10 s、12 s 和 16 s 型，大幅减少了产品规格型号（而普通延期雷管细分为毫秒、1/4 s、半秒及秒系列，电雷管有 78 个延期规格，导爆管雷管有 117 个延期规格），简化了雷管库房存储、领用发放等环节的操作，降低了管理难度和减少了工作量。

电子雷管网路设计简便，相比普通电雷管不需要进行烦琐的电阻计算，只需现场设置延时即可按设计的起爆次序爆破；起爆网路为全并联网路，两根连接线不区分极性，不容易出现接线错误，连线采用线卡卡接，无须反复拧线或包扎胶布，操作简便并易于检查。

（4）实现了全流程治安监管。电子雷管应用微电子技术、数码技术、加密技术等方式，可以很好地解决非法流失问题隐患，且流失后可通过技术手段阻止电子雷管起爆，从而使末端使用环节管理无缝隙、安全无死角，解决使用环节“最后一公里”非法流失的隐患“顽疾”,有效防止非法流失导致的爆炸案件发生。电子雷管采用三码(雷管 UID 码、起爆密码、雷管壳体码)绑定组合,由生产企业生成工作码,上传至全国电子雷管密码中心。

2. 电子雷管存在的突出问题

(1)产品标准滞后,各厂家质量参差不齐。前期应用过程突出的质量问题有水环境“短路”、低温“失联”、线卡低温脆裂、小断面类爆破拒爆率高。

(2)现场作业过程单发检测及延时设置等操作耗时,特别是爆破规模较大时影响作业效率。

(3)故障排查及处置专业性较强,部分问题雷管及芯片厂家也不容易解决。

(4)“早爆”“迟爆”依然存在,相应的防范措施不可或缺。

1.2.1.4 非电毫秒雷管

非电毫秒雷管是用塑料导爆管引爆而延期时间以毫秒数量计量的雷管,它的结构如图 1-36 所示。

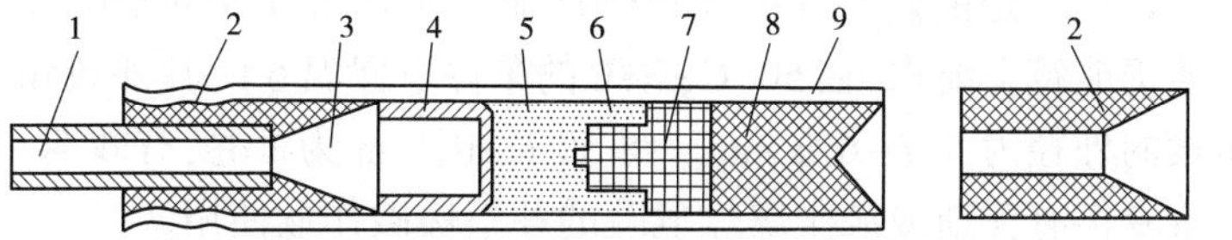

1—塑料导爆管;2—塑料连接套;3—消爆空腔;4—信号帽;5—延期药;6—加强帽;7—正起爆药 DDNP;8—副起爆药 RDX;9—金属管壳。

图 1-36 非电毫秒雷管结构示意

它与毫秒延期电雷管的主要区别在于:不用毫秒电雷管中的电点火装置,而用一个与塑料导爆相连接的塑料连接套,由塑料导爆管的爆轰波来点燃延期药。

1.2.2 索状起爆材料

1.2.2.1 导火索

导火索由索芯和索壳组成,如图 1-37 所示。其索芯是用轻微压缩的粉状或粒状黑火药做成的。

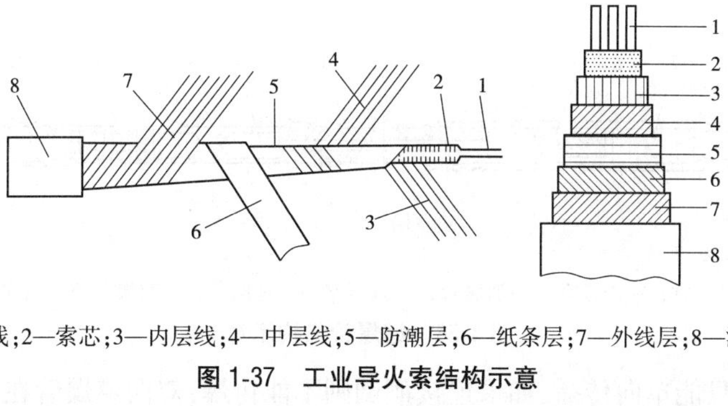

1—芯线;2—索芯;3—内层线;4—中层线;5—防潮层;6—纸条层;7—外线层;8—涂料层。

图 1-37 工业导火索结构示意

工业导火索在外观上一般呈白色,其外径为 5.2~5.8 mm,索芯药量一般为 7~8 g/m,燃烧速度为 100~125 m/s,为了保证可靠地引爆雷管,导火索的喷火强度(喷火长度)不小于 40 mm。导火索在燃烧过程中不应有断火、透火、外壳燃烧、速燃和爆燃等现象。导火索的燃烧速度和燃烧性能是导火索质量的重要标志。导火索还应具有一定的防潮耐火能力:在 1 m 深的常温静水中浸泡 2 h 后,其燃速和燃烧性能不变。

普通导火索不能在有瓦斯或矿尘爆炸危险的场所使用。

1.2.2.2 导爆索与继爆管

1. 导爆索

导爆索是用单质猛炸药黑索金或泰安作为索芯,用棉、麻、纤维及防潮材料包缠成索状的起爆材料。导爆索能够传递爆轰波,经雷管起爆后,导爆索可直接引爆炸药,也可作为独立的爆破能源。

普通导爆索能直接起爆炸药。但是这种导爆索在爆炸过程中产生强烈的火焰,所以只能用于露天爆破和没有瓦斯或矿尘爆炸危险的井下作业。

导爆索的爆速与芯药黑索金的密度有关。目前,国产普通导爆索的索芯(黑索金)密度为 1.2 g/cm^3 左右,药量为 12~14 g/m,爆速不低于 6 500 m/s。

普通导爆索具有一定的防水性能和耐热性能。在 0.5 m 深的水中,浸泡 24 h 后,其感度和爆炸性能仍能符合要求,在 50 ℃±3 ℃的条件下保温 6 h,其外观和传爆性能不变。

普通导爆索的外径为 5.7~6.2 mm。每 50 m±0.5 m 为 1 卷,有效期一般为 2 年。

安全导爆索专供有瓦斯或矿尘爆炸危险的井下爆破作业使用。

2. 继爆管

继爆管是一种专门与导爆索配合使用、具有毫秒延期作用的起爆器材。单纯的导爆索起爆网路中各炮孔几乎是齐发起爆。导爆索与继爆管的组合起爆网路,可以借助继爆管的毫秒延期作用,实施毫秒微差爆破。

继爆管的结构如图 1-38 所示,由一个装有毫秒延期元件的火雷管与一根消爆管组合而成。

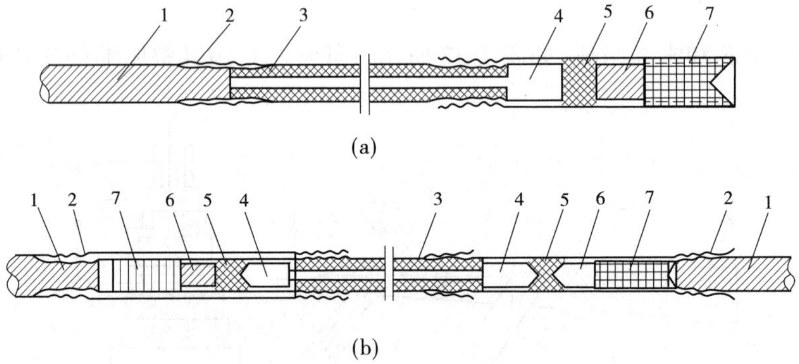

1—导爆索;2—连接套;3—消爆管;4—减压室;5—延期药;6—起爆药;7—猛炸药。

图 1-38 继爆管结构示意

单向继爆管只能单向传播,如果连接颠倒则不能传爆;双向继爆管在两个方向均能可靠地传播。

继爆管的起爆威力不小于 8 号电雷管,在 40 ℃±2 ℃的高温和-40 ℃±2 ℃的低温条件下,其性能不应有明显的变化。

1.2.2.3 导爆管及导爆管连接元件

导爆管是20世纪70年代出现的一种全新的非电起爆系统的主体。

1. 导爆管

导爆管是一种内壁涂有混合炸药粉末的塑料软管,管壁材料是高压聚乙烯,外径为3 mm,内径为1.5 mm。混合炸药含量为91%的奥克托金或黑索金、9%的铝粉。药量为14~16 mg/m。

工业雷管、普通导爆索、火帽、专用电子型点火器等能够产生冲击波的起爆器材都可以激发导爆管的爆轰,一个8号工业雷管可激发50根以上的导爆管,最适宜可靠的激发根数为20根,但是一般的机械冲击不能激发导爆管。导爆管的传爆速度一般为1 950 m/s±50 m/s,也有的为1 580 m/s±30 m/s。导爆管的传爆性能良好,一根长达数千米的导爆管,中间没有中继雷管接力或导爆管管内的断药长度不超过15 cm时,都可以正常传爆。导爆管具有良好的抗水性能,将导爆管与金属雷管组合后,具有很好的抗水性能,在水下80 m深处放置48 h后仍能正常起爆。若对雷管加以适当的保护措施,还可以在水下135 m深处起爆炸药。

导爆管具有传爆可靠性高、使用方便、安全性能好、成本低等优点,而且可以作为非危险品运输。

2. 导爆管的连接元件

在导爆管组成的非电起爆系统中,需要一定数量的连接元件与之配套使用。连接元件的作用是将导爆管连接成网路,以便传递爆轰波。目前,常用的连接元件为带传爆雷管的和不带传爆雷管的两大类。

(1)连接块。连接块是一种用于固定击发雷管(或传爆雷管)和被爆导爆管的连通元件。连接块通常用普通塑料制成,其结构如图1-39所示。

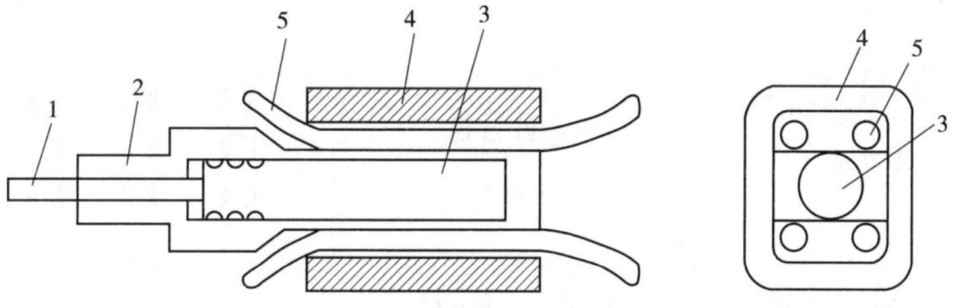

1—主动导爆管;2—塑料连接块;3—传爆雷管;4—塑料卡子;5—从动导爆管。

图1-39 连接块结构示意

连接块有方形和圆形两种,不同的连接块,一次可传爆的导爆管数目不同。一般可一次传爆4~20根被爆导爆管。

主爆导爆管先引爆传爆雷管,传爆雷管爆炸冲击作用于被爆导爆管,使被爆导爆管激发而继续传爆。如果传爆雷管采用延期雷管,那么主爆导爆管的爆轰要经过一定的延期才会激发被爆导爆管。因此,采用连接块组成导爆管起爆系统,也可以实现毫秒微差爆破。

(2)连通管。连通管是一种不带传爆雷管的、直接把主爆导爆管和被爆导爆管连通导爆的装置。连通管一般采用高压聚乙烯压铸而成。集束式连通管有三通、四通和五通

3 种,其结构如图 1-40 所示。

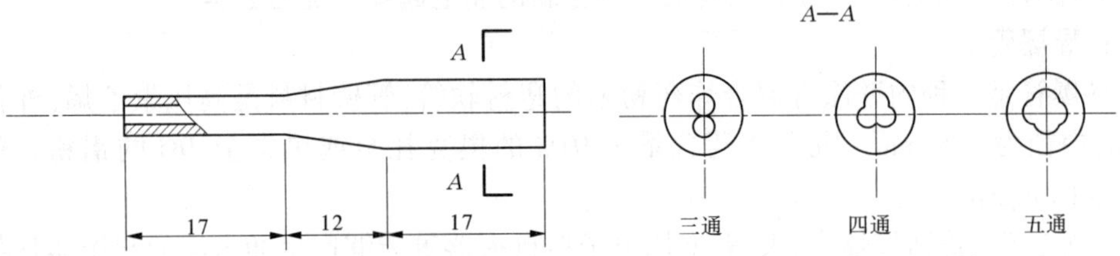

图 1-40　集束式连通管示意　（单位:mm）

集束式连通管的长度均为 46 mm±2 mm,管壁厚度不小于 0. 7 mm,内径 3. 1 mm±0. 15 mm,与国产塑料导爆管相匹配。

连通管取消了传爆雷管,降低了成本,提高了作业的安全性。但是由连通管组成的导爆管起爆网路,其抗拉能力小,防水性能较差。

2　起爆方法和起爆网路

码 1-8　微课:爆破方法和起爆网路

2. 1　非电起爆

应用导火索、导爆管、导爆索、引爆药包的方法都属非电起爆。

2. 2　电力起爆

利用电雷管通电后起爆产生的爆炸能引爆炸药的方法,称为电力起爆法。电力起爆法是通过由电雷管、导线和起爆电源三部分组成的起爆网路来实施的。电力起爆法的使用范围十分广泛,无论是露天或是井下,小规模或大规模爆破,还是其他工程爆破中均可使用。电力起爆网路的基本形式为串联法和并联法,如图 1-41 所示。

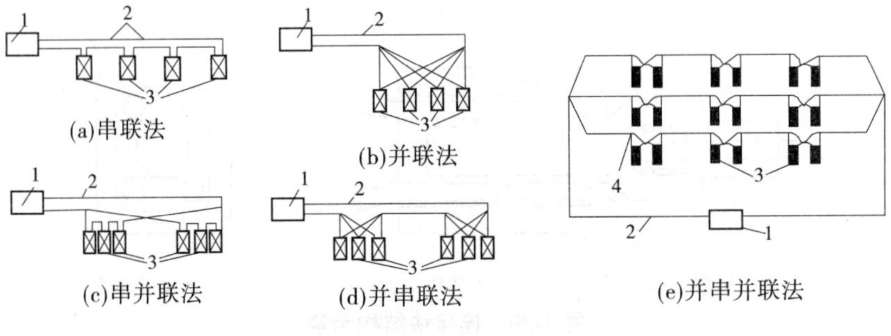

1—电源;2—网路干线;3—药包;4—网路支线。

图 1-41　电力起爆网路

在工程爆破中,单纯的串联或并联网路只适用于小规模爆破。为了准爆和减少电消耗,施工中多采用混合连接网路,如串并联或并串联网路,见图 1-41(c)、(d)。对于分段起爆的网路,若各段分别采用即发或某一延迟雷管,则宜采用并串并联网路,如图 1-41(e)所示。

电力起爆应注意以下几点:

(1)只允许在无雷电天气、感应电流和杂散电流小于 30 mA 的区域使用。

(2)爆破器材进入爆破区前,现场所有带电的设备、设施,导电的管线设备必须切断电源。

(3)起爆电源开关须专用且在危险区内人员未撤离、避炮防护工作未完成前禁止打开起爆箱。

(4)为了安全准爆,要求通过每个电雷管的最小准爆电流:直流电流为 1.8 A,交流电流为 2.5 A;雷管电阻为 1.0~1.5 Ω,成组串联的电雷管电阻差最大不得大于 0.25 Ω,成组串联的电雷管最好是同厂家、同批次、同规格产品。

(5)不同种类的即发和延发雷管不能串联在同一支路上,只能分类串联,各支路间可以相互并联接入主线,但各支路电阻必须保持平衡。

3　钻孔爆破设计

码 1-9　微课：爆破设计

钻孔爆破均须形成台阶状以合理布置炮孔,充分利用天然临空面或创造更多临空面。这样不仅有利于提高爆破效果,降低成本,也便于组织钻孔、装药、爆破和出渣的平行流水作业,加快进度。布孔时,宜使炮孔与岩石层面和节理面正交,不宜穿过与地面贯穿的裂缝。深孔爆破布孔尚应考虑不同性能挖掘机对掌子面的要求。钻孔爆破炮孔布置如图 1-42 所示,图中字母含义及计算方法见下面内容。

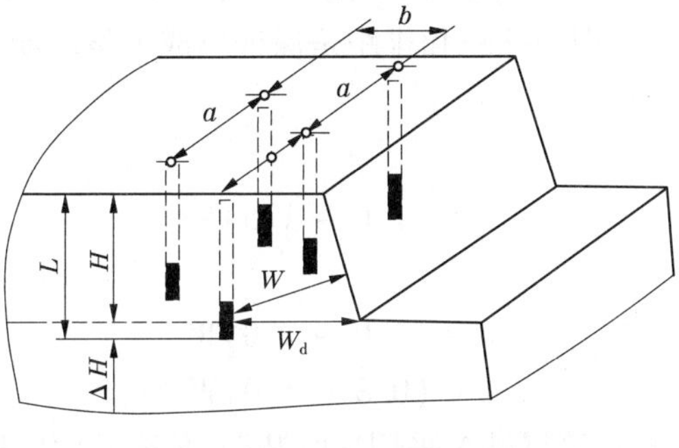

图 1-42　钻孔台阶爆破炮孔布置

3.1　浅孔爆破

爆破工程中通常将孔径 50 mm 以下、孔深 5 m 以下的钻孔称为浅孔。

3.1.1　炮孔布置参数

开挖过程宜根据开挖范围、开挖深度和钻孔长度分成数级台阶施工。每级台阶沿长度方向可分成多个工作段,沿宽度方向则可布置单排或多排炮孔,但一般不宜超过 3~4 排。炮孔平面以矩形或梅花形布置,布置形式如图 1-43 所示。

炮孔布置的主要参数如下。

(1)最小抵抗线 W:

$$W = K_w d \tag{1-3}$$

式中　K_w——岩质系数,一般取 15~30,硬岩取小值,软岩取大值;

d——钻孔直径,mm。

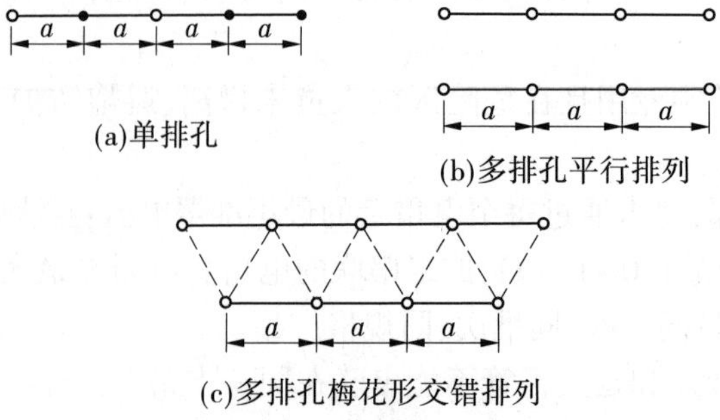

图 1-43　台阶爆破炮孔平面布置形式

(2)台阶高度 H:台阶高度必须大于最小抵抗线，以防止冲天炮；同时炮孔深度不能太大，以防止炮孔药量分布不均。为兼顾爆破效果和生产率两方面,台阶高度可按下式确定:

$$H=(1.2\sim2.0)W \tag{1-4}$$

(3)炮孔深度 L:炮孔深度应保证爆破后形成的新台阶面达到设计高程,既不超挖也不欠挖。

$$L=(0.85\sim1.15)H \tag{1-5}$$

台阶高度 H 与炮孔深度 L 计算式中的系数,对坚硬岩石取大值、松软岩石取小值。

(4)孔距 a 和排距 b:合理的孔距和排距是保证形成平整的新台阶面及爆后岩块均匀的前提。一般有:

火花起爆:

$$a=(1.0\sim1.5)W \tag{1-6}$$

电力起爆:

$$a=(1.0\sim2.0)W \tag{1-7}$$

$$b=(0.8\sim1.0)W \tag{1-8}$$

(5)堵塞长度 L_1:浅孔台阶爆破多采用连续装药,装药长度应控制在孔长的 1/2~1/3 范围,因此孔口堵塞长度一般不小于孔长的 1/2。

3.1.2　装药量计算

浅孔爆破药量按延长药包计算,单孔药量为

$$Q=qaWH \tag{1-9}$$

式中　q——浅孔台阶爆破单耗,一般取 0.2~0.6 kg/m³,可按照岩性不同从有关资料中选取。

3.1.3　起爆网路

浅孔台阶爆破一般采用电力起爆或导爆管起爆网路微差间隔起爆。常用的微差间隔起爆包括排间微差和 V 形微差,如图 1-44 所示。若炮孔数量很少,也可考虑用火花起爆。

3.2　深孔爆破

爆破工程中通常将孔径 50 mm 以上、孔深 5 m 以上的钻孔称为深孔。

深孔台阶爆破的钻孔分为垂直孔和倾斜孔,如图 1-45 所示,图中字母含义及计算方

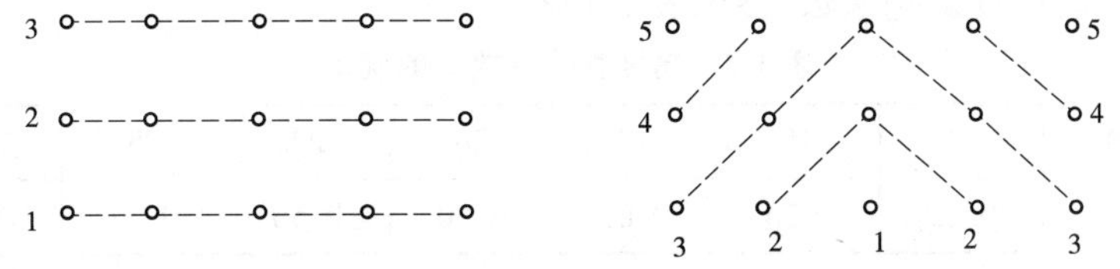

(a)排间微差　　(b)V形微差

1,2, ⋯ , 5—雷管段别。

图 1-44　台阶爆破的微差间隔起爆方式

法见下面内容。垂直孔的优点是施工方便、效率高,其缺点是爆后岩块不均匀、底部残埂多。倾斜孔的优点是由于炮孔与临空面平行,使得爆破过程全孔所受的抗力均匀,爆后岩块均匀,底部残埂少,爆堆形状易于控制,有利于提高出渣装载机的效率;同时保持一定的台阶坡面角,也有利于保持坡面的稳定。其缺点是倾斜孔钻孔技术要求高,钻孔效率低,装药过程易堵孔。深孔台阶爆破炮孔平面布置与浅孔爆破类似。

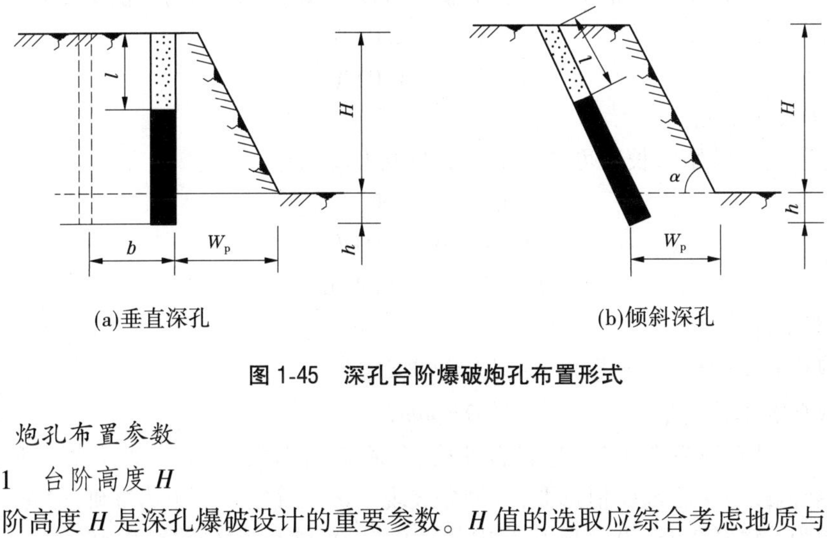

(a)垂直深孔　　(b)倾斜深孔

图 1-45　深孔台阶爆破炮孔布置形式

3.2.1　炮孔布置参数

3.2.1.1　台阶高度 H

台阶高度 H 是深孔爆破设计的重要参数。H 值的选取应综合考虑地质与岩性,开挖强度与进度要求,钻孔、装渣和运输设备的性能及合理配套等条件确定。我国水利水电工程基坑开挖中采用的深孔爆破台阶高度一般为 6~16 m,以 8~12 m 居多。

3.2.1.2　钻孔直径 d

在水工建筑物基础开挖中,钻孔直径一般不超过 150 mm;在临近建基面、设计边坡轮廓处,孔径一般不大于 110 mm。

3.2.1.3　底盘抵抗线 W_d

在深孔爆破中,不用最小抵抗线而采用底盘抵抗线。底盘抵抗线是指炮孔中心线至台阶坡脚的水平距离,如图 1-45 所示。

$$W_d = HD\eta d/150 \tag{1-10}$$

式中　D——岩石硬度影响系数,一般取 0.46~0.56,硬岩取小值,软岩取大值;

η——台阶高度影响系数，参见表 1-7 确定。

表 1-7　高度影响系数 η 的确定

H/m	10	12	15	17	20	22	25	27	30
η	1.0	0.85	0.74	0.67	0.60	0.56	0.52	0.47	0.42

3.2.1.4　超钻深度 ΔH

超钻的作用在于克服底盘阻力，避免残埂，获得符合设计标高的较平整底盘。超深可按下式确定：

$$\Delta H = (0.15 \sim 0.35) W_d \tag{1-11}$$

式中系数在台阶高度大、岩石坚硬时取大值。

3.2.1.5　孔长 L

$$L = (H + \Delta H)/\sin\alpha \tag{1-12}$$

式中　α——钻孔倾斜角，一般与台阶坡面角相同，对于垂直钻孔，$\alpha = 90°$。

3.2.1.6　孔距 a 和排距 b

合理的孔距和排距是保证形成平整的新台阶面及爆后岩块均匀的前提。一般有：

$$a = (1.0 \sim 2.0) W_d \tag{1-13}$$

$$b = (0.8 \sim 1.0) W_d \tag{1-14}$$

3.2.1.7　堵塞长度 L_1

深孔台阶爆破的堵塞长度可参考下式综合取大值确定：

$$L_1 \geqslant 0.75 W_d \tag{1-15}$$

$$L_1 = (20 \sim 30) d \tag{1-16}$$

$$L_1 = (0.2 \sim 0.4) L \tag{1-17}$$

3.2.2　装药量计算

前排炮孔的单孔药量：　$$Q = qaW_dH \tag{1-18}$$

后排炮孔的单孔药量：　$$Q = qabH \tag{1-19}$$

式中　q——深孔台阶爆破单耗，与岩石性质、台阶自由面数量、炸药种类等多种因素有关，可参照规范或者工程经验值选取，大型爆破现场试验确定 q 值更为准确、合适一些。q 的大体范围为：软岩 0.15~0.3 kg/m^3，中硬岩 0.3~0.45 kg/m^3，硬岩 0.45~0.6 kg/m^3。

无论是深孔爆破还是浅孔爆破，最终装药量必须满足药量平衡原理，即每个炮孔爆除其所承担的一定体积岩石所需的药量必须与最佳堵塞条件下孔内所装入的药量相等。

3.2.3　改善深孔爆破效果的技术措施

一般开挖爆破要求岩块均匀，大块率低；形成的台阶面平整，不留残埂；较高的钻孔延米爆落量和较低的炸药单耗。改善深孔爆破效果的主要措施有以下几个方面：

(1)合理利用或创造人工自由面。实践证明，充分利用多面临空的地形，或人工创造多面临空的自由面，有利于降低爆破单位耗药量。适当增加梯段高度或采用斜孔爆破，均有利于提高爆破效率。斜孔爆破后边坡稳定，块度均匀，还有利于提高装渣效率。

(2)改善装药结构。深孔爆破多采用单一炸药的连续装药，且药包往往处于底部，孔口不装药段较长，导致大块的产生。采用分段装药虽增加了一定施工难度，但可有效降低大块率;采用混合装药方式,即在孔底装高威力炸药、上部装普通炸药有利于减少超钻深度;采用空气间隔装药爆破也证明是一种改善爆破破碎效果、提高爆炸能量利用率的有效方法。

(3)优化起爆网路。优化起爆网路对提高爆破效果、减轻爆破振动危害起着十分重要的作用。选择合理的起爆顺序和微差间隔时间对于增加药包爆破自由面、促使爆破岩块相互撞击以减小块度、防止爆破公害具有十分重要的作用。

(4)采用微差挤压爆破。微差挤压爆破是指爆破工作面前留有渣堆的微差爆破。由于留有渣堆,从而促使爆岩在运动过程中相互碰撞、前后挤压,获得进一步破碎,改善了爆破效果。微差挤压爆破可用于料场开挖及工作面小、开挖区狭长的场合,如溢洪道、渠道开挖等。它可以使钻孔和出渣作业互不干扰,平行连续作业,从而提高工作效率。

(5)采用不耦合装药。药包和孔壁(洞壁)间留一定空气间隙,形成不耦合装药结构。由于药包四周存在空隙,降低了爆炸的峰压,从而降低或避免了过度粉碎岩石,同时使爆压作用时间增长,从而增大了爆破冲量,提高了爆破能量利用率。炮孔直径与药包直径的比值称为不耦合系数。对应于最大爆破冲量即爆破效果最佳的不耦合系数称为最佳不耦合系数。其值大小随介质特性和炸药特性而异。

(6)保证堵塞长度和堵塞质量。实践证明,当其他条件相同时,堵塞良好的爆破效果及能量利用率较堵塞不良的场合可以大幅提高。

3.3 深孔微差爆破

微差爆破又称毫秒延期爆破,是指在深孔孔间、深孔排间或深孔内以毫秒级的时间间隔,按一定顺序起爆的一种爆破方法。通常用不同段别毫秒雷管调节排间微差时间,这种方法具有降低爆破地震效应、改善破碎质量、降低炸药单耗、减小后冲、爆堆比较集中等明显优点。因此,在各种爆破工程中得到广泛应用,特别是大区多排孔微差爆破方法已成为露天爆破开挖工程的一种主要方法。

随着开挖工程规模的不断扩大,大区多排微差爆破越来越显示出其优越性。为保证达到良好的爆破效果,必须正确选择起爆方案。起爆方案是与深孔布置方式和起爆顺序紧密结合的,需要根据岩石性质、裂隙发育程度、构造特点、爆堆要求和破碎程度等因素进行选择。

常用的起爆方案如图1-46所示。图1-46(a)为方形(或矩形)布孔,排间微差起爆;图1-46(b)为方形(或矩形)布孔,对角微差起爆;图1-46(c)为方形(或矩形)布孔,V形微差起爆;图1-46(d)为方形(或矩形)布孔,横向掏槽起爆;图1-46(e)为三角布孔,排间微差起爆;图1-46(f)为三角布孔,对角微差起爆;图1-46(g)为三角布孔,V形微差起爆。

此外,在方形或三角形布孔方式中,也可采用单孔顺序微差起爆方案。

目前,多采用三角形布孔对角起爆或V形起爆方案,以形成小抵抗线宽孔距爆破,使深孔实际的密集系数增大到3~8,以保证岩石的破碎质量。

3.4 预裂爆破和光面爆破

为保证保留岩体按设计轮廓面成形并防止围岩破坏,须采用轮廓控制爆破技术。常用的轮廓控制爆破技术包括预裂爆破和光面爆破。所谓预裂爆破,就是首先起爆布置在设计轮廓线上的预裂爆破孔药包,形成一条沿设计轮廓线贯穿的裂缝,再在该人工裂缝的

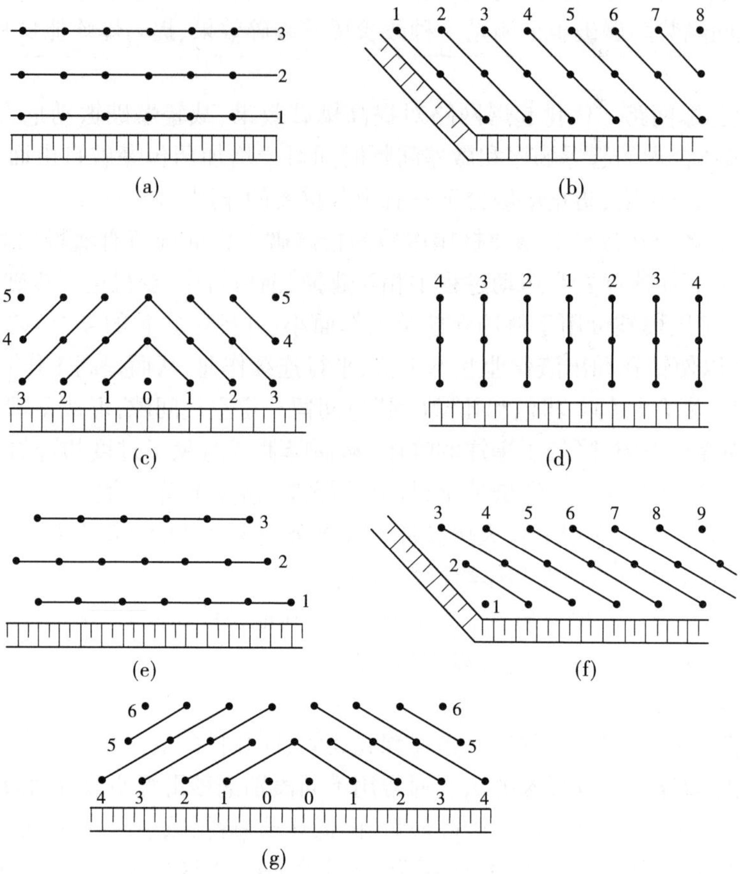

图 1-46 常用的起爆方案

屏蔽下进行主体开挖部位的爆破，保证保留岩体免遭破坏。所谓光面爆破是先爆除主体开挖部位的岩体，然后起爆布置在设计轮廓线上的周边孔药包，将光爆层炸除，形成一个平整的开挖面。

预裂爆破和光面爆破在坝基、边坡和地下洞室岩体开挖中得到了广泛应用。

3.4.1 成缝机理

预裂爆破和光面爆破都要求沿设计轮廓产生规整的爆生裂缝面，两者成缝机理基本一致。现以预裂缝为例论述它们的成缝机理。

预裂爆破采用不耦合装药结构，其特征是药包和孔壁间有环状空气间隔层，该空气间隔层的存在削减了作用在孔壁上的爆炸压力峰值。因为岩石动抗压强度远大于抗拉强度，因此可以控制削减后的爆压不致使孔壁产生明显的压缩破坏，但切向拉应力能使炮孔四周产生径向裂纹。加之孔与孔间彼此的聚能作用，使孔间连线产生应力集中，孔壁连线上的初始裂纹进一步发展，而滞后的高压气体的准静态作用，使沿缝产生气刃劈裂作用，使周边孔间连线上的裂纹全部贯通成缝。

3.4.2 质量控制标准

(1)开挖壁面岩石的完整性用岩壁上炮孔痕迹率来衡量，炮孔痕迹率也称半孔率，为开挖壁面上的炮孔痕迹总长与炮孔总长的百分比率。在水电部门,对节理裂隙极发育的岩体,一般要求炮孔痕迹率达到10%~50%;节理裂隙中等发育者应达50%~80%;节理裂隙不发育者应达80%以上。围岩壁面不应有明显的爆生裂隙。

(2)围岩壁面不平整度(又称起伏差)的允许值为±15 cm。

(3)在临空面上,预裂缝宽度一般不宜小于1 cm。实践表明,对软岩(如葛洲坝工程)裂缝宽度可达2 cm以上,而坚硬岩石预裂缝难以达到1 cm。

4　爆破施工

码1-10　微课:爆破施工1

码1-11　微课:爆破施工2

爆破施工按照《水电水利工程爆破施工技术规范》(DL/T 5135—2013)进行。台阶深孔爆破是一项涉及面广、影响范围较大、工作环节较多的作业,它包括爆区的准备工作、炸药的搬运、凿岩作业、炮孔检查、装药、填塞、网路的连接、爆破警戒、起爆、爆后检查、盲炮处理等。

4.1　凿岩作业

凿岩作业应严格遵守设备维护使用规程,按岗位规程的标准化作业程序进行操作。在进行凿岩作业时,要把质量放在首位,凿岩就是为了给放炮提供高质量的炮孔、孔深、角度、方向。

码1-12　图片:钻孔机械

4.1.1　风钻打孔

风钻是风动冲击或凿岩机,如图1-47所示。风钻在水利工程中应用较多,按其应用条件及架持方法,可分为手持式、柱架式和伸缩式。风钻用空心钻钎送入压缩空气将孔底凿碎的岩粉吹出,叫作干钻;用压力水将岩粉冲出,叫作湿钻。国家规定地下作业必须使用湿钻以减少粉尘,保护工人身体健康。

4.1.2　潜孔钻打孔

潜孔钻是一种回转冲击式钻孔设备,其工作机构(冲击器)直接潜入炮孔内进行凿岩,故名潜孔钻,如图1-48所示。潜孔钻是先进的钻孔设备,它的工效高、构造简单,在大型水利工程中被广泛采用。

4.2　炮孔检查

炮孔检查,是指检查孔深和孔距。孔距一般都能按参数控制,因此炮孔的检查主要是炮孔深度的检查。孔深的检查,分三级检查负责制,即打完孔后个人检查、接班人或班长抽查及专职检查人员验收。检查的方法最简单的是用软绳(测绳)系上重锤(球)来测量炮孔深度,测量时要做好记录。

根据实践,炮孔深度不能满足设计要求的原因有:炮孔壁垮落、片帮导致堵孔;排出的岩渣因某种原因回填孔底;孔口封盖不严造成下雨时雨水冲垮孔口或孔内片石下落堵塞

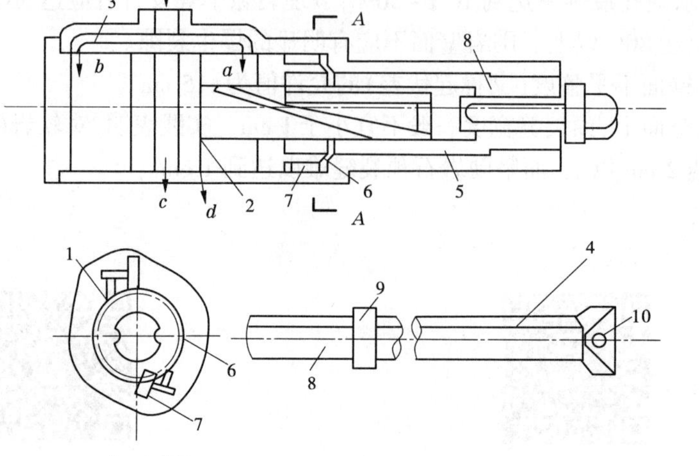

1—汽缸；2—活塞；3—配气孔道；4—钎杆；5—转动套管；6—棘耗；7—棘轮；8—钎尾；9—凸轮；10—钎头。

图 1-47 风动冲击凿岩机结构示意

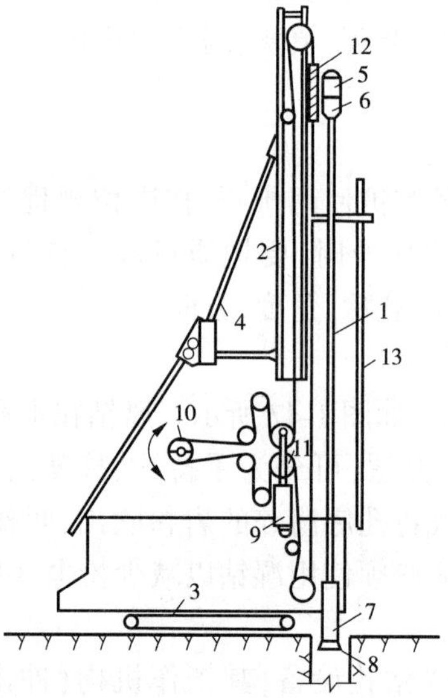

1—钻钎；2—滑架；3—履带；4—拉杆和调斜度板；5—电动机；6—减速箱；
7—冲击器；8—钻头；9—推压汽缸；10—卷扬机；11—托架；12—滑板；13—副钻杆。

图 1-48 潜孔钻结构示意

炮孔；凿岩时，因故岩渣未被吹出，残留岩渣在孔底内沉积造成孔深不够。

为防止堵孔，应该做到：钻完孔后，要将岩渣吹干净，防止回填，若不能吹干净，应摸清规律适当加大钻孔深度；凿岩时将孔口岩石清理干净，防止掉落孔内；防止雨天时雨水流入孔内，可采用围住孔口作围堤的办法，在有条件的地方打完孔后，尽快爆破也是防止堵孔的一个重要方法。

对于没有防水炸药的情况,可以将孔内积水排除,排水方法有提水法、爆破法、高压风吹出法等,使用这些方法孔内积水仍无法排净时,应该采用防水炸药进行爆破。

台阶深孔爆破是一项涉及面广、影响范围较大、工作环节较多的作业,它包括爆区的准备工作、炸药的运搬、装药、填塞、网路的连接、爆破警戒、起爆、爆后检查等。

4.3 装药

爆区装药量核对无误,应在装药开始前先核对孔深、水深,再核对每孔的炸药品种、数量,然后清理孔口附近的浮渣、石块,做好装药准备,再核对微差雷管段别,装药时炸药应避免与岩渣接触,装粉状炸药要用无底布口袋,装防水炸药要用铝铲将炸药切成小块,保持装药顺畅。

关于装药的技术问题简述如下。

4.3.1 装药结构

目前,起爆药包放置位置有3种:第一种是孔口起爆,起爆药包放在孔口,这是上引爆法;第二种是孔底起爆,起爆药包放在孔底,又称下引爆法,反向起爆;第三种是将起爆药包均匀地放置在炸药里,即在炮孔全部炸药里的1/4、3/4两处。

对于感度高、威力大的防水药包,可以采用孔口起爆或孔底起爆;采用感度低的炸药,则应将起爆药均匀地布置在孔内,以保证起爆可靠性。

在特殊条件下,可以使用同一品种、不同密度的炸药来装药,下部由于底盘抵抗线大,应采用密度大的炸药,以保证有较大的体积威力;上部则采用密度较小的炸药,以改善破碎质量。

4.3.2 装药中心

这是反映装药质量的一个参数,它是炮孔内炸药在长度方向上的中点,故称装药中心。这个参数是为了评估深孔爆破的根底产生情况而求算的,装药中心过高,则可能出现根底,且容易从台阶中部某一点造成飞石远抛事故,影响爆破安全。

装药中心过低的原因:一是因底盘抵抗线过小,炸药量过小造成的;二是下部炮孔出现空洞,每米炮孔装药量过大造成的;三是使用不防水炸药时,孔底有水,炸药溶于水而造成的。

装药中心过高的原因:一是装药堵孔;二是装药前未检查出孔深的变化。

装药不慎会造成堵孔,堵孔原因:一是在水孔中炸药在水中下降慢,装药速度超过下降速度而造成的;二是炸药块度过大,在孔内下不去;三是在装药过程中,装药将孔口浮石带入孔内或将孔内松石碰到孔中间,堵住了炸药造成堵孔;四是孔内水面因装药而上升,将孔壁松石冲到孔中间堵孔;五是起爆药包未装到接触炸药处,在孔中部某一处停留又未被发现,继续装药就造成堵孔。

4.3.3 起爆雷管的加工

就是将导火索和火雷管按照要求结合在一起,加工好的雷管叫作起爆雷管。此项加工工作必须在专门的加工房或硐室内进行。

加工起爆雷管时,首先检查导火索和火雷管的质量,并确认为合格者方能使用。然后根据导火索燃速、炮眼深度、炮眼数目、躲炮安全距离及点炮时间等确定导火索长度。导火索最短不得小于1.2 m。

用锋利的小刀按所需长度从导火索卷中截取导火索段，插入火雷管的一端一定要切平，点火的一端可以切成斜面，以便增大点火时的接触面积。导火索插入雷管内，与雷管的加强帽接触为止。如雷管壳是金属的，则需用专门的雷管钳夹紧雷管品，使导火索固接在火雷管中；如果是纸壳雷管，可以采用缠胶布的方法固定导火索。

4.3.4 制作起爆药包

加工起爆药包就是将起爆雷管装入药包内。加工起爆药包时，首先要将药包的一端用手揉松，然后把此端的包装纸打开，用专用锥子（木质的、竹质的或铜质的）沿药包中央长轴方向扎一个小孔，然后将起爆雷管全部插入，并将药包四周的包装纸收拢紧贴在导火索上，最后用胶布或细绳捆扎好。

起爆药包只许在爆破工点于装药前制作该次所需的数量。不得先做成成品备用。制作好的起爆药包应小心妥善保管，不得震动，亦不得抽出雷管。

药包制作过程如图 1-49 所示，分如下几个步骤：

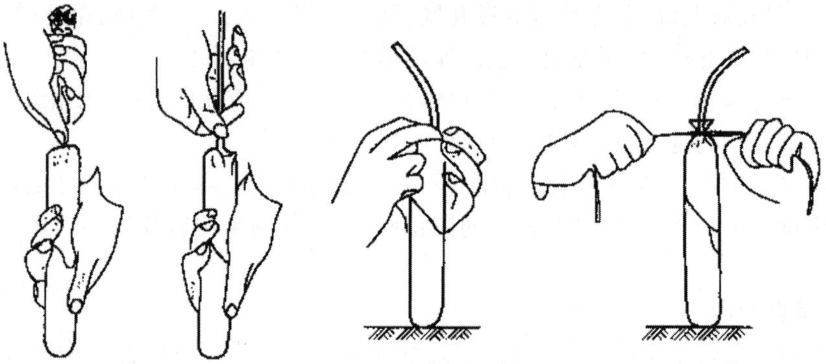

图 1-49 药包制作过程

（1）解开药筒一端。

（2）用木棍（直径 5 mm，长 10~12 cm）轻轻插入药筒中央然后抽出，并将雷管插入孔内。

（3）雷管插入深度。易燃的硝化甘油炸药将雷管全部插入即可；其他不易燃炸药、雷管应埋在接近药筒的中部。

（4）收拢包皮纸并用绳子扎起来，如用于潮湿处则加以防潮处置，防潮时防水剂的温度不超过 60 ℃。

对于深孔爆破，起爆药包的加工有 3 种方法：第一种是将导爆索直接绑扎在药包上，如图 1-50（a）所示，然后将它送入孔内；第二种是采用散装药时，将导爆索的一端系一块石头或药包，如图 1-50（b）所示，然后将它放到孔内，接着将散装药倒入；第三种方法是采用起爆药柱时，将导爆索的一端绑扎在起爆药柱露出的导爆索扣上，如图 1-50（c）所示。

4.4 填塞

填塞工作是在完成装药工作以后进行的，对于塑性较好的炸药，应在完成装药后过 10~30 min 再进行填塞，以防填塞物渗入炸药。

填塞物块应小于 30 mm，填塞前要用塑料袋装一小袋岩渣放入孔内，然后再正式充

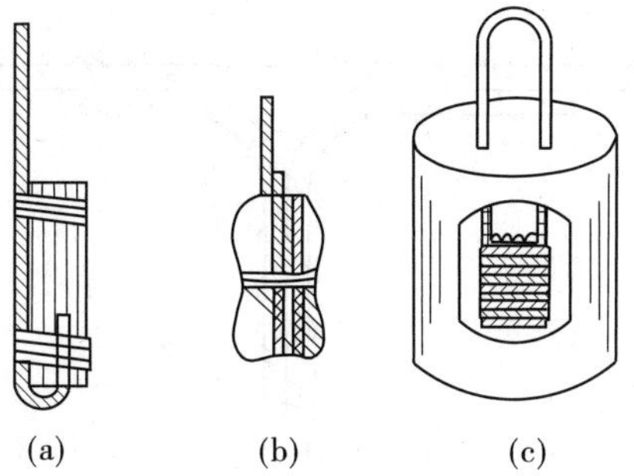

图 1-50 导爆索起爆药包捆扎方法示意

填;填塞时要防止导线或导爆管被砸断、砸破,填塞的长度应按设计要求,不得用石头、木桩堵塞炮孔或代替充填物,以防飞石远抛事故发生。

4.5 网路的连接

由于爆轰波的作用力在其传播方向上最强,与爆轰波传播方向成夹角的导爆索方向上,起爆能力会减弱,减弱的程度与此夹角大小有关。所以导爆索与导爆索之间的连接方式应采用如图 1-51 所示的搭接、扭接、水手接和 T 形接等几种方式。其中,搭接应用最多,为保证传爆可靠,搭接部分的长度应大于 15 cm,支导爆索与主导爆索搭接时,其接头应朝向爆轰波的传播方向,夹角应大于 90°,在导爆索连接较多的情况下,为了防止弄错传爆方向,可以采用图 1-52 所示的三角形接法,这种方法不论主导爆索传爆方向如何都能保证起爆。

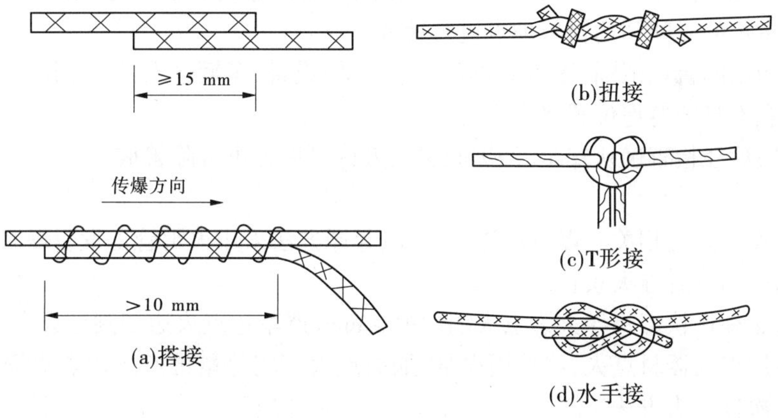

图 1-51 导爆索间的连接方式

导爆索与雷管的连接方式较为简单,可直接将雷管捆在导爆索上,不过雷管的聚能穴端应与导爆索传爆方向相同。

导爆索网路的敷设要严格按设计的方式和要求进行。敷设工作必须从最远地段开始,逐步向起爆源后退,也就是说先进行炮孔导爆索与相应支导爆索的连接,然后逐段进行支导爆索与主导爆索及继爆管的连接。支导爆索与主导爆索的连接全部完成,经检查无误,所有操作人员全部撤出危险区之后,方可进行起爆雷管与主导爆索的连接。

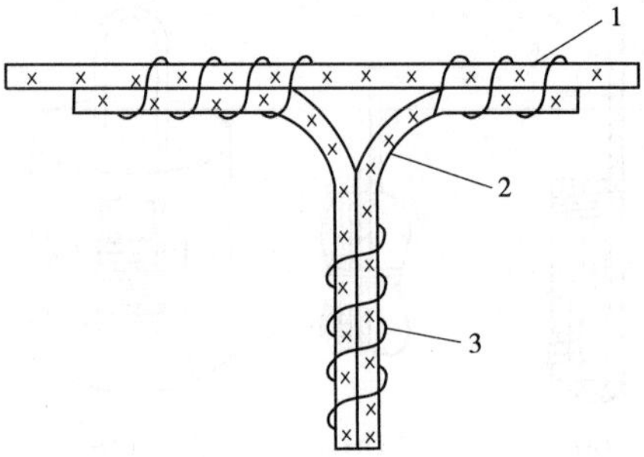

1—主导爆索;2—支导爆索;3—捆绳。

图 1-52　导爆索的三角形连接

敷设应避免导爆管打结、对折、管壁破损、管径拉细、异物入管等问题,以保证爆轰正常传播甚至拒爆。

对连线的安全问题做以下强调:

(1)导线或导爆管等要留有一定富余长度,防止因炸药下沉拉断网路。

(2)网路的连接应在无关人员撤离爆区以后进行,连好后,要禁止非爆破人员进入爆破区段。

(3)网路连接后要有专有警戒,以防意外。

(4)要有专人核对装药、起爆炮孔数或检查网路。

4.6　爆破警戒

爆破实施警戒工作应按规定执行,警戒范围主要依爆破安全距离而定。

(1)按指定的时间到达警戒地点进行警戒。

(2)按指定的警戒范围,爆破员负责禁止人员、设备、车辆进入警戒范围。

(3)注意本身的避炮位置要安全可靠。

(4)爆破后经检查确认安全,经爆破责任人许可后方可解除警戒。

4.7　起爆

按爆破设计采用相关起爆方法进行,非电起爆方法采用火雷管击发引爆时,导火线应按安全撤离距离设置导火索长度。

点火前必须用快刀将导火索点火端切掉 5 mm,严禁边点火边切割导火索。必须用导火索段或专用点火器材点火,严禁用火柴、烟头点火。应尽量推广采用点火筒、电力点火和其他的一次性点火方法。

点火起爆的工作一般在生产工人撤离现场或下班以后进行。爆破指挥人员要确认周围的警戒工作完成,并确认发布放炮信号后方可发出起爆命令。

4.8　爆后检查

爆后必须对爆破现场进行检查,检查的内容包括是否全部炮孔起爆,爆后对周围设备及建筑物的影响情况,爆堆的形状及安全状况。检查出有盲炮时,应分析出盲炮的原因。

4.9　盲炮处理

检查网路未被破坏时,可以重新起爆,如果抵抗线有变化,则要验算安全距离,加强警戒,再连线起爆。在距离炮孔口不小于 10 倍炮孔直径处另打平行孔装药起爆,参数应另行确定;对不抗水炸药可以向孔内灌水,使炸药失效,然后做进一步处理。

5 静态爆破

码 1-13 微课:静态爆破

静态爆破技术在水利工程中的应用有以下几个方面:

(1)除险加固工程。在病险水库及水闸的除险加固工程中,由于施工环境、工期及气候等因素的限制,传统的拆除施工工艺选择受限。静态爆破与液压破碎相结合的拆除方法可以规避这些矛盾,为工程的顺利开展提供保障。

(2)路堑开挖。在路堑开挖施工中,静态爆破技术被广泛采用。它使用化学膨胀破碎剂进行爆破,具有无飞石、无振动、无噪声、无粉尘、无污染等特点,能够在特殊环境下进行施工,保证了施工和周围环境的安全。

(3)岩石开挖。在水利工程中,静态爆破技术也被用于岩石的开挖。通过在人工造孔后使用静态膨胀剂,使岩石胀裂、裂缝、碎落,然后结合破碎锤解小并使用挖掘机将其逐层运走,从而实现岩石的开挖。

静态爆破技术在水利工程中的应用,不仅可以提高施工效率,降低成本,而且可以保证施工和周围环境的安全,是一种非常有效的施工方法。

6 爆破公害和安全防护

码 1-14 微课:爆破公害及安全防护

在完成岩石爆破破碎的同时,爆破作业必然会伴生爆破飞石、地震波、空气冲击波、噪声、粉尘和有毒气体等负面效应即爆破公害。因此,在爆破作业中,需研究爆破公害的产生原因、公害强度的分布与衰减规律。通过科学的爆破设计,采用有效的施工工艺措施,以确保保护对象(人员、设备及邻近的建筑物或构筑物等)的安全。

为防范与控制爆破地震波、飞石和空气冲击波等的危害,一般应根据各种情况对安全控制距离进行计算,以便确定警戒范围和安全保护措施。

爆破公害的控制与防护是工程爆破设计中的主要内容,为防止爆破公害带来破坏,应调查周围环境,掌握人员、机械设备及重要建(构)筑物等保护对象的分布状况,并根据各种保护对象的承受能力,按照有关规范规程规定的安全距离,确定允许爆破规模。爆破施工过程中,危险区的人员,设备应撤至安全区,无法撤离的建(构)筑物及设施必须予以防护。

爆破公害的控制与防护可以从爆源、公害传播途径及保护对象3个方面采取措施。

6.1 在爆源控制公害强度

在爆源控制公害强度是公害防护最为积极有效的措施。

合理的爆破参数、炸药单耗和装药结构既可保证预期的爆破效果,又可避免爆炸能量过多地转化为震动、冲击波、飞石和爆破噪声等公害;采用深孔台阶微差爆破技术可有效削弱爆破震动和空气冲击波强度;合理布置岩石爆破中最小抵抗线方向不仅可有效控制飞石方向和距离,而且对降低与控制爆破震动、空气冲击波和爆破噪声强度也有明显的效果。保证炮孔的堵塞长度与质量、针对不良的地质条件采取相应的爆破控制措施对削减爆破公害的强度也是非常重要的方向。

6.2 在传播途径上削弱公害强度

在爆区的开挖线轮廓进行预裂爆破或开挖减震槽,可有效降低传播至保护区岩体中的爆破地震波强度。

对爆区临空面进行覆盖、架设防波屏削弱空气冲击波强度,阻挡飞石。

6.3 保护对象的防护

当爆破规模已定,而在传播途径上的防护措施尚不能满足要求时,可对危险区内的建筑物及设施进行直接防护。对保护对象的直接防护措施有防震沟、防护屏及表面覆盖等。

此外,严格执行爆破作业的规章制度,对施工人员进行安全教育也是保证安全施工的重要环节。

【工程案例】

码 1-15 工程案例

【能力训练】

码 1-16 能力训练

模块2 地基处理

【学习目标】

名称	内容
知识目标	1. 掌握岩基灌浆类型及各自的作用、灌浆位置和灌浆时间安排； 2. 掌握水泥灌浆施工工艺和技术要点； 3. 熟悉砂砾石地层灌浆的施工方法； 4. 掌握混凝土防渗墙施工工艺和技术要点； 5. 掌握灌浆质量检查方法
能力目标	1. 能根据不同的地基条件，选择适合的灌浆方法及相应施工机械，确定施工方案； 2. 能按照施工工序进行岩基灌浆施工； 3. 能进行灌浆质量控制； 4. 能进行混凝土防渗墙施工
素质目标	1. 培养学生乐观、积极的工作态度； 2. 培养学生吃苦耐劳、精益求精的工匠精神和“忠诚、干净、担当、科学、求实、创新”新时代水利精神； 3. 培养学生规范意识、团队精神、协作能力

学·思·悟

1. 结合基础处理工程典型案例，强调施工工序的重要性，引导学生建立科学、规范的施工意识，增强学生的责任感，培养新时代水利人的工程素养。

2. 通过案例导入，介绍灌浆新技术——GIN法灌浆，培养学生精益求精的大国工匠精神和学生勇于创新、追求卓越的工作作风。

3. 以灌浆工作任务为驱动，引导学生查阅灌浆施工规范，进行分组讨论，展示学习成果，锻炼学生团队协作和自我展示的能力，养成查找规范和使用规范的能力。

【参考规范】

1.《水利水电工程单元工程施工质量验收评定标准 第3部分：地基处理与基础工程》(SL 631.3—2025)；

2.《水电水利工程覆盖层灌浆技术规范》(DL/T 5267—2012)；

3.《水电水利工程混凝土防渗墙施工规范》(DL/T 5199—2019)；

4.《水工建筑物水泥灌浆施工技术规范》(SL/T 62—2020)；
5.《水工建筑物地基处理设计规范》(SL/T 792—2020)。

项目 1　岩基处理

岩基处理是指为满足水工建筑物对基础的承载力、整体性、变形、稳定性和防渗等要求,对天然岩基存在的各种缺陷进行处理所采取的工程措施。

岩基处理有多种类型,按目的和要求,可分为提高岩基强度和完整性的加固处理、防止岩基渗流和降低渗透压力(扬压力)的防渗处理及喀斯特处理 3 个方面。目前用的较多的处理方法是灌浆。

任务　岩基灌浆

1　岩基灌浆概念与类型

码 2-1　微课:岩基灌浆概念与类型

岩基灌浆是提高岩基强度,加强岩基整体性和抗渗性的有效措施。岩基灌浆处理是将某种具有流动性和胶凝性的浆液,按一定的配比要求,通过钻孔用灌浆设备压入岩层的空隙中,经过硬化胶结,形成结石,以达到改善基岩物理力学性能的目的。

岩基灌浆按目的不同,有帷幕灌浆、固结灌浆和接触灌浆。

帷幕灌浆是指布置在靠近上游迎水面的坝基内,通过钻孔向其中压入浆液,形成一道连续的防渗幕墙,以减少坝基的渗流量,降低坝底渗透压力,保证基础渗透稳定的工程措施。

固结灌浆是为了改善节理裂隙发育或有破碎带的岩石的物理力学性能而进行的灌浆工程。其主要作用是:①提高岩体的整体性与均质性;②提高岩体的抗压强度与弹性模量;③减少岩体的变形与不均匀沉陷。

接触灌浆是在岩石上或钢板结构物四周浇筑混凝土时,等混凝土干缩后,对混凝土与岩石或钢板之间形成缝隙的灌浆。主要作用是:填充缝隙,增加锚着力和加强接触面间的密实性,防止漏水。在岩石地基上建造混凝土坝,当混凝土体积收缩后,两者之间会产生缝隙,对于这类缝隙需要进行接触灌浆。在岩石比较平缓部位,接触灌浆常与岩石中的帷幕灌浆结合进行。

岩基灌浆按灌注材料不同,主要有水泥灌浆、水泥黏土灌浆和化学灌浆。

2　灌浆材料

岩基灌浆以水泥基浆液为主。遇到一些特殊地质条件如断层、破碎带、微细裂隙等,当使用水泥浆液难以达到预期效果时,方采用化学灌浆材料作为补充,而且化学灌浆材料多在水泥灌浆基础上进行。化学灌浆材料一般有环氧树脂、聚氨酯、甲凝等。

码 2-2 微课：灌浆材料

由于灌浆的目的和地基地质条件不同,组成浆液的基本材料和浆液中各种材料的配合比例也有很大的变化,常需在浆液中掺用一些外加剂。其主要类别如下：

(1)速凝剂,例如水玻璃、氯化钙、三乙醇胺等。

(2)高效减水剂,例如萘系减水剂。它对浆液的强烈分散和流动性的提高有明显作用,常用的有 NF、UNF 等。

(3)稳定剂,例如膨润土和其他高塑性黏土等。

(4)其他各种外加剂。

所有外加剂凡能溶于水的均以水溶液状态加入。

3 灌浆施工

码 2-3 微课：灌浆施工

水利工程水泥灌浆按照《水工建筑物水泥灌浆施工技术规范》(SL/T 62—2020)进行。

灌浆施工程序包括灌浆孔位放样、钻孔、钻孔及裂隙冲洗、压水试验、浆液配制、灌注浆液、灌浆结束、灌浆质量检查。

3.1 放样

一般用测量仪器放出建筑物边线或中线后,再根据建筑物中线或边线定灌浆孔的位置,钻孔的开孔位置与设计位置的偏差不得大于 10 cm,帷幕灌浆还应测出各孔高程。

3.2 钻孔

灌浆孔有铅直孔和斜孔两种。钻孔原则应尽可能多地和岩石裂隙层理互相交叉。倾角较大的裂隙一般打斜孔,倾角小于 40°的裂隙可打直孔,打直孔比打斜孔可提高工效 30%~50%,因此最好多打直孔。

帷幕灌浆的钻孔宜采用回转式钻机和金刚石钻头或硬质合金钻头,其钻进效率较高,不受孔深、孔向、孔径和岩石硬度的限制,还可钻取岩芯。钻孔的孔径一般为 75~90 mm。固结灌浆则可采用各式合适的钻机与钻头。

钻孔的质量对灌浆效果影响很大。钻孔质量包括:①确保孔深、孔向、孔位符合设计要求;②力求孔径上下均一、孔壁平顺;③钻进过程中产生的岩粉细屑较少。

在工程实践中,按钻孔深度不同规定了钻孔偏斜的允许值,如表 2-1 所示,当深度大于 60 m 时,则允许的偏差不应超过钻孔的间距。钻孔结束后,应对孔深、孔斜和孔底残留物等进行检查,不符合要求的应采取补救处理措施。

表 2-1 钻孔孔底最大允许偏差值

钻孔深度/m	20	30	40	50	60
允许偏差/mm	0.25	0.50	0.80	1.15	1.50

3.3　钻孔及裂隙冲洗

钻孔后,进行冲洗,冲洗工作通常分为:①钻孔冲洗,将残存在钻孔底和黏滞在孔壁的岩粉铁屑等冲洗出来;②岩层裂隙冲洗,将岩层裂隙中的充填物冲洗出孔外,以便浆液进入腾出的空间,使浆液结石与基岩胶结成整体。在断层、破碎带和细微裂隙等复杂地层中灌浆,冲洗的质量对灌浆效果影响极大。

一般采用灌浆泵将水压入孔内循环管路进行冲洗,如图 2-1 所示。将冲洗管插入孔内,用阻塞器将孔口堵紧,用压力水冲洗。也可采用压力水和压缩空气轮换冲洗或压力水和压缩空气混合冲洗的方法。

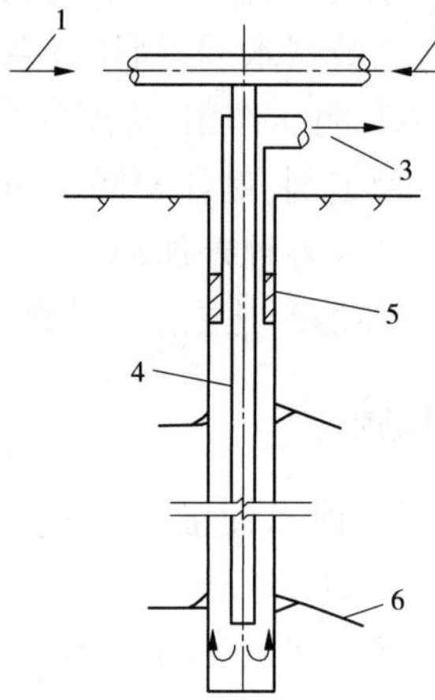

1—压力水进口;2—压缩空气进口;3—出口;4—灌浆孔;5—阻塞器;6—岩层裂隙。

图 2-1　钻孔冲洗方法

钻孔冲洗时,将钻杆下到孔底,从钻杆通入压力水进行冲洗。冲孔时流量要大,使孔内回水的流速足以将残留在孔内的岩粉铁末冲出孔外。冲孔一直要进行到回水澄清 5~10 min 才结束。

岩层裂隙冲洗方法有单孔冲洗和群孔冲洗两种。

在岩层比较完整、裂隙比较少的地方,可采用单孔冲洗。冲洗方法有高压压水冲洗、高压脉动冲洗和扬水冲洗等。

3.3.1　单孔冲洗

3.3.1.1　高压压水冲洗

整个冲洗过程均在高压下进行,裂隙中的充填物沿着加压的方向推移和压实。冲洗压力可以采用同段灌浆压力的 70%~80%,但当大于 1 MPa 时,采用 1 MPa。当回水洁净,流量稳定 20 min 就可停止冲洗。

3.3.1.2　高压脉动冲洗

高压脉动冲洗即采用高压、低压水反复变换冲洗。先用高压水冲洗,冲洗压力为灌浆压力的 80%,经 5~10 min 以后,将孔口压力在几秒钟内突然降低到零,形成反向脉冲水流,将裂隙中的碎屑带出。通过不断地升降压循环,对裂隙进行反复冲洗,直到回水洁净,最后延续 10~20 min 后就可结束冲洗。高压脉动的压力差愈大,冲洗效果愈好。

3.3.1.3　扬水冲洗

对于地下水位较高、地下水补给条件良好的钻孔,可采用扬水冲洗,冲洗时先将管子下到钻孔底部,上端接风管,通入压缩空气。孔中水气混合以后,由于比重减轻,在地下水压力作用下,再加压缩空气的释压膨胀与返流作用,挟带着孔内的碎屑杂物喷出孔外。如果孔内水位恢复较慢,则可向孔内补水,间歇地扬水,直到将孔洗净为止。

3.3.2　群孔冲洗

群孔冲洗一般适用于岩层破碎、节理裂隙比较发育且在钻孔之间相互串通的地层中。它是将两个或两个以上的钻孔组成一个孔组,轮换地向一个孔或几个孔压进压力水或压力水混合压缩空气。从另外的孔排出污水,这样反复交替冲洗,直到各个孔出水洁净为止,如图 2-2 所示。

群孔冲洗时,沿孔深方向冲洗段的划分不宜过长,否则冲洗段内钻孔通过的裂隙条数

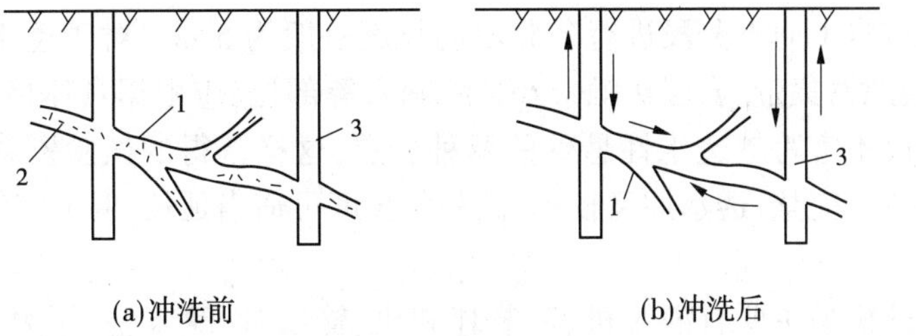

1—裂隙;2—充填物;3—钻孔。

图 2-2 群孔冲洗示意

增多,这样不仅分散冲洗压力和冲洗水量,并且一旦有部分裂隙冲通以后,水将相对集中在这几条裂隙中流动,使其他裂隙得不到有效的冲洗。

为了提高冲洗效果,有时可在冲洗液中加入适量的化学剂,如碳酸钠(Na_2CO_3)、氢氧化钠(NaOH)或碳酸氢钠($NaHCO_3$)等,以利于泥质充填物的溶解。加入化学剂的品种和掺量,宜通过试验确定。

采用高压水或高压水气冲洗时,要注意观测,防止冲洗范围内岩层的抬动和变形。

3.4 压水试验

灌浆施工时的压水试验,使用的压力通常为同段灌浆压力的 80%,但一般不大于 1 MPa。试验时,可在预定压力之下,每隔 5 min 记录一次流量读数,直到流量稳定 30~60 min,取最后的流量作为计算值,再按式(2-1)计算该地层的透水率 q。

$$q = \frac{Q}{PL} \tag{2-1}$$

式中 q——地层的透水率,Lu(吕容);

Q——单位时间内试验段的注水总量,L/min;

P——作用于试验段内的全压力,MPa;

L——压水试验段的长度,m。

所谓透水率,是指在单位时间内,通过单位长度试验孔段,在单位压力作用下所压入的水量,试验成果可按式(2-1)计算求得地层的透水率 q(Lu),当然压水试验也运用于灌浆质量的检查。

对有关岩溶泥质充填物和遇水性能恶化的地层在灌浆前可以不进行裂隙冲洗,也不宜做压水试验。

帷幕灌浆孔压水试验结果符合下列标准之一时,试验工作即可结束,且以最终压入流量读数作为计算流量。

(1)当流量大于 5 L/min 时,连续 4 次读数的最大值与最小值之差小于最终流量的 10%。

(2)当流量小于 5 L/min 时,连续 4 次读数的最大值与最小值之差小于最终流量的 20%。

(3)连续 4 次读数流量均小于 0.5 L/min。

压水试验应自上而下分段进行。分段的长度一般为 5 m。对于透水性较强的岩层、构造破碎带、裂隙密集带、岩层接触带及岩溶洞穴等部位,应根据具体情况确定试段的长度。同一试验段不宜跨越透水性悬殊的两种岩层,这样获得的试验资料更具有代表性。如果地层比较单一完整,透水性又较小,试验段长度可适当延长,但不宜超过 10 m。

3.5 灌浆

灌浆需用的机械主要有灌浆机、灰浆拌和机、输浆管、灌浆塞、压力表及其他附属设备等。

3.5.1 钻孔灌浆的次序

基岩的钻孔与灌浆应遵循分序和加密的原则进行。一方面,可以提高浆液结石的密实性;另一方面,通过后灌序孔透水率和单位吸浆量的分析,可推断先灌序孔的灌浆效果,若经过压水试验,透水率达到设计要求,除省去后序孔的灌浆,同时还有利于减少相邻孔串浆现象。

码 2-4 图片:
灌浆机械

单排帷幕孔的钻灌次序是先钻灌第Ⅰ序孔,然后依次钻灌第Ⅱ、Ⅲ序孔,如有必要再钻灌第Ⅳ序孔,见图 2-3。

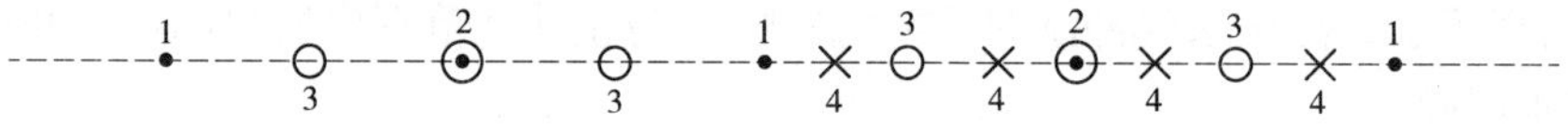

1—第Ⅰ序孔;2—第Ⅱ序孔;3—第Ⅲ序孔;4—第Ⅳ序孔。

图 2-3 单排帷幕孔的钻灌次序

双排和多排帷幕孔,在同一排内或排与排之间均应按逐渐加密的次序进行钻灌作业。双排帷幕孔通常是先灌下游排,后灌上游排;多排帷幕孔是先灌下游排,再灌上游排,最后灌中间排。在坝前已经壅水或有地下水活动的情况下,更有必要按照这样的次序进行钻灌作业,以免浆液过多地流失到灌浆区范围以外。

帷幕灌浆各个序孔的孔距视岩层完好程度而定,一般多采用第Ⅰ序孔孔距 8~12 m,然后内插加密,第Ⅱ序孔孔距 4~6 m,第Ⅲ序孔孔距 2~3 m,第Ⅳ序孔孔距 1~1.5 m。

对于岩层比较完整、孔深 5 m 左右的浅孔固结灌浆,可以采用两序孔进行钻灌作业;孔深 5 m 以上的中深孔固结灌浆,则以采用 3 孔施工为宜。固结灌浆最后一个序孔的孔距和排距,与基岩地质情况及应力条件等有关,一般为 3~6 m。

3.5.2 注浆方式

按照灌浆时浆液灌注和流动的特点,灌浆方式有纯压式和循环式两种。对于帷幕灌浆,应优先采用循环式。

纯压式灌浆,就是一次将浆液压入钻孔,并扩散到岩层裂隙中。灌注过程中,浆液从灌浆机向钻孔流动,不再返回,如图 2-4(a)所示。这种灌注方式设备简单,操作方便,但浆液流动速度较慢,容易沉淀,易造成管路与岩层缝隙堵塞,影响浆液扩散,多用于吸浆量大、有大裂隙存在、孔深不超过 12~15 m 的情况。

循环式灌浆,即灌浆机把浆液压入钻孔后,浆液一部分被压入岩层缝隙中,另一部分

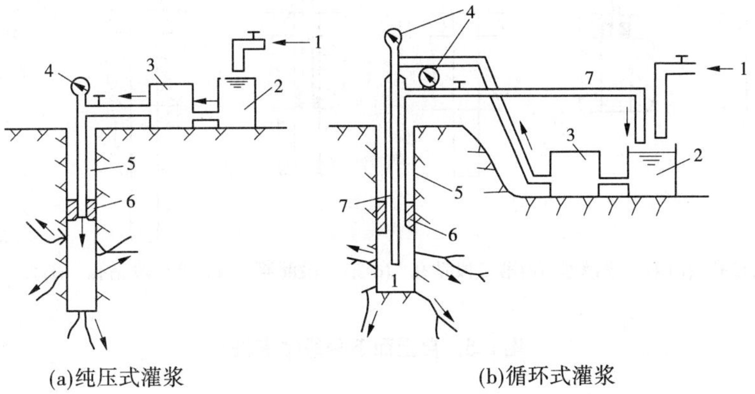

1—水;2—拌浆桶;3—灌浆泵;4—压力表;5—灌浆管;6—灌浆塞;7—回浆管。

图2-4 纯压式和循环式灌浆示意

由回浆管返回拌浆桶中,如图2-4(b)所示。这种方法一方面可使浆液保持流动状态,减少浆液沉淀;另一方面可根据进浆和回浆浆液比重的差别,来了解岩层吸收情况,并作为判定灌浆结束的一个条件。

3.5.3 钻灌方法

按照同一钻孔内的钻灌顺序,有全孔一次钻灌和全孔分段钻灌两种方法。

全孔一次钻灌是将灌浆孔一次钻到设计孔底,并沿全孔进行灌浆。这种方法施工简便,多用于孔深不超过6 m、地质条件良好、基岩比较完整的情况。

全孔分段钻灌又分自上而下分段钻灌法、自下而上分段钻灌法、综合钻灌法及孔口封闭灌浆法等。

3.5.3.1 自上而下分段钻灌法

其施工顺序是:钻一段,灌一段,待凝一定时间以后,再钻灌下一段,钻孔和灌浆交替进行,直到设计深度,如图2-5所示。这种方法的优点是:随着段深的增加,可以逐段增加灌浆压力,借以提高灌浆质量;由于上部岩层经过灌浆形成结石,下部岩层灌浆时,不易产生岩层抬动和地面冒浆等现象;分段钻灌,分段进行压水试验,压水试验的成果比较准确,有利于分析灌浆效果,估算灌浆材料的需用量。这种方法的缺点是:钻灌一段以后,要待凝一定时间,才能钻灌下一段,钻孔与灌浆须交替进行,设备搬移频繁,影响施工进度。

3.5.3.2 自下而上分段钻灌法

一次将孔钻到全深,然后自下而上逐段灌浆,如图2-6所示。这种方法的优缺点与自上而下分段钻灌法刚好相反。一般多用在岩层比较完整或基岩上部已有足够压重不致引起地面抬动的情况。

3.5.3.3 综合钻灌法

在实际工程中,通常是接近地表的岩层比较破碎,愈往下岩愈完整。因此,在进行深孔灌浆时,可以兼取以上两种方法的优点,上部孔段采用自上而下钻灌法,下部孔段则采用自下而上钻灌法。

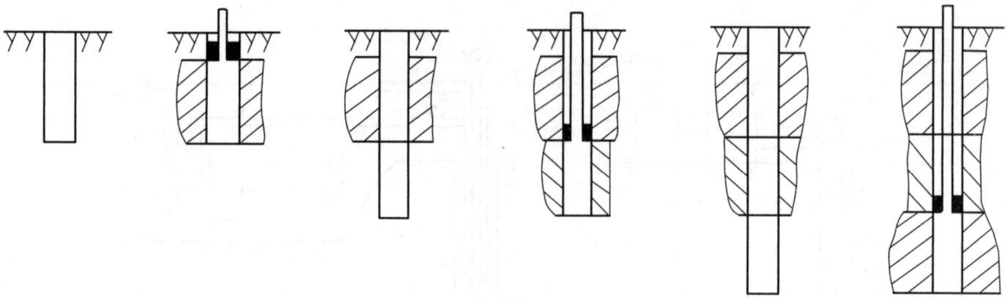

图 2-5　自上而下分段钻灌法

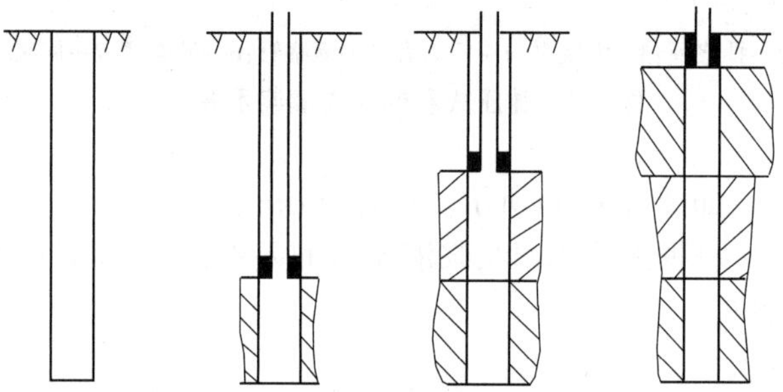

图 2-6　自下而上分段钻灌法

3.5.3.4　孔口封闭灌浆法

其要点是:先在孔口镶铸不小于 2 m 的孔口管,以便安设孔口封闭器;采用小孔径(直径 55~60 mm)的钻头,自上而下逐段钻孔与灌浆;上段灌后不必待凝,进行下段的钻灌,如此循环,直至终孔;可以多次重复灌浆,可以使用较高的灌浆压力。其优点是:工艺简便、成本低、效率高,灌浆效果好。其缺点是:当灌注时间较长时,容易造成灌浆管被水泥浆凝住的现象。该法对孔口封闭器的质量要求较高,以保证灌浆管灵活转动和上下活动。

孔口封闭灌浆法是一种灌浆新技术,在许多工程中相继得到应用。在喀斯特发育的地层,如乌江渡、隔河岩、观音岩等水利电工程,其帷幕灌浆采用孔口封闭灌浆法,均取得了较好的防渗效果。

需要说明的是,灌浆孔段的划分对灌浆质量有一定影响。原则上说,灌浆孔段的长度应该根据裂缝分析情况确定,每一孔段的裂隙分布应大体均匀,以便施工操作和提高灌浆质量。一般情况下,灌浆孔段的长度多控制在 5~6 m。如果地质条件好、岩层比较完整,段长可适当放长,但也不宜超过 10 m;在岩层破碎、裂隙发育的部位,段长应适当缩短,可取 3~4 m;而在破碎带、大裂隙等漏水严重的地段,以及坝体与基岩的接触面,应单独分段进行处理。

3.5.4 灌浆压力控制

在灌浆过程中根据设计的压力施灌时,应合理有效地控制灌浆压力,是提高灌浆效果的重要保证。灌浆压力可以通过灌浆管路上的压力表测读,即

$$P = P_1 + P_2 \pm P_f \tag{2-2}$$

式中 P——灌浆压力,MPa;

P_1——灌浆管路中压力表的指示压力,MPa;

P_2——计入地下水水位影响以后的浆液自重压力,浆液的密度按最大值计算,MPa;

P_f——浆液在管路中流动时的压力损失,MPa。

计算 P_f 时,如压力表安设在孔口进浆管上(纯压式灌浆),则按浆液在孔内进浆管中流动时的压力损失进行计算,在公式中取负号;当压力表安设在孔口回浆管上(循环式灌浆),则按浆液在孔内环形截面回浆管中流动时的压力损失进行计算,在公式中取正号。

所以,压力控制中的操作通过压力表的指示读数来调整,在计算机自动控制的灌浆作业中,压力可通过压力传感器测得,计算机显示其值。

灌浆过程中灌浆压力的控制基本上有两种类型,即一次升压法和分级升压法。

(1)一次升压法。灌浆开始后,一次将压力升高到预定的压力,并在这个压力作用下,灌注由稀到浓的浆液。当每一级浓度的浆液注入量和灌注时间达到一定限度以后,就变换浆液配比,逐级加浓。随着浆液浓度的增加,裂隙被逐渐充填,浆液注入率将逐渐减小,当达到结束标准时,就结束灌浆。这种方法适用于透水性不大、裂隙不甚发育、岩层比较坚硬完整的地方。

(2)分级升压法。是将整个灌浆压力分为几个阶段,逐级升压直到预定的压力。开始时,从最低一级压力起灌,当浆液注入率减小到规定的下限时,将压力升高一级,如此逐级升压,直到预定的灌浆压力。

分级升压法的压力分级不宜过多,一般以 3 级为限,例如可分为 $0.4P$、$0.7P$ 及 P3 级,P 为该灌浆段预定的灌浆压力。浆液注入率的上、下限,视岩层的透水性和灌浆部位、灌浆次序而定,通常上限可定为 80~100 L/min,下限可定为 30~40 L/min。在遇到岩层破碎透水性很大或有渗透途径与外界连通的孔段时,常采用分级升压法。如果遇到大的孔洞或裂隙,则应按特殊情况处理。处理的原则是低压浓浆,间歇停灌,直到规定的标准结束灌浆。待浆液凝固后再重新钻开,进行复灌,以确保灌浆质量。

3.5.5 浆液稠度控制

浆液稠度一般以水和干料的质量比表示,如水泥浆即以水灰比表示。灌浆过程中,必须根据灌浆压力或吸浆率的变化情况,适时调整浆液的稠度,使岩层的大小缝隙既能灌饱,又不浪费。浆液稠度的变换按先稀后浓的原则控制,这是由于稀浆的流动性较好,宽细裂隙都能进浆,使细小裂隙先灌饱,而后随着浆液稠度逐渐变浓,其他较宽的裂隙也能逐步得到良好的充填。对于帷幕灌浆的浆液配比即水灰比,采用水泥浆的稠度一般有 8、5、3、2、1.5、1.0、0.8、0.6、0.5 等 9 个比级。

灌浆中,当灌浆压力保持不变、吸浆率均匀减少时,或吸浆率不变、压力均匀升高时,不得改变水灰比。一般,当某一级水灰比浆液的灌入量已超过规定值,而灌浆压力及吸浆

率均无改变或改变不明显时,应改浓一级水灰比。当其吸浆率大于 6 L/(min · m · MPa)时,可根据具体情况适当越级变浓。但越级变浓后,如灌浆压力突增或吸浆率突减,应立即查明原因,并改回到原水灰比进行灌注。

3.5.6 灌浆的结束条件与封孔

灌浆结束条件,一般用两个指标来控制,一个是残余吸浆量,又称最终吸浆量,即灌到最后的限定吸浆量;另一个是闭浆时间,即在残余吸浆量不变的情况下保持设计规定压力的延续时间。

帷幕灌浆时,在设计规定的压力之下,灌浆孔段的浆液注入率小于 0.4 L/min 时,再延续灌注 60 min(自上而下法)或 30 min(自下而上法);或浆液注入率不大于 1.0 L/min 时,继续灌注 90 min 或 60 min,就可结束灌浆。

对于固结灌浆,其结束标准是浆液注入率不大于 0.4 L/min,延续时间 30 min,灌浆可以结束。

灌浆结束以后,应随即将灌浆孔清理干净,然后进行封孔,对于帷幕灌浆孔,宜采用浓浆灌浆法填实,再用水泥砂浆封孔;对于固结灌浆,孔深小于 10 m 时,可采用机械压浆法进行回填封孔,即通过深入孔底的灌浆管压入浓水泥浆或砂浆,顶出孔内积水,随浆面的上升,缓慢提升灌浆管。当孔深大于 10 m 时,其封孔与帷幕孔相同。

3.6 灌浆效果检查

基岩灌浆的质量检查结果,是整个工程验收的重要依据。

灌浆质量检查的方法很多,常用的有:①在已灌地区钻设检查孔,通过压水试验和浆液注入率试验进行检查。②通过检查孔,钻取岩芯进行检查,或进行钻孔照相和孔内电视,观察孔壁的灌浆质量。③开挖平洞、竖井或钻设大口径钻孔,检查人员直接进去观察检查,并在其中进行抗剪强度、弹性模量等方面的试验;利用地球物理勘探技术,测定基岩的弹性模量、弹性波速等,对比这些参数在灌浆前后的变化,借以判断灌浆的质量和效果。

4 GIN 法灌浆施工

码 2-5 GIN 法灌浆施工

GIN(Grouting Intensity Number)法灌浆由瑞士灌浆专家隆巴迪(G. Lombardi)于 1993 年提出,GIN 灌浆方法具有施工速度快、节约材料、灌浆效果好、施工简单等优点。已在许多国家得到了广泛应用,取得了良好的经济效益和社会效益。

2004 年,隆巴迪(G. Lombardi)又提出 GIN 法流量控制灌浆的观点,使 GIN 法灌浆又有了新的发展。

4.1 GIN 值的概念

要对岩体灌浆使其紧密就必须消耗比较多的能量。在一个灌浆段内,能量的消耗近似等于灌浆压力 P 和单位段长累计注入量 V 的乘积,即 $P \times V$。这个数值($P \times V$)就叫作 GIN 值(灌浆强度值)。若灌浆压力以 MPa 计,单位段长累计注入量以 L/m 计,GIN 为 200,即 $P \times V = 200$(MPa · L/m)。

4.2 GIN 法灌浆的特点

(1)GIN 值由设计单位确定,在施工工法中只是执行。

(2)GIN 法在一个灌浆段灌浆的全过程采用单一配合比的稳定浆液，在灌浆过程中不变换浆液配比。稳定浆液是指 2 h 析水率小于 4%(或 5%)的浆液。配比需经过试验确定。

传统的灌浆方法是采用配比变换的浆液，由稀到稠逐级变换浆液稠度，灌浆开始就尽快达到设计压力，没有特殊情况在整个灌浆过程中压力维持不变。

(3)采用“流量控制法”控制灌浆全过程，强调灌浆过程中流量的控制，在保持流量稳定的条件下，使压力慢慢提高，强化了灌浆对地层和建筑物的破坏的监控，保证了工程的质量。

(4)固定配比的稳定浆液的采用，简化了施工工艺；由于稳定浆液属于浓浆，减少了灌浆结束后浆液的回流量，提高了浆液结石的密度、强度、耐久性，提高了浆液结石的抗化学侵蚀、抗水冲击能力。

(5)灌浆全过程由计算机自动监控、记录，具备报警和自动结束功能，由计算机自动生成报表、成果资料，减少了人为因素的影响，有利于灌浆质量的控制。

GIN 法灌浆适用于岩石水泥帷幕灌浆施工，也可用于岩石水泥固结灌浆施工。

4.3 稳定浆液

稳定浆液是指 2 h 析水率≤4%(或 5%)的浆液。优良的稳定浆液要求水灰比在 0.7∶1~0.9∶1，比重≥1.63 g/cm^3，马氏黏度在 28~36 s，2 h 析水率≤4%，浆液 7 d 抗压强度大于 10 MPa，浆液 28 d 抗压强度大于 17 MPa。

稳定浆液属于浓浆，浆液的流动性与浆液的水灰比有直接关系，水灰比愈小，流动性愈小。水灰比 0.7∶1~0.9∶1的稳定浆液流动性适中。另外，水泥的品种、细度、浆液温度等对流动性也有一定的影响。具体要根据稳定浆液的流动性要求通过试验确定水灰比。

普通灌浆的浆液从稀浆向浓浆逐级变换，由于起灌浆液水灰比较稀，浆液中的含水量较高，使裂隙过早地被较稀的浆液填充，稀浆中的水泥颗粒容易沉淀，不利于水泥结石的凝结，且不稳定，很难形成整体的水泥结石块。水分过量，使裂隙中结石的抗压强度和抗化学侵蚀能力降低，耐久性降低。而在灌浆结束前使用较浓的浆液，黏度和内聚力太高，极不利于浆液在裂隙中流动和扩散，最重要的是普通浆液有较高的离析率，裂隙上部只能是空腔，而下部才能形成结合较为充分的水泥结石。

通常人们认为稀浆比浓浆更容易进入裂隙，实际上对于裂隙而言，水泥颗粒的直径和裂隙开裂度的匹配关系决定着浆液的进入，而不是浆液中水量的多少。

还有几种方法能使浆液更为方便地进入裂隙当中：①浆液中加入外加剂以避免因静电造成水泥颗粒的集块现象；②采用更细的水泥；③采用更高的压力；④利用压力水冲洗，使裂隙开裂度加大，水泥颗粒更容易进入。采用稀浆的另一缺点是其不稳定性，它们对裂隙的注入性和注入量是难以预计到的，而使用稳定浆液的 GIN 法灌浆，GIN 值相同时浆液的扩散半径大致是相同的，浆液不会流失到需要灌浆的范围以外，造成水泥浪费。此外，在压力结束时，稀浆有明显的回流现象，而浓浆则没有。

GIN 法灌浆使用的稳定浆液不变换浆液浓度，相对于需要变换浆液浓度的普通浆液的制备工艺要简单。

采用稳定浓浆的理由很多，但主要是考虑到岩石裂隙内水泥结石的特性，也可以说是灌浆后的工程质量：①力学强度高；②减少灌浆结束后的回流量，减少浆液的析水率，使结石充满裂隙；③与岩壁有很好的附着力；④有很高的抗化学侵蚀能力。

4.4 工艺流程和施工要点

4.4.1 稳定浆液室内试验

水泥浆液的基本组分是水泥和水，为了满足析水率的要求，加入膨润土，但膨润土又使浆液流动性变小（马氏黏度值变大），强度降低，为了满足流动性和强度的要求，又要加入减水剂。所以，稳定浆液的基本组分有水、水泥、膨润土和减水剂。在实验室进行稳定浆液的配比试验，选用水灰比（E/C）范围在0.6∶1～1.0∶1，膨润土添加量为水泥量（B/C）的0.5%～5%，外加剂添加量为水泥量（A/C）的0～3%，每种浆液配比要做3～6次，以确保试验数据的稳定。试验的组数基本按正交试验确定。

4.4.2 稳定浆液的制备

稳定浆液的4种组分，除水泥是以固态加入外，其余3种都要以液态加入。膨润土要先制成浆（称母浆），再熟化24 h（称熟浆）才能使用。

向高速搅拌机投料的顺序为：水→水泥→膨润土浆→外加剂，由于投料顺序对浆液指标有一定影响，所以应严格遵守，且每罐添加间隔时间大致相同。高速搅拌机搅拌3 min左右即可，太长或太短，都可能影响鲜浆的黏度、密度或析水率指标。每1 000～1 500 L浆液对指标检验一次，以确保制浆质量。

4.4.3 灌浆施工

4.4.3.1 灌浆试验和设计GIN值的调整

正式灌浆前，首先建立灌浆试验区，分Ⅳ序进行灌浆试验，试验结束后，通过统计检查孔灌浆质量，调整GIN法值。

4.4.3.2 钻孔

GIN法灌浆对钻孔没有特殊的要求，和普通灌浆一样，GIN法灌浆可以适应不同孔径。

4.4.3.3 灌浆施工

GIN法灌浆只能采用纯压式灌浆方法进行灌浆，灌浆试验器可采用充气式或注水式气密胶囊试验器，也可采用机械式试验器。大部分采用的是注水式气密胶囊试验器，注水式气密胶囊试验器放置在灌浆段的顶部，试验器内管部分和输浆管路连接，通过手压泵向胶囊内注水，直到压力至相应值，一般胶囊压力较大于本段灌浆压力最大值。

灌浆结束，放完胶囊内全部水，使压力为0时再提拔胶囊。（使用结束后应及时清洗）

4.4.3.4 灌浆检查

当进行第Ⅳ序孔（孔距1.5 m）施工时，进行岩芯提取，钻孔低于帷幕线5 m，并自上而下进行逐段压水，对于压水结果<5 Lu的合格段>95%的孔，进行防水试验。防水试验是把灌浆试验器紧于孔口处进行全孔压水，当流量<10 L/min时，自下而上逐段灌浆后用稳定浆液置换压力封孔。

当第Ⅳ序孔施工灌浆段压水结果<5 Lu的合格段≥95%时不再布置检查孔，<95%时再次加密布置第Ⅴ序孔，做防水试验，直至合格并进行灌浆和封孔。对于检查孔最后一段不合格（压水结果>5 Lu）的，加深钻孔，并进行灌浆，直至合格。

项目2 砂砾石地基处理

软基主要是指砂砾、黄土、软黏土、细砂层等地基。软基处理主要进行加固与防渗。对砂砾地基的处理,主要是控制渗透流速、渗透流量,保证坝基渗透稳定。处理办法是采用垂直防渗与水平防渗。垂直防渗采用黏土截水墙、混凝土防渗墙及帷幕灌浆等。水平防渗多采用黏土铺盖,有时在坝下游还需采用排水减压等手段。对软黏土或冲积层,因其特点是含水量高,压缩性大,透水性小,抗压、抗剪强度低,可采用加速排水固结办法,提高其抗剪强度,如砂垫层排水、真空抽气加固、砂井预压等措施。对黄土地基,主要是湿陷性黄土,因其沉降量大,可能引起坝的失稳及开裂,可采用挖除、预先浸水或表面强夯等措施。总之,除控制渗流外,还要提高地基强度和稳定性,减少总沉降量和沉降差。对细砂层,则应防止管涌与振动液化现象,近年来发展较快的是利用振冲法加固砂土地基。

任务1 混凝土防渗墙施工

码 2-6 微课:混凝土防渗墙施工

在工程中经常遇到诸如建筑、桥梁工程柱桩及水利工程中的坝闸地基覆盖层的防渗墙等地下结构设施,这些结构的作用和构成虽有差异,但其施工的工艺方法却有相近之处,下面就水利工程中混凝土防渗墙的施工问题进行介绍。

混凝土防渗墙施工按照《水利水电工程混凝土防渗墙施工技术规范》(SL 174—2014)进行。

槽孔(板)型的防渗墙,是由一段段槽孔套接而成的地下墙。尽管在应用范围、构造形式和墙体材料等方面存在着各种类型的防渗墙,但其施工程序与工艺是类似的,主要包括:①造孔的准备工作;②泥浆固壁与造孔成槽;③终孔验收与清孔换浆;④槽孔混凝土浇筑;⑤全墙质量验收等过程。

1 制浆

1.1 泥浆的作用

在松散透水的地层和坝(堰)体内进行造孔成墙,如何维持槽孔壁的稳定是防渗墙施工的关键技术之一,工程实践表明,泥浆固壁是解决这类问题的主要方法。

泥浆固壁的原理:槽孔内的泥浆压力要高于地层的水压力,使泥浆渗入槽壁介质中,其中较细的颗粒进入空隙,较粗的颗粒附在孔壁上,形成泥皮。泥皮对地下水的流动形成阻力,使槽孔的泥浆与地层被泥皮隔开,泥浆一般具有较大密度,所产生的侧压力通过泥皮作用在孔壁上,就保证了槽壁的稳定。

泥浆除固壁作用外,在造孔过程中,尚有悬浮和携带岩屑、冷却润滑钻头的作用;成墙以后,渗入孔壁的泥浆和胶结在孔壁上的泥皮,还对防渗起辅助作用。

1.2 材料及要求

由于泥浆的特殊重要性，在防渗墙施工中，国内外工程对泥浆的制浆土料、配比及质量控制等方面均有严格要求。

（1）泥浆的制浆材料主要有膨润土、黏土、水，以及改善泥浆性能的掺和料，如加重剂、增黏剂、分散剂和堵漏剂等。制浆材料通过搅拌机进行拌制，经筛网过滤后，输入专用储浆池备用。

（2）我国根据大量的工程实践，提出制浆土料的基本要求是：黏粒含量大于 50%，塑性指数大于 20，含砂量小于 5%，氧化硅与三氧化二铝含量的比值以 3~4 为宜。

配制而成的泥浆，其性能指标应根据地层特性、造孔方法和泥浆用途等，通过试验选定。表 2-2 所列为新制黏土泥浆性能指标，可供参考。

表 2-2 新制黏土泥浆性能指标

漏斗黏度/s	密度/(g/cm^3)	含砂量/%	胶体率/%	稳定性/[$g/(cm^3 \cdot d)$]	失水量/(mL/30 min)	1 min 静切力/Pa	泥饼厚/mm	pH
18~25	1.1~1.2	≤5	≥96	≤0.03	<30	2.0~5.0	2~4	7~9

泥浆的造价一般可占防渗墙总价的 15%以上，故应尽量做到泥浆的再生净化和回收利用，以降低工程造价，同时也有利于环境的保护。

1.3 制浆

制浆工艺流程如图 2-7 所示。

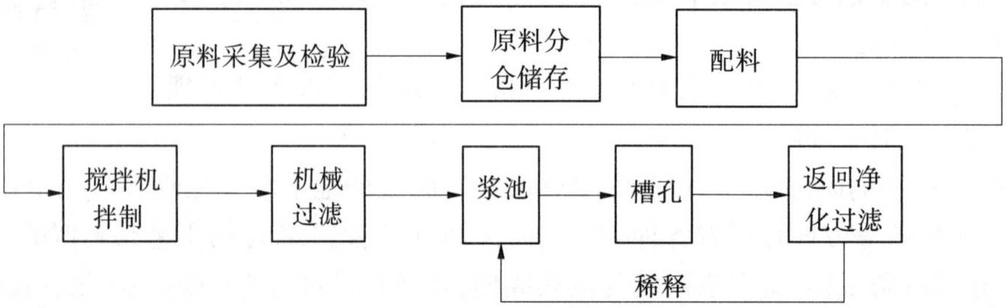

图 2-7 制浆工艺流程

搅拌机通常有 2 m^3 或 4 m^3 等不同容量的卧式搅拌机，如 NJ-1500 型泥浆搅拌机。

槽孔返回的悬渣浆液可采用泥浆净化系统对泥浆进行筛分和旋流处理，除去大于 0.075 mm 的颗粒后又重新回到浆池中重复利用。

2 造孔成槽

2.1 造孔准备

造孔前必须根据防渗墙的设计要求和槽孔长度的划分，做好槽孔的测量定位工作，并在此基础上设置导向槽，导向槽沿防渗墙轴线设在槽孔上方，用以控制造孔的方向，支撑上部孔壁。它对于保证造孔质量、预防塌孔事故有很大的作用。导向槽可用木料、条石、灰拌土或混凝土制成。导向槽的净宽一般等于或略大于防渗墙的设计厚度，高度以 1.5~

2 m 为宜,为了维持槽孔的稳定,要求导向槽底部高出地下水位 0.5 m 以上。为了防止地表积水倒流和便于自流排浆,其顶部高程应比两侧地面略高。

导向槽安设好后,在槽侧铺设造孔钻机的轨道,安装钻机,修筑运输道路,架设动力和照明路线及供水供浆管路,做好排水排浆的系统,并向槽内充灌泥浆,保持泥浆液面在槽顶以下 30~50 cm。做好这些准备工作以后,就可以开始造孔。

2.2　造孔成槽

造孔的成槽工序约占防渗墙的整个施工工期的一半,槽孔的精度直接影响防渗墙的质量。用于防渗墙开挖槽孔的机具,主要有冲击钻机、回转钻机、钢绳抓斗及液压铣槽机等。它们的工作原理与适用的地层条件及工作效率有一定的差别。对复杂多样的地层,一般要多种机具配套使用。

进行造孔挖槽时,为了提高工效,通常要先划分槽段。

造孔成槽的每一槽段长度与墙厚、地质、水文地质条件、槽深及机械等条件有关,同时还应考虑进度要求和墙段接头的工艺等问题。

一般沿防渗墙轴线方向可以分段,间隔分期成槽筑墙,以便墙段结合紧密。每个墙段长度应满足混凝土浇筑能力大于混凝土墙体浇筑强度的要求,即

$$Q \geqslant BLV \tag{2-3}$$

式中　B——墙厚;

L——墙段长度;

V——规定的混凝土浇筑上升速度;

Q——混凝土生产能力。

工程实践中槽段长度通常为 6~12 m。

槽孔划分好后,在一个槽段内划分主孔和副孔,采用钻劈法、钻抓法、分层钻进法、铣削法等成槽。

2.2.1　钻劈法

钻劈法又称"主孔钻进、副孔劈打"法,如图 2-8 所示,它是利用冲击式钻机的钻头自重,首先钻凿主孔,当主孔钻到一定深度后,就为劈打副孔创造了临空面。使用冲击式钻机劈打副孔产生的碎渣,有两种出渣方式:①利用泵吸设备将泥浆连同碎渣一起吸出槽外,通过再生处理后,泥浆可以循环使用;②用抽砂筒及接砂斗出渣,钻进与出渣间歇性作业。这种方法一般要求主孔先导 8~12 m,适用于砂砾石等地层。

2.2.2　钻抓法

钻抓法又称"主孔钻进、副孔抓取"法,如图 2-9 所示,它是先用冲击式钻机或回转式钻机钻凿主孔,然后用抓斗抓挖副孔,副孔的宽度要求小于抓斗的有效作用宽度。这种方法可以充分发挥两种机具的优势,抓斗效率高,而钻机可钻进不同深度地层,具体施工时,可以两钻一抓,也可以三钻两抓、四钻三抓形成不同长度的槽孔。

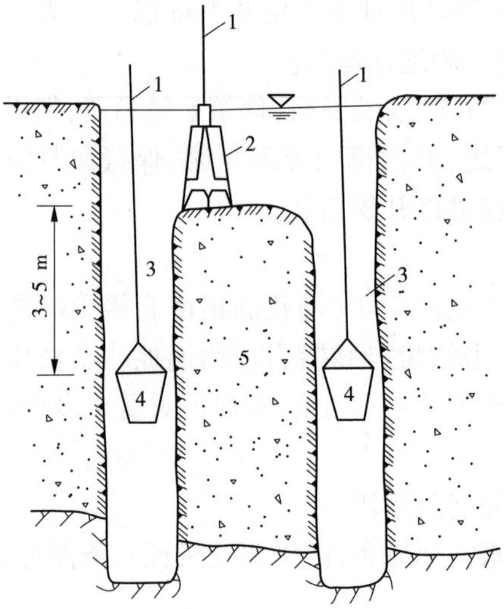

1—钢丝绳；2—钻头；3—主孔；4—接砂斗；5—副孔。

图 2-8　钻劈法造孔成槽

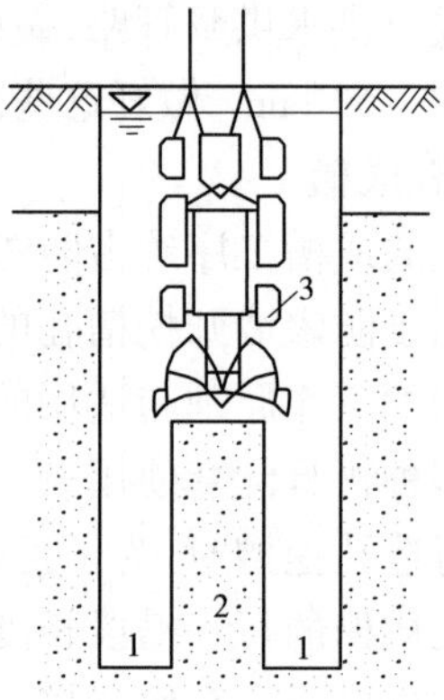

1—主孔；2—副孔；3—抓斗。

图 2-9　钻抓法成槽

钻抓法主要适合于粒径小的松散软弱地层。

2.2.3　分层钻进法

分层钻进法常采用回转式钻机造孔，如图 2-10 所示。分层成槽时，槽孔两端应领先钻进导向孔，它是利用钻具的重量和钻头的回转切削作用，按一定的程序分层下挖，用砂石泵经空心钻杆将石渣连同泥浆排出槽外，同时不断地补充新鲜泥浆，维持泥浆液面的稳定。

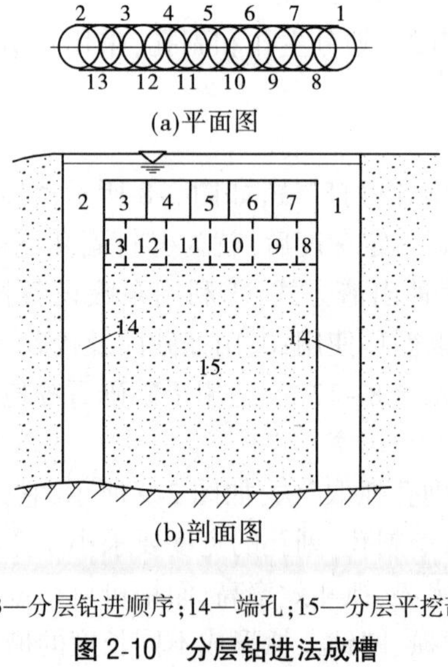

1～13—分层钻进顺序；14—端孔；15—分层平挖部分。

图 2-10　分层钻进法成槽

分层钻进法适用于均质细颗粒的地层，使碎渣能从排渣管内顺利通过。

2.2.4　铣削法

铣削法采用液压双轮铣槽机，先从槽段一端开始铣削，然后逐层下挖成槽。液压双轮铣槽机是目前比较先进的防渗墙施工机械,它由两组相向旋转的铣切刀轮,对地层进行切削,这样可抵消地层的反作用力,保持设备的稳定。切削下来的碎屑集中在中心,由离心泥浆泵通过管道排出至地面,如图2-11所示。

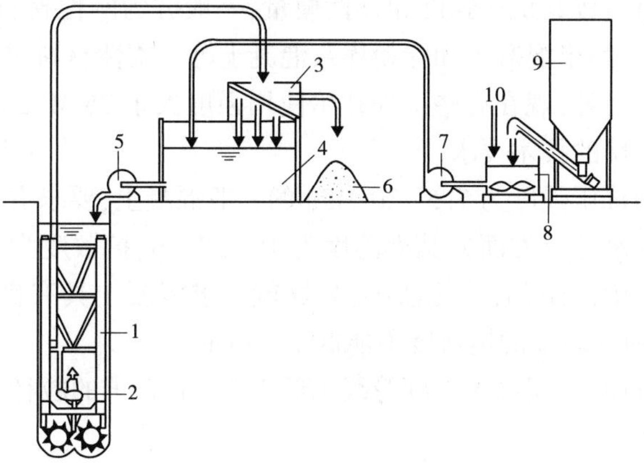

1—铣槽机;2—泥浆泵;3—除渣装置;4—泥浆罐;5—泥浆泵;6—筛除的钻渣;
7—补浆泵;8—泥浆搅拌机;9—膨润土储料罐;10—水源。

图2-11 液压双轮铣槽机的工艺流程

2.3 孔底沉渣清理

在用冲击式钻机施工时,通常抽筒出渣,尽管施工验收时一般都满足孔底泥浆含砂率小于12%的要求,但当混凝土浇筑进度较慢,而槽孔又较深时,泥浆中的砂粒就会沉积到混凝土的表面,随着混凝土面的上升,这些泥沙就有可能被裹入混凝土中,形成夹泥,或推向两边与相邻槽孔的连接处,形成接缝夹泥,这对防渗墙来说是致命的缺点。近年来,由于冲击循环采用泵吸法并经泥浆处理装置去除了孔内泥浆中大于0.075 mm的颗粒,这一问题得以解决。不过在单独使用冲击式钻机和抓斗施工时,也开始采用一种可置于孔底的潜水泵抽吸孔底泥浆以清孔,使防渗墙的质量大大提高。

3 终孔验收和清孔换浆

终孔验收的项目和要求,如表2-3所示。验收合格方准进行清孔换浆,清孔换浆的目的是,在混凝土浇筑前,对留在孔底的沉渣进行清除,换上新鲜泥浆,以保证混凝土和不透水层连接质量。清孔换浆应该达到的标准是经过1 h,孔底淤积厚度不大于10 cm,孔内泥浆密度不大于1.3,黏度不大于30 s,含砂量不大于10%,一般要求清孔换浆后4 h开始浇筑混凝土。如果不能按时浇筑,应采取措施防止落淤;否则,在浇筑前要重新清孔换浆。

表2-3 终孔验收项目与要求

终孔验收项目	终孔验收要求	终孔验收项目	终孔验收要求
槽位允许偏差	±3 cm	一、二期槽孔搭接孔位中心偏差	≤1/3设计墙厚
槽宽要求	≥设计墙厚	槽孔水平断面上	设有梅花孔、小墙
槽孔孔斜	≤4‰	槽孔入基岩深度	满足设计要求

4 防渗墙体混凝土浇筑

4.1 防渗墙的墙体材料

防渗墙的墙体材料按其抗压强度和弹性模量,一般分为刚性材料和柔性材料。刚性材料包括普通混凝土、黏土混凝土和掺粉煤灰混凝土等。柔性材料包括塑性混凝土、自凝灰浆和固化灰浆等。另外,现在有些工程开始使用强度大于 25 MPa 的高强混凝土,以适应高坝深基础对防渗墙的技术要求。

防渗墙混凝土为抗压强度为 7.5~20 MPa 的一般混凝土,要求有较好的和易性(表现在流动性、黏聚性、保水性三方面),其坍落度为 18~22 cm、扩散度为 34~38 cm。由于防渗墙混凝土是在泥浆中浇筑的,故无法振捣,这就要求混凝土具有良好的流动性保持能力,也就是指在 1 h 内混凝土的坍落度不能低于 15 cm。

在材料的选用方面,水泥要求强度等级不低于 22.5,石子的粒径不宜大于 40 mm,砂以中、粗砂为宜。

在材料的配合比方面,水泥用量不宜低于 300 kg/m^3,砂率以 35%~40%为宜,水灰比宜控制在 0.55~0.70。

4.2 墙体混凝土浇筑

防渗墙的混凝土浇筑和一般混凝土浇筑不同,是在泥浆液面下进行的。在泥浆液面下浇筑混凝土的主要要求是:①不允许泥浆与混凝土掺混形成泥浆夹层;②确保混凝土与基础及一、二期混凝土之间的结合;③连续浇筑,一气呵成。

在泥浆液面下浇筑混凝土常用直升导管法。导管由若干节 ϕ 20~25 cm 的钢管连接而成,沿槽孔轴线布置,相邻导管的间距不宜大于 3.5 m,一期槽孔两端的导管距端面以 1.0~1.5 m 为宜,开浇时导管口距孔底 10~25 cm。当孔底高差大于 25 cm 时,导管中心应布置在该导管控制范围的最低处,如图 2-12 所示。这样布置导管,有利于全槽混凝土面均衡上升,有利于一、二期混凝土的结合,并可防止混凝土与泥浆掺混。

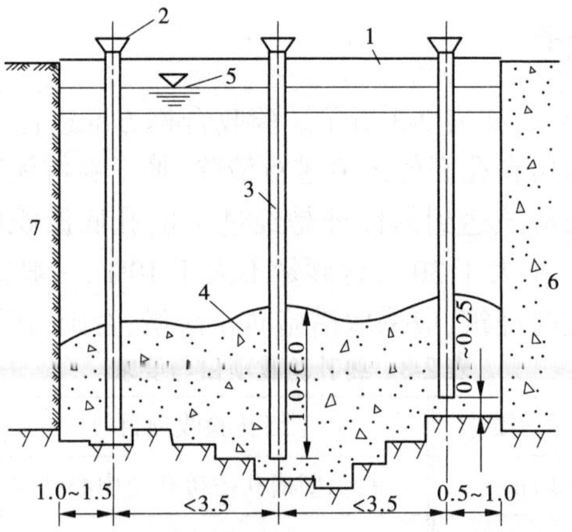

1—导向槽;2—受料斗;3—导管;4—混凝土;5—泥浆液面;6—已浇槽孔;7—未挖槽孔。

图 2-12 导管布置 (单位:m)

槽孔浇筑应严格遵循先深后浅的顺序，即从最深的导管开始，由深到浅一个一个导管依次开浇，待全槽混凝土面浇平后，再全槽均衡上升。每个导管开浇时，先下导注塞，并在导管中灌入适量的水泥砂浆，准备足够数量的混凝土，将导注塞压到导管底部，使管内泥浆挤出管外。然后将导管稍微上提，使导注塞浮出，一举将导管底端被泻出的砂浆和混凝土埋住，保证后续浇筑的混凝土不致与泥浆掺混。

在浇筑过程中，应保证连续供料，一气呵成；保持导管埋入混凝土的深度不小于 1 m，但不超过 6 m，以防泥浆掺混和埋管；维持全槽混凝土面均衡上升，上升速度不应小于 2 m/h，高差控制在 0.5 m 范围内。

总之，槽孔混凝土的浇筑，必须保持均衡、连续、有节奏，直到全槽成墙为止。

5　墙段接头的施工工艺

目前，我国水利水电混凝土防渗墙在接头施工中有以下 5 种不同的方式。

5.1　套打一钻的接头方式

该方式在一期墙段的两面端孔处套打一钻与二期墙段混凝土呈半圆弧相接，主要用于冲击式钻机的施工。

5.2　双反弧接头方式

该方式在两面已浇筑混凝土的槽段中间预留一个孔的位置，待两个墙段形成后，再用双反弧钻头钻凿中间的双反弧形的土体，然后浇混凝土将两个墙段连接。这种方法多在墙体混凝土强度等级较高时采用。

5.3　预埋接头管的接头方式

这种方式是在一期槽段的两端放置与墙厚尺寸相同的圆钢管，待混凝土凝固后，再将接头管拔出即形成光滑的半圆珠笔形墙段接头。如铜街子水电站工程左深槽混凝土防渗墙的部分接头就是采用此种方式，葛洲坝大江围堰防渗墙的部分接头也是用此法连接的。

5.4　预埋塑料止水带的接头方式

这种方式是一期槽孔两端放置一个与墙厚尺寸相同的接头板，板上可以卧入塑料止水带，待一期混凝土凝固后，露在槽孔内的塑料止水带就被浇筑在一期混凝土中；而二期槽孔造成后，再将接头板拔除，则原卧入此接头板中的另一半塑料止水带就又留在了二期槽中；待二期槽孔混凝土浇筑完毕，这两期槽孔混凝土之间的接缝就被塑料止水带封堵了，如图 2-13 所示。

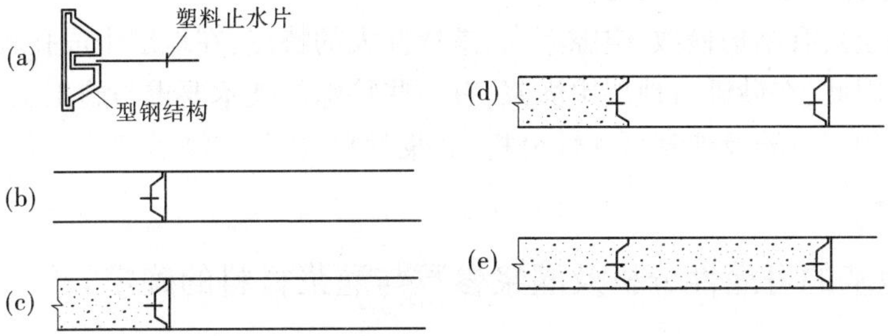

图 2-13　地下连续墙塑料止水带接头施工工艺过程

5.5　低强度等级混凝土包裹接头法

这种接头的施工程序是先用抓斗在设计的墙段接头部位沿垂直于墙轴线方向取一个单个槽孔,该槽的长度和宽度即是抓斗的长度和宽度,成槽后浇筑低强度等级混凝土,此即为包裹接头槽段。然后在每两个包裹接头中间抓取一期槽孔,并浇筑一期槽孔混凝土,这时每个包裹接头槽段的混凝土均被抓去一部分。此后再在每两个一期槽段之间抓取二期槽段,同时也将包裹接头的另一部分抓出,并用双轮铣槽机铣削一期槽孔混凝土接头端面,待二期槽孔混凝土浇筑完毕后,每个槽段接头就被原已浇筑好的包裹接头槽段包裹住,见图 2-14。

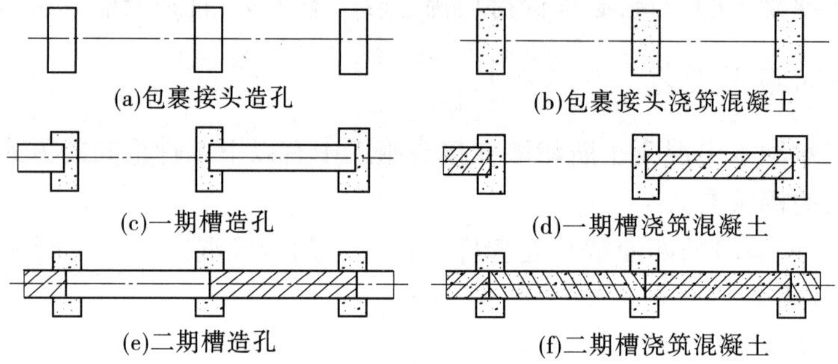

图 2-14　低强度等级混凝土包裹接头法施工工艺过程

此种接头的优点是不易漏水,即使有少量漏水,渗径也比较长。我国的小浪底水利枢纽防渗墙(左岸部分)就是采用此种接头。

从目前来看,预埋接头管的方法和预埋塑料止水带的方法一般只适用于 30~50 m 深的槽孔,而双反弧接头方式可适用于较深的槽孔,且此法十分经济。低强度等级混凝土包裹接头法只适用于用抓斗施工的工程。套打一钻的接头方式由于工效低,且浪费混凝土,已逐渐被淘汰。

任务 2　砂砾石地层灌浆

在砂砾石层上建坝的防渗设施有多种,主要应根据地质条件和工程具体情况而定。用灌浆方法在砂砾层中建造防渗幕墙的主要优点是:帷幕对于地基变形适应性好,施工灵活性大,适用于深厚砂砾石层处理。

砂砾石地层具有结构松散、空隙率大、渗透性大的特点,在地层中成孔较困难,与基岩有很大差别。因此,在砂砾石地层中灌浆,有一些特殊的技术要求与施工工艺。

这类项目的完成涉及地基可灌性分析、灌浆材料选择、浆液灌注施工及灌浆质量检查等工作任务。

1　砂砾石地基的可灌性分析及灌浆参数与灌浆材料的确定

1.1　可灌性分析

为了更好地进行帷幕灌浆设计,正确地选用灌浆施工方法,保证帷幕防渗效果,必须了解和掌握帷幕线部位及附近地区砂砾石层的工程地质条件和水文地质条件，需要查明砂砾石层的组成和分布状况，弄清各层的渗透性及渗透系数，以及砂砾石层的颗粒级配，据此分析判断地基的可灌性。砂砾石地基的可灌性是指砂砾石地层能否接受灌浆材料灌入的一种特性，它是决定灌浆效果的先决条件。

在工程实践中，常以可灌比 M 来衡量地层的可灌性。可灌比 M 的计算式为

$$M = D_{15}/d_{85} \tag{2-4}$$

式中　D_{15}——砂砾石地层颗粒级配曲线上累计含量为15%的粒径，mm；

d_{85}——灌浆材料颗粒级配曲线上累计含量为85%的粒径，mm。

可灌比值 M 愈大，接受颗粒灌浆材料的可灌性愈好。一般认为，当 $M=10\sim15$ 时，宜灌注水泥黏土浆；当 $M\geqslant15$ 时，则可以灌注水泥浆。显然，可灌比是对由颗粒材料组成的浆液材料而言的，化学浆材不存在可灌比问题。

根据一些工程的灌浆实践经验，当砂砾石地层中粒径小于0.1 mm的颗粒小于5%时，可以实施水泥黏土浆的有效灌注。

对于砂砾石地层可灌性的认识，目前多还停留在半经验的阶段上。实际工程中，最终确定砂砾石地层是否可灌，最好通过灌浆试验来决定。

1.2　灌浆试验

由于砂砾石层的组成复杂多变，为了使帷幕灌浆设计和施工更符合实际，应先期在工地进行灌浆试验。通过灌浆试验解决下列主要问题：

(1)选定适宜的钻进方法；

(2)确定灌浆施工方法，推荐合理的施工程序、施工工艺；

(3)选定适用的浆液；

(4)确定灌浆压力；

(5)提供有关的技术参数，如帷幕的排数、排距、孔距，以及相应的孔深等；

(6)提出对钻孔、灌浆及其他需用的机械设备；

(7)提出帷幕灌浆工程中各项主要定额；

(8)提出对帷幕灌浆的质量检查方法和工作细则；

(9)对灌浆试验工作和试验效果进行总的评价。

1.3　灌浆材料

岩基灌浆以水泥灌浆为主，而砂砾石地层的灌浆，一般以水泥黏土浆为宜。因为在砂砾石地层中灌浆，多限于修筑防渗帷幕，对浆液结石强度要求不高，28 d强度为0.4~0.5 MPa就可满足要求，而帷幕体的渗透系数则要求在 $1\times10^{-4}\sim1\times10^{-6}$ cm/s以下。

配制水泥黏土浆所使用的黏土，要求遇水以后能迅速崩解分散，吸水膨胀，具有一定的稳定性和黏结力。

浆液的配比，水泥与黏土的比例多为1:1~1:4(质量比)，水和干料的比例多为1:1~3:1(质量比)。有时为了改善浆液的性能，可掺加少量膨润土或其他外加剂。

水泥黏土浆的稳定性、可灌性指标均比纯水泥浆优越，费用也低廉，其缺点是析水率低、排水固结时间长、浆液结石强度低、抗渗性及抗冲性较差。

有关灌浆材料的选用、浆液配比的确定及浆液稠度的分级等问题，应根据地层特性与

灌浆材料设计要求,通过室内外的试验来确定。

2 砂砾石地层灌浆施工

2.1 施工程序

多排孔时应先灌边孔,后灌中间排孔,同一排的灌浆孔可分两次序施工。

2.2 钻灌方法

砂砾石地层的钻孔灌浆方法有打管灌浆法、套管灌浆法、循环钻灌法、预埋花管灌浆法等。

2.2.1 打管灌浆法

打管灌浆就是将带有灌浆的厚壁无缝钢管,直接打入受灌地层中,并利用它进行灌浆,如图 2-15 所示。其施工程序是:先将钢管打入设计深度,再用压力水将管内冲洗干净,然后用灌浆泵进行压力灌浆,或利用浆液自重进行自流灌浆。灌完一段以后,将钢管起拔到一个灌浆段高度,再进行冲洗和灌浆,如此自下而上,拔一段灌一段,直到结束。

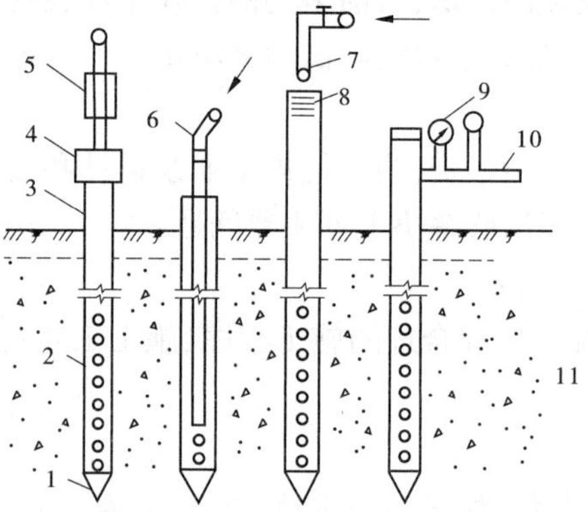

1—管锥;2—带孔花管;3—钢管;4—管帽;5—打管锤;6—冲洗管;7—注浆管;8—浆液面;9—压力表;10—进浆管;11—盖重层。

图 2-15 打管灌浆法施工程序

这种方法设备简单,操作方便,适用于砂砾石地层较浅、结构松散、颗粒不大、容易打管和起拔的场合。用这种方法所灌成的帷幕,防渗性能较差,多用于临时性工程(如围堰)。

2.2.2 套管灌浆法

套管灌浆的施工程序是:一边钻孔,一边跟着下护壁套管;或者,一边打设护壁套管,一边冲掏管内的砂砾石,直到套管下到设计深度。然后将钻孔冲洗干净,下入灌浆管,起拔套管到第一灌浆段顶部,安好止浆塞,对第一段进行灌浆。如此自下而上,逐段提升灌浆管和套管,逐段灌浆,直到结束。

采用这种方法灌浆,由于有套管护壁,不会产生坍孔埋钻等事故。但是,在灌浆过程中,浆液容易沿着套管外壁向上流动,甚至产生地表冒浆。如果灌浆时间较长,则又会胶结套管,造成起拔困难。

近年来,已较少采用套管法进行灌浆。

2.2.3 循环钻灌法

循环钻灌是一种我国自创的灌浆方法,实质上是一种自上而下、钻一段灌一段、无须待凝、钻孔与灌浆循环进行的施工方法。钻孔时用黏土浆或最稀一级水泥黏土浆固壁。钻孔长度,也就是灌浆段的长度,视孔壁稳定和砂砾石层渗漏程度而定,容易坍孔和渗漏严重的地层分段可短一些,反之则应长一些,一般为1~2 m。灌浆时,可利用钻杆作灌浆管。

用这种方法灌浆,应做好孔口封闭,以防止地面抬动和地表冒浆,并有利提高灌浆的质量。

图2-16体现了循环灌浆法的原理。

2.2.4 预埋花管灌浆法

预埋花管灌浆法在国际上比较通用,如图2-17所示,其施工程序如下:

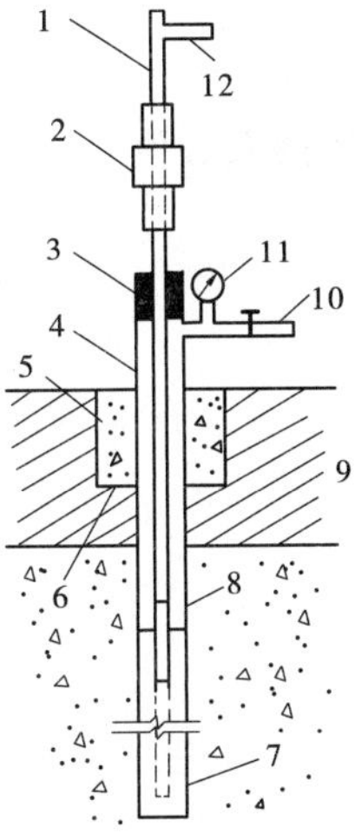

1—灌浆管;2—钻机竖轴;3—封闭器;
4—孔口管;5—混凝土封口;6—防浆环;7—射浆花管;
8—孔口管下部花管;9—盖重层;10—回浆管;
11—压力表;12—进浆管。

图2-16 循环灌浆法

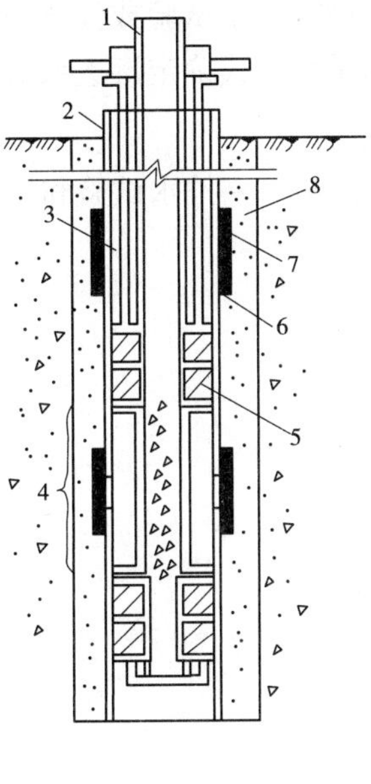

1—灌浆管;2—花管;3—射浆管;4—灌浆段;
5—双栓灌浆塞;6—防滑环;7—橡皮圈;8—填料。

图2-17 预埋花管灌浆法

(1)用回转式或冲击式钻机钻孔,跟着下护壁套管,一次直达孔的全深。

(2)钻孔结束后,立即进行清孔,消除孔底残留的石渣。

(3)在套管内安设花管。花管的直径一般为73~108 mm,沿管长每隔33~50 cm钻一排3~4个射浆孔,孔径1 cm,射浆孔外面用橡皮圈箍紧,花管底部要封闭严密牢固。

(4)在花管与套管之间灌注填料,边下填料,边起拔套管,连续灌注,直到全孔填满套管拔出为止。填料由水泥、黏土和水配制而成。

(5)填料要待凝5~15 d,达到一定强度,紧密地将花管与孔壁之间的环形圈封闭起来。

(6)在花管中下入双栓灌浆塞,灌浆塞的出浆孔要对准射浆孔,如图 2-17 所示。先用清水或稀浆压开花管上的橡皮圈,压穿填料,形成通路,为浆液进入地层创造条件,称为开环,然后通过花管的射浆孔进行灌浆。灌完一段,移动双栓灌浆塞,使其出浆孔对准另一排射浆孔,进入另一灌浆段的开环与灌浆。

用预埋花管法灌浆,由于有填料阻止浆液沿孔壁和管壁上升,很少发生冒浆串浆现象,灌浆压力可相对提高。另外,由于双栓灌浆塞的构造特点,灌浆部位机动灵活,可以进行重复灌浆,对确保灌浆质量是有利的。这种方法的缺点是花管被填料胶结以后,不能起拔,耗用管材较多。

2.3　灌浆效果检查

砂砾石地基灌浆效果的检查最常用的方法是帷幕体内钻较大口径的检查孔,逐段做渗透试验,求出各层的渗透系数 K,验证其是否满足设计要求。渗透试验可根据实际情况采用抽水试验、压水试验或注水试验,由抽水试验和压水试验两者求得渗透系数常常不同,可考虑采用下式确定渗透系数 K 值:

$$K = \sqrt{K_a K_o} \tag{2-5}$$

式中　K_a 和 K_o——抽水试验和压水(或注水)试验求得的渗透系数值。

项目 3　土基处理

土基处理常见的方法有换填垫层法、挤密桩复合地基、高压喷射灌浆。

任务 1　换填垫层法施工

1　换填垫层法的概念

码 2-7　微课：换填垫层法施工

换填垫层法就是将基础底面以下不太深的一定范围内的软弱土层挖去，然后以质地坚硬、强度较高、性能稳定、具有抗侵蚀性的砂、碎石、卵石、素土、灰土、煤渣、矿渣等材料分层充填，并同时以人工或机械方法分层压、夯、振动，使之达到要求的密实度，成为良好的人工地基。

换土垫层与原土相比，具有承载力高、刚度大、变形小等优点。

按换填材料的不同，将垫层分为砂垫层、砂卵石垫层、碎石垫层、灰土或素土垫层、煤渣垫层、矿渣垫层，以及用其他性能稳定、无侵蚀性的材料做的垫层等。

换填垫层法适用于浅层地基处理，包括淤泥、淤泥质土、松散素填土、杂填土、已完成自重固结的吹填土等地基处理，以及暗塘、暗沟等浅层处理和低洼区域的填筑。换填垫层法还适用于一些地域性特殊土的处理，用于膨胀土地基可消除地基土的胀缩作用，用于湿陷性黄土地基可消除黄土的湿陷性，用于山区地基可用于处理岩面倾斜、破碎、高低差、软硬不均及岩溶等，用于季节性冻土地基可消除冻胀力和防止冻胀损坏等。

2　施工方法

换填垫层法的施工可按换填材料（如砂石垫层、素土垫层、灰土垫层、粉煤灰垫层和矿渣垫层等）分类，或按压（夯、振）实方法分类。目前，国内常用的换填垫层施工方法主要有机械碾压法、重锤夯实法和振动压实法。

机械碾压法是采用各种压实机械（见模块 3 码 3-3、码 3-4），如压路机、羊足碾、振动碾等来压实地基土的一种方法。这种方法常用于大面积填土的压实、杂填土地基处理、道路工程基坑面积较大的换土垫层的分层压实。施工时，先按设计挖掉要处理的软弱土层，把基础底部土碾压密实后，再分层填土，逐层压密填土。

重锤夯实法是利用起重设备将夯锤提升到一定高度，然后自由落锤，利用重锤自由下落时的冲击能来夯实浅层土层，重复夯打，使浅部地基土或分层填土夯实。主要设备为起重机、夯锤、钢丝绳和吊钩等。重锤夯实法一般适用地下水位距地表 0.8 m 以上非饱和的黏性土、砂土、杂填土和分层填土，用以提高其强度，减少其压缩性和不均匀性，也可用于消除或减少湿陷性黄土的表层湿陷性，但在有效夯实深度内存在软弱土时，或当夯击振动对邻近建筑物或设备有影响时,不得采用。因为饱和土在瞬间冲击力作用下,水不易排出,很难夯实。

振动压实法是利用振动压实机将松散土振动密实。地基土的颗粒受振动而发生相对运动,移动至稳固位置,减小土的孔隙而压实。此法适用于处理无黏性土或黏粒含量少、透水性较好的松散杂填土,以及矿渣、碎石、砾砂、砾石、砂砾石等地基。

总的来说,垫层施工应根据不同的换填材料选择施工机械。粉质黏土、灰土宜采用平碾、振动碾和羊足碾,中小型工程也可采用蛙式打夯机、柴油夯;砂石等宜采用振动碾;粉煤灰宜用平碾、振动碾、平板式振动器、蛙式打夯机;矿渣宜采用平碾、振动碾、平板式振动器。

2.1 材料要求

在垫层的施工中,填料质量是直接影响垫层施工质量的关键因素。对于砂、石料和矿渣等垫层,主要检验其粒径级配及含泥量;对于土、石灰填料,主要检查其含水量是否接近最优含水量,石灰的质量等级,以及活性 CaO+MgO 的含量、存放时间等。

2.2 施工参数、机具及方法选择

砂石垫层选用的砂石料应进行室内击实试验,根据曲线确定最大干密度和最优含水量,然后根据设计要求的压实系数确定设计要求,以此作为检验砂石垫层质量控制的技术指标。在无击实试验数据时,砂石垫层的中密状态可作为设计要求的干密度:中砂 1.6,粗砂 1.7,碎石、卵石 2.0~2.1 即可。

砂和砂石垫层采用的施工机具和方法对垫层的施工质量至关重要。下卧层是高灵敏度的软土时,在铺设第一层时要注意不能采用振动能量大的机具扰动下卧层,除此之外,一般情况下,砂及砂石垫层首先用振动法。因为,振动法更能有效地使砂和砂石密实。我国目前常采用的方法有振动压实法(包括平振和插振)、夯实法、碾压法等。常采用的机具有振捣器、振动压实机、平板式振动器、蛙式打夯机、压路机等。

3 施工要点

(1)施工前应验槽,先将浮土清除。基槽(坑)的边坡必须稳定,以防止塌土。槽底和两侧如有孔洞、沟、井和墓穴等,应在施工前加以处理。

(2)人工级配的砂、石材料,应按级配拌和均匀,再进行铺填捣实。

(3)砂地基和砂石地基的底面宜铺设在同一标高上,如深度不同,施工应按先深后浅的程序进行。图面应挖成台阶或斜坡搭接,搭接处应注意捣实。

(4)分段施工时,接头处应做成斜坡,每层错开 0.5~1.0 m,并应充分捣实。

(5)采用碎石换填时,为防止基坑底面的表层软土发生局部破坏,应在基坑底部及四侧先铺一层砂,然后铺设碎石垫层。

(6)换填应按分层铺垫,分层夯(压)实,每层的铺设厚度不宜超过规范规定数值。分层厚度可用样桩控制。垫层的捣实方法可视施工条件按规范选用。捣实砂层应注意不要扰动基坑底部和四侧的土,以免影响和降低地基强度。每铺好一层垫层,经密实度检验合格后方可进行上一层施工。

(7)冬季施工时,不得采用夹有冰块的砂石作垫层,并应采取措施防止砂石内水分冻结。

任务2 挤密桩复合地基施工

1 灰土挤密桩和土挤密桩

码 2-8 微课：挤密桩复合地基施工

灰土挤密桩是利用锤击将钢管打入土中，侧向挤密土体形成桩孔，将管拔出后，在桩孔中分层回填 2∶8或 3∶7灰土并夯实而成，与桩间土共同组成复合地基以承受上部荷载。适用于处理地下水位以上、天然含水量 12%～25%、厚度 5～15 m 的素填土、杂填土、湿陷性黄土及含水率较大的软弱地基等。

土挤密桩地基由桩间挤密土和分层填夯的素土桩组成，土桩桩体和桩间土均为被机械挤密的重塑土，两者均属同类土料。因此，两者的物理力学指标无明显差异。因而，土挤密桩地基可视为厚度较大的素土垫层。

2 挤密桩的设计

2.1 桩的布置

灰土挤密桩或土挤密桩处理地基的面积，应大于基础或建筑物底层平面的面积，并应符合下列规定：

(1)采用局部处理超出基础底面的宽度时，对非自重湿陷性黄土、素填土和杂填土等地基，每边不应小于基底宽度的 25%，并不应小于 0.50 m；对自重湿陷性黄土地基，每边不应小于基底宽度的 75%，并不应小于 1.00 m。

(2)当采用整片处理时，超出建筑物外墙基础底面外缘的宽度，每边不宜小于处理土层厚度的 1/2，并不应小于 2 m。

2.2 处理深度

灰土挤密桩或土挤密桩处理地基的深度，应根据建筑场地的土质情况、工程要求和成孔及夯实设备等综合因素确定。对湿陷性黄土地基，应符合现行的国家标准《湿陷性黄土地区建筑规范》的有关规定。

2.3 桩孔直径

桩孔直径宜为 300～500 mm，并可根据所选用的成孔设备或成孔方法确定。为使桩间土均匀挤密，桩孔宜按等边三角形布置，桩孔之间的中心距离 s，可为桩孔直径的 2.0～2.5 倍。

3 成孔和孔内回填夯实

成孔和孔内回填夯实，应符合下列要求：

(1)成孔和孔内回填夯实的施工顺序，对整片处理，宜从里(或中间)向外间隔 1～2 孔进行；对大型工程，可采取分段施工；对局部处理，宜从外向里间隔 1～2 孔进行。

(2)向孔内填料前，孔底应夯实，并应抽样检查桩孔的直径、深度和垂直度。

(3)桩孔的垂直度偏差不应大于 1.5%。

(4)桩孔中心点的偏差不应超过桩距设计值的5%。

(5)经检验合格后,按设计要求,向孔内分层填入筛好的素土、灰土或其他填料,并应分层夯实至设计标高。

此外,铺设灰土垫层前,应将桩顶标高以上预留的松动土层挖除或夯(压)密实。

4 施工中常见问题处理方法

(1)夯打时桩孔内有渗水、涌水、积水现象可将孔内水排出地表,或将水下部分改为混凝土桩或碎石桩,水上部分仍为土(或灰土)桩。

(2)沉管成孔过程中遇障碍物时可采取以下措施处理:

①用洛阳铲探查并挖除障碍物,也可在其上面或四周适当增加桩数,以弥补局部处理深度的不足,或从结构上采取适当措施进行弥补;

②对未填实的墓穴、坑洞、地道等面积不大、挖除不便时,可将桩打穿通过,并在此范围内增加桩数,或从结构上采取适当措施进行弥补。

(3)夯打时造成缩径、堵塞、挤密成孔困难、孔壁坍塌等情况,可采取以下措施处理:

①当含水量过大、缩径比较严重时,可向孔内填干砂、生石灰块、碎砖渣、干水泥、粉煤灰;如含水量过小,可预先浸水,使之达到或接近最优含水量。

②遵守成孔顺序,由外向里间隔进行(硬土由里向外)。

③施工中宜打一孔,填一孔,或隔几个桩位跳打夯实。

④合理控制桩的有效挤密范围。

5 质量检验

成桩后,应及时抽样检验灰土挤密桩或土挤密桩处理地基的质量。对一般工程,主要应检查施工记录、检测全部处理深度内桩体和桩间土的干密度,并将其分别换算为平均压实系数和平均挤密系数。对重要工程,除检测上述内容外,还应测定全部处理深度内桩间土的压缩性和湿陷性。

抽样检验的数量,对一般工程,不应少于桩总数的1%;对重要工程,不应少于桩总数的1.5%。

夯实质量的检验方法有下列几种:

(1)轻便触探检验法。先通过试验夯填,求得检定锤击数,施工检验时以实际锤击数不小于检定锤击数为合格。

(2)环刀取样检验法。先用洛阳铲在桩孔中心挖孔或通过开剖桩身,从基底算起沿深度方向每隔1.0~1.5 m用带长把的小环刀分层取出原状夯实土样,测定其干密度。

(3)载荷试验法。对重要的大型工程,应进行现场载荷试验和浸水载荷试验,直接测试承载力和湿陷情况。

上述前两项检验法中,对灰土桩应在桩孔夯实后48 h内进行,二灰桩应在36 h内进行,否则将由于灰土或二灰的胶凝强度的影响而无法进行检验。

对一般工程,主要应检查桩和桩间土的干密度和承载力;对重要或大型工程,除应检测上述内容外,尚应进行载荷试验或其他原位测试,也可在地基处理的全部深度内取样测定桩间土的压缩性和湿陷性。

6　其他挤密桩

6.1　砂石桩

砂桩和砂石桩统称砂石桩，是指用振动、冲击或水冲等方式在软弱地基中成孔后，再将砂或砂卵石（或砾石、碎石）挤压入土孔中，形成大直径的由砂或砂卵（碎）石所构成的密实桩体。适用于挤密松散砂土、素填土和杂填土等地基，起到挤密周围土层、增加地基承载力的作用。

6.2　水泥粉煤灰碎石桩

水泥粉煤灰碎石桩简称CFG桩，是近年发展起来的处理软弱地基的一种新方法。它是在碎石桩的基础上掺入适量石屑、粉煤灰和少量水泥，加水拌和后制成的具有一定强度的桩体。

任务3　高压喷射灌浆施工

水利工程高压喷射灌浆施工按照《水电水利工程高压喷射灌浆技术规范》（DL/T 5200—2019）进行。高压喷射灌浆法是利用钻机把带有喷嘴的注浆管钻进至土层的预定位置后，以20 MPa左右的高压水流从喷嘴中喷射出来，冲击破坏土体，再用泥浆泵注入压力为2~5 MPa的水泥浆与土体混合，浆液凝固后，在土中形成较大的增强固结体。

高压喷射灌浆法适用于处理淤泥、淤泥质土、流塑、软塑或可塑黏性土、粉土、砂土、黄土、素填土和碎石土等地基。

高压喷射灌浆法具有增强地基强度、提高地基承载力、止水防渗、减少支挡建筑物土压力、防止砂土液化和降低土的含水量等多种功能，可用于既有建筑物和新建建筑物地基加固，深基坑、地铁等工程的土层加固或防水，在深基坑防渗帷幕、水库坝基防渗、多层及高层建筑的地基处理、挡土墙加固等工程中应用广泛。

码2-9　微课：
高压喷射灌浆施工

1　高压喷射灌浆的方法

高压喷射灌浆法的基本种类有单管法、二重管法、三重管法和多重管法等4种方法，目前国内以二重管法和三重管法应用较多。

1.1　单管法

单管法是用高压泥浆泵以20~25 MPa或更高的压力，从喷嘴中喷射出水泥浆液射流，冲击破坏土体，同时提升或旋转喷射管，使浆液与土体上剥落下来的土石掺搅混合，经一定时间后凝固，在土中形成凝结体。这种方法形成凝结体的范围（桩径或延伸长度）较小，一般桩径为0.5~0.9 m，板状凝结体的延伸长度可达1~2 m。其加固质量好，施工速度快，成本低。

1.2　二重管法

二重管法是用高压泥浆泵等高压发生装置产生20~25 MPa或更高压力的浆液，用压缩空气机产生 0.7~0.8 MPa 压力的压缩空气。浆液和压缩空气通过具有两个通道的喷管,在喷射管底部侧面的同轴双重喷嘴中喷射出高压浆液和空气两种射流,冲击破坏土体,其直径达 0.8~1.5 m。

1.3 三重管法

三重管法是使用能输送水、气、浆 3 个通道的喷射管,从内喷嘴中喷射出压力为 30~50 MPa 的超高压水流,水流周围环绕着从外喷嘴中喷射出一般压力为 0.7~0.8 MPa 的圆状气流,同轴喷射的水流与气流冲击破坏土体。由泥浆泵灌注压力为 0.2~0.7 MPa、浆量为 80~100 L/min、密度为 1.6~1.8 g/cm^3 的水泥浆液进行充填置换。其直径一般为 1.0~2.0 m,较二重管法大,比单管法要大 1~2 倍。

2 高压喷射灌浆的喷射形式

高压喷射灌浆的喷射形式有旋喷、摆喷和定喷 3 种。

高压喷射灌浆形成凝结体的形状与喷嘴移动方向和持续时间有密切关系。喷嘴喷射时,一面提升,一面进行旋喷形成圆柱体;一面提升,一面进行摆喷形成哑铃体;当喷嘴一面喷射,一面提升,方向固定不变时,进行定喷,则形成板状体。这 3 种喷射形式切割破碎土层的作用,以及被切割下来的土体与浆液搅拌混合,进而凝结、硬化和固结的机制基本相似,只是喷嘴运动方式的不同致使凝结体的形状和结构有所差异,如图 2-18 所示。

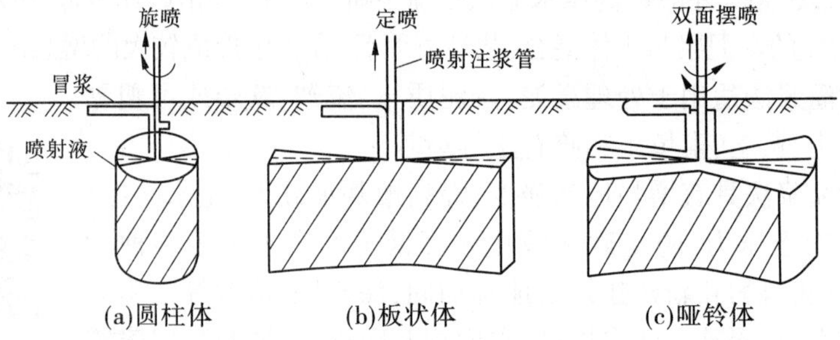

图 2-18　凝结体基本体形示意

3 高压喷射灌浆的施工程序

高压喷射灌浆应分排分序进行。在坝、堤基或围堰中,由多排孔组成的高喷墙应先施工下游排孔,后施工上游排孔,最后施工中间排孔。在同一排内如采用钻、喷分别进行的程序施工时,应先施工第Ⅰ序孔,后施工第Ⅱ序孔。先导孔应最先施工。第Ⅰ序孔和第Ⅱ序孔可采用"焊"接或"切"入式连接。

施工程序大体分为钻孔、下喷射管、喷射提升、成桩或成墙等,如图 2-19 所示。

3.1 钻孔

首先把钻机对准孔位,用水平尺掌握机身水平,垫稳、垫牢、垫平机架。控制孔位偏差不大于 1~2 cm。钻孔要深入基岩 0.5~1.0 m。钻进过程要记录完整,终孔要经值班技术员签字认可,不得擅自终孔。

严格控制孔斜,孔斜率可根据孔深,经计算确定,以两孔间所形成的防渗凝结体保证

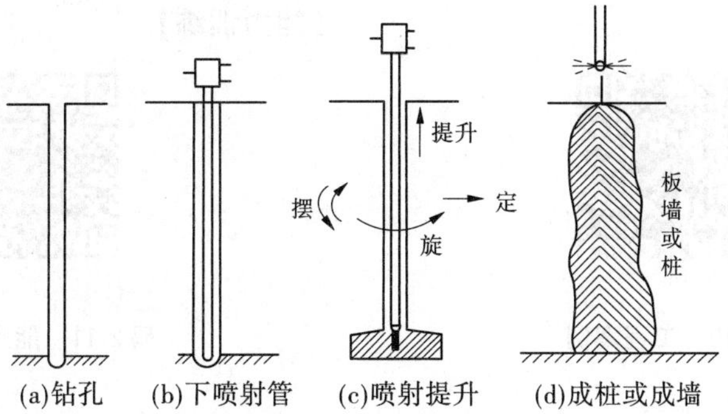

图 2-19　施工程序示意

结合、不留孔隙为准则。孔深大于 15 m 的,以用磨盘钻造孔为好,每钻进 3~5 m,用测斜仪量测一次,发现孔斜率超过规定应随时纠正。

3.2　下喷射管

将喷射管下放到设计深度,将喷嘴对准喷射方向不偏斜是关键。用振动钻时,下管与钻孔合为一体进行。为防止喷嘴堵塞,可采用边低压送水、气、浆,边下管的方法,或临时加防护措施,如包扎塑料布或胶布等。

3.3　喷射提升

当喷射管下到设计深度后,送入合乎要求的水、气、浆,喷射 1~3 min;待注入的浆液冒出后,按预定的提升、旋转、摆动速度自下而上边喷射,边转动、摆动,边提升直到设计高度,停送水、气、浆,提出喷射管。

喷射灌浆开始后,值班技术人员必须时刻注意检查注浆的流量、气量、压力,以及旋、摆、提升速度等参数是否符合设计要求,并且随时做好记录。

3.4　清洗

当喷射到设计高度后,喷射完毕,应及时将各管路冲洗干净,不得留有残渣,以防堵塞,尤其是浆液系统更为重要。通常是将浆液换成水进行连续冲洗,直到管路中出现清水为止。

3.5　充填

为解决凝结体顶部因浆液析水而出现的凹陷现象,每当喷射结束后,随即在喷射孔内进行静压充填灌浆,直至孔口液面不再下沉为止。

高压喷射灌浆施工流程见图 2-20。

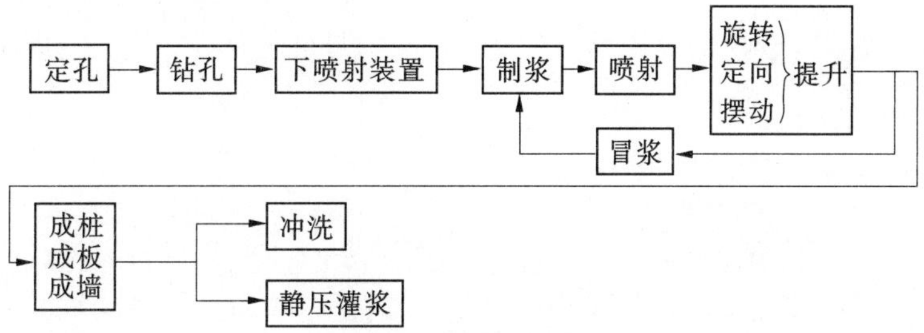

图 2-20　高压喷射灌浆施工流程

【工程案例】

码 2-10　工程案例

【能力训练】

码 2-11　能力训练

模块3　土石坝施工

【学习目标】

名称	内容
知识目标	1. 熟悉土石坝施工料场规划原则和开采方法； 2. 熟悉常用土石坝施工机械及使用方法； 3. 掌握土石坝坝体施工工序及技术要点； 4. 掌握土石坝反滤层施工方法； 5. 掌握面板堆石坝施工工艺； 6. 掌握冬雨季土石坝施工方法
能力目标	1. 能进行土石坝料场规划； 2. 能编制土石坝施工工艺流程； 3. 能进行土石料施工机械配套选择； 4. 能确定土石料碾压参数； 5. 能编制面板堆石坝施工方案； 6. 能进行冬雨季土石坝施工方法的选择
素质目标	1. 培养学生乐观、积极的工作态度； 2. 培养学生敬业、精益、专注、创新的工匠精神和“忠诚、干净、担当、科学、求实、创新”的新时代水利精神； 3. 培养学生规范意识、团队精神、协作能力

学·思·悟

1. 结合两河口水电站等典型案例讲解，引导学生每道施工工序都要凝心聚力、精益求精、追求极致，传承与弘扬敬业、精益、专注的工匠精神；

2. 通过介绍挤压边墙施工技术，引导学生在工作中要勇于创新、追求卓越；

两河口水电站

3. 通过冬雨季土石坝施工方法的介绍，引导学生在工作中根据外部环境的变化，应既有未雨绸缪、防患未然的意识，也要有随机应变的处事能力和乐观、积极的工作态度，以及吃苦耐劳、甘于奉献的工程素养；

4. 以土石坝施工工作任务为驱动，引导学生查阅土石坝施工规范，进行分组讨论，展示学习成果，锻炼学生团队协作能力和自我展示的能力，养成查找规范和使用规范的能力。

【参考规范】

1.《水利水电工程单元工程施工质量验收标准 第 1 部分：土石方工程》(SL/T 631.1—2025)；

2.《碾压式土石坝施工规范》(DL/T 5129—2013)；

3.《混凝土面板堆石坝设计规范》(SL 228—2013)；

4.《混凝土面板堆石坝挤压边墙技术规范》(DL/T 5297—2013)；

5.《混凝土面板堆石坝施工规范》(SL 49—2015)；

6.《碾压式土石坝设计规范》(SL 274—2020)。

项目 1 碾压式土石坝施工

碾压式土石坝的施工，包括准备作业、基本作业、辅助作业和附加作业。

准备作业包括平整场地、通车、通水、通电，架设通信线路，修建生产、生活、行政办公用房，以及排水清基等项工作。

基本作业包括料场土石料开采，挖、装、运、卸，以及坝面铺平、压实、质检等项作业。

辅助作业是保证准备作业及基本作业顺利进行、创造良好工作条件的作业，包括清除施工场地及料场的覆盖，从上坝土料中剔除超径石块、杂物，坝面排水，层间刨毛和加水等。

附加作业是保证坝体长期安全运行的防护及修整工作，包括坝坡修整、铺砌护坡块石及铺植草皮等。

任务 1 土石坝料场规划及开采加工

1 土石坝料场规划

码 3-1 微课：土石坝料场规划

土石坝用料量很大，料场的合理规划与使用是土石坝施工中的关键问题之一，它不仅关系到坝体的施工质量、工期和工程投资，而且会影响到工程的生态环境和国民经济其他部门。在选坝阶段需对土石坝料场进行全面调查，施工前配合施工组织设计，对料场作深入勘测，并从空间、时间、质与量等方面进行全面规划。

空间规划，是指对料场位置、高程的恰当选择，合理布置。土石料的上坝运距尽可能短些，高程上有利于重车下坡，减少运输机械功率的消耗。

时间规划，就是要考虑施工强度和坝体填筑部位的变化。随着季节及坝前蓄水情况的变化，料场的工作条件也在变化。在用料规划上应力求做到上坝强度高时用近料场，低时用较远的料场，使运输任务比较均衡。对近料和上游易淹的料场应先用，远料和下游不易淹的料场后用；含水量高的料场旱季用，含水量低的料场雨季用。

料场质与量的规划，是料场规划最基本的要求，也是决定料场取舍的重要因素。在选择和规划使用料场时，应对料场的地质成因、产状、埋深、储量及各种物理力学指标进行全面勘探和试验。勘探精度应随设计深度的加深而提高。

料场规划还应对主要料场和备用料场分别加以考虑。前者要求质好、量大、运距近，且有利于常年开采；后者通常在淹没区外，当前者被淹没或因库区水位抬高，土料含水量过大或其他原因中断使用时，则用备用料场保证坝体填筑不致中断。

在规划料场实际可开采总量时，应考虑料场查勘的精度、料场天然密度与坝体压实密度的差异，以及开挖运输、坝面清理、返工削坡等损失。实际可开采总量与坝体填筑量之比一般为：土料 2~2.5，砂砾料 1.5~2，水下砂砾料 2~3，石料 1.5~2；反滤料应根据筛后有效方量确定，一般不宜小于 3。另外，料场选择还应与施工总布置结合考虑，应根据运输方式、强度来研究运输线路的规划和装料面的布置。

2 土石料开采与加工

码 3-2 微课：土石料开采与加工

2.1 坝料开采

2.1.1 坝料开采前准备工作

(1)划定料场范围。

(2)设置排水系统。

(3)按照施工组织设计要求修建施工道路。

(4)分区清理覆盖层。

(5)修建辅助设施。包括风、水、电系统，以及坝料加工场、堆(弃)料场、装料站台等。

2.1.2 土料开采

土料开采主要分为立面开采及平面开采，其施工特点及适用条件见表 3-1。

表 3-1 土料开采方式比较

开采方式	立面开采	平面开采
料场条件	土层较厚，料层分布不均	地形平坦，适应薄层开挖
含水率	损失小	损失大，适用有降低含水率要求的土料
冬季施工	土温散失小	土温易散失，不宜在负温下施工
雨季施工	不利因素影响小	不利因素影响大
适用机械	正铲、反铲、装载机	推土机、铲运机或推土机配合装载机

2.1.3 砂砾料开采

砂砾料(含反滤料)开采施工特点及适用条件，见表 3-2。

表 3-2 砂砾料开采方式比较

开采方式	水上开采	水下开采(含混合开采)
料场条件	阶地或水上砂砾料	水下砂砾料无坚硬胶结或太大漂石
适用机械	正铲、反铲、推土机	采砂船、索铲、反铲
冬季施工	不影响	若结冰，不宜施工
雨季施工	一般不影响	要有安全措施，汛期一般停产

2.2 坝料加工

2.2.1 调整土料含水量

降低土料含水量的方法有挖装运卸中的自然蒸发、翻晒、掺料、烘烤等。提高土料含水量的方法有在料场加水,料堆加水,在开挖、装料、运输过程中加水。

2.2.2 防渗掺合料加工

防渗掺合料最好是级配良好的砂砾料,也可用风化岩石、建筑物开挖石渣,其最大粒径不大于碾压层厚的2/3(最大粒径可达120~150 mm)。

试验表明,当掺合料(d>5 mm)含量在40%以下时,土料能充分包裹粗粒掺料,这时掺料尚未形成骨架,掺合料的物理力学性质与原土相近;当掺合料含量大于60%时,掺合料形成骨架,土料成为充填物,渗透系数将随掺量的增加而显著变大,一般认为防渗体的掺合料以40%~50%为宜。

掺合料方法一般采用水平层铺料-立面(斜面)开采掺和法。土料和掺合料逐层相间铺料,各层料的铺层厚度一般以40~70 cm为宜,立面或斜面开挖取料。

2.2.3 超径料(颗粒)处理

砾质土中,当超径石的含量不多时,常用装耙的推土机先在料场中初步清除,然后在坝体填筑面上进行填筑平整时再作进一步清除;当超径石的含量较多时,可用料斗加设蓖条筛(格筛)或其他简单筛分装置加以筛除,还可采用从高坡下料,造成粗细分离的方法清除粗粒料。

2.2.4 反滤料加工

在进行反滤料、垫层料、过渡料等小区料的开采和加工时,若级配合适,可用砂砾石料直接开采上坝或经简易破碎筛分后上坝。若无砂砾石料可供使用,则可用开采碎石加工制备。对于粗粒径较大的过渡料宜直接采用控制爆破技术开采,对于较细且质量要求高的反滤料、垫层料,则可用破碎、筛分、掺和工艺加工。

如果其级配接近混凝土骨料级配,可考虑与混凝土骨料共同使用一个加工系统,必要时亦可单独设置破碎筛分系统。

3 挖运强度的确定

土石坝施工的挖运强度取决于土石坝的上坝强度,上坝强度又取决于施工中的气象水文条件、施工导流方式、施工分期、工作面的大小、劳动力、机械设备、燃料动力供应情况等因素。对于大中型工程,平均日上坝强度通常为1万~3万 m^3,高的达到10万 m^3 左右。在施工组织设计中,一般根据施工进度计划各个阶段要求完成的坝体方量来确定上坝强度和挖运强度。合理的施工组织管理应有利于实现均衡生产,避免生产大起大落,使人力、机械设备不能充分利用,造成浪费。

(1)上坝强度 Q_D(m^3/d)按下式计算:

$$Q_D = \frac{V'}{T}\frac{K_a}{K_1}K \tag{3-1}$$

式中 V'——分期完成的坝体设计方量,以压实方计,m^3;

K_a——坝体沉陷影响系数,可取1.03~1.05;

K——施工不均衡系数,可取1.2~1.3;

K_1——坝面作业土料损失系数,可取0.90~0.95;

T——施工分期时段的有效工作日数,等于该时段的总日数扣除法定节假日和因雨停工日数,d。

(2)运输强度 Q_T(m^3/d)根据上坝强度 Q_D 确定:

$$Q_T = \frac{Q_D}{K_2}K_c \tag{3-2}$$

$$K_c = \frac{\rho_0}{\rho_T}$$

式中 K_c——压实影响系数;

ρ_0——坝体设计干表观密度;

ρ_T——土料运输的松散表观密度;

K_2——运输损失系数,可取0.95~0.99,因土料性质及运输方式而异。

(3)开挖强度 Q_c(m^3/d)仍根据上坝强度 Q_D 确定:

$$Q_c = \frac{Q_D}{K_2K_3}K'_c \tag{3-3}$$

式中 K'_c——压实系数,为坝体设计干表观密度 ρ_0 与料场土料天然表观密度 ρ_c 的比值;

K_3——土料开挖损失系数,随土料特性和开挖方式而异,一般取0.92~0.97。

任务2 压实机械选择与压实参数确定

1 土石料压实机械选择

码3-3 微课:土石料压实机械选择

1.1 土料压实理论

填筑土方,通过对其压实,可以提高土体密度,提高土方承载能力,减小填方断面面积,减少工程量,从而减少工程投资,加快工程进度;提高土方防渗性能,提高土坝或土堤的渗透稳定性。

土体是三相体,即由固相的土粒、液相的水和气相的空气所组成。通常土粒和水是不会被压缩的,土料压实的实质是将水包裹的土粒挤压填充到土粒间的空隙里,排走空气占有的空间,使土料的空隙率减少,密实度提高。所以,土料压实的过程实际上就是在外力作用下土料的三相重新组合的过程。

对于非黏性土,压实的主要阻力是颗粒间的摩擦力。由于土料颗粒较粗,单位土体的表面积比黏性土小得多,土体的空隙率小,可压缩性小,土体含水量对压实效果的影响也小,在外力及自重的作用下能迅速排水固结。黏性土颗粒细,孔隙率大,可压缩性也大,由于其透水性较差,所以排水固结速度慢,难以迅速压实。

因此,土料的性质、颗粒组成、颗粒级配、含水量,以及外界压实功能对土料压实效果都有影响。

1.2 压实机械类型

众所周知,土料不同,其物理力学性质也不同,因此使之密实的作用外力也不同。压实机械根据其产生的压实作用外力不同,可分为碾压、夯击和振动3种基本类型。

常用的压实机具有以下几种。

码3-4 图片:压实机械

1.2.1 羊脚碾

羊脚碾的外形如图3-1所示。它适用于黏性土料的压实,与平碾不同,羊脚碾在碾压滚筒表面设有交错排列的截头圆锥体,状如羊脚。钢铁空心滚筒侧面设有加载孔。加载孔大小根据设计需要确定。加载物料有铸铁块和砂砾石等。碾滚的轴由框架支承,与牵引的拖拉机用杠辕相连。重型羊脚碾碾重可达30 t,羊脚相应长40 cm,拖拉机的牵引力随碾重增加而增加。

羊脚碾的羊脚插入土中,不仅使羊脚端部的土料受到压实,而且使侧向土料受到挤压,从而达到均匀压实的效果,如图3-2所示。在压实过程中,羊脚对表层土有翻松作用,无须刨毛就能保证土料良好的层间结合。

1—羊脚;2—加载孔;3—碾滚筒;4—杠辕框架。

图3-1 羊脚碾外形

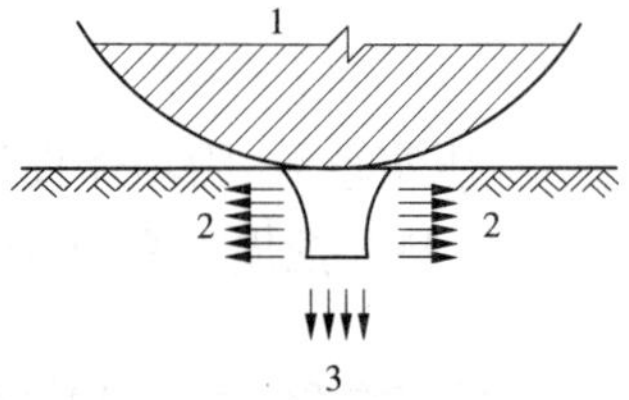

1—碾辊;2—侧压力;3—正压力。

图3-2 羊脚对土料的正压力和侧压力

1.2.2 振动碾

振动碾是一种振动和碾压相结合的压实机械,适用于非黏性土石料压实,如图3-3所示。

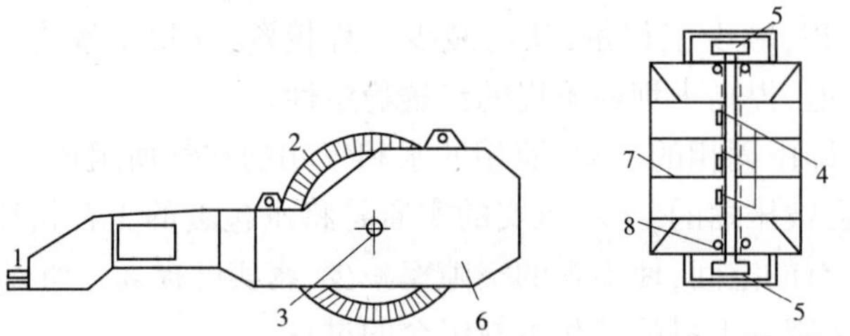

(a)外形图 (b)辊碾构造图

1—牵引挂钩;2—辊碾;3—轴;4—偏心块;5—皮带轮;6—车架侧壁;7—隔板;8—弹簧悬架。

图3-3 SD-80-13.5振动碾示意

振动碾是由柴油机带动与机身相连的附有偏心块的轴旋转,迫使碾滚产生高频振动。振动功能以压力波的形式传到土体内。非黏性土料在振动作用下,土粒间的内摩擦力迅速降低,同时由于颗粒大小不均匀,质量有差异,惯性力存在差异,从而产生相对位移,使细颗粒填入粗颗粒间的空隙而达到密实。振动碾结构简单，制作方便，成本低廉，生产率高。

1.2.3　气胎碾

气胎碾既适用于压实黏性土料，又适用于压实非黏性土料，能做到一机多用，有利于防渗土料与坝壳土料平起同时上升，用途广泛。

气胎碾有单轴和双轴之分。单轴的主要构造是由装载荷重的金属车厢和装在轴上的4~6个气胎组成。碾压时在金属车厢内加载，并同时将气胎充气至设计压力。为防止气胎损坏，停工时用千斤顶将金属车厢支托起来，并把胎内的气放掉，如图3-4所示。

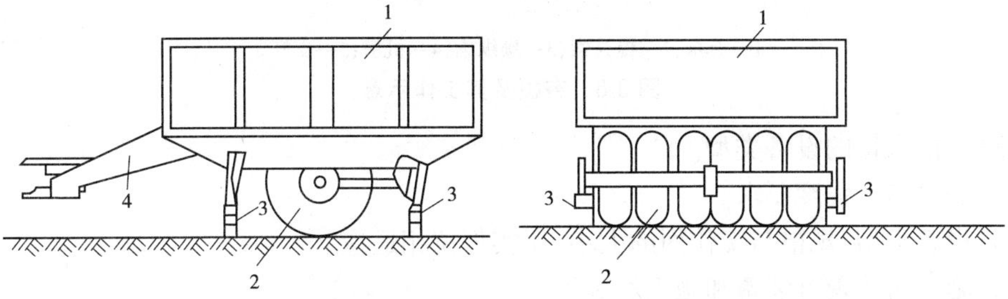

1—金属车厢；2—充气轮胎；3—千斤顶；4—牵挂杠辕。

图3-4　拖行单轴式气胎碾

气胎碾在碾压土料时，气胎随土体的变形而变形。随着土体压实密度的增加，气胎的变形也相应增加，从而使气胎与土体的接触面积随之增大，始终能保持较为均匀的压实效果，如图3-5所示。它与刚性碾比较，气胎不仅对土体的接触压力分布均匀而且作用时间长，压实效果好，压实土料厚度大，生产效率高。

气胎碾可根据压实土料的特性调整其内压力，使气胎对土体的压力始终保持在土料的极限强度内，因此气胎碾朝重型高效方向发展。通常气胎的内压力，对黏性土以$(5\sim6)\times10^5$ Pa、非黏性土以$(2\sim4)\times10^5$ Pa最好。

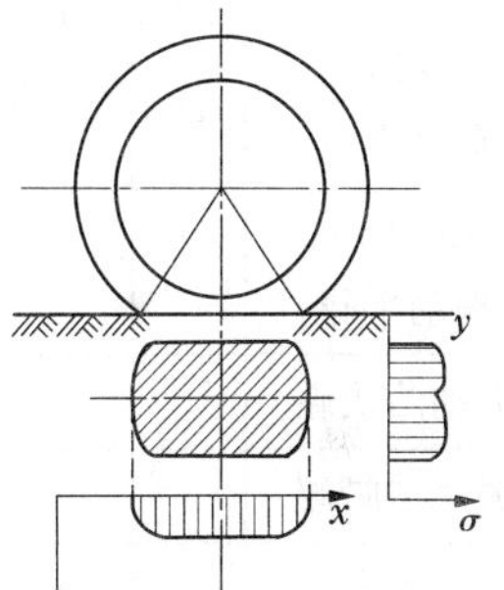

图3-5　气胎碾压实应力分布

1.2.4　夯板

夯板可以吊装在去掉土斗的挖掘机臂杆上，借助卷扬机操纵绳索系统使夯板上升。夯击土料时将索具放松，使夯板自由下落。夯实土料，其压实铺土厚度可达1 m，生产效率较高。夯板工作时，为避免漏夯，夯迹与夯迹之间要套夯，其重叠宽度为10~15 cm，夯迹排与排之间也要搭接相同的宽度。为充分发挥夯板的工作效率，避免前后排套压过多，夯板的工作转角以不大于80°~90°为宜，如图3-6所示。

1.3　压实机械的选择

各种碾压机械的适用情况可归纳如表3-3所示。选择压实机械通常需考虑以下原则：

(1)与压实土料的物理力学性质相适应。

(2)能够满足设计压实标准。

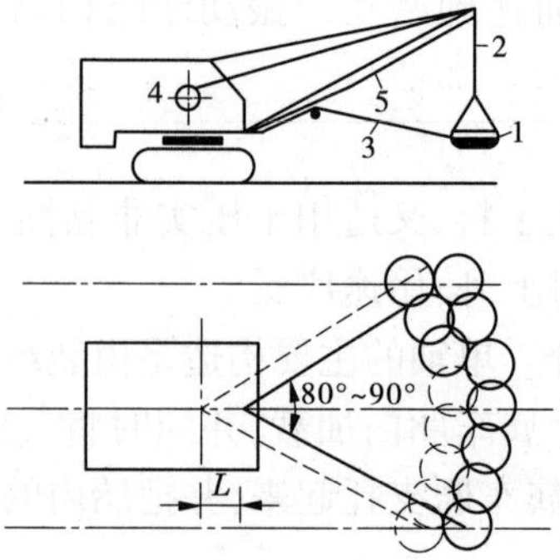

1—夯板；2—提升索；3—操纵索；4—机房；5—支杆。

图 3-6　夯板及其工作示意

(3)可能取得的设备类型。

(4)满足施工强度要求。

(5)设备类型、规格与工作面的大小、压实部位相适应。

(6)施工队伍现有装备和施工经验等。

表 3-3　各种碾压机械的适用情况

碾压设备	堆石	砂、砂砾料		砾质土	黏性土	黏土		软弱风化土石混合料
		优良级配	均匀级配			低中强度黏土	高强度黏土	
5~10 t 振动平碾	△	○	○	○	△	△	△	
10~15 t 振动平碾	○	○	○	○	△	△	△	
振动凸块碾			△	△	○	○	△	
振动羊脚碾				△	△	○	△	
气胎碾		○	○	○	○	○	○	
羊脚碾				△	○	○	○	
夯板		○	○	○	○	△	△	
尖齿碾								○

注：○表示不适用，△表示不可用。

2　土石料的压实标准及压实参数的选择

土石料的压实，是保证土石坝施工质量的关键。

2.1　土石料的压实特性

一般黏性土料的黏结力较大，摩擦力较小，具有较大的压缩性，但由于其透水性小，排水困难，压缩过程慢，所以很难达到固结压实。而非黏性土料的黏结力小，摩擦力大，具有较小的压缩性，但由于透水性大，排水容易，压缩过程快，能很快达到密实。土料的含水量是影响压实效果的重要因素之一,用击实仪(原南京水利实验处提出,简称南实仪)对黏性土的击实试验,得到一组击实次数、干表观密度与含水量的关系曲线,如图3-7所示,图中 n 为击实次数,G 为饱和度。

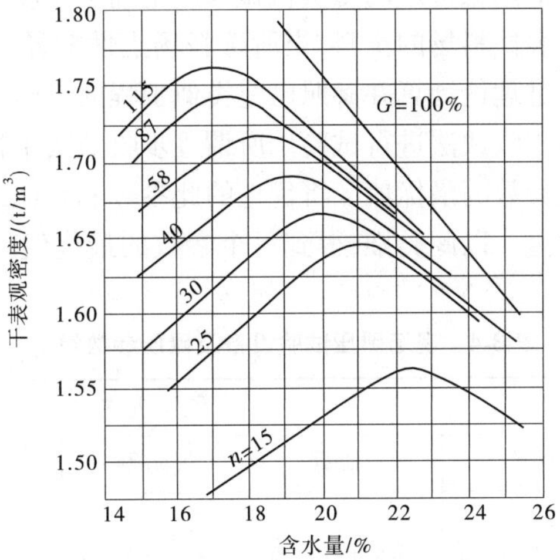

图3-7 某工程粉质黏土的击实曲线

黏性土在某一击实次数下,干表观密度达到最大值时的含水量为最优含水量;对每一种土料,在一定的压实功能下,只有在最优含水量范围内,才能获得最大的干表观密度,且压实也较经济。非黏性土料的透水性大,排水容易,压缩过程快,能够很快达到压实,不存在最优含水量。这是非黏性土料与黏性土料压实特性的根本区别。

压实功能的大小,也影响着土料干表观密度的大小,从图3-7可以看出,击实次数增加,干表观密度也随之增大,而最优含水量则随之减小。这说明同一种土料的最优含水量和最大干表观密度并不是一个恒定值。一般来讲,增加压实功能可增加干表观密度。这种特性,对于含水量小于最优含水量的土料比对于含水量大于最优含水量的土料更为显著。

2.2 土石料的压实标准

土石料压实得越好,物理力学性能指标就越高,坝体填筑质量就越有保证。但土石料的过分压实,不仅提高了压实费用,而且会产生剪切破坏,反而达不到预期效果。

黏性土的压实标准,主要以压实干表观密度 ρ_d 和施工含水量这两个指标来控制,非黏性土料(如砂土及砂砾石)以相对密度 D 来控制,而石渣或堆石体则可用孔隙率作为压实指标。在现场用相对密度来控制施工质量不太方便,通常将相对密度转换成对应的干表观密度 ρ_d 来控制,其大小按非黏性土不同砾石含量,分别确定不同标准。其换算公式为

$$\rho_d = \frac{\rho_1 \rho_2}{\rho_2(1-D) + \rho_1 D} \tag{3-4}$$

式中 ρ_1、ρ_2——土料极松散和极紧密时的干表观密度,t/m。

2.3　压实参数的确定

现场的压实试验是土石坝施工中的一项技术措施，通过压实试验核实坝料设计填筑指标的合理性，作为选择施工参数的依据。

土料的压实试验，是根据已选定的压实机械来确定铺土厚度、压实遍数及相应的含水量，试验土料应选择有代表性料场的土料，当所选料场土性差异较大时，应分别进行碾压试验。压实试验前，先通过理论计算并参照已建类似工程的经验，初选几种碾压机械和拟定几组碾压参数，采用逐步收敛法进行试验。所谓逐步收敛法系指固定其他参数，变动一个参数，通过试验得到该参数的最优值。将优选的此参数和其他参数固定，再变动另一个参数，用试验确定其最优值。以此类推，得到每个参数的最优值。试验中，碾压参数组合可参照表 3-4 确定。

表 3-4　现场碾压试验设备及碾压参数组合

压实参数	碾压机械				
	平碾	羊脚碾	气胎碾	夯板	振动碾
机械参数	选择 3 种单宽压力或碾重	选择 3 种羊脚接触压力或碾重	气胎的内压力和碾重各选择 3 种	夯板的自重和直径各选择 3 种	以确定的一种机械碾重为定值
施工参数	1. 选 3 种铺土厚度；2. 选 3 种碾压遍数；3. 选 3 种含水量	1. 选 3 种铺土厚度；2. 选 3 种碾压遍数；3. 选 3 种含水量	1. 选 3 种铺土厚度；2. 选 3 种碾压遍数；3. 选 3 种含水量	1. 选 3 种铺土厚度；2. 选 3 种夯实遍数；3. 选 3 种夯板落距；4. 选 3 种含水量	1. 选 3 种铺土厚度；2. 选 3 种碾压遍数；3. 充分洒水
复核试验参数	按最优参数试验	按最优参数试验	按最优参数试验	按最优参数试验	按最优参数试验
全部试验组数	13	13	16	19(16)*	10(7)*
每个参数试验场地大小/(m×m)	3×10	6×10	6×10	8×8	10×20

注：1. 堆石的洒水量为其体积的 30%～50%，砂砾料为 20%～40%。

2. * 括号内数字表示通过固定夯板直径时只试验 16 组；通过固定碾压时只试验 7 组。

3. 黏性土料压实含水量可取 $W_1=W_P+2\%$、$W_2=W_P$、$W_3=W_P-2\%$ 3 种进行试验（W_P 为土料的塑限）。

试验的铺土厚度和碾压遍数应根据所选用的碾压设备型号确定。试验测定相应的含水量和干表观密度，作出对应的关系曲线，如图 3-8 所示。根据上述关系，再作出铺土厚度、压实遍数与最大干表观密度、最优含水量关系曲线，如图 3-9 所示。

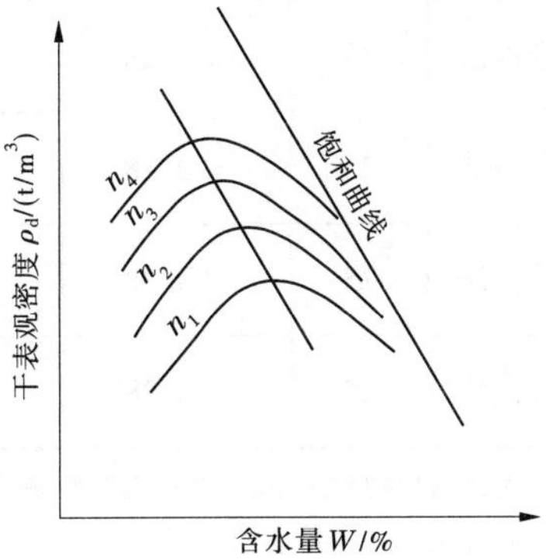

图 3-8 不同铺土厚度、不同压实遍数、土料含水量和干表观密度的关系曲线

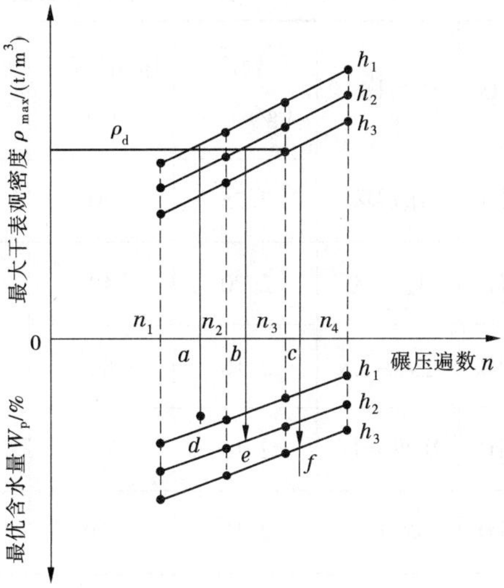

图 3-9 铺土厚度、压实遍数、最优含水量和最大干表观密度的关系曲线

非黏性土料含水量的影响不如黏性土显著，试验中可充分洒水，只作铺土厚度、相对密度（或干表观密度）与压实遍数的关系曲线，如图 3-10 所示。

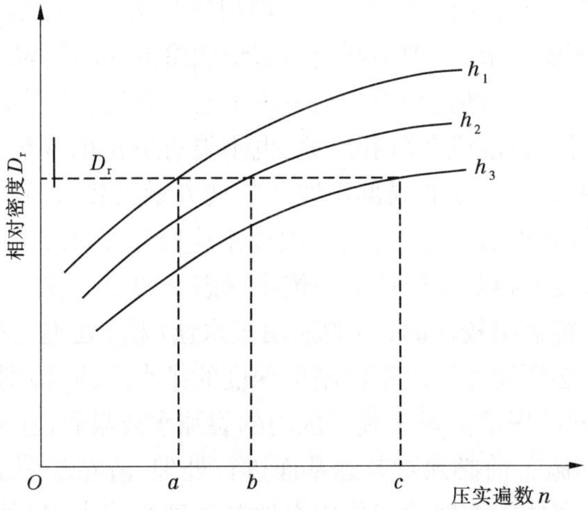

图 3-10 非黏性土的铺土厚度、相对密度与压实遍数关系曲线

清江水布垭面板堆石坝坝料填筑中各料区均碾压 8 遍，碾压参数取值如表 3-5 所示。

表 3-5　水布垭面板堆石坝坝料填筑碾压施工参数

分区	名称	干密度/(g/cm^3)	压实层厚/cm	最大粒径/cm	铺粒方法	碾重/t	行走速度/(m/s)	推荐洒水量
ⅡA	垫层区	2.25	40	8	后退法	18	≤0.28	5%或适量
ⅢA	过渡区	2.20	40	30	进占法	25	≤0.28	10%
ⅢB	主堆石区	2.18	80	80	进占法	25	≤0.28	15%
ⅢC	次堆石区	2.15	80	80	进占法	25	≤0.28	5%
ⅢD	下游堆石区	2.15	120	120	进占法	25	≤0.28	15%

注：洒水量在实际施工中由于天气和环境变化相对较难控制，ⅡA 区为细粒料对含水量较敏感，应控制碾压含水量；其他料区可适当放宽。碾压遍数相对易于控制，应作为质量控制的主要施工碾压参数。

任务 3　清基与坝基处理

码 3-5　微课：清基与坝基处理

清基就是把坝基范围内的所有草皮、树木、坟墓、乱石、淤泥、有机质含量大于 2%的表土，自然干密度小于 1.48 g/cm^3 的细沙和极细沙清除掉，清除深度一般为 0.3～0.8 m。对勘探坑，应把坑内积水与杂物全部清除，并用筑坝土料分层回填夯实。土坝坝体与两岸岸坡的结合部位是土坝施工的薄弱环节，处理不好会引起绕坝渗流和坝体裂缝。因此，岸坡与塑性心墙、斜墙或均质土坝的接合部位均应清至不透水层。对于岩石岸坡，清理坡度不应陡于 1∶0.75，并应挖成坡面，不得削成台阶和反坡，也不能有突出的变坡点；在回填前应涂 3～5 mm 厚的黏土浆，以利接合。如有局部反坡而削坡方量又较大，可采用混凝土或砌石补坡处理。对于黏土或湿陷性黄土岸坡，清理坡度不应陡于 1∶1.5。岸坡与坝体的非防渗体的接合部位，清理坡度不得陡于岸坡土在饱水状态下的稳定坡度，并不得有反坡。

对于河床基础，当覆盖层较浅时，一般采用截水墙（槽）处理。截水墙（槽）施工受地下水的影响较大，因此必须注意解决不同施工深度的排水问题，特别注意防止软弱地基的边坡受地下水影响引起的塌坡。对于施工区内的裂隙水或泉眼，在回填前必须认真处理。

对于截水墙（槽），施工前必须对其建基面进行处理，清除基面上已松动的岩块、石渣等，并用水冲洗干净。坝体土方回填工作应在地基处理和截水墙（槽）施工完毕并达到一定强度后进行，回填时只能用小型机具。截水墙（槽）两侧的填土，应保持均衡上升，避免因受力不均而引起截水墙（槽）断裂。只有当回填土高出截水墙顶部 0.5 m 后，才允许用羊脚碾压实。

任务 4　坝体填筑

土石坝施工按照《碾压式土石坝施工规范》(DL/T 5129—2013)进行。

1　施工准备

坝面作业前的施工准备工作包括组织准备、技术准备、材料准备、现场准备、机械设备准备、劳动力准备、物资准备。

现场准备工作如下:

(1)施工现场测量。及时对监理工程师提供的桩点进行复核,并将复核结果上报监理工程师,经监理工程师批复后使用。组织测量人员进行导线点和水准点的加密和保护工作。保证相邻导线点互相通视,做好桩点记录,并将测量结果上报监理工程师批复,合格后使用。利用已知桩点进行原地面测量,并绘制成纵、横断面图,将测量结果上报监理工程师批复,并作为以后工程计量支付的依据。

码 3-6　微课:
坝体填筑

(2)"三通一平"准备。按照施工总体布置的要求,做好路通、水通、电通和场地平整。

(3)临时设施的准备。临时设施包括现场施工人员的办公、生活用的临时房屋建筑和施工生产辅助企业及各类仓库。临时设施应按施工总布置的位置定位建造。

2　坝面作业

土石坝坝面作业施工工序包括卸料、铺料、洒水、压实、质量检查等。坝面作业工作面狭窄、工种多、工序多、机械设备多,施工时需有妥善的施工组织规划。

为避免坝面施工中的干扰,延误施工进度,土石坝坝面作业宜采用分段流水作业施工。流水作业施工组织应先按施工工序数目对坝面分段,然后组织相应专业施工队依次进入各工段施工。各工段都有专业队固定的施工机具,从而保证施工过程中人、机、地三不闲,避免施工干扰,有利于坝面作业多、快、好、省、安全地进行。

2.1　卸料

卸料有 3 种方法,即进占法、后退法和综合法。

2.1.1　进占法

进占法指汽车在已平好的松土层上行驶、卸料,用推土机向前进占铺料(该法不会影响洒水、刨毛等作业),适用于黏性土料,可以避免反复碾压。一般采用进占法,以减小铺料工作量。进占法铺料层厚易控制,表面容易平整,压实设备工作条件较好。

2.1.2　后退法

后退法指汽车在已压实合格的坝面上行驶、卸料,适用于非黏性土料,自卸汽车与推土机在不同平台工作,互不干扰,施工效率高。

2.1.3　综合法

厚层填筑也可采用综合法铺料,可以防止料的分离。

2.2　平料

一般采用推土机进行平料作业。平料应保证随卸随铺,确保设计的铺料厚度。按设计厚度铺料平料是保证压实质量的关键。采用带式运输机或自卸汽车上坝,卸料集中。为保证铺料均匀,需用推土机或平土机散料平料。国内不少工地采用“算方上料、定点卸料、随卸随平、定机定人、铺平把关、插杆检查”的措施,使平料工作取得良好的效果。铺填中不应使坝面起伏不平,避免降雨积水。

在坝面各料区的边界处,铺料会越界,通常规定其他材料不准进入防渗区边界线的内侧。边界外侧铺土距边界线的距离不能超过 50 cm。

2.3　碾压

碾压方向:为配合碾压施工,防渗体土料铺筑应平行于坝轴线方向进行。坝体压实是填筑的最关键工序,压实设备应根据砂石土料性质选择。碾压遍数和碾压速度应根据碾压试验确定。碾压方法应便于施工,便于质量控制,避免或减少欠压和超压,一般采用进退错距法和圈转套压法,如图 3-11 所示。对因汽车上坝或压实机具压实后的土料表层形成的光面,必须进行刨毛处理,一般要求刨毛深度为 4~5 cm。

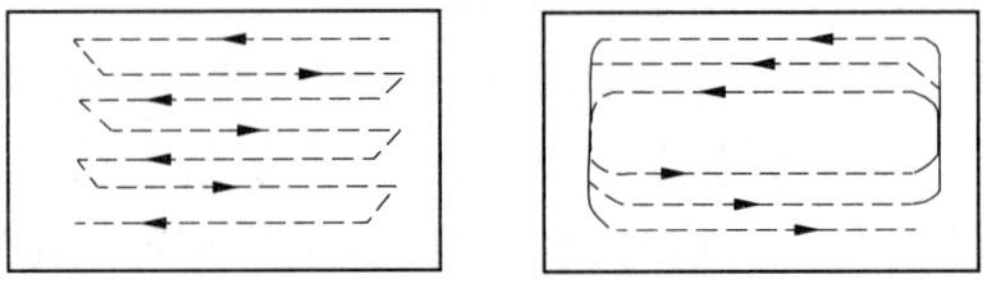

(a)进退错距法　(b)圈转套压法

图 3-11　碾压机械开行方式

进退错距法操作简便,碾压、铺土和质检等工序协调,便于分段流水作业,压实质量容易保证,其开行方式如图 3-11(a)所示。圈转套压法要求开行的工作面较大,适合于多碾滚组合碾压。其优点是生产效率较高,但碾压中转弯套压交接处重压过多,易于超压。当转弯半径小时,容易引起土层扭曲,产生剪力破坏。在转弯的四角容易漏压,质量难以保证,其开行方式如图 3-11(b)所示。国内多采用进退错距法。用这种开行方式,为避免漏压,可在碾压带的两侧先往复压够遍数后再进行错距碾压。错距宽度 b(m)按下式计算:

$$b = \frac{B}{n} \tag{3-5}$$

式中　B——碾滚净宽,m;

n——设计碾压遍数。

2.4　质检

质检随机取样检测压实后土的干表观密度,检测方法为灌水法或者灌砂法。取样数量以及位置详见《水利水电工程单元工程施工质量验收标准 第 1 部分:土石方工程》(SL/T 631.1—2025)。

3　接合部位的施工

土石坝施工中,坝体的防渗土料不可避免地要与地基、岸坡、周围其他建筑的边界相接合；由于施工导流、施工方法、分期分段分层填筑等的要求，还必须设置纵横向的接坡、接缝。所有这些接合部位，都是影响坝体整体性和质量的关键部位，也是施工中的薄弱环节，质量不易控制。接坡、接缝过多，还会影响到坝体填筑速度，特别是影响机械化施工。

对接合部位的施工，必须采取可靠的技术措施，加强质量控制和管理，确保坝体的填筑质量满足设计要求。

码3-7　微课：接合部位施工

3.1　坝基接合面处

对于基础部位的填土，一般用薄层、轻碾的方法，不允许用重型碾或重型夯，以免破坏基础，造成渗漏。对黏性土、砾质土坝基，应将其表层含水量调节至施工含水量上限范围，用与防渗体土料相同的碾压参数压实，然后刨毛深3~5 cm，再铺土压实。

非黏性土地基应先压实，再铺第一层土料，含水量为施工含水量的上限。采用轻型机械压实，压实干表观密度可略低于设计要求。

与岩基接触面，应首先把局部凹凸不平的岩石修理平整，封闭岩基表面节理、裂隙，防止渗水冲蚀防渗体。若岩基干燥可适当洒水，并使用含水量略高的土料，以便容易与岩基或混凝土紧密结合。碾压前，对岩基凹陷处，应用人工填土夯实。不论何种坝基，当填筑厚度达到2 m以后，才可使用重型压实机械。

3.2　与岸坡及混凝土建筑物接合处

填土前，先将接合面的污物冲洗干净，清除松动岩石，在接合面上洒水湿润，涂刷一层厚约5 mm的浓黏土浆或浓水泥黏土浆或水泥砂浆，其目的是提高浆体凝固后的强度，防止产生危险的接触冲刷和渗透。涂刷浆体时，应边涂刷、边铺土、边碾压，涂刷高度与铺土厚度一致，注意涂刷层之间的搭接，避免漏涂。要严格防止泥浆干固（或凝固）后再铺土，因为它对接合非常不利。

防渗体与岸坡接合处，宽度1.5~2.0 m范围内或边角处，不得使用羊脚碾、夯板等重型机具，应以轻型机具压实，并保证与坝体碾压搭接宽度1 m以上。混凝土齿墙或坝下埋管两侧及顶部0.5 m范围内填土，必须用小型机具压实，其两侧填土应保持均衡上升。

岸坡、混凝土建筑物与砾质土、掺合土接合处，应填筑1~2 m宽、塑性较高而透水性低的土料，避免直接与粗料接触。

3.3　坝体纵横向接坡及接缝

土石坝施工中，坝体接坡具有高差较大、停歇时间长、要求坡身稳定的特点。对于允许接坡大小及高差大小有争论，尤其对防渗心墙与斜墙是否可设置纵横向接坡的争论更大。土石坝施工的实践经验证明，几乎在任何部位都可以适当设置纵横向接坡，关键在于有无必要和采取什么样的施工措施。一般情况下，填筑面应力争平起，斜墙及窄心墙不应留有纵向接缝，如临时度汛需要设置，应进行技术论证。防渗体及均质坝的横向接坡不应陡于1∶3，高差不超过15 m。均质坝（不包括高压缩性地基上的土坝）的纵向接缝，宜采用不同高度的斜坡和平台相间形式，坡度及平台宽度根据施工要求确定，并满足稳定要求，平台高差不大于15 m。坝体接坡面可用推土机自上而下削坡，适当留有保护层，配合填筑上升。逐层清至合格层，接合面削坡合格后，要控制其含水量为施工含水量范围的上限。

坝体施工临时设置的接缝相对接坡来讲，其高差较小，停置时间短，没有稳定问题，通常高差以不超过铺土厚度的 1～2 倍为宜，分缝在高程上应适当错开。

4　反滤料、过渡料的施工

码 3-8　微课：反滤料、过渡料的施工

反滤料、垫层料、过渡料一般方量不大，但其要求较高，铺料不能分离，一般与防渗体和一定宽度的大体积坝壳石料平起上升，压实标准高，分区线的误差有一定的控制范围。当铺填料宽度较宽时，铺料可采用装载机辅以人工进行。

填筑方法有削坡法、挡板法及土砂松坡接触平起法 3 类。土砂松坡接触平起法能适应机械化施工，填筑强度高，可以做到防渗体、反滤层与坝壳料平起填筑，均衡施工，是被广泛应用的施工方法。根据防渗体土料和反滤层填筑的次序、搭接形式的不同，又可分成先土后砂法和先砂后土法。

先土后砂法如图 3-12(a)所示，先填 2～3 层土料，压实时边缘留 30～50 cm 宽松土带，一次铺反滤料与黏土齐平，压实反滤料，并用气胎碾压实土砂接缝带。此法容易排除坝面积水；因填土料时无侧面限制，所以施工中有超坡，且接缝处土料不便压实。当反滤料土坝强度赶不上土料填筑时，可采用此法。

先砂后土法如图 3-12(b)所示，先在反滤料设计线内用反滤料筑一小堤，再填筑 2～3 层土料与反滤料齐平，然后压实反滤料及土料接缝带。此法填土料时有反滤料作侧限，便于控制防渗土体边线，接缝处土料便于压实，宜优先采用此法。

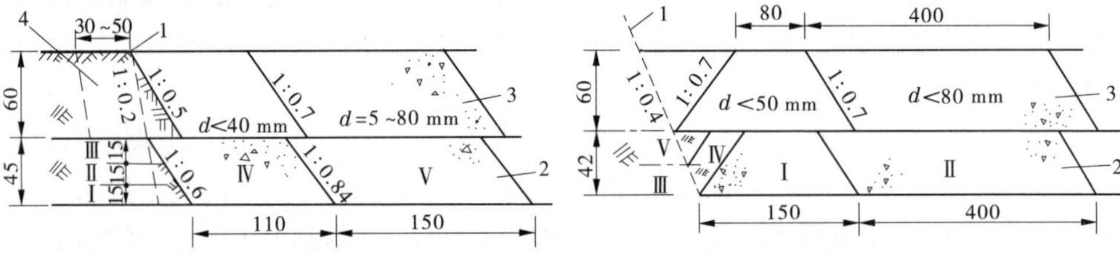

(a)先土后砂法(碧口坝)　　(b)先砂后土法(石头河坝)

1—心墙设计线；2—已压实层；3—未压实层；4—松土带；Ⅰ、Ⅱ、Ⅲ、Ⅳ、Ⅴ—填料次序。

图 3-12　土、砂平起施工示意　(单位：cm)

反滤料的压实，应包括接触带土料与反滤料的压实。当防渗体土料用气胎碾碾压时，反滤料铺土厚度可与黏土铺土厚度相同，并同时用气胎碾碾压，这是施工中压实接触带最好的方法。若防渗体土料采用羊脚碾碾压，对于土压砂的情况，两者应同时平起，羊脚碾压到距土砂接合边 0.3～0.5 m 为止，以免羊脚碾将上下的砂翻出来。然后用气胎碾碾压反滤层，其碾迹与羊脚碾碾迹至少应重叠 0.5 m，如图 3-13(a)所示。若砂压土时，土、砂亦同时平起，同样先用羊脚碾碾压土料，且羊脚碾碾压到反滤料上至少 0.5 m 宽，以便把反滤料之下的土料压实，然后用气胎碾碾压反滤料，并压实到土料上的宽度至少为 0.5 m，如图 3-13(b)所示。

无论是先土后砂法或是先砂后土法，土、砂之间必然出现犬牙交错的现象。反滤料的

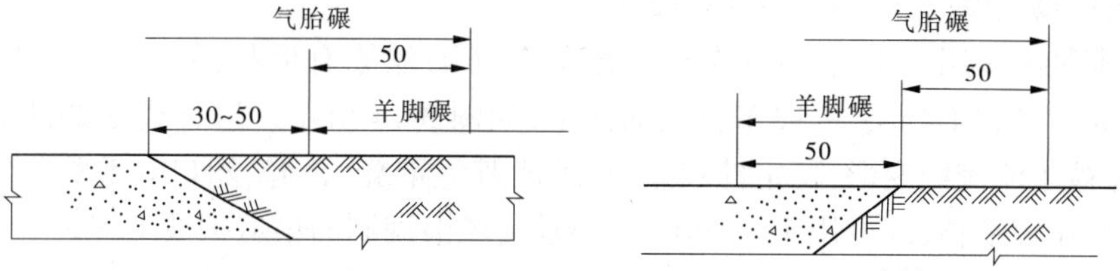

(a)土压砂 (b)砂压土

图 3-13 土、砂接合带的压实 (单位:cm)

设计厚度,不应将犬牙厚度计算在内,不允许过多削弱防渗体的有效断面,反滤料一般不应伸入心墙内,犬牙大小由各种材料的休止角所决定,且犬牙交错带宽不得大于其每层铺土厚度的 1.5~2.0 倍。

在塑性心墙坝施工时,应注意心墙与坝壳的均衡上升,如心墙上升太快,易干裂而影响质量;若坝壳上升太快,则会造成施工困难。塑性斜墙坝施工,应待坝壳填筑到一定高度甚至达到设计高度后,再填筑斜墙土料,尽量使坝壳沉陷在防渗体施工前发生,从而避免防渗体在施工后出现裂缝。对于已筑好的斜墙,应立即在上游面铺好保护层,以防干裂。

任务 5 砌石护坡施工

1 干砌石施工

干砌石是指不用任何胶凝材料把石块砌筑起来,包括干砌块(片)石、干砌卵石。一般用于土坝(堤)迎水面护坡、渠系建筑物进出口护坡及渠道衬砌、水闸上下游护坦、河道护岸等工程。

码 3-9 微课:干砌石施工

1.1 砌筑前的准备工作

1.1.1 备料

在砌石施工中,为缩短场内运距,避免停工待料,砌筑前应尽量按照工程部位及需要数量分片备料,并提前将石块的水锈、淤泥洗刷干净。

1.1.2 基础清理

砌石前应将基础开挖至设计高程,淤泥、腐殖土及混杂有建筑残渣应清除干净,必要时将坡面或底面夯实,然后才能进行铺砌。

1.1.3 铺设反滤层

在干砌石砌筑前应铺设砂砾反滤层,其作用是将块石垫平,不致使砌体表面凹凸不平,减少其对水流的摩阻力;减少水流或降水对砌体基础土壤的冲刷;防止地下渗水逸出时带走基础土粒,避免砌筑面下陷变形。

反滤层的各层厚度、铺设位置、材料级配和粒径及含泥量均应满足规范要求,铺设时应与砌石施工配合,自下而上,随铺随砌,接头处各层之间的连接要层次清楚,防止层间错动或混淆。

1.2 砌筑方法

常采用的干砌块石的施工方法有两种,即花缝砌筑法和平缝砌筑法。

1.2.1 花缝砌筑法

花缝砌筑法多用于干砌片(毛)石。砌筑时,依石块原有形状,使尖对拐、拐对尖,相互联系砌成。砌石不分层,一般多将大面向上,如图3-14所示。这种砌法的缺点是底部空虚,容易被水流淘刷变形,稳定性较差,且不能避免重缝、叠缝、翘口等毛病。但此法的优点是表面比较平整,故可用于流速不大、不承受风浪淘刷的渠道护坡工程。

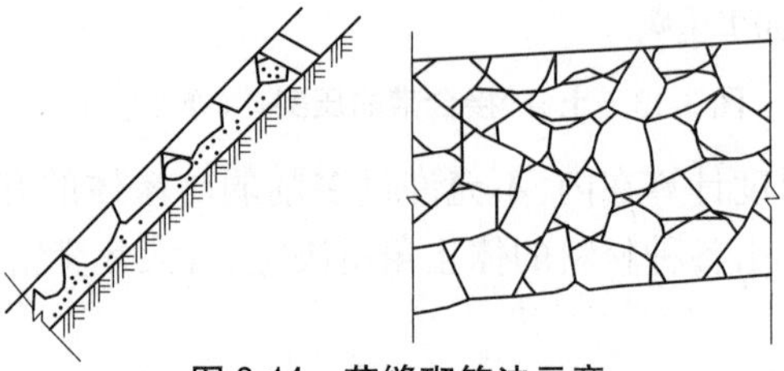

图3-14 花缝砌筑法示意

1.2.2 平缝砌筑法

平缝砌筑法一般多适用于干砌块石的施工,如图3-15所示。砌筑时将石块宽面与坡面竖向垂直,与横向平行。砌筑前,安放一块石块必须先进行试放,不合适处应用小锤修整,使石缝紧密,最好不塞或少塞石子。这种砌法横向设有通缝,但竖向直缝必须错开。如砌缝底部或块石拐角处有空隙,则应选用适当的片石塞满填紧,以防止底部砂砾垫层由缝隙淘出,造成坍塌。

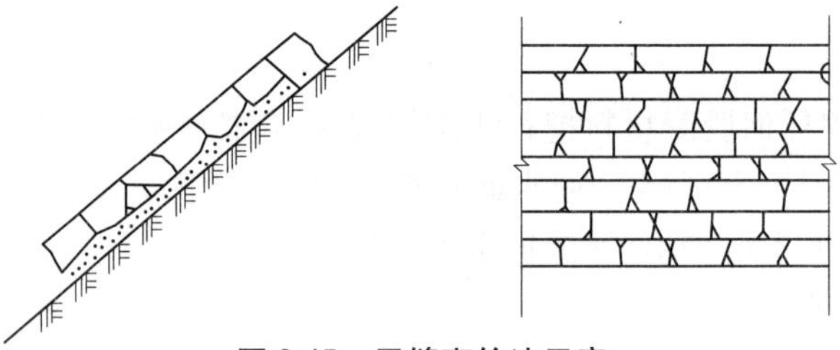

图3-15 平缝砌筑法示意

干砌块石是依靠块石之间的摩擦力来维持其整体稳定的。若砌体发生局部移动或变形,将会导致整体破坏。边口部位是最易损坏的地方,所以封边工作十分重要。对护坡水下部分的封边,常采用大块石单层或双层干砌封边,然后将边外部分用黏土回填夯实,有时也可采用浆砌石埂进行封边。对护坡水上部分的顶部封边,则常采用比较大的方正块石砌成40 cm左右宽度的平台,平台后所留的空隙用黏土回填夯实,如图3-16所示。对于挡土墙、闸翼墙等重力式墙身顶部,一般用混凝土封闭。

1.3 干砌石施工注意事项

(1)干砌石工程在施工前,应进行基础清理工作。

(2)凡受水流冲刷和浪击作用的干砌石工程中采用竖立砌法(石块的长边与水平面或斜面呈垂直方向)砌筑,以期空隙为最小。

(3)重力式挡土墙施工,严禁先砌好里外砌石面,中间用乱石充填并留下空隙和蜂窝。

(4)干砌块石的墙体露出面必须设丁石(拉结石),丁石要均匀分布。同一层的丁石长度,如墙厚等于或小于40 cm,丁石长度应等于墙厚;如墙厚大于40 cm,则要求同一层

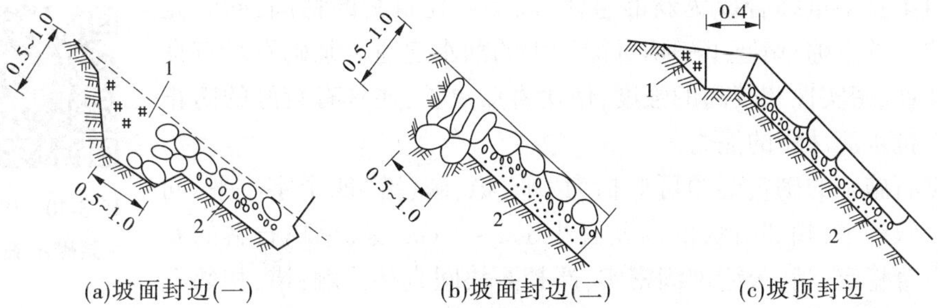

图 3-16　干砌块石封边　（单位:m）

内外的丁石相互交错搭接,搭接长度不小于 15 cm,其中一块的长度不小于墙厚的 2/3。

(5)如用料石砌墙,则两层顺砌后应有一层丁砌,同一层采用丁顺组砌时,丁石间距不宜大于 2 m。

(6)用干砌石作基础,一般下大上小,呈阶梯状,底层应选择比较方整的大块石,上层阶梯至少压住下层阶梯块石宽度的 1/3。

(7)大体积的干砌块石挡土墙或其他建筑物,在砌体每层转角和分段部位,应先采用大而平整的块石砌筑。

(8)护坡干砌石应自坡脚开始自下而上进行。

(9)砌体缝口要砌紧,空隙应用小石填塞紧密,防止砌体在受到水流的冲刷或外力撞击时滑脱沉陷,以保持砌体的坚固性。一般规定干砌石砌体空隙率应不超过 30%~50%。

(10)干砌石护坡的每一块石顶面一般不应低于设计位置 5 cm,不高出设计位置 15 cm。

造成干砌石施工缺陷的原因主要是砌筑技术不良、工作马虎、施工管理不善及测量放样错漏等。缺陷主要有缝口不紧、底部空虚、鼓心、凹肚、重缝、飞缝、飞口(用很薄的边口未经砸掉便砌在坡上)、翘口(上下两块都是一边厚一边薄,石料的薄口部分互相搭接)、悬石(两石相接不是面的接触,而是点的接触)、浮塞、叠砌、严重蜂窝及轮廓尺寸走样等见图 3-17。

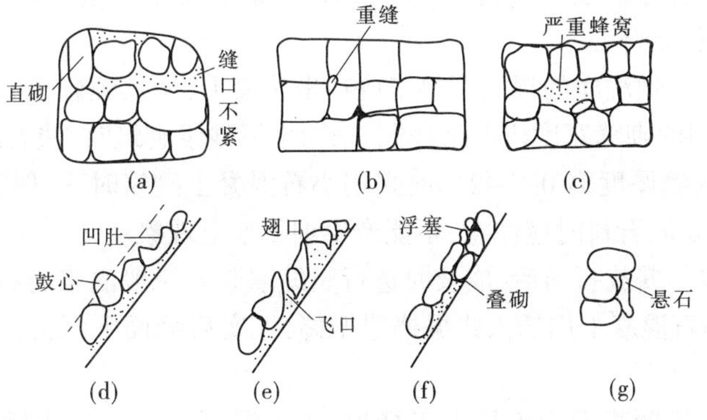

图 3-17　干砌石缺陷

2　浆砌石施工

浆砌石是用胶结材料把单个的石块联结在一起,使石块依靠胶结材料的黏结力、摩擦力和块石本身重量结合成为新的整体，以保持建筑物的稳固，同时充填着石块间的空隙，堵塞了一切可能产生的漏水通道。浆砌石具有良好的整体性、密实性和较高的强度，使用寿命更长，还具有较好的防止渗水和抵抗水流冲刷的能力。

码 3-10 微课：浆砌石施工

浆砌石施工的砌筑要领可概括为“平、稳、满、错”四个字。平，同一层面大致砌平，相邻石块的高差宜小于 2～3 cm；稳，单块石料的安砌务求自身稳定；满，灰缝饱满密实，严禁石块间直接接触；错，相邻石块应错缝砌筑，尤其不允许顺水流方向通缝。

浆砌石工程砌筑的工艺流程如图 3-18 所示。

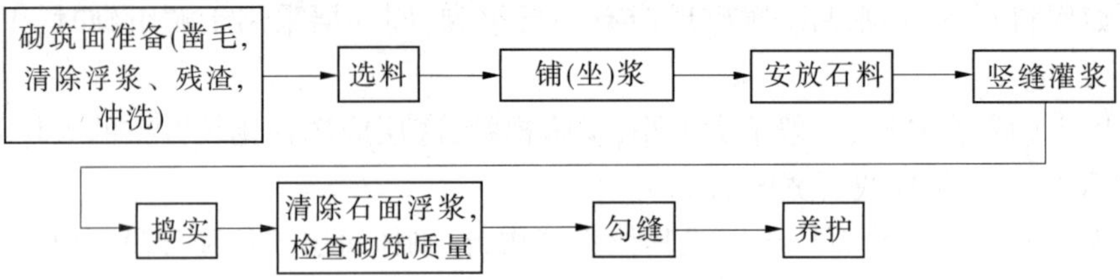

图 3-18 浆砌石工程砌筑的工艺流程

(1)砌筑面准备。对开挖成形的岩基面，在砌石开始之前应将表面已松散的岩块剔除，具有光滑表面的岩石须人工凿毛，并清除所有岩屑、碎片、泥沙等杂物。土壤地基按设计要求处理。

对于水平施工缝，一般要求在新一层块石砌筑前凿去已凝固的浮浆，并进行清扫、冲洗，使新旧砌体紧密接合。对于临时施工缝，在恢复砌筑时，必须进行凿毛、冲洗处理。

(2)选料。砌筑所用石料，应是质地均匀、没有裂缝、没有明显风化迹象、不含杂质的坚硬石料。严寒地区使用的石料，还要求具有一定的抗冻性。

(3)铺(坐)浆。对于块石砌体，由于砌筑面参差不齐，必须逐块坐浆、逐块安砌，在操作时还须认真调整，务必使坐浆密实，以免形成空洞。坐浆一般只宜比砌石超前 0.5～1 m，坐浆应与砌筑相配合。

(4)安放石料。把洗净的湿润石料安放在坐浆面上，用铁锤轻击石面，使坐浆开始溢出为度。石料之间的砌缝宽度应严格控制，采用水泥砂浆砌筑时，块石的灰缝厚度一般为 2～4 cm，料石的灰缝厚度为 0.5～2 cm；采用小石混凝土砌筑时，一般为所用骨料最大粒径的 2～2.5 倍。安放石料时应注意，不能产生细石架空现象。

(5)竖缝灌浆。安放石料后，应及时进行竖缝灌浆。一般灌浆与石面齐平，水泥砂浆用捣插棒捣实，小石混凝土用插入式振捣器振捣，振实后缝面下沉，待上层摊铺坐浆时一并填满。

(6)振捣。水泥砂浆常用捣棒人工插捣，小石混凝土一般采用插入式振动器振捣。应注意对角缝的振捣，防止重振或漏振。

每一层铺砌完 24～36 h 后(视气温及水泥种类、胶结材料强度等级而定)，即可冲洗，准备上一层的铺砌。

(7)养护砌体完成后，须用麻袋或草袋覆盖，并应经常洒水养护，保持表面潮湿。养护时间一般不小于 5~7 d,在砌体未达到要求的强度之前,不得在其上任意堆放重物或修凿石块,以免砌体受震动而破坏。砌完后,一般经过 28 d,方可进行回填,最早不得少于 12~14 d。

石砌体表面进行勾缝的目的,主要是加强砌体整体性,同时还可增加砌体的抗渗能力,另外也美化外观。

勾缝按其形式可分为凹缝、平缝、凸缝等。凹缝又可分为半圆凹缝、平凹缝;凸缝可分为平凸缝、半圆凸缝、三角凸缝等。勾缝就是在砌体砂浆凝固前,先将缝内深度不大于 2 cm 的疏松砂浆刮去,用水将缝内冲洗干净,待砌体达到一定强度后,再用强度等级较高而且较稠的砂浆填充进行勾缝。勾缝宽度一般不大于 3 cm。在水工建筑物中,一般采用平缝。砌体后面与土壤接触面,通常不勾缝。如果为了防止渗水,则可用砂浆抹面。

任务 6 压实质量控制

施工质量的检查与控制是土石坝安全的重要保证,它贯穿于土石坝施工的各个环节和施工全过程。

1 料场的质量检查和控制

码 3-11 微课:压实质量控制

对土料场应经常检查所取土料的土质情况、土块大小、杂质含量和含水量是否符合规范规定。其中,含水量的检查和控制尤为重要。

若土料的含水量偏高,一方面应改善料场的排水条件和采取防雨措施;另一方面需将含水量偏高的土料进行翻晒处理,或采取轮换掌子面的办法,使土料含水量降低到规定范围再开挖。若以上方法仍难满足要求,可以采用机械烘干法烘干。

当土料含水量不均匀时,应考虑堆筑“土牛”(大土堆),使含水量均匀后再外运。

料场加水的有效方法是采用分块筑畦埂。灌水浸渍,轮换取土。地形高差大也可采用喷灌机喷洒,此法易于掌握,节约用水。无论采用哪种加水方式,均应进行现场试验。对非黏性土料可用洒水车在坝面喷洒加水,避免运输时从料场至坝上的水量损失。

对石料场应经常检查石质、风化程度、爆落块料大小、形状及级配等是否满足上坝要求。如发现不符合要求,应查明原因,及时处理。

2 坝面的质量检查与控制

在坝面作业中,应对铺土厚度、填土块度、含水量大小、压实后的干表观密度等进行检查,并提出质量控制措施。对黏性土含水量的检测是关键。

根据地形、地质、坝料特性等因素,在施工特征部位和防渗体中,选定一些固定取样断面。沿坝高 5~10 m,取代表性试样(总数不宜少于 30 个)进行室内物理力学性能试验,作为核对设计及工程管理的依据。此外,还须对坝面、坝基、削坡、坝肩接合部、与刚性建筑物连接处,以及各种土料的过渡带进行检查。对土层层间接合处是否出现光面和剪力破坏应引起足够重视,认真检查。对施工中发现的可疑问题,如上坝土料的土质、含水量不符合要求,漏压或碾压遍数不够,超压或碾压遍数过多,铺土厚度不均匀及坑洼部位等应进行重点抽查,不合格者返工。

对于反滤层、过渡层、坝壳等非黏性土的填筑,主要应控制压实参数。如不符合要求,施工人员应及时纠正。在填筑排水反滤层过程中,每层在 25 m×25 m 的面积内取样 1~2 个;对条形反滤层,每隔 50 m 设一取样断面,每个取样断面每层取样不得少于 4 个。均匀分布在断面的不同部位,且层间取样位置应彼此对应。对于反滤层铺填的厚度、是否混有杂物、填料的质量及颗粒级配等应全面检查。通过颗粒分析,查明反滤层的层间系数(D_{50}/d_{50})和每层的颗粒不均匀系数(d_{60}/d_{10})是否符合设计要求。如不符合要求,应重新筛选,重新铺填。

土坝的堆石棱体与堆石体的质量检查大体相同。主要应检查上坝石料的质量、风化程度,石块的质量、尺寸、形状,堆筑过程有无离析架空现象发生等。对于堆石的级配、孔隙率大小,应分层分段取样,检查是否符合规范要求。随坝体的填筑应分层埋设沉降管,对施工过程中坝体的沉陷进行定期观测,并做出沉陷随时间的变化过程线。

对于填筑土料、反滤料、堆石等的质量检查记录,应及时整理,分别编号存档,编制数据库,既作为施工过程全面质量管理的依据,也作为坝体运行后进行长期观测和事故分析的佐证。

近年来,我国已研制成功一种装设在振动碾上的压实计,能向正在碾压中的堆石层发射和接收其反射的震动波,可在仪器上显示出堆石体在碾压过程中的变形模量。这种装置使用方便,可随时获得所需资料,但其精度较低,只能作为量测变形模量的辅助措施。

任务 7　土石坝的冬雨季施工

码 3-12　微课:土石坝的冬雨季施工

土石坝施工特点之一,是大面积的露天作业,直接受外界气候环境的影响,尤其是对防渗土料影响更大。降雨会增大土料的含水量,冬季土料又会冻结成块,都会影响施工质量。因此,土石坝的冬雨季施工,常成为土石坝施工的障碍,使施工的有效工作日大为减少,造成施工强度的不均匀,增加施工过程拦洪度汛的难度,甚至延误工期。为了保证坝体的施工进度,降低工程造价,必须解决好冬季和雨季的施工措施问题。

1　土石坝的冬季施工

寒冬土料冻结会给施工造成极大困难。因此,当日平均气温低于 0 ℃时,黏性土料应按低温季节施工;当日平均气温低于-10 ℃时,一般不宜填筑土料,否则应进行技术论证。

我国北方地区,冬季时间长,如不能施工将给工程进度带来影响。因此,土石坝冬季施工也就成为北方地区需要解决的一个重要问题。

冬季施工的主要问题在于:土的冻结使强度增高,不易压实;而冻土的融化却使土体的强度和土坡的稳定性降低;处理不好,将使土体产生渗漏或塑流滑动。

外界气温降低时,土料中水分开始结冰的温度低于 0 ℃,即所谓过冷现象。土料的过冷温度和过冷持续时间,与土料种类、含水量大小和冷却强度有关。当负温不太低时,土料中的水分能长期处于过冷状态而不结冰。含水量低于塑限的土料及含水量低于4%~5%的砂砾料,由于水分子与颗粒的相互作用,土的过冷现象极为明显。土的过冷现象表明,当负温不太低时,用具有正温的土料在露天填筑,只要控制好含水量,有可能在土料未冻结之前,填筑完毕。

因此,土石坝冬季施工,只要采取适当的技术措施,防止土料冻结,降低土料含水量和减少冻融影响,仍可保证施工质量,加快施工进度。

1.1 负温下的土料填筑

负温下的土料填筑要求黏性土含水量略低于塑限,防渗体土料含水量不应大于塑限的90%。不得加水和夹有冰雪,在未冻结的黏土中,允许含有少量小于5 cm冻块,但需均匀分布,其允许含量与土温、土料性质、压实机具和压实标准有关,需通过试验确定。

铺料、碾压、取样等应快速作业,压实土料温度必须在-1 ℃以上,土料填筑应加大压实功能,宜采用重型碾压机械。

严禁在坝体分段接合处有冻土层、冰块存在,应将已填好的土层按规定削成斜坡相接,接坡处应做成梳齿形样槽,用不含冻土的暖料填筑。

1.2 负温下的砂砾料填筑

砂砾料的含水量应小于4%,不得加水,最好采用地下水位以上或较高气温季节堆存的砂砾料填筑,填筑时应基本保持正温,冻料含量应在10%以下,冻块粒径不超过10 cm,且分布均匀。

利用重型振动碾和夯板压实,采用夯板时,每层铺料厚度可减薄1/4左右;采用重型振动碾,一般可不减薄。

1.3 暖棚法施工

当日最低气温低于-10 ℃时,多采用简易结构暖棚和保温材料,将需要填筑的坝面临时封闭起来,在暖棚内采取蒸汽或火炉等升温措施,使之在正温条件下施工。暖棚法施工费用较高,如大伙房心墙坝冬季暖棚法与正温露天作业相比,其黏性土填筑增加费用41.8%,砂砾料则增加费用102%。

负温下土石坝施工,对料场也应采取防冻保温措施。如在料场可采取覆盖隔热材料或积雪、冰层保温,也可用松土保温等。一般说来,只要采料温度不低于5~10 ℃,碾压时温度不低于2 ℃,就能保证土料的压实效果。

2 土石坝的雨季施工

土石坝防渗体土料在雨季施工,总的原则是“避开、适应和防护”。一般情况下,应尽量避免在雨季进行土料施工;选择对含水量不敏感的非黏性土料以适应雨季施工,争取小雨天施工,以增加施工天数;在雨天不太多、降雨强度小、花费不大的情况下,采取一般性的防护措施也常能奏效。

例如,某黏土心墙坝,采用如图3-19(a)所示的施工程序。在雨季中的晴天,心墙两侧仅填筑部分足以维持心墙稳定的护坡坝壳,其外坡一般不陡于1:1.5~1:2.0;当下雨不能填土时,则集中力量填筑坝壳部分。对于斜墙坝,也应在晴天抢填土料,雨天或雨后填筑坝壳部分,彼此减少干扰,施工程序协调,如图3-19(b)所示。

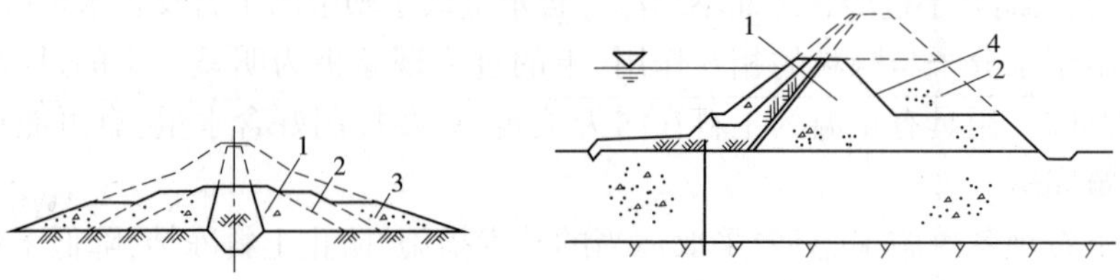

1—心墙、斜墙及坝壳平衡上升部分;2—第二次填筑坝壳部分;3—最后填筑坝壳部分;4—临时拦洪断面。

图 3-19　心墙、斜墙与坝壳雨季施工平衡上升

雨季施工中,还应采取以下有效的施工技术及防护措施:

(1)快速压实表层松土,防止松土被雨水渗入,这是雨季施工中最有效的措施,具有省工、省费用、施工方便等优点。

(2)坝面填筑力争平齐,保持填筑面平整,使填筑面微向上下游倾斜约2%的坡度,以利排水。对于砂砾料坝壳,需注意防止暴雨冲刷坝坡,可在距坝坡2~3 m处,用砂砾料筑起临时小埂,不使坝面雨水沿坡面下流,而使雨水下渗。

(3)雨前将施工机械撤出填筑面,停放在坝壳区,做好填土面的保护。下雨或雨后,尽量不要踩踏坝面,禁止机械通行,防止坝面形成稀泥。

(4)在坝面设防雨棚,用苫布、油布或简易防雨设备覆盖坝面,避免雨水渗入,缩短雨后停工时间,争取填筑工期。

(5)在雨季还应加强土料场的排水措施,及时排除雨水,土料场停工或下雨时,原则上不得留有松土。如必须储存一部分松土,可堆成“土牛”并加以覆盖,四周做好排水。

(6)运输道路也是雨季施工的关键之一。一般的泥结碎石路面,遇雨水浸泡时,容易破坏,即使天晴坝面可复工,但因道路影响了运输而不能及时复工,不少工程有过此教训。所以,应加强雨季路面维护和排水措施,在多雨地区的主要运输道路,可考虑采用混凝土路面。

项目2 混凝土面板堆石坝施工

混凝土面板堆石坝施工按照《混凝土面板堆石坝施工规范》(SL 49—2015)进行。

任务1 混凝土面板堆石坝分区

混凝土面板堆石坝的防渗系统由基础防渗工程、趾板、面板组成。其特点是:堆石坝体能直接挡水或过水,简化了施工导流与度汛,枢纽布置紧凑,充分利用当地材料。面板坝可以分期施工,机械化施工便利,施工受气候条件的影响较小。

混凝土面板堆石坝上游面有薄层面板,面板可以是刚性钢筋混凝土,也可以是柔性沥青混凝土。坝身主要是堆石结构。良好的堆石材料,尽量减少堆石体的变形,为面板正常工作创造条件,是坝体安全运行的基础。

码3-13 微课:面板堆石坝施工

坝体部位不同,受力状况不同,对填筑材料的要求也不同,所以应对坝体进行分区,见图3-20。

面板下垫层区的主要作用在于为面板提供平整、密实的基础,将

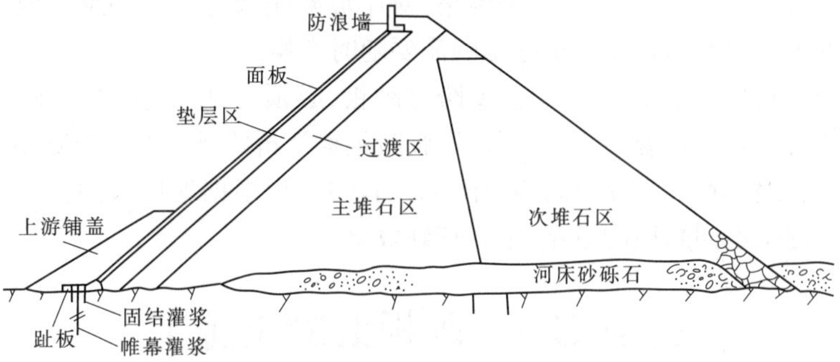

图3-20 混凝土面板堆石坝的坝体分区剖面

面板承受的水压力均匀传递给主堆石体。过渡区位于垫层区与主堆石区之间,其主要作用是保护垫层区在高水头作用下不产生破坏,其粒径、级配要求符合垫层料与主堆石料间的反滤要求。主堆石区是坝体维持稳定的主体,其石质好坏、密度、沉降量大小,直接影响面板的安危。下游堆石区起保护主堆石体及下游边坡稳定的作用,要求采用较大石料填筑,由于该区的沉降变形对面板已影响甚微,故对石质及密度要求有所放宽。

一般面板坝的施工程序为:岸坡坝基开挖清理,趾板基础及坝基开挖,趾板混凝土浇筑,基础灌浆,分期分块填筑主堆石料,垫层料必须与部分主堆石料平起上升,填至分期高度时用滑模浇筑面板,同时填筑下期坝体,再浇混凝土面板,直到坝顶。

堆石坝填筑的施工设备、工艺和压实参数的确定,和常规土石坝非黏性土料施工没有

本质区别。

任务 2　填筑施工方案制定

堆石坝施工前要进行坝体填筑方案规划，主要内容如下：

(1)根据合同要求的总工期目标、导流度汛方式及其设计标准确定施工分期方案、施工进度和施工方法；

(2)根据施工分期方案确定各阶段的坝体填筑断面及各坝区料的工程量；

(3)确定填筑料的来源，选定填筑料的生产、加工及运输方式；

(4)根据施工进度各阶段坝体填筑的起止时间，计算施工强度；

(5)根据碾压试验确定坝体填筑的压实机械、压实方法、压实参数，如铺层厚度、碾压遍数、加水量等；

(6)根据施工强度计算所需施工机械设备和人员数量及组合；

(7)确定坝区施工道路的布置。

道路布置应考虑地形条件、枢纽布置、工程量大小、填筑强度、运输车辆规格型号等因素。

按路面宽度不同，主要有双车道和环形单车道两种线路。双车道特点：路面较宽，错车频繁，在转弯处不安全；进出各料场、坝区时，车辆穿插干扰较大，影响运输效率。环形单车道特点：施工期间，随着坝体上升，可在坝坡或坝体内部灵活地设置“之”字形上坝道路，以便最大限度地减少坝体外的上坝道路，对岸坡陡峭修建道路困难的地方意义更大。堆石体内部的上坝道路需根据填筑施工的需要随时变换。

如料场布置在坝址上游，筑坝道路要跨过趾板，必须对趾板、止水设施及垫层进行保护。保护方式可以在趾板上堆渣，也可以用临时钢梁架桥跨越。在岸坡陡峭的峡谷内，沿岸坡修路困难，工程量大，还涉及高边坡问题。有的工程根据地形条件，用交通洞通向坝区或竖井卸料连接不同高程的道路，也有较好效果。

任务 3　趾板混凝土施工

河床段趾板应在基岩开挖完毕后立即进行浇筑，在大坝填筑之前浇筑完毕。岸坡部位的趾板必须在填筑之前一个月内完成。为减少工序干扰和加快施工进度，可随趾板基岩开挖出一段之后，立即由顶部自上而下分段进行施工。如工期和工序不受约束，也可在趾板基岩全部开挖完以后，再进行趾板施工。

1　施工工艺流程

趾板及高趾墙混凝土浇筑施工工艺流程为：基础清理→测量放线→钻锚筋孔→安装锚筋→钢筋制安→止水安装→模板安装→灌浆预埋件布设→仓面验收→浇筑混凝土→拆模、混凝土养护→止水设施保护。

2 仓面准备

2.1 基础找平

趾板混凝土浇筑前均应对基础找平(采用与趾板同强度等级的混凝土回填)。对砂砾石基础先开挖到设计高程,并用大功率碾压设备进行碾压,碾压后的基础若存在局部不平整,应选择同质量、同级配的砂砾料填平并重新碾压,然后浇筑趾板。

2.2 锚筋施工

在开挖结束的基岩面或回填混凝土面上,用手风钻凿锚筋孔。孔位、孔深、孔向应符合要求,钻孔验收合格后采用先注浆后插筋的施工工艺安装锚筋。

2.3 模板设计与安装

趾板混凝土厚度薄,侧压力小,侧模板结构简单。常规浇筑方法侧向模板选用标准钢模板或木模板拼装而成。滑模浇筑方法应选用能承受滑模架运行的钢模板。模板安装必须定位准确、支撑牢固、接缝紧密,确保浇筑时不变形、不位移、不露浆。

3 趾板混凝土浇筑

趾板因坝高、地形条件不同,混凝土入仓有多种方式。岸坡较缓、坝高较低、道路通畅时采用溜槽入仓;局部较陡峻、溜槽入仓不便的部位采用吊灌入仓。两种方法都不能满足要求的地形条件采用泵送入仓。

任务4 堆石填筑及垫层料施工

1 施工准备填筑料生产

1.1 料场规划

1.1.1 堆石材料的质量要求

(1)主要部位的石料抗压强度不低于78 MPa,次要部位石料抗压强度应为50~60 MPa。

(2)石料硬度不应低于莫氏硬度表中的第三级,其韧性不应低于2 kg/cm^2。

(3)石料的天然密度不应低于2.29 g/cm^3。

(4)石料应具有抗风化能力,其软化系数水上不低于0.8、水下不低于0.85。

1.1.2 面板堆石坝的坝体分区

根据面板堆石坝不同部位的受力情况,将坝体进行分区。

(1)垫层区。垫层区的主要作用是为面板提供平整、密实的基础,将面板承受的水压力均匀传递给主堆石体。要求用石质新鲜、级配良好的碎石料填筑。

(2)过渡区。过渡区的主要作用是保护垫层区在高水头作用下不产生破坏。其粒径、级配要求符合垫层料与主堆石料间的反滤要求。一般最大粒径不超过350~400 mm。

(3)主堆石区。主堆石区的主要作用是维持坝体稳定。要求石质坚硬,级配良好,允许存在少量分散的风化料,该区粒径一般为600~800 mm。

(4)次堆石区。次堆石区的主要作用是保护主堆石体和下游边坡的稳定。要求采用较大石料填筑,允许有少量分散的风化石料,粒径一般为1 000~1 200 mm。由于该区的沉陷对面板的影响很小,故对填筑石料的要求可放宽一些。

为保证料源的质量和储量,施工单位在进入现场后,应对设计给工程提出的料场进行复查,确定料场的质量和储量是否满足施工要求;并在料场复查和设计资料的基础上,依据工程施工总进度的安排,做好料场开采规划,如料场开采顺序,梯段开采高度、掌子面分块分段长度,堆、弃料场地,风、水、电设施,火工材料库,运输道路,排水系统的布置,以及钻爆、挖、运设备的配备等。

1.2 坝料开采与加工

面板坝主堆石料及过渡料由于粒径较大,常由石场直接开采,为获得较好级配坝料及较大的开采强度,绝大部分已建和在建面板坝工程,采用了深孔梯段及微差挤压爆破技术,采用100型钻,梯段高度为12~15 m。

垫层料颗粒设计较粗时,如经爆破试验可以满足垫层料设计级配要求,可以由采石场直接开采,使造价大幅度降低。

砂砾石料场大都分布在河床附近,施工受河水及地下水影响较大。对寒冷地区,冬季冻深较大,而冻结后的砂砾石料会使机械开采困难。因此,为保证冬季正常施工,必须储备足够的坝料,以降低砂砾石的含水量,供冬季坝体填筑使用。

料场开采结束后,对不稳定的边坡和危岩,若不处理,可能成为事故的隐患。料场的开采破坏了周围的农田和植被,因此为保护周围环境,防止水土流失,也应采取一些环保措施予以处理;即使在库内淹没线以下的料场,进行适当处理,也将有利于养殖业生产。

1.3 道路与运输

在现代土石坝施工中,自卸汽车运输占主导地位,国内90%以上的土石坝施工,均采用正铲装车、自卸汽车运输的方式。堆石料以采用较大吨位自卸汽车为宜;砂砾石料既可用自卸汽车,也可用皮带运输机,宜经过技术经济比较后选定。

布置运输线路应重视以下问题:优先考虑单向循环线路,使轻型、重型汽车互不干扰;同时,还需合理确定路面等级,尽量降低纵坡坡率,以提高行车速度。

面板坝坝址常位于河流的中上游,由于山谷狭窄,公路大都顺河流走向修建,如把防洪标准定得过高,势必抬高路面、加大桥涵,使筑路费用加大。另外,临时公路即使遭到损坏,恢复也较容易,因此防洪标准可以较低。根据国内外建坝经验,其防洪标准以不低于5年一遇为宜。

一般山区公路的标准较低,大都不能满足大型施工运输机械的运行要求,因此施工队伍进场后,应对可利用的永久公路路段,进行安全复校。

在面板坝施工中,运输线路难免跨越趾板和垫层区。需要采取保护措施,有的采用钢栈桥跨越,但大多数工程是采取在趾板上垫以一定厚度的石渣来保护的。位于垫层区或其他部位的坝内道路,要求按坝体规定的物料填筑,并进行压实,不允许以浮渣筑路。

2 坝体填筑

2.1 坝体填筑技术要求

(1)为保证堆石坝体的填筑质量,保证坝基、坝头岸坡处理及趾板浇筑的质量,避免大坝填筑和趾板施工交叉进行,尽量在堆石填筑开始之前完成全部趾板施工,以利施工安全。交叉施工,在西北口工程已有教训。当时左岸坝基处理未结束,河床段趾板正施工,而大坝填筑已进行,为了留出邻近趾板的填筑工作面,大坝填筑不得已采用了先填主堆石区,后填过渡层、垫层区的做法,结果形成了大坝上游低、下游高的"梯田式"填筑,梯田台阶层次最多达6层,大大影响了填筑质量与施工效率。

然而,当坝底较宽、较长,或有专门施工安排时,经过周密规划、组织,也允许坝体填筑在相应部位的趾板完成后提前进行。此种安排,有时也是保证安全度汛或缩短工期所必需的。

(2)堆石的填筑与碾压是控制施工质量的关键工序,也是加快工程进度的重要环节。由于每一工程的规模、坝体设计要求、填筑坝料的性质、施工单位的技术装备和技术水平等各不相同,填筑与压实的参数也有差别,因此在堆石坝填筑开始之前,对坝料进行碾压试验。其目的在于根据工地具体条件,对设计提出的压实标准进行复核,选择合适的施工机械和确定合理的施工参数(铺料厚度、碾压遍数、加水量等),并提出完善的施工工艺和措施。

对于大型、重要或特殊情况(如高地震区等)的工程,都应进行碾压试验;而对于中小型工程或坝不高的情况,则可根据压实机械、工程经验采用类比法选定压实参数,并结合施工在坝的下游部位进行检验性试验。

(3)坝体填筑应做到平起、均衡上升,是一般土石坝施工的总要求;对于面板堆石坝来说,垫层、过渡层与相邻主堆石区的填筑尤应如此。坝面的平起、均衡填筑指有计划的,各分区、各部位相互呼应的连续填筑,并非一定是全断面的平起填筑,特别是在坝的底部或坝较高、断面较大时。在后一种情况下,除抢筑临时断面的安排外,允许在下游部位预先填筑堆石以争取进度。但是,绝不能形成"梯田式"或"鱼背式"的填筑坝面。按照国外经验,面板下游30 m以内的坝面,应保证连续平起、均衡上升。垫层、过渡层、主堆石区之间的填筑面高差,规定层差不超过一层。其目的在于保证各分区之间的良好结合,以及面板下游一定范围内的堆石体达到较高的密实度。

(4)观测仪器、设施的埋设是坝体施工的一个组成部分,特别需要注意观测设施的施工保护。

(5)垫层料、过渡料、主堆石料,其各个颗粒间只有单纯的接触联系,因而不同粒径与质量的颗粒,在卸料、铺筑、推平过程中,由于重力的作用,会产生不同程度的颗粒分离。这是迄今面板堆石坝施工中普遍存在的问题。然而,对于垫层与过渡层而言,由于其相对于面板的变形以及渗流性质的需要,不允许其在填筑过程中产生严重的颗粒分离。

为了减少颗粒分离现象,一般有两个途径可循,即改善材料的级配与采取相应的有效施工方法。级配改善主要是增加细颗粒的成分,使其起一种包裹、挟持的作用,以阻滞较大颗粒的分选、集中。根据J.谢拉德(J. Sherard)1985年的研究成果,当粒径小于5 mm的颗粒含量少于20%时,施工时不可能避免分离,但如增加到40%或更多,则有可能避免分离。

从施工角度说,为了减少颗粒分离,可采用以下方法:

①跳堆法,即在已压实的坝面上,按铺筑一层料需要的数量,跳隔一定距离卸料,然后

推平成连续层的方法。

②润湿坝料法,使材料在运输车内润湿,以增加颗粒之间的团聚力,阻滞颗粒彼此分离。

③掺混法,即对已分离集中的大颗粒区掺混较细坝料的方法。国外曾用此法。

(6)为保证碾压后的上游坡面满足设计要求。坝体填筑时要有一定的超填宽度,关于超填宽度,巴坦艾(Batang Ai)坝为10 cm,特劳湖(Terror Lake)坝为15 cm。国外较多的工程,规定碾压前的坡面不平整度为0~15 cm或5~15 cm。结合国内情况,取其较大值。

(7)堆石坝填筑时要加水,目的在于使材料浸湿,软化细粒并降低粗粒的抗压强度,以提高压实密度和效率,减少竣工后的后期沉降。加水的作用效果与堆石母岩的岩性与岩质、堆石的粒径与形状等因素有关。一般来说,新鲜、坚质、浑圆形的堆石、砂卵石,加水对其压实的效果不明显。这方面已有不少实例和试验资料,如奥罗维尔(Oroville)、首取川、横山坝等。但对于湿单轴抗压强度显著降低的岩石、砂粒和细粒含量较高的堆石,其加水效果较好。

堆石的加水量,是以其填筑堆石的体积比表示的,一般依据堆石料的类型、性质、填筑部位、坝的高度等条件并经试验确定。

(8)面板堆石坝主要的设计原则是控制堆石坝体的变形,尽量使堆石坝料碾压密实,根据规定,坝料必须采用振动碾碾压,因为只有振动压实才能保证堆石的高密度。

(9)由于堆石填筑包括卸料、铺料、洒水、压实等多道工序,在垫层坡面上还需要进行修整、斜坡碾压和堆石保护。由于工序较多,为避免混乱和出现安全事故,坝面填筑应分区分段进行,宜适当划分工作面,在各填筑块上依次完成各道工序。

(10)振动碾的减振轮胎压力、振动轮的转数等,随振动碾的工作进行而逐渐降低或衰减,从而影响其工作功能与效率,因而必须定时检查,及时调整、处理。为了确保压实质量,应保持振动碾的规定工作参数。

2.2　垫层坡面碾压与防护

垫层为堆石体坡面最上游部分,可用人工碎石料或级配良好的砂砾料填筑。为减少面板混凝土超浇量,改善面板的应力条件,对上游垫层坡面必须修整和压实。一般水平填筑时向外超填15~30 cm,斜坡长度达到10~15 m时修整、压实一次。在多雨地区,尤其当垫层料为砂卵石时,尚应缩短这一填筑与防护的周期。

修整可采用人工或激光制导反铲(天生桥一级采用)进行。修整后的坡面不平整度,国内尚无资料,国外一些工程的规定则不甚相同,在塞沙那(Cethana)、比曼(Pieman)为5~15 cm,高兰(Khao Laem)为0~15 cm,温尼克(Winneke)为0~15 cm。参照这些规定,结合我国的施工情况,从偏严的方面考虑,高于设计线5~10 cm。

当垫层材料为砂卵(砾)石时,由于此种材料较易受雨水冲蚀,应采用较薄的填筑层,以便及时进行坡面碾压与防护。对于较重要的工程或雨水较大时,也可采用加设细铁丝网表层防护法,即随垫层填筑,随时在其坡面铺设细铁丝网进行防护。

坡面碾压,是由于已压实合格的垫层,其上游邻坡边缘带(含超填部分)无法进行平面碾压,为使混凝土面板有一个坚实的支撑面,而在垫层上游坡面上进行的专门碾压。这也是面板堆石坝特有的碾压工序。在坡面修整后即进行斜坡碾压。一般可利用为填筑坝顶布置的索吊牵引振动碾上下往返运行,也可使用平板式振动压实器进行斜坡压实。

未浇筑面板之前的上游坡面,尽管经斜坡碾压后具有较高的密实度,但其抗冲蚀和抗人为因素破坏的性能很差,一般须进行垫层坡面的防护处理。垫层坡面的防护,是面板浇筑之前的临时措施。防护的作用有3点:防止雨水冲刷垫层坡面;为面板混凝土施工提供良好的工作面;利用堆石坝体挡水或过水时,垫层护面可起临时防渗和保护作用。一般采用喷洒乳化沥青保护,喷射混凝土或摊铺和碾压水泥砂浆防护。混凝土面板或面板浇筑前的垫层料,施工期不允许承受反向水压力。

防护层的敷设,调整、补偿了垫层坡面的表面不平整度与材料分布的不均一程度。但防护层的表面仍然不可能十分平整,因而从施工上讲,仍需有不平整度的规定。对于水泥砂浆层,在5 m范围内的起伏差不应高于设计线5 cm、低于设计线8 cm;对于喷射混凝土层,与设计线偏差不大于5 cm。对于阳离子乳化沥青层,由于层厚很薄,可通过试验确定。

码3-14 微课:混凝土挤压边墙施工

2.3 混凝土挤压边墙施工

近年来,垫层面处理也采用混凝土挤压边墙的方法。挤压式混凝土边墙位于大坝上游过渡层与混凝土面板之间,某混凝土挤压边墙施工示意见图3-21。

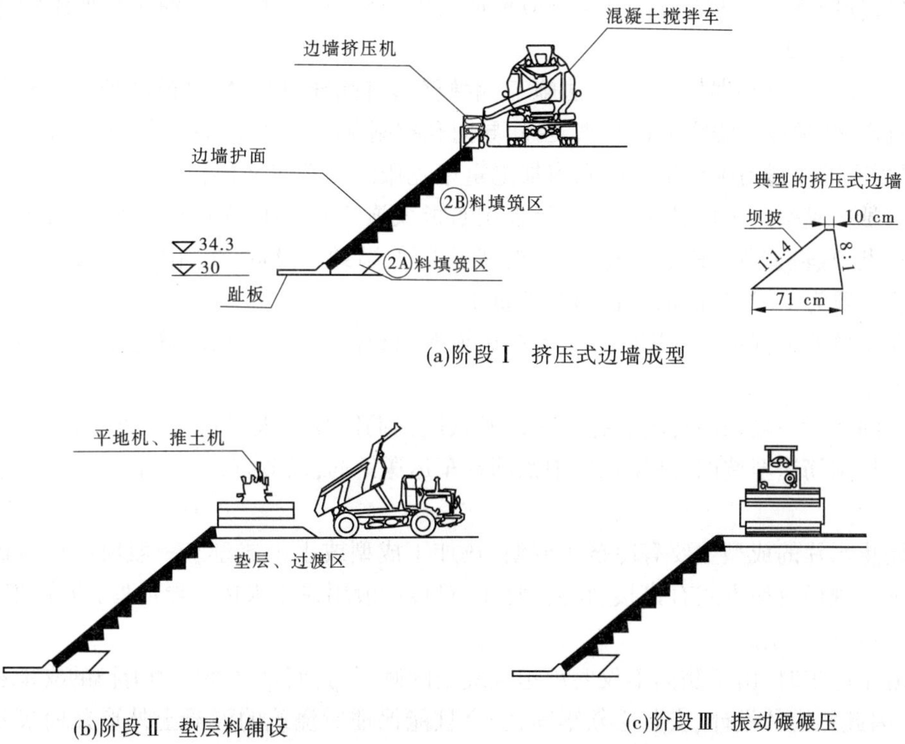

图3-21 某混凝土挤压边墙施工示意

面板堆石坝在每填筑一层过渡料之前，用挤压式边墙机制作出一个半透水的混凝土墙（挤压边墙施工根据混凝土运料车所走路线从左岸往右岸施工），然后在其内侧按设计铺填坝料，碾压合格后再制作上层边墙，重复以上工序。

混凝土挤压式边墙护坡技术是混凝土面板堆石坝上游坡面施工的新方法，相对于其他施工方法来说，有如下优点：

（1）简化了垫层料的施工工序，保证和提高了垫层的施工质量，降低了施工成本。

（2）施工简单方便，各工序衔接比较紧密，加快了施工进度，确保了坝体的安全度汛。

（3）避免了填筑过程中上游边坡滚石和斜坡碾压高边坡作业，提高了施工安全性。

2.4　混凝土面板施工

码 3-15　微课：混凝土面板施工

钢筋混凝土面板是刚性面板堆石坝的主要防渗结构，厚度薄、面积大，在满足抗渗性和耐久性条件下，要求具有一定的柔性，以适应堆石体的变形。

面板浇筑一般在堆石坝体填筑完成或至某一高度后，气温适当的季节内集中进行，由于汛期限制，工期往往很紧。面板由起始板及主面板组成。起始板可以采用固定模板或翻转模板浇筑，也可用滑模浇筑。当起始板不采用滑模浇筑时，应尽量在坝体填筑时创造条件提前浇筑。中等高度以下的坝，面板混凝土不宜设置水平缝，高坝和要求施工期蓄水的坝，面板可以设 1~2 条水平工作缝，分期浇筑。垂直缝分缝宽度应根据滑模结构，以易于操作、便于仓面组织等原则确定，一般为 12~16 m。

钢筋混凝土面板一般采用滑模法施工，滑模分有轨滑模和无轨滑模两种。滑模利用两侧的轨道、侧模或已浇完的面板来支撑、导向和控制混凝土面板的浇筑厚度。在浇筑过程中，混凝土的浮托力由模板自重和附加配重来克服。振捣密实的混凝土由滑动模板或抹面平台压抹成型。无轨滑模是近几年来在面板坝施工实践中提出来的，它克服了有轨滑模的缺点，减轻了滑动模板自身重量，提高了工效，节约了投资，在国内广泛使用。滑模上升速度一般为 1~2.5 m/h，最高可达 6 m/h。

混凝土场外运输主要采用混凝土搅拌运输车、自卸汽车等。坝面输送主要采用溜槽和混凝土泵。

钢筋的架设一般采用现场绑扎和焊接或预制钢筋网片和现场拼接的方法，用人工或钢筋台车将钢筋送至坡面，高坝宜采用钢筋台车运送钢筋，以节省人工。台车由坝顶卷扬机牵引。

金属止水片的成型主要有冷挤压成型、热加工成型或手工成型。一般成型后应进行退火处理。现场拼接方式有搭接、咬接、对接；对接一般用在止水接头异形处，应在加工厂内施焊，以保证质量。

混凝土施工时，由于侧模不仅要承担混凝土的侧压力，而且又要作为滑模的支承和滑移轨道，因此侧模的设计、安装必须牢固、安全且能保证所浇筑的混凝土外形几何尺寸符合设计要求。滑模牵引设备一般采用卷扬机牵引提升滑模，卷扬机的锚固采用预埋地锚的方法，当坝体填筑接近坝顶面时，将地锚埋入坝体内。

【工程案例】

码 3-16　工程案例

【能力训练】

码 3-17　能力训练

模块 4　混凝土坝施工

【学习目标】

名称	内容
知识目标	1. 熟悉骨料料场规划原则,掌握骨料生产工艺流程; 2. 了解模板的作用、分类,掌握模板安装及拆除施工工艺和技术要点; 3. 熟悉钢筋的入库验收内容,掌握钢筋加工与安装技术要点; 4. 掌握混凝土制备的工艺流程及技术要求; 5. 掌握常态混凝土浇筑工艺流程及技术要点; 6. 掌握碾压混凝土施工工序及技术要点; 7. 掌握大体积混凝土的温度控制方法; 8. 掌握混凝土施工质量控制方法; 9. 掌握特殊季节混凝土施工方法
能力目标	1. 能根据工程对骨料的要求进行骨料加工; 2. 能根据工程特点进行模板选型和施工; 3. 能进行钢筋入库前的验收和钢筋下料长度的计算; 4. 能根据不同的施工条件,选择合适的混凝土浇筑方案; 5. 能进行混凝土浇筑现场的质量控制; 6. 能编制碾压混凝土坝施工方案; 7. 能进行混凝土温度控制施工; 8. 能编制混凝土特殊季节专项施工方案
素质目标	1. 提高学生专业认同感和自豪感; 2. 培养学生忠诚、干净、担当、科学、求实、创新的职业素养; 3. 培养学生安全意识、质量意识和环境保护意识; 4. 培养学生规范意识、团队意识、协作能力

学 · 思 · 悟

1. 结合三峡水电站、白鹤滩水电站等混凝土坝工程典型案例讲解,激发学生的爱国热情,提高学生的民族自豪感和专业认同感,激发学生科技报国的家国情怀和新时代水利人的使命担当;

2. 通过东庄水利枢纽工程大坝智能化施工案例讲解,了解水利行业的最新动态,学会水利行业的最新技术,掌握水利行业最新科技,培养学生科学、创新的职业素养;

3. 以混凝土坝施工工作任务为驱动,引导学生查阅混凝土坝相关施工规范,进行分组讨论,展示学习成果,锻炼学生团队协作能力和自我展示的能力,养成查找规范和使用规范的能力。

白鹤滩水电站

【参考规范】

1.《水利水电工程单元工程施工质量验收标准 第2部分：混凝土工程》(SL/T 631.2—2025)；

2.《混凝土坝安全监测技术规范》(SL 601—2013)；

3.《水工混凝土施工规范》(SL 677—2014)；

4.《水电水利工程接缝灌浆施工技术规范》(DL/T 5712—2014)；

5.《混凝土拱坝设计规范》(SL 282—2018)；

6.《大体积混凝土施工标准》(GB 50496—2018)。

项目1 常态混凝土坝施工

常态混凝土坝施工按照《大体积混凝土施工标准》(GB 50496—2018)和《水工混凝土施工规范》(SL 677—2014)进行。

任务1 砂石骨料生产与储存

1 砂石料料源

码 4-1 微课：砂石骨料生产与储存

水利水电工程砂石料料源有天然砂砾石骨料、人工骨料与工程开挖利用料。部分规模小、部位分散、距离长(如堤防工程、调水工程)的工程亦可结合当地商品砂石料生产情况直接采购成品骨料。一般情况下，各种料源均可生产粗、细骨料，但根据料源骨料品质的不同，有的料源则只能用于生产粗骨料(或细骨料)，采用何种骨料，一般取决于对料源的物理化学试验结果。

2 骨料生产

码 4-2 图片：砂石骨料生产机械

毛料都不能直接用于拌制混凝土，在骨料加工厂需要通过破碎、筛分、冲洗、储存加工过程，制成符合级配要求、除去杂质的各级粗、细骨料。

2.1 破碎

为了将开采的石料破碎到规定的粒径，往往需要经过几次破碎才能完成。因此，通常将骨料破碎过程分为粗碎(将原石料破碎到70~300 mm)、中碎(将原石破碎到20~70 mm)和细碎(将原石破碎到1~20 mm)3种。

骨料用碎石机进行破碎。碎石机的类型有颚式碎石机、锥式碎石机、辊式碎石机和锤式碎石机等。

2.2 筛分与冲洗

筛分是将天然或人工的混合砂石料,按粒径大小进行分级。冲洗是在筛分过程中清除骨料中夹杂的泥土。骨料筛分作业的方法有机械和人工两种。大中型工程一般采用机械筛分,常用筛分机械有偏心轴振动筛、惯性振动筛、自定中心筛。

大中型工程常设置筛分楼,利用楼内安装的2~4套筛、洗机械,专门对骨料进行筛分和冲洗的联合作业,其设备布置和工艺流程如图4-1所示。

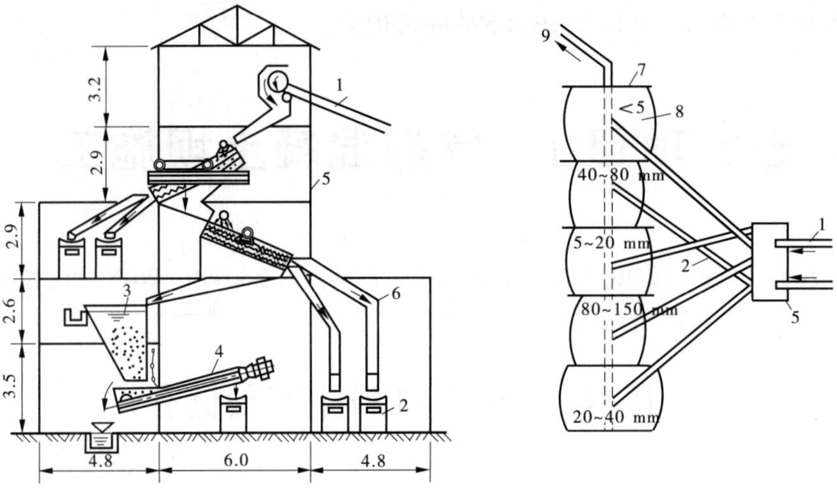

(a)筛分楼分层布置示意　　(b)筛分楼平面布置示意

1—进料皮带机;2—出料皮带机;3—沉砂箱;4—洗砂机;5—筛分楼;6—溜槽;7—隔墙;8—成品料堆;9—成品运出。

图4-1　筛分楼布置示意　(单位:m)

进入筛分楼的砂石混合料,首先经过预筛分,剔出粒径大于150 mm(或120 mm)的超径石。经过预筛分运来的砂石混合料,由皮带机输送至筛分楼,再经过2台筛分机筛分和冲洗,4层筛网(1台筛分机设有2层不同筛孔的筛网)筛出了5种粒径不同的骨料,即特大石、大石、中石、小石、砂子,其中特大石在最上一层筛网上不能过筛,首先被筛分出,砂子、淤泥和冲洗水则通过最下一层筛网进入沉砂箱,砂子落入洗砂机中,经淘洗后可得到清洁的砂。

经过筛分的各级骨料,分别由皮带机运送到净料堆储存,以供混凝土制备的需要。

2.3 储存

骨料储量可按高峰时段月平均值的50%~80%考虑,汛期、冰冻期需外加20%裕度。

防止跌碎和分离是骨料堆存质量控制的首要任务。为此应控制卸料的跌落高度,避免转运过多,堆料过高。堆料时应分层堆料,逐层上升,或采用动臂堆料机,使卸料跌差保持在3 m以内。在进入拌和机前,砂料的含水量应控制在5%以内,但又需要保持一定的湿度。堆存中骨料的混级是引起骨料超逊径的重要原因之一,应予防止。堆料场应设排污和排水系统,保持骨料的洁净,砂料堆场的排水尤应良好,应有3 d以上的堆存时间,以利于脱水。

堆料料仓通常用隔墙划分,隔墙高度按骨料动摩擦角34°~37°加超高值0.5 m确定。

大中型堆料场一般采用地弄取料，地弄进口高出堆料地面、底板设大于5‰的纵坡以排水。取料口不宜少于3个，且宜采用事故停电时能自动关闭的弧门。其布置方式有台阶式、栈桥式、堆料机堆料。

(1)台阶式，如图4-2所示，堆料和进料地面有一定高差，由汽车或机车卸料至台阶下，由地弄廊道顶部的弧门控制给料，再由廊道内的皮带机送料。

(2)栈桥式，如图4-3所示，在平地上架设栈桥，栈桥桥面安装皮带机，经卸料小车向两侧卸料，料堆呈棱柱体，由廊道内的皮带机出料。这种堆料方式，堆料跌落高度大，在自然休止角外的骨料自卸容积小，必须借助推土机扩大堆料和卸料容积。

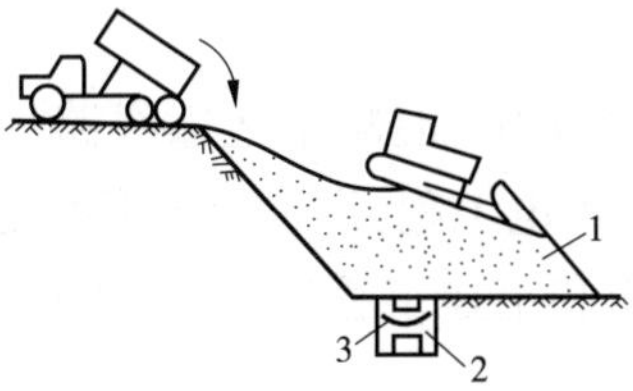

1—料堆；2—廊道；3—出料皮带机。

图4-2 台阶式骨料堆

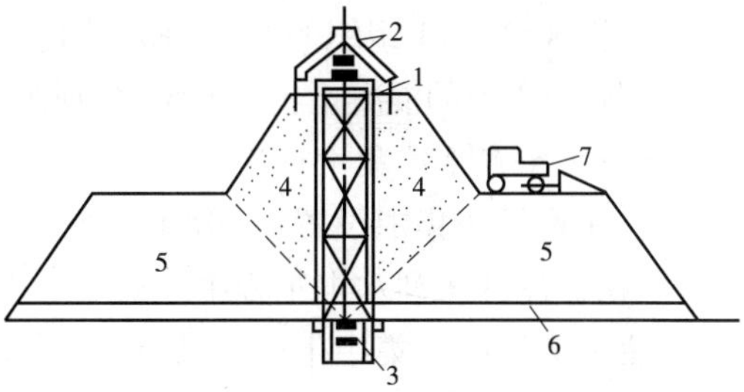

1—进料皮带机栈桥；2—卸料小车；3—出料皮带机；
4—自卸容积；5—死容积；6—垫底损失容积；7—推土机。

图4-3 栈桥式骨料堆

(3)堆料机堆料，如图4-4所示，机身可沿轨道移动，以悬臂皮带机送料以扩大堆料范围，该装置又分双悬臂式和动臂式。后者的卸料皮带机可随动臂旋转仰俯，随堆料的高度和位置变化，使卸料高度保持在允许范围内。为增大堆料容积，可在堆料机轨道下修筑路堤。

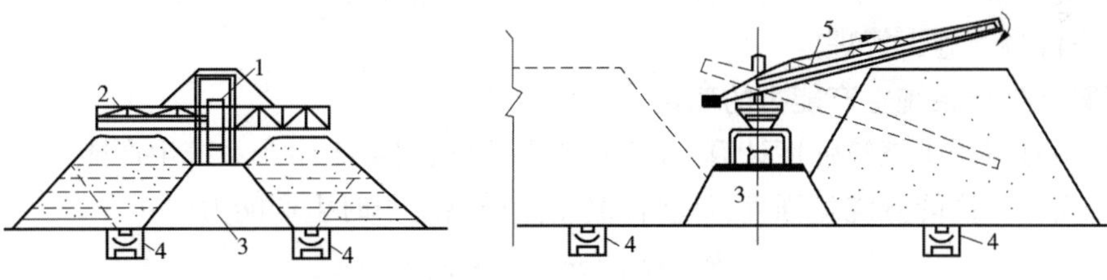

(a)双悬臂式 **(b)动臂式**

1—进料皮带机；2—可两侧移动的棱式皮带机；3—路堤；4—出料皮带机廊道；5—动臂式皮带机。

图4-4 堆料机堆料

任务2 混凝土生产与运输

混凝土生产系统(又称混凝土工厂)一般由拌和楼(站)及与其配套的辅助设施组成，包括混凝土原材料储运、二次筛分和冷却(或加热)等设施组成。

码 4-3　微课:混凝土生产与运输　　　码 4-4　图片:混凝土生产与运输机械

1　混凝土生产系统的规划

1.1　混凝土生产系统的设置

根据工程规模、施工组织的不同,水利水电工程可集中设置一个混凝土生产系统,也可设置两个或两个以上的混凝土生产系统,分别按各自预定的供料对象和范围供应混凝土。

1.1.1　混凝土生产系统集中设置

混凝土生产系统集中设置,一般用于混凝土建筑物较集中、混凝土运输线路短而流畅、河床一次截流的水利水电工程中。对一般中小型水利水电工程,设置一个混凝土生产系统为工程所需混凝土集中生产和供料,可减少占地面积和土建工程量,节省工程投资,降低运行费用。

1.1.2　分期设厂

在河流流量大而宽阔的河段上筑坝,通常采用分期导流、分期施工方式。根据施工场地布置、骨料来源、混凝土运输、混凝土施工等具体情况,一般按施工阶段分期设置混凝土生产系统。

1.1.3　分标段设置

有些建设单位将相对独立的水工建筑物单独招标,并在招标文件中要求中标单位规划建设相应混凝土生产系统,为本标段供应混凝土。混凝土生产系统在不同标段分别设置,有利于混凝土施工管理。

1.2　混凝土生产系统生产能力的确定

按高峰月混凝土浇筑强度计算,在工程施工阶段,混凝土生产系统生产能力一般根据施工组织安排的高峰月浇筑强度,计算混凝土生产系统小时生产能力。

$$P = Q_m / (m \times n \times K_h) \tag{4-1}$$

式中　P——混凝土生产系统小时生产能力,m^3/h;

Q_m——高峰月混凝土浇筑强度,m^3/月;

m——月工作日数,一般取 25 d;

n——日工作小时数,一般取 20 h;

K_h——小时不均匀系数,一般取 1.5。

1.3　混凝土生产系统的组成

根据混凝土施工和质量控制要求,设置混凝土生产系统车间。通常混凝土生产系统由拌和楼(站)、骨料储运设施、胶凝材料储运设施、外加剂车间、二次冲洗筛分车间、预冷预热车间、空压站、实验室及其他辅助车间等组成。

1.3.1 拌和楼

拌和楼是混凝土生产系统的主要部分,也是影响混凝土生产系统布置的关键设备。一般根据混凝土质量要求、浇筑强度、混凝土骨料最大粒径、混凝土品种和混凝土运输等要求选择拌和楼。

1.3.2 骨料储运设施

骨料储运设施包括骨料输送和储存设施,按拌和楼生产要求,向拌和楼供应各种满足质量要求的粗、细骨料。拌和楼一般采用轮换上料,净骨料(包括细骨料)供料点至拌和楼的输送距离宜在300 m以内;当大于300 m时,应在混凝土生产系统设置骨料调节堆(仓)。

1.3.3 胶凝材料储运设施

混凝土生产系统胶凝材料储运设施一般包括水泥和粉煤灰两部分,距拌和楼距离不宜大于200 m。目前,大、中型水利水电工程一般不采用袋装水泥,混凝土生产系统应设置一定数量的散装水泥罐,采用气力输送。

1.3.4 二次冲洗筛分设施

粗骨料在长距离运输和多次转储过程中,常常发生破碎和二次污染,为了满足骨料质量要求,一般在混凝土生产系统设置二次冲洗筛分设施,控制骨料超逊径含量,排除石渣石屑。

1.3.5 实验室

混凝土生产系统应设置混凝土实验室,承担混凝土材料、混凝土拌和质量控制和检验。混凝土生产系统实验室建筑面积可按混凝土工程量来计算,每1万 m^3 混凝土实验室建筑面积需根据工程规模、检测项目及仪器设备配置因素确定,一般可参考30~100 m^2。

1.3.6 外加剂车间

目前,水利水电工程外加剂成品一般以浓缩液或固体形状运到工地,再配成液剂使用。固体浓缩外加剂在工地一般设置拆包、溶解、稀释、匀化稳定和输送几道工序。外加剂溶解在不能自流时,用提升泵输送至拌和楼,拌和楼外加剂贮液灌应设置回液管至外加剂车间。

1.3.7 其他辅助车间

根据工程需要,混凝土生产系统还设有汽车停车场(如使用铁路运输还应设机车场和机车线)、冲洗间、修理间、仓库、油库、调度控制室、配电所等,承担系统辅助生产任务。

2 混凝土制备

混凝土制备的过程包括储料、供料、配料和拌和。其中,配料和拌和是主要生产环节,也是质量控制的关键,要求品种无误、配料准确、拌和充分。

混凝土配料用到的设备有给料设备、混凝土称量设备。称量设备有简易称量(地磅)、电动磅秤、自动配料杠杆秤、电子秤、配水箱及定量水表。

2.1 混凝土搅拌机

2.1.1 混凝土搅拌机类型

拌和机拌和混凝土较广泛,能提高拌和质量和生产率。拌和机械有自落式和强制式两种,见码4-4。自落式搅拌机是通过筒身旋转,带动搅拌叶片将物料提高,在重力作用下物料自由坠下,反复进行,互相穿插、翻拌、混合使混凝土各组分搅拌均匀的。

强制式混凝土搅拌机一般筒身固定，搅拌机片旋转，对物料施加剪切、挤压、翻滚、滑动、混合使混凝土各组分搅拌均匀。

2.1.2 搅拌机安装

搅拌机安装时，按施工组织设计确定的搅拌机安放位置，根据施工季节情况搭设搅拌机工作棚，棚外应挖有排除清洗搅拌机废水的排水沟，能保持操作场地的整洁。

2.1.3 搅拌机使用

搅拌机使用前应按照“十字作业法”（清洁、润滑、调整、紧固、防腐）的要求检查离合器、制动器、钢丝绳等各个系统和部位，是否机件齐全、机构灵活、运转正常，见表 4-1、表 4-2。

表 4-1 搅拌机正常运转的技术条件

序号	项目	技术条件
1	安装	撑脚应均匀受力，轮胎应架空。如预计使用时间较长，可改用枕木或砌体支承。固定式的搅拌机，应安装在固定基础上，安装时按规定找平
2	供水	放水时间应小于搅拌时间全程的 50%
3	上料系统	1. 料斗载重时，卷扬机能在任何位置上可靠地制动； 2. 料斗及溜槽无材料滞留； 3. 料斗滚轮与上料轨道密合，行走顺畅； 4. 上止点和下止点分别有限位开关及挡车； 5. 钢丝绳无破损，表面有润滑脂
4	搅拌系统	1. 传动系统运转灵活，无异常音响，轴承不发热； 2. 液压部件及减速箱不漏油； 3. 鼓筒、出浆门、搅拌轴轴端，不得有明显的漏浆； 4. 搅拌筒内、搅拌叶无浆渣堆积； 5. 经常检查配水系统
5	出浆系统	每拌出浆的残留量不大于出料容量的 5%
6	紧固件	完整、齐全、不松动
7	电路	线头搭接紧密，有接地装置、漏电开关

表 4-2 混凝土搅拌前对设备的检查

序号	设备名称	检查项目
1	送料装置	1. 散装水泥管道及气动吹送装置； 2. 送料拉铲、皮带、链斗、抓斗及其配件； 3. 上述设备间的相互配合
2	计量装置	1. 水泥、砂、石子、水、外加剂等计量装置的灵活性和准确性； 2. 称量设备有无阻塞； 3. 盛料容器是否黏附残渣，卸料后有无滞留； 4. 下料时冲量的调整

续表 4-2

序号	设备名称	检查项目
3	搅拌机	1. 进料系统和卸料系统的顺畅性； 2. 传动系统是否紧凑； 3. 筒体内有无积浆残渣，衬板是否完整； 4. 搅拌叶片的完整和牢靠程度

搅拌机在操作中应注意以下几个问题：

(1)使用前清洗搅拌筒，筒内加清水搅拌 3 min，然后将水放出，即可投料搅拌。

(2)开盘搅拌(开盘操作)，为不改变混凝土设计配合比，补偿黏附在筒壁、叶片上的砂浆，第一盘应减少石子约 30%，或多加水泥、砂各 15%。

(3)普通混凝土一般采用一次投料法或两次投料法。一次投料法是按砂(石子)—水泥—石子(砂)的次序投料，并在搅拌的同时加入全部拌和水进行搅拌；二次投料法是先将石子投入拌和筒并加入部分拌和用水进行搅拌，清除前一盘拌和料黏附在筒壁上的残余，然后再将砂、水泥及剩余的拌和用水投入搅拌筒内继续拌和。

(4)混凝土搅拌质量直接和搅拌时间有关，搅拌时间应满足表 4-3 的要求。

表 4-3　混凝土搅拌的最短时间　　单位：s

混凝土坍落度/cm	搅拌机机型	搅拌机容量/L		
		<250	250~500	>500
≤3	强制式	60	90	120
	自落式	90	120	150
>3	强制式	60	60	90
	自落式	90	90	120

注：掺有外加剂时，搅拌时间应适当延长。

(5)搅拌机操作要点见表 4-4。

表 4-4　搅拌机操作要点

序号	项目	操作要点
1	进料	1. 应防止砂、石落入运转机构； 2. 进料容量不得超载； 3. 进料时避免水泥先进，避免水泥黏结机体
2	运行	1. 注意声响，如有异常，应立即检查； 2. 运行中经常检查紧固件及搅拌叶，防止松动或变形

续表 4-4

序号	项目	操作要点
3	安全	1. 上料斗升降区严禁任何人通过或停留。检修或清理该场地时,用链条或锁闩将上料斗扣牢; 2. 进料手柄在非工作时或工作人员暂时离开时,必须用保险环扣紧; 3. 出浆时操作人员应手不离开操作手柄,防止手柄自动回弹伤人(强制式机更要重视); 4. 出浆后,上料前,应将出浆手柄用安全钩扣牢,方可上料搅拌; 5. 停机下班,应将电源拉断,关好开关箱; 6. 冬季施工下班,应将水箱、管道内的存水排清
4	停电或机械故障	1. 快硬、早强、高强混凝土,及时将机内拌和物掏清; 2. 普通混凝土,在停拌 45 min 内将拌和物掏清; 3. 缓凝混凝土,根据缓凝时间,在初凝前将拌和物掏清; 4. 掏料时,应将电源拉断,防止突然来电

(6)混凝土拌和物的搅拌质量应经常检查,颜色均匀一致,无明显的砂粒、砂团及水泥团,石子完全被砂浆所包裹,说明其搅拌质量较好。

每班作业后应对搅拌机进行全面清洗,并在搅拌筒内放入清水及石子运转 10～15 min 后放出,再用竹扫帚洗刷外壁。搅拌筒内不得有积水,以免筒壁及叶片生锈,如遇冰冻季节应放尽水箱及水泵中的存水,以防冻裂。

每天工作完毕后,搅拌机料斗应放至最低位置,不准悬于半空。电源必须切断,锁好电闸箱,保证各机构处于空位。

2.2　混凝土拌和楼(站)生产

在水利水电工程混凝土生产系统设计中,应根据混凝土生产要求选择类型适宜、能力匹配的拌和楼。一个混凝土生产系统的拌和楼不宜超过 3 座,也不宜超过 2 种楼型。

2.2.1　拌和楼生产能力的选取

拌和楼的生产能力在不同程度上受到骨料冷却(或加热)、掺合料、混凝土坍落度、级配强度等级变换、机械电气设备的运行维修、控制系统等因素的影响,在确定拌和楼生产能力时,应按铭牌生产能力,根据使用条件进行核算,类比国内外相同楼型、相似使用条件下拌和楼实际达到的生产能力,最终确定所选拌和楼的生产能力。

2.2.2　拌和楼形式的选择

拌和楼从结构布置形式上可分为直立式、二阶式、移动式等 3 种形式,从搅拌机配置上可分为自落式、强制式及涡流式等形式拌和楼。

2.2.2.1　直立式拌和楼

直立式混凝土拌和楼是将骨料、胶凝材料、料仓、称量、拌和、混凝土出料等各工艺环节由上而下垂直布置在一座楼内,物料只作一次提升,这种楼型在国内外广泛采用,用于混凝土工程量大、使用周期长、施工场地狭小的水利水电工程。

2.2.2.2 二阶式拌和楼

二阶式混凝土拌和楼是将直立式拌和楼分成两大部分,一部分是骨料进料、料仓及称量,另一部分是胶凝材料、拌和、混凝土出料和控制等,两部分中间一般用胶带,配好的骨料送入搅拌机,骨料分两次提升,两个部分一般布置在同一个高程上,也可根据地形高差布置在两个高程。这种结构布置形式拌和楼安装拆迁方便、机动灵活、时间短。小浪底工程混凝土生产系统 4×3 m^3 拌和楼采用这种结构形式。

2.2.2.3 移动式拌和楼

移动式混凝土拌和楼一般用于小型水利水电工程,混凝土骨料粒径在 80 mm 以下混凝土。混凝土拌和船是建造在浮动船舶上的拌和站,主要用于石油、海湾港口码头、河防、桥梁工程等。

3 混凝土运输

混凝土运输(混凝土运输机械图片见码 4-4)是整个混凝土施工中的一个重要环节,对工程质量和施工进度影响较大。混凝土料在运输过程中应满足下列基本要求:

(1)运输设备应不吸水、不漏浆,运输过程中不发生混凝土拌和物分离、严重泌水及过多降低坍落度。

(2)同时运输两种以上强度等级的混凝土时,应在运输设备上设置标志,以免混淆。

(3)尽量缩短运输时间、减少转运次数。运输时间不得超过表 4-5 的规定。因故停歇过久,混凝土产生初凝时,应作废料处理。在任何情况下,严禁中途加水后运入仓内。

表 4-5 混凝土允许运输时间

气温/℃	混凝土允许运输时间/min
20~30	30
10~20	45
5~10	60

注:本表数值未考虑外加剂、混合料及其他特殊施工措施的影响。

(4)运输道路基本平坦,避免拌和物振动、离析、分层。

(5)混凝土运输工具及浇筑地点,必要时应有遮盖或保温设施,以避免因日晒、雨淋、受冻而影响混凝土的质量。

(6)混凝土拌和物自由下落高度以不大于 2 m 为宜,超过此界限时应采用缓降措施。

混凝土运输包括两个运输过程:一是从拌和机前到浇筑仓前,主要是水平运输;二是从浇筑仓前到浇筑仓内,主要是垂直运输。混凝土运输方案的选用应保证混凝土质量,并根据混凝土浇筑方案、施工特点、地形条件及施工总布置,通过技术经济比较后确定。

3.1 混凝土水平运输

水利水电工程中常用的混凝土水平运输方案有以下几种。

3.1.1　自卸汽车运输

3.1.1.1　自卸汽车-栈桥-溜筒

如图 4-5 所示,用组合钢筋柱或预制混凝土柱作立柱,用钢轨梁和模板作桥面构成栈桥,下挂溜筒,自卸汽车通过溜筒入仓。它要求坝体能比较均匀地上升,浇筑块之间高差不大。这种方式可从拌和楼一直运至栈桥卸料,生产率高。

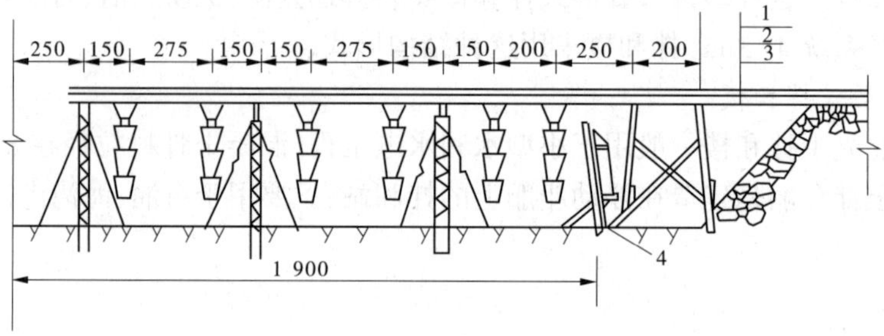

1—护轮木;2—木板;3—钢轨;4—模板。

图 4-5　自卸汽车-栈桥-溜筒入仓　(单位:cm)

3.1.1.2　自卸汽车-履带式起重机

自卸汽车自拌和楼受料后运至基坑后转至混凝土卧罐,再用履带式起重机吊运入仓。履带式起重机可利用土石方机械改装。

3.1.1.3　自卸汽车-溜槽(溜筒)

自卸汽车转溜槽(溜筒)入仓适用于狭窄、深塘混凝土回填。斜溜槽的坡度一般在 1∶1左右,混凝土的坍落度一般为 6 cm 左右。每道溜槽控制的浇筑宽度为 5~6 m,如图 4-6 所示。

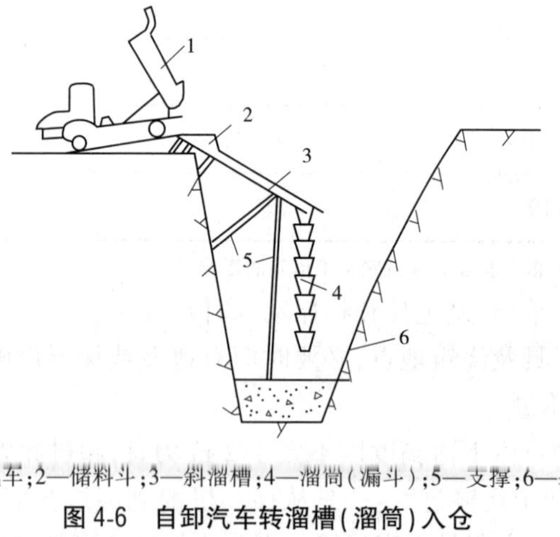

1—自卸汽车;2—储料斗;3—斜溜槽;4—溜筒(漏斗);5—支撑;6—基岩面。

图 4-6　自卸汽车转溜槽(溜筒)入仓

3.1.1.4　自卸汽车直接入仓

(1)端进法。端进法是在刚捣实的混凝土面上铺厚 6~8 mm 的钢垫板,自卸汽车在其上驶入仓内卸料浇筑,如图 4-7 所示。浇筑层厚度不超过 1.5 m。端进法要求混凝土坍落度小于 3~4 cm,最好是干硬性混凝土。

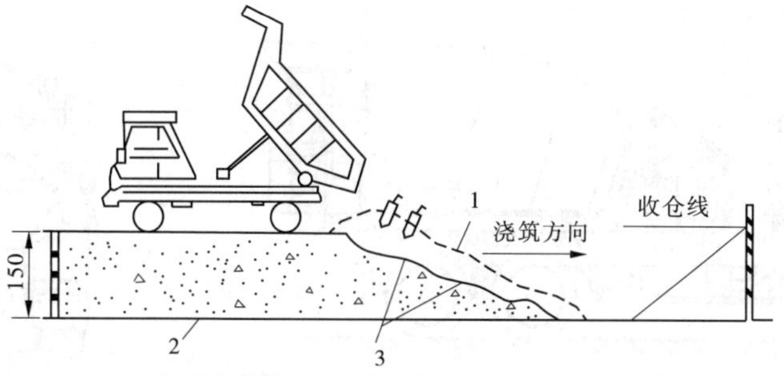

1—新入仓混凝土;2—老混凝土面;3—振捣后的台阶。

图4-7　端进法示意　(单位:cm)

(2)端退法。自卸汽车在仓内已有一定强度的老混凝土面上行驶,汽车铺料与平仓振捣互不干扰,且因汽车卸料定点准确,平仓工作量也较小,如图4-8所示。老混凝土的龄期应根据施工条件通过试验确定。

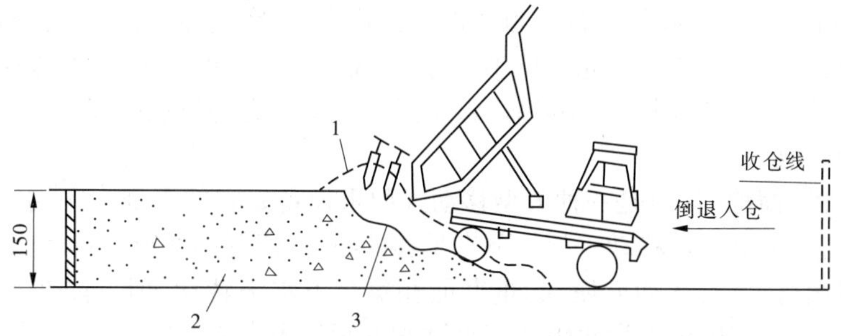

1—新入仓混凝土;2—老混凝土;3—振捣后的台阶。

图4-8　端退法示意　(单位:cm)

用汽车运输混凝土时,应遵守下列技术规定:装载混凝土的厚度不应小于40 cm,车厢应严密平滑,砂浆损失应控制在1%以内;每次卸料,应将所载混凝土卸净,并应及时清洗车厢,以免混凝土黏附;从汽车运输混凝土直接入仓时,应有确保混凝土质量的措施。

3.1.2　皮带机运输

皮带机运送混凝土有固定式和移动式两种。

固定式皮带机是用钢筋柱(或预制混凝土排架)支撑皮带机通过仓面,每台皮带机控制浇筑宽度5~6 m。这种布置方式每次浇筑高度约10 m。为使混凝土比较均匀地分料入仓,每台皮带机上每间隔6 m装置一个固定式或移动式刮板,混凝土经溜槽或溜筒入仓。移动式皮带机用布料机与仓面上的一条固定皮带机正交布置,混凝土通过布料机接溜筒入仓。此外,在三峡等大型工程还有将皮带机和塔机结合的塔带机,它从拌和楼受料用皮带送至仓面附近再通过布料杆将混凝土直接送至浇筑仓面。

3.1.3　混凝土搅拌运输车

混凝土搅拌运输车是运送混凝土的专用设备,如图4-9所示。它的特点是在运量大、运距远的情况下,能保证混凝土的质量均匀,一般在混凝土制备点(商品混凝土站)与浇筑点距离较远时使用。

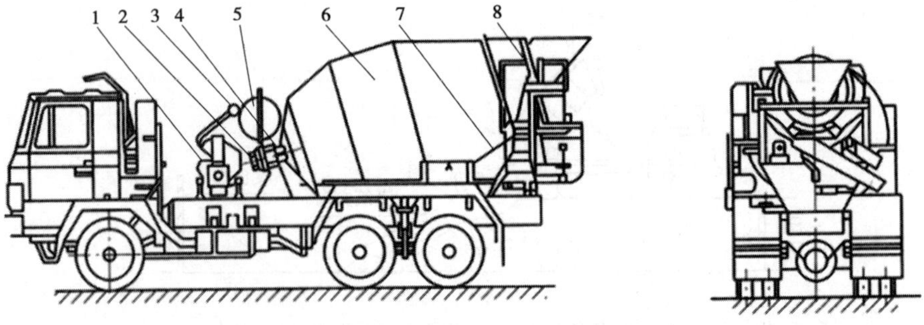

(a)侧视　　(b)后视

1—泵连接组件;2—减速机总成;3—液压系统;4—机架;5—供水系统;6—搅拌筒;7—操纵系统;8—进出料装置。

图 4-9　搅拌运输车外形

3.2　混凝土垂直运输

3.2.1　履带式起重机

履带式起重机多由开挖石方的挖掘机改装而成,直接在地面上开行,无须轨道。它的提升高度不大,控制范围比门式起重机小,但起重量大,转移灵活,适应工地狭窄的地形,在开工初期能及早投入使用,生产率高。该机适用于浇筑高程较低的部位。

3.2.2　门式起重机

门式起重机(简称门机)是一种大型移动式起重设备。它的下部为一钢结构门架,门架底部装有车轮,可沿轨道移动。门架下有足够的净空,能并列通行 2 列运输混凝土的平台列车。该机运行灵活,移动方便,起重臂能在负荷下水平转动,但不能在负荷下变幅。变幅是在非工作时,利用钢索滑轮组使起重臂改变倾角来完成。图 4-10 为常用的 10 t 丰满门机。图 4-11 为高架门机,起重高度可达 60~70 m。

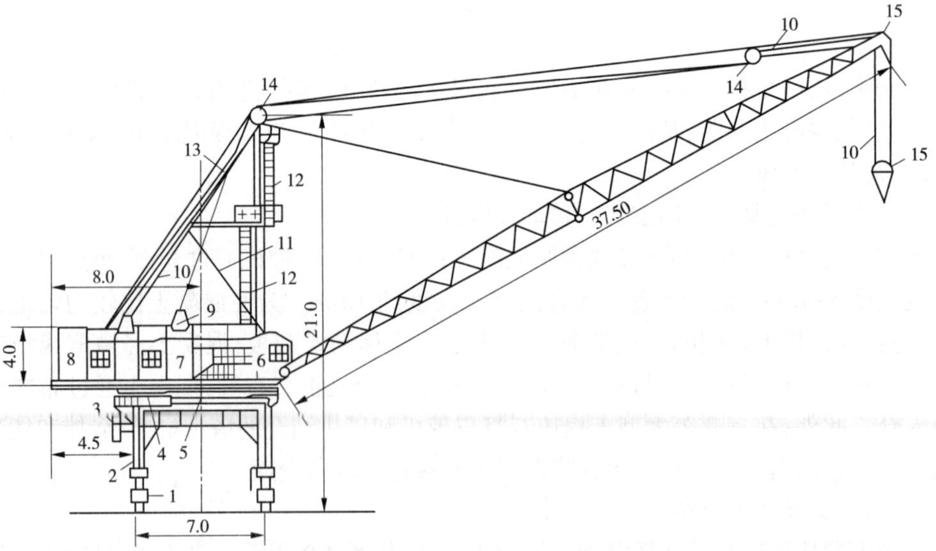

1—车轮;2—门架;3—电缆卷筒;4—回转机构;5—转盘;6—操纵室;7—机器间;8—平衡重;9、14、15—滑轮;10—起重索;11—支架;12—梯;13—臂架升降索。

图 4-10　10 t 丰满门机　(单位:m)

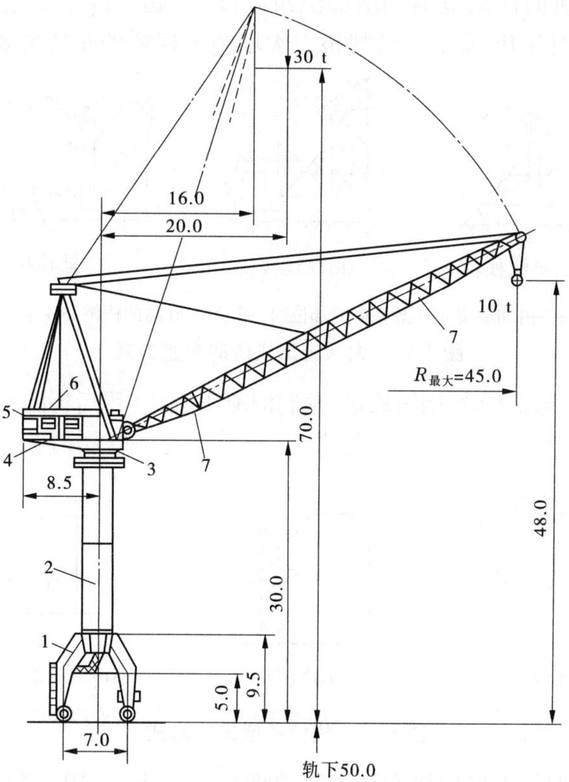

1—门架;2—圆筒高架塔身;3—回转盘;4—机房;5—平衡重;6—操纵台;7—起重臂。

图4-11 10/30 t 高架门机 （单位:cm）

3.2.3 塔式起重机

塔式起重机(简称塔机)是在门架上装置高达数十米的钢架塔身,用以增加起吊高度。其起重臂多是水平的,起重小车钩可沿起重臂水平移动,用以改变起重幅度,如图4-12所示。

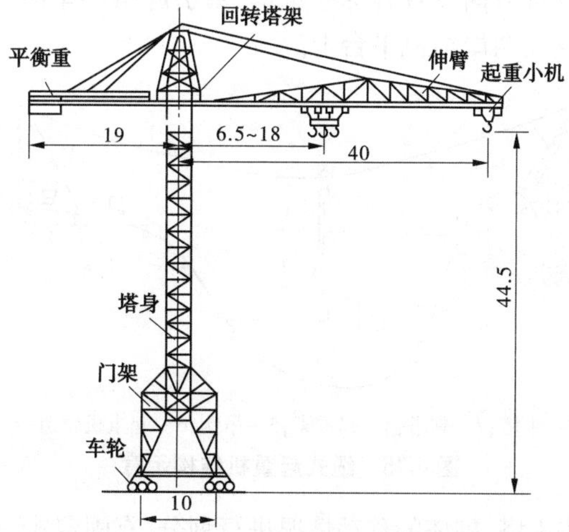

图4-12 10/50 型塔式起重机 （单位:m）

为增加门机、塔机的控制范围和增加浇筑高度，为起重混凝土运输提供专用开行线路，使之与浇筑工作面分开，常需布置栈桥。大坝施工栈桥的布置方式如图 4-13 所示。

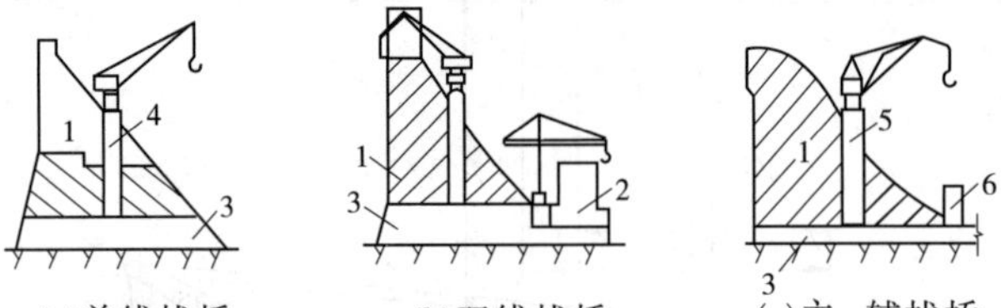

(a)单线栈桥　(b)双线栈桥　(c)主、辅栈桥

1—坝体；2—厂房；3—由辅助浇筑方案完成的部位；4—分两次升高的栈桥；5—主栈桥；6—辅助栈桥。

图 4-13　大坝施工栈桥的布置方式

栈桥桥墩结构有混凝土墩、钢结构墩、预制混凝土墩块(用后拆除)等，如图 4-14 所示。

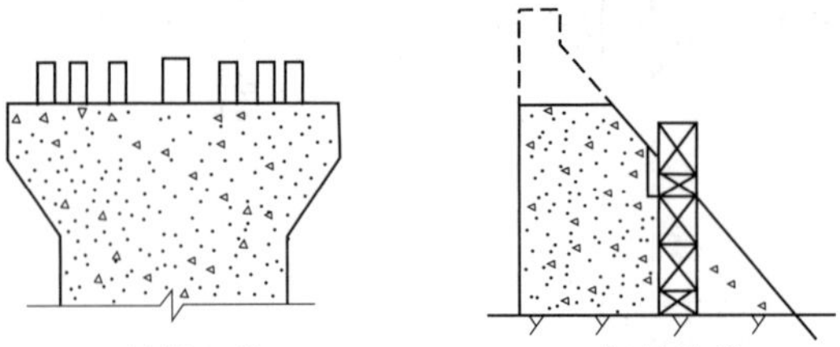

(a)混凝土墩　(b)钢结构墩　(c)预制混凝土墩块

图 4-14　栈桥桥墩结构形式

为节约材料，常把起重机安放在已浇筑的坝身混凝土上，用混凝土墩块来代替栈桥。随着坝体的上升，分次倒换位置或预先浇好混凝土墩作为栈桥墩。

3.2.4　缆式起重机

缆式起重机(简称缆机)由一套凌空架设的缆索系统、起重小车、主塔、副塔等组成，如图 4-15 所示。主塔内设有操纵室。缆索系统包括承重索、起重索、牵引索和各种辅助索。承重索两端系在主塔和副塔的顶部，承受很大的拉力，通常用高强钢丝束制成，是缆索系统中的主起重索，垂直方向设置升降起重钩，牵引起重小车沿承重索移动。塔架为三角形空间结构，分别布置在两岸缆机平台上。

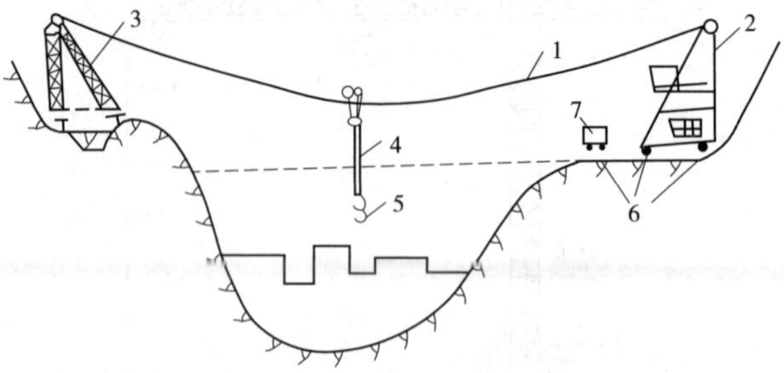

1—承重索；2—主塔；3—副塔；4—起重索；5—吊钩；6—起重机轨道；7—起重小车。

图 4-15　缆式起重机结构示意

缆机的类型，一般按主塔、副塔的移动情况进行划分，有固定式、平移式和辐射式 3 种。

缆机适用于狭窄河床的混凝土坝浇筑，如图 4-16 所示。它不仅具有控制范围大、起重量大、生产率高的特点，而且能提前安装和使用，使用期长，不受河流水文条件和坝体升高的影响，对加快主体工程施工具有明显的作用。

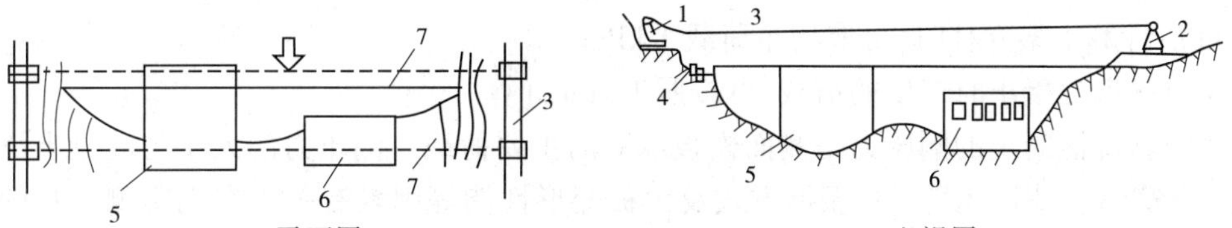

(a)平面图　(b)立视图

1—主塔；2—副塔；3—轨道；4—起重小车；5—溢流坝；6—厂房；7—控制范围。

图4-16　平行式缆机用于浇筑重力坝

任务3　模板设计

1　模板设计

码4-5　微课：模板施工

1.1　对模板的基本要求

(1)应保证混凝土结构和构件浇筑后各部分的形状和尺寸，以及相互位置的准确性。

(2)具有足够的稳定性、刚度及强度。

(3)装拆方便，能够多次周转使用，形式要尽量做到标准化、系列化。

(4)接缝应不易漏浆、表面要光洁平整。

1.2　模板设计

在施工前，施工企业应根据建筑物的实际情况、现场条件、混凝土结构施工与验收规范及有关的模板技术规范进行模板设计，模板设计包括模板面板、支承系统及连接配件的设计。

1.2.1　模板设计的步骤

根据工程实践经验，模板设计大致可分为如下3个环节：

(1)配板设计并绘制配板图和支承系统布置图；

(2)依据施工条件确定荷载并对模板及支承系统进行验算；

(3)编制模板及配件的规格数量汇总表和周转计划，制定模板系统安装和拆除的程序与方法，以及施工说明书等。

1.2.2　模板的受力及荷载组合

1.2.2.1　设计荷载

设计荷载分为基本荷载和特殊荷载两类。

1. 基本荷载

(1)模板及其支架自重根据设计图确定。木材密度：针叶类按600 kg/m^3 计，阔叶类按800 kg/m^3 计。

(2)新浇混凝土重量，按2.4~2.5 t/m^3 计。

(3)钢筋重量根据设计图确定,对一般钢筋混凝土,钢筋重量可按 100 kg/m³ 计。

(4)工作人员及浇筑设备、工具的荷载,计算模板及直接支承模板的楞木(围图)时,可取均布荷载 2.5 kPa 及集中荷载 2.5 kN;计算支承模板的楞木构件时,可取均布荷载 1.5 kPa;计算支架立柱时,可取均布荷载 1 kPa。

(5)振捣混凝土时产生的荷载,可按照 1 kPa 计算。

(6)新浇混凝土的侧压力是侧面模板承受的主要荷载。侧压力的大小与混凝土浇筑速度、浇筑温度、坍落度、入仓振捣方式及模板变形性能等因素有关。在无实测资料的情况下,可参考《水工混凝土施工规范》(DL/T 5144—2015)附录中的有关规定选用。

2. 特殊荷载

(1)风荷载。根据现行《建筑结构荷载规范》(GB 50009—2012)的规定确定。

(2)其他荷载。可按实际情况计算。如平仓机、非模板工程的脚手架、工作平台、超过规定堆放的材料重量等。

1.2.2.2　设计荷载组合及稳定校核

1. 荷载组合

计算模板的刚度和强度时,应根据模板种类及施工具体情况,按表 4-6 的荷载组合进行计算(特殊荷载就按可能发生的情况计算)。

表 4-6　常用模板的荷载组合[《水工混凝土施工规范》(SL 677—2014)]

项次	模板种类	基本荷载组合	
		计算强度	验算刚度
1	薄板、薄壳的底模板	①+②+③+④	①+②+③+④
2	厚板、梁和拱的底模板	①+②+③+④+⑤	①+②+③+④+⑤
3	梁、拱、柱(边长小于或等于30 mm)、墙(厚度小于或等于400 mm)的侧面垂直模板	⑤+⑥	⑥
4	大体积结构、柱(边长>300 mm)、墙(厚>400 mm)的侧面垂直模板	⑥+⑧	⑥+⑧
5	悬臂模板	①+②+③+④+⑤+⑧	①+②+③+④+⑤+⑧
6	隧洞衬砌模板台车	①+②+③+④+⑤+⑥+⑦	①+②+③+④+⑥+⑦

注:1. 当模板承受倾倒混凝土时产生的荷载对模板的承载能力和变形有较大影响时,考虑荷载⑧;

2. 根据工程实践情况,合理考虑荷载⑨和荷载⑩。

表中①~⑩依次表示:①模板自身重力;②新浇混凝土的重力;③钢筋和预埋件的重力;④工作人员及仓面机具的重力;⑤振捣混凝土时产生的荷载;⑥新浇混凝土的侧压力;⑦新浇混凝土的浮托力;⑧混凝土卸料时产生的荷载;⑨风荷载;⑩其他荷载。

2. 稳定校核

验算模板刚度时,其最大变形不应超过下列允许值:

(1)结构外露面模板为模板构件计算跨度的 1/400;

(2)结构隐蔽面模板为模板构件计算跨度的1/250;

(3)支架的压缩变形值或弹性挠度值为相应的结构计算跨度的1/1 000。

承重模板结构的抗倾稳定性,应按下列要求核算:

(1)倾覆力矩,应采用下列3项中的最大值:

①风荷载,根据立模部位离地面高度,按《建筑结构荷载规范》(GB 50009—2012)的规定确定;

②实际可能发生的最大水平作用力;

③作用于承重模板边缘1 500 N/m 的水平力。

(2)稳定力矩:模板自重折减系数为0.8;如同时安装钢筋,应包括钢筋的重量。活荷载按其对抗倾覆稳定最不利的分布计算。

(3)抗倾稳定系数应大于1.4。

除悬臂模板外,竖向模板与内倾模板应设置撑杆或拉杆,以保证模板的稳定性。

多层结构物上层结构的模板支承在下层结构上时,应验算下层结构的实际强度和承载能力。

2 模板类型及组成

2.1 模板的分类

(1)按模板形状分,有平面模板和曲面模板。平面模板又称侧面模板,主要用于结构物垂直面。曲面模板用于廊道、隧洞、溢流面和某些形状特殊的部位,如进水口扭曲面、蜗壳、尾水管等。

(2)按模板材料分,有木模板、竹模板、钢模板、混凝土预制模板、塑料模板、橡胶模板等。

(3)按模板受力条件分,有承重模板和侧面模板。承重模板主要承受混凝土重量和施工中的垂直荷载;侧面模板主要承受新浇混凝土的侧压力。侧面模板按其支承受力方式,又分为简支模板、悬臂模板和半悬臂模板。

(4)按模板使用特点分,有固定式、拆移式、移动式和滑动式。固定式用于形状特殊的部位,不能重复使用。后3种模板都能重复使用,或连续使用在形状一致的部位。但其使用方式有所不同:拆移式模板需要拆散移动;移动式模板的车架装有行走轮,可沿专用轨道使模板整体移动(如隧洞施工中的钢模台车);滑动式模板是以千斤顶或卷扬机为动力,可在混凝土连续浇筑的过程中,使模板面紧贴混凝土面滑动(如闸墩施工中的滑模)。

2.2 定型组合钢模板

定型组合钢模板系列包括钢模板、连接件、支承件3部分。其中,钢模板包括平面钢模板和拐角钢模板;连接件有U形卡、L形插销、钩头螺栓、紧固螺栓、蝶形扣件等;支承件有圆钢管、薄壁矩形钢管、内卷边槽钢、单管伸缩支撑等,如图4-17所示。

2.2.1 钢模板的规格和型号

钢模板包括平面模板、阳角模板、阴角模板和连接角模,如图4-18所示。单块钢模板由面板、边框和加劲肋焊接而成。面板厚2.3 mm或2.5 mm,边框和加劲肋上面按一定距离(如150 mm)钻孔,可利用U形卡和L形插销等拼装成大块模板。

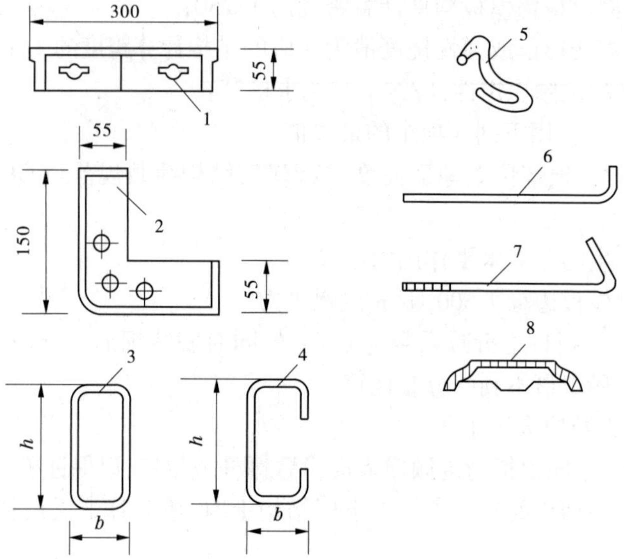

1—平面钢模板;2—拐角钢模板;3—薄壁矩形钢管;4—内卷边槽钢;
5—U 形卡;6—L 形插销;7—钩头螺栓;8—蝶形扣件。

图 4-17　定型组合钢模板系列　(单位:cm)

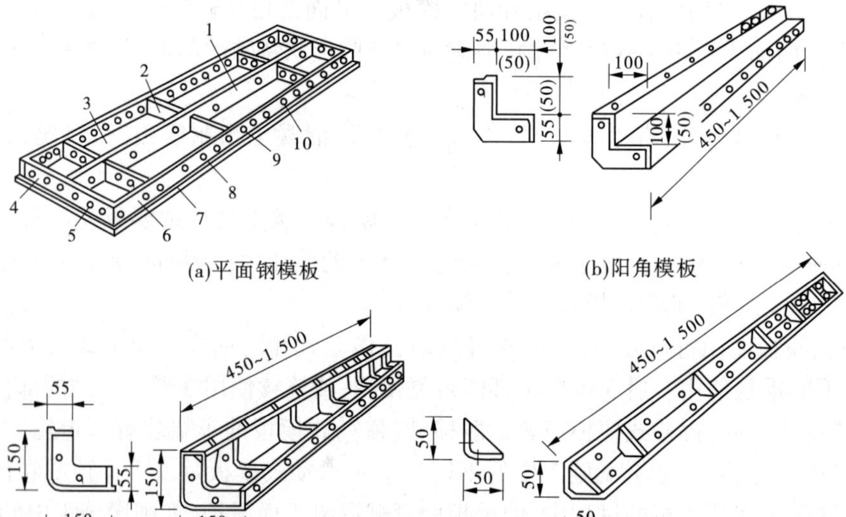

(a)平面钢模板　(b)阳角模板

(c)阴角模板　(d)连接角模

1—中纵肋;2—中横肋;3—面板;4—横肋;5—插销孔;
6—纵肋;7—凸棱;8—凸鼓;9—U 形卡孔;10—钉子孔。

图 4-18　钢模板类型　(单位:mm)

钢模板的宽度以 50 mm 进级、长度以 150 mm 进级,其规格和型号已做到标准化、系列化。如型号为 P3015 的钢模板,P 表示平面模板,3015 表示宽×长为 300 mm×1 500 mm。又如型号为 Y1015 的钢模板, Y 表示阳角模板,1015 表示宽×长为 100 mm×1 500 mm。如拼装时出现不足模数的空隙,用镶嵌木条补缺,用钉子或螺栓将木条与板块边框上的孔洞连接。平面钢模板规格见表4-7。

表4-7 平面钢模板规格

宽度/mm	型号	尺寸/mm	每块面积/m^2	每块质量/kg	宽度/mm	型号	尺寸/mm	每块面积/m^2	每块质量/kg
300	P3015	300×1 500×55	0.45	14.90	200	P2007	200×750×55	0.15	5.25
	P3012	300×1 200×55	0.36	12.06		P2006	200×600×55	0.12	4.17
	P3009	300×900×55	0.27	9.21		P2004	200×450×55	0.09	3.34
	P3007	300×750×55	0.225	7.93	150	P1515	150×1 500×55	0.225	9.01
	P3006	300×600×55	0.18	6.36		P1512	150×1 200×55	0.18	6.47
	P3004	300×450×55	0.135	5.08		P1509	150×900×55	0.135	4.93
250	P2515	250×1 500×55	0.375	13.19		P1507	150×750×55	0.113	4.23
	P2512	250×1 200×55	0.30	10.66		P1506	150×600×55	0.09	3.40
	P2509	250×900×55	0.225	8.13		P1504	150×450×55	0.068	2.69
	P2507	250×750×55	0.188	6.98	100	P1015	100×1 500×55	0.15	6.36
	P2506	250×600×55	0.15	5.60		P1012	100×1 200×55	0.12	5.13
	P2504	250×450×55	0.133	4.45		P1009	100×900×55	0.09	3.90
200	P2015	200×1 500×55	0.03	9.76		P1007	100×750×55	0.075	3.33
	P2012	200×1 200×55	0.24	7.91		P1006	100×600×55	0.06	2.67
	P2009	200×900×55	0.18	6.03		P1004	100×450×55	0.045	2.11

2.2.2 连接件

(1)U形卡。它用于钢模板之间的连接与锁定,使钢模板拼装密合。U形卡安装间距一般不大于300 mm,即每隔一孔卡插一个,安装方向一顺一倒相互交错。

(2)L形插销。它插入模板两端边框的插销孔内,用于增强钢模板纵向拼接的刚度和保证接头处板面平整。

(3)钩头螺栓。用于钢模板与内、外钢楞之间的连接固定,使之成为整体,安装间距一般不大于600 mm,长度应与采用的钢楞尺寸相适应。

(4)对拉螺栓。用来保持模板与模板之间的设计厚度并承受混凝土侧压力及水平荷载,使模板不致变形。

(5)紧固螺栓。用于紧固钢模板内、外钢楞,增强组合模板的整体刚度,长度与采用的钢楞尺寸相适应。

(6)扣件。用于将钢模板与钢楞紧固,与其他的配件一起将钢模板拼装成整体。按钢楞的不同形状和尺寸,分别采用碟形扣件和3型扣件,其规格分为大、小两种。

2.2.3 支承件

配件的支承件包括钢楞、柱箍、梁卡具、圈梁卡、钢管架、斜撑、组合支柱、钢管脚手支架、平面可调桁架和曲面可变桁架等。

3 模板施工

模板施工按照《水工混凝土施工规范》(SL 677—2014)进行。

3.1 模板安装

安装模板之前,应事先熟悉设计图纸,掌握建筑物结构的形状和尺寸,并根据现场条件,初步考虑好立模及支撑的程序,以及与钢筋绑扎、混凝土浇捣等工序的配合,尽量避免工种之间的相互干扰。

模板的安装包括放样、立模、支撑加固、吊正找平、尺寸校核、堵设缝隙及清仓去污等工序。在安装过程中,应注意下述事项:

(1)模板竖立后,须切实校正位置和尺寸,垂直方向用垂球校对,水平长度用钢尺丈量两次以上,务必使模板的尺寸符合设计标准。

(2)模板各结合点与支撑必须坚固紧密,牢固可靠,尤其是采用振捣器捣固的结构部位更应注意,以免在浇捣过程中发生裂缝、鼓肚等不良情况。但为了增加模板的周转次数,减少模板拆模损耗,模板结构的安装应力求简便,尽量少用圆钉,多用螺栓、木楔、拉条等进行加固联结。

(3)凡属承重的梁板结构,跨度大于 4 m 以上时,由于地基的沉陷和支撑结构的压缩变形,跨中应预留起拱高度,每米增高 3 mm,两边逐渐减少,至两端同原设计高程等高。

(4)为避免拆模时建筑物受到冲击或震动,安装模板时,撑柱下端应设置硬木楔形垫块,所用支撑不得直接支承于地面,应安装在坚实的桩基或垫板上,使撑木有足够的支承面积,以免沉陷变形。

(5)模板安装完毕,最好立即浇筑混凝土,以防日晒雨淋导致模板变形。为保证混凝土表面光滑和便于拆卸,宜在模板表面涂抹肥皂水或润滑油。夏季或在气候干燥情况下,为防止模板干缩裂缝漏浆,在浇筑混凝土之前,需洒水养护。如发现模板因干燥产生裂缝,应事先用木条或油灰填塞衬补。

(6)安装边墙、柱、闸墩等模板时,在浇筑混凝土之前,应将模板内的木屑、刨片、泥块等杂物清除干净,并仔细检查各联结点及接头处的螺栓、拉条、楔木等有无松动、滑脱现象。在浇筑混凝土过程中,木工、钢筋、混凝土、架子等工种均应有专人“看仓”,以便发现问题随时加固修理。

(7)模板安装的偏差应符合设计要求,特别是对于通过高速水流、有金属结构及机电安装等部位,更不应超出规范的允许值。施工中安装模板的允许偏差,可参考表 4-8 规定的数值。

3.2 模板隔离剂

模板安装前或安装后,为防止模板与混凝土黏结在一起,便于拆模,应及时在模板的表面涂刷隔离剂。常用模板隔离剂见表 4-9。

表4-8　大体积混凝土木模板安装的允许偏差　单位:mm

项次	偏差项目		混凝土结构部位	
			外露表面	隐藏内面
1	模板平整度	相邻两面板高差	±3	±5
2		局部不平(用2 m直尺检查)	±5	±10
3	结构物边线与设计边线		±10	±15
4	结构物水平截面内部尺寸		±20	
5	承重模板标高		±5	
6	预留孔、洞尺寸及位置		±10	

表4-9　常用模板隔离剂配比、配制及使用

类别	材料及质量配比	配制和使用方法	优缺点及使用
水质类隔离剂	肥皂液	用肥皂切片泡水,涂刷模板1~2遍	涂刷方便,易脱模,价廉;但冬雨季不能使用,适用于木模、混凝土、砖胎模
	洗衣粉:滑石粉=1:5	按比例用适量温水搅至浆状使用	优缺点同上,适用于钢模、各种胎模
	松香:肥皂:柴油:水=15:12:100:800	松香、肥皂、柴油按比例加好后,冲入水搅拌均匀使用	涂刷干后遇雨仍保持隔离效果,适用于长线台座
	石灰水	将石灰膏加水拌成糊状,均匀涂1~2遍	取材容易,涂刷方便,成本低,但较易脱落,适用于土、混凝土脱模
	107胶:滑石粉:水=1:1:1	将建筑胶与水调匀,再将滑石粉加入调匀,涂刷1~2遍	材料易得,操作方便,易于脱模,适用于钢模板
油质类隔离剂	机油:滑石粉:汽油=100:15:10	在容器中按配比搅拌均匀,涂刷1~2遍	便于涂刷,易脱模,适用于混凝土胎模
	废机油(机油):柴油=1:1~1:4	将较稠废机油掺柴油稀释搅匀,即可使用	便于涂刷,易脱模,干后下雨仍有效,适用于钢模、木模、各种胎模
	废机油:水泥(滑石粉):水=1:1.4(1.2):0.4	将3种组分拌和至乳状,刷1~2遍	材料易得,便于涂刷,表面光滑;但钢筋和构件较易沾油

续表 4-9

类别	材料及质量配比	配制和使用方法	优缺点及使用
石蜡类隔离剂	石蜡	将石蜡均匀涂于模板面,用喷灯熔化,干布均匀涂擦,再均匀喷烤至深入木质内	易脱模,板面光滑;但成本较高,蒸汽养护时不能使用,适用于木定型模板
	石蜡:煤油=1:2	将石蜡与2份煤油混合用水浴加热溶化,再加入剩余煤油拌匀	便于涂刷,易脱模,板面光滑;但成本稍高,蒸汽养护时不能使用,适用于钢模板、混凝土台座
乳剂类隔离剂	乳化机油:水=1:5	在容器中按配合比混合搅匀,涂刷1~2遍	有商品供应,使用方便,易脱模,适用于木模
	高分子有机酸+矿物油	即金属切削加工使用的润滑冷却剂	有商品供应,使用方便,易于脱模,适用于钢模、混凝土胎模

3.3　模板拆除

3.3.1　拆模期限

(1)不承重的侧模板在混凝土强度能保证混凝土表面和棱角不因拆模而受损害时方可拆模。一般此时混凝土的强度应达到2.5 MPa以上。

(2)承重模板应在混凝土达到下列强度以后方能拆除(按设计强度的百分率计):

①当梁、板、拱的跨度<2 m时,要求达到设计强度的50%;

②当梁、板、拱的跨度为2~5 m时,要求达到设计强度的70%;

③当梁、板、拱的跨度为5 m以上时,要求达到设计强度的100%;

④悬臂板、梁的跨度<2 m,为70%;跨度>2 m,为100%。

3.3.2　拆模注意事项

模板拆卸工作应注意以下事项:

(1)模板拆除工作应遵守一定的方法与步骤。拆模时要按照模板各结合点构造情况,逐块松卸。首先去掉扒钉、螺栓等连接铁件,然后用撬杠将模板松动或用木楔插入模板与混凝土接触面的缝隙中,以锤击木楔,使模板与混凝土面逐渐分离。拆模时,禁止用重锤直接敲击模板,以免使建筑物受到强烈震动或将模板毁坏。

(2)拆卸拱形模板时,应先将支柱下的木楔缓慢放松,使拱架徐徐下降,避免新拱因模板突然大幅度下沉而担负全部自重,并应从跨中点向两端同时对称拆卸。拆卸跨度较大的拱模时,则需从拱顶中部分段分期向两端对称拆卸。

(3)高空拆卸模板时,不得将模板自高处摔下,而应用绳索吊卸,以防砸坏模板或发生事故。

(4)当模板拆卸完毕后,应将附着在板面上的混凝土砂浆洗凿干净,损坏部分需加修整,板上的圆钉应及时拔除(部分可以回收使用),以免刺脚伤人。卸下的螺栓应与螺帽、垫圈等拧在一起,并加黄油防锈。扒钉、铁丝等物均应收捡归仓,不得丢失。所有模板应按规格分放,妥加保管,以备下次立模周转使用。

(5)对于大体积混凝土,为了防止拆模后混凝土表面温度骤然下降而产生表面裂缝,应考虑外界温度的变化确定拆模时间,并应避免早、晚或夜间拆模。

任务 4 钢筋施工

1 钢筋材料验收、检验、储存与配料

1.1 钢筋的验收与储存

1.1.1 钢筋的验收

钢筋进场应具有出厂证明书或试验报告单,每捆(盘)钢筋应有标牌,同时应按有关标准和规定进行外观检查和分批做力学性能试验。钢筋在使用时,如发现脆断、焊接性能不良或机械性能显著不正常等,则应进行钢筋化学成分检验。

1.1.1.1 外观检查

外观检查应满足表 4-10 的要求。

表 4-10 钢筋外观检查要求

钢筋种类	外观要求
热轧钢筋	表面不得有裂纹、结疤和折叠,如有凸块,不得超过横肋的高度,其他缺陷的高度和深度不得大于所在部位尺寸的允许偏差,钢筋外形尺寸等应符合国家标准
热处理钢筋	表面不得有裂纹、结疤和折叠,如局部凸块不得超过横肋的高度。钢筋外形尺寸应符合国家标准
冷拉钢筋	表面不得有裂纹和局部缩颈
冷拔低碳钢丝	表面不得有裂纹和机械损伤
碳素钢丝	表面不得有裂纹、小刺、机械损伤、锈皮和油漆
刻痕钢丝	表面不得有裂纹、分层、锈皮、结疤
钢绞线	不得有折断、横裂和相互交叉的钢丝,表面不得有润滑剂、油渍

1.1.1.2 验收要求

钢筋、钢丝、钢绞线应做成批验收,做力学性能试验时其抽样方法应按相应标准所规定的规则抽取,见表 4-11。

检验要求,如有一个试样一项试验指标不合格,则另取双倍数量的试样进行复检,如仍有一个试样不合格,则该批钢筋不予验收。

1.1.2 钢筋的储存

钢筋进场后,必须严格按批分等级、牌号、直径、长度挂牌存放,不得混淆。钢筋应尽量堆入仓库或料棚内。条件不具备时,应选择地势较高、土质坚硬的场地存放。堆放时,钢筋下部应垫高,离地至少 20 cm 高,以防钢筋锈蚀。在堆场周围应挖排水沟,以利泄水。

表 4-11　钢筋、钢丝、钢绞线验收要求和方法

钢筋种类	验收批钢筋组成	每批数量	取样方法
热轧钢筋	同一牌号、规格和同一炉罐号同钢号的混合批,不超过 6 个炉罐号	≤60 t	在每批钢筋中任取 2 根钢筋,每根钢筋取 1 个拉力试样和 1 个冷弯试样
热处理钢筋	同一处截面尺寸、同一热处理制度和同一炉罐号同钢号的混合批,不超过 10 个炉罐号	≤60 t	取 10%盘数(不少于 25 盘),每盘 1 个拉力试样
冷拉钢筋	同级别、同直径	≤20 t	任取 2 根钢筋,每根钢筋取 1 个拉力试样和 1 个冷弯试样
冷拔低碳钢丝 甲级	—	逐盘检查	每盘取 1 个拉力试样和 1 个弯曲试样
冷拔低碳钢丝 乙级	用相同材料的钢筋冷拔成同直径的钢丝	5 t	任取 3 盘,每盘取 1 个拉力试样和 1 个弯曲试样
碳素钢丝 刻痕钢丝	同一钢号、同一形状尺寸、同一交货状态	—	取 5%盘数(不少于 3 盘),优质钢丝取 10%盘数(不少于 3 盘),每盘取 1 个拉力试样和 1 个冷弯试样
钢绞线	同一钢号、同一形状尺寸、同一生产工艺	≤60 t	任取 3 盘,每盘取 1 个拉力试样

注:拉力试验包括屈服点、抗拉强度和伸长率 3 个指标。

1.2　钢筋的配料

钢筋的配料是指识读工程图纸、计算钢筋下料长度和编制配筋表。

1.2.1　钢筋下料长度

1.2.1.1　钢筋长度

施工图(钢筋图)中所指的钢筋长度是钢筋外缘至外缘之间的长度,即外包尺寸。

码 4-6　微课:钢筋下料长度计算

1.2.1.2　混凝土保护层厚度

混凝土保护层厚度是指受力钢筋外缘至混凝土表面的距离,其作用是保护钢筋在混凝土中不被锈蚀。

1.2.1.3　钢筋接头增加值

由于钢筋直条的供货长度一般为 6~10 m, 而有的钢筋混凝土结构的尺寸很大,需要对钢筋进行接长。钢筋接头增加值见表 4-12~表 4-14。

表 4-12　钢筋绑扎接头的最小搭接长度

钢筋级别	Ⅰ级	Ⅱ级	Ⅲ级	5 号
受拉区	$30d$	$35d$	$40d$	$30d$
受压区	$20d$	$25d$	$30d$	$20d$

注:表中 d 为钢筋直径,下同。

表 4-13 钢筋对焊长度损失值 单位:mm

钢筋直径	<16	16~25	>25
损失值	20	25	30

表 4-14 钢筋搭接焊最小搭接长度

焊接类型	Ⅰ级钢筋	Ⅱ、Ⅲ级及5号钢筋
双面焊	$4d$	$5d$
单面焊	$8d$	$10d$

1.2.1.4 钢筋弯曲调整长度

钢筋有弯曲时,在弯曲处的内侧发生收缩,而外皮却出现延伸,中心线则保持原有尺寸。一般量取钢筋尺寸时,对于架立筋和受力筋量外皮、箍筋量内皮、下料则量中心线。这样,对于弯曲钢筋,计算长度和下料长度均存在差异。

1. 弯钩增加长度

根据规定,Ⅰ级钢筋两端做180°弯钩,其弯曲直径 $D=2.5d$,平直部分为 $3d$(手工弯钩为 $1.75d$),如图4-19所示。量度方法以外表尺寸度量,其每个弯钩的增加长度为

$$
\begin{aligned}
EF &= ABC + EC - AF = 1/2\pi(D+d) + 3d - (1/2D + d)\\
&= 0.5\pi(2.5d + d) + 3d - (0.5\times 2.5d + d)\\
&= 6.25d
\end{aligned}
$$

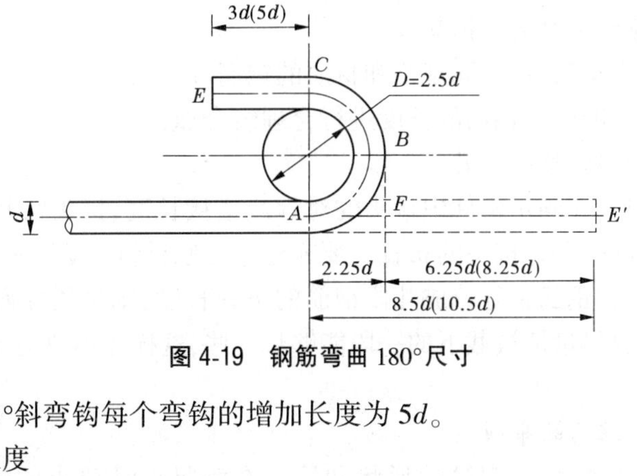

图 4-19 钢筋弯曲 180°尺寸

同理可得,135°斜弯钩每个弯钩的增加长度为 $5d$。

2. 弯折减少长度

钢筋弯曲调整长度见表4-15。

表 4-15 钢筋弯曲调整长度

弯曲类型	弯钩			弯折				
	180°	135°	90°	30°	45°	60°	90°	135°
调整长度	$6.25d$	$5d$	$3.2d$	$-0.35d$	$-0.5d$	$-0.85d$	$-2d$	$-2.5d$

为了箍筋计算方便，一般将箍筋的弯钩增加长度、弯折减少长度两项合并成一箍筋调整值，如表 4-16。计算时，将箍筋外包尺寸或内皮尺寸加上箍筋调整值即为箍筋下料长度。

表 4-16　箍筋调整值　单位：mm

箍筋量度方法	箍筋直径			
	4~5	6	8	10~12
量外包尺寸	40	50	60	70
量内皮尺寸	80	100	120	150~170

1.2.2　钢筋下料长度计算

直筋下料长度＝构件长度+搭接长度−保护层厚度+弯钩增加长度

弯起筋下料长度＝直段长度+斜段长度+搭接长度−弯折减少长度+弯钩增加长度

箍筋下料长度＝直段长度+弯钩增加长度−弯折减少长度

＝箍筋周长+箍筋调整值

1.2.3　钢筋配料

钢筋配料是钢筋加工中的一项重要工作，合理地配料能使钢筋得到最大限度的利用，并使钢筋的安装和绑扎工作简单化。钢筋配料是依据钢筋表合理安排同规格、同品种的下料，使钢筋的出厂规格和长度能够得以充分利用，或库存各种规格和长度的钢筋得以充分利用。

1.2.4　归整相同规格和材质的钢筋

下料长度计算完毕后，把相同规格和材质的钢筋进行归整和组合，同时根据现有钢筋的长度和能够及时采购到的钢筋的长度进行合理组合加工。

1.2.5　合理利用钢筋的接头位置

对有接头的配料，在满足构件中接头的对焊或搭接长度、接头错开的前提下，必须根据钢筋原材料的长度来考虑接头的布置。要充分考虑原材料被截下来的一段长度的合理使用，如果能够使一根钢筋正好分成几段钢筋的下料长度，则是最佳方案，但往往难以做到，所以在配料时，要尽量使被截下的一段能够长一些，这样才不致使余料成为废料，使钢筋能得到充分利用。

1.2.6　钢筋配料应注意的事项

(1)配料计算时，要考虑钢筋的形状和尺寸在满足设计要求的前提下有利于加工安装。

(2)配料时，要考虑施工需要的附加钢筋。如板双层钢筋中保证上层钢筋位置的撑脚、墩墙双层钢筋中固定钢筋间距的撑铁、柱钢筋骨架增加四面斜撑等。

根据钢筋下料长度计算结果，配料选择后，汇总编制钢筋配料单。在钢筋配料单中必须反映出工程部位、构件名称、钢筋编号、钢筋简图及尺寸、钢筋直径、钢号、数量、下料长度、钢筋重量等。

列入加工计划的配料单,将每一编号的钢筋制作一块料牌作为钢筋加工的依据,并在安装中作为区别各工程部位、构件和各种编号钢筋的标志,如图4-20所示。

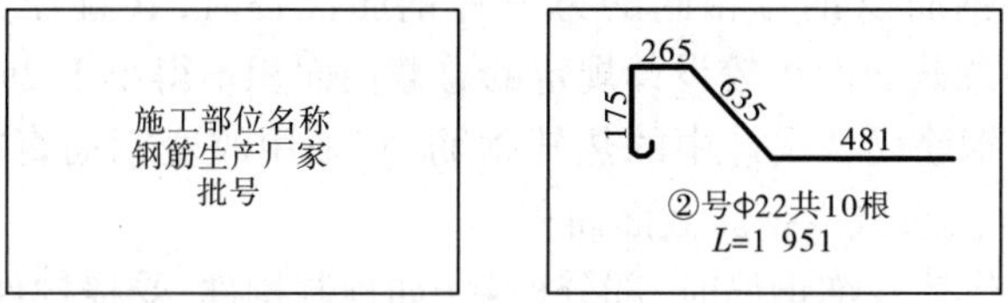

(a)正面 (b)反面

图4-20 钢筋料牌

钢筋配料单和料牌,应严格校核,必须准确无误,以免返工浪费。

1.3 钢筋代换

钢筋加工时,由于工地现有钢筋的种类、钢号和直径与设计不符,应在不影响使用条件下进行代换。但代换必须征得工程监理的同意。

1.3.1 钢筋代换的基本原则

(1)等强度代换。不同种类的钢筋代换,按抗拉设计值相等的原则进行代换。

(2)等截面代换。相同种类和级别的钢筋代换,按截面相等的原则进行代换。

1.3.2 钢筋代换方法

1.3.2.1 等强度代换

如施工图中所用的钢筋设计强度为f_{y1},钢筋总面积为A_{s1},代换后的钢筋设计强度为f_{y2},钢筋总面积为A_{s2},则应使

$$A_{s1} f_{y1} \leqslant A_{s2} f_{y2} \tag{4-2}$$

即

$$\frac{n_1 \pi d_1^2 f_{y1}}{4} \leqslant \frac{n_2 \pi d_2^2 f_{y2}}{4} \tag{4-3}$$

$$n_2 \geqslant \frac{n_1 d_1^2 f_{y1}}{d_2^2 f_{y2}} \tag{4-4}$$

式中 n_1——施工图钢筋根数;

n_2——代换钢筋根数;

d_1——施工图钢筋直径;

d_2——代换钢筋直径。

1.3.2.2 等截面代换

如代换后的钢筋与设计钢筋级别相同,则应使

$$A_{s1} \leqslant A_{s2} \tag{4-5}$$

则

$$n_2 \geqslant \frac{n_1 d_1^2}{d_2^2} \tag{4-6}$$

式中符号意义同上。

1.3.3 钢筋代换注意事项

在水利水电工程施工中进行钢筋代换时,应注意以下事项:

(1)以一种钢号钢筋代替施工图中规定钢号的钢筋时,应按设计所用钢筋计算强度和实际使用的钢筋计算强度,经计算后,对截面面积作相应的改变。

(2)某种直径的钢筋以钢号相同的另一种钢筋代替时,其直径变更范围不宜超过4 mm,变更后的钢筋总截面面积较设计规定的总截面面积不得小于2%或超过3%。

(3)如用冷处理钢筋代替设计中的热轧钢筋,宜采用改变钢筋直径的方法而不宜采用改变钢筋根数的方法来减少钢筋截面面积。

(4)以较粗钢筋代替较细钢筋时,部分构件(如预制构件、受挠构件等)应校核钢筋握裹力。

(5)要遵守钢筋代换的基本原则:①当构件受强度控制时,钢筋可按等强度代换;②当构件按最小配筋率配筋时,钢筋可按等截面代换;③当构件受裂缝宽度或挠度控制时,代换后应进行裂缝宽度或挠度验算。

(6)对一些重要构件,凡不宜用Ⅰ级光面钢筋代替其他钢筋的,不得轻易代用,以免受拉部位的裂缝开展过大。

(7)在钢筋代换中不允许改变构件的有效高度,否则会降低构件的承载能力。

(8)对于在施工图中明确不能以其他钢筋进行代换的构件和结构的某些部位,均不得擅自进行代换。

(9)钢筋代换后,应满足钢筋构造要求,如钢筋的根数、间距、直径、锚固长度。

2 钢筋内场加工

码 4-7 微课:钢筋加工

钢筋内场加工工序为除锈、调直、划线、切断、弯曲成形。

2.1 钢筋的除锈

钢筋由于保管不善或存放时间过久,就会受潮生锈。在生锈初期,钢筋表面呈黄褐色,称水锈或色锈,这种水锈除在焊点附近必须清除外,一般可不做处理;但是当钢筋锈蚀进一步发展,钢筋表面已形成一层锈皮,受锤击或碰撞可见其剥落,这种铁锈不能很好地和混凝土黏结,影响钢筋和混凝土的握裹力,并且在混凝土中继续发展,需要清除。

钢筋除锈方式有3种:一是手工除锈,如钢丝刷、砂堆、麻袋砂包、砂盘等擦锈;二是除锈机械除锈;三是在钢筋的其他加工工序的同时除锈,如在冷拉、调直过程中除锈。

除锈机由小功率电动机作为动力,带动圆盘钢丝刷的转动来清除钢筋上的铁锈。钢丝刷可单向或双向旋转。除锈机有固定式和移动式两种形式。

图4-21所示为固定式除锈机,又分为封闭式和敞开式两种类型。它主要由小功率电动机和圆盘钢丝刷组成。圆盘钢丝刷有厂家供应成品,也可自行用钢丝绳废头拆开取丝编制,直径为25~35 cm,厚度为5~15 cm。所用转速一般为1 000 r/min。封闭式除锈机另加装一个封闭式的排尘罩和排尘管道。

操作除锈机时应注意以下事项:

(1)操作人员启动除锈机,将钢筋放平握紧,侧身送料,禁止在除锈机的正前方站人。钢筋与钢丝刷的松紧度要适当,过紧会使钢丝刷损坏,过松则影响除锈效果。

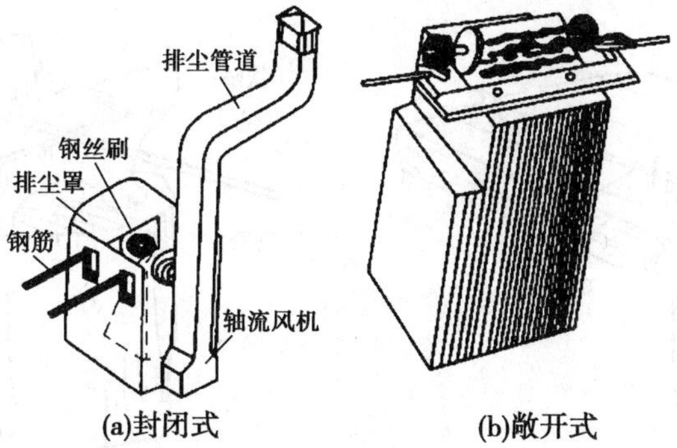

图4-21 固定式除锈机

(2)钢丝刷转动时不可在附近清扫锈屑。

(3)严禁将已弯曲成形的钢筋在除锈机上除锈,弯度大的钢筋宜在基本调直后再进行除锈。在整根长的钢筋除锈时,一般要由两人进行操作。两人要紧密配合,互相呼应。

(4)对于有起层锈片的钢筋,应先用小锤敲击,使锈片剥落干净,再除锈。如钢筋表面的麻坑、斑点及锈皮已损伤钢筋的截面,则在使用前应鉴定是否降级使用或另作其他处理。

(5)使用前应特别注意检查电气设备的绝缘及接地是否良好,确保操作安全。

(6)应经常检查钢丝刷的固定螺丝有无松动,转动部分的润滑情况是否良好。

(7)检查封闭式防尘罩装置及排尘设备是否处于良好和有效状态,并按规定清扫防护罩中的锈尘。

2.2 钢筋调直

钢筋在使用前必须经过调直,否则会影响钢筋受力,甚至会使混凝土提前产生裂缝,如未调直直接下料,会影响钢筋的下料长度,并影响后续工序的质量。

钢筋调直应符合下列要求:

(1)钢筋的表面应洁净,使用前应无表面油渍、漆皮、锈皮等。

(2)钢筋应平直,无局部弯曲,钢筋中心线同直线的偏差不超过其全长的1%。成盘的钢筋或弯曲的钢筋均应调直后才允许使用。

(3)钢筋调直后其表面伤痕不得使钢筋截面面积减少5%以上。

钢筋调直方式有人工调直,如钢丝用蛇形管或夹轮牵引调直,直径10 mm以下的盘圆钢筋可用绞磨拉直,粗钢筋弯曲部位置于工作台的扳柱间,就势利用手工扳子将钢筋弯曲基本矫直,如图4-22所示。也可手持直段钢筋处作为力臂,直接将钢筋弯曲处放在扳柱间扳直,然后将基本矫直的钢筋放在铁砧上,用大锤敲直,如图4-23所示。

钢筋的机械调直可钢筋调直机、弯筋机、卷扬机等。钢筋调直机用于圆钢筋的调直和切断,并可清除其表面氧化皮和污迹。目前,常用的钢筋调直机有GT16/4、GT3/8、GT6/12、GT10/16。此外,还有一种数控钢筋调直切断机,利用光电管进行调直、输送、切断、除锈等功能的自动控制。

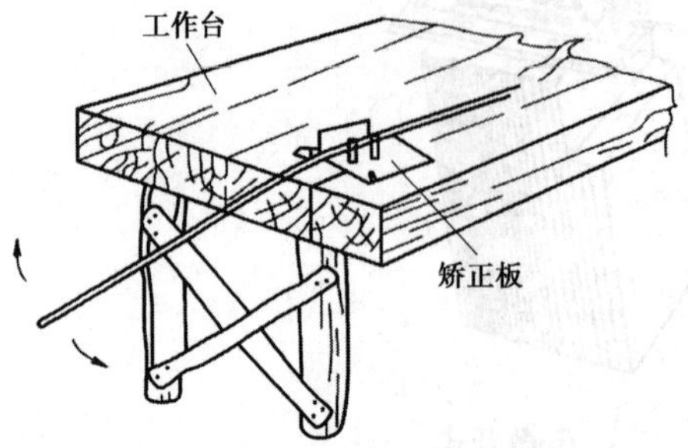

图 4-22　人工矫直粗钢筋

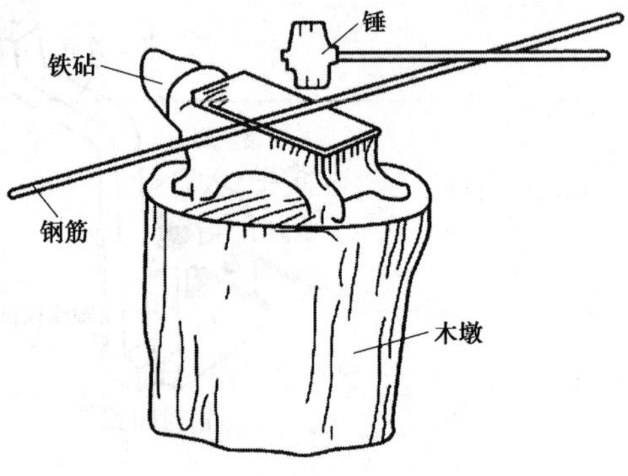

图 4-23　人工敲直钢筋

钢筋调直切断机主要由放盘架、调直筒、传动箱、牵引机构、切断机构、承料架、机架及电控箱等组成,其基本工作原理如图 4-24 所示。

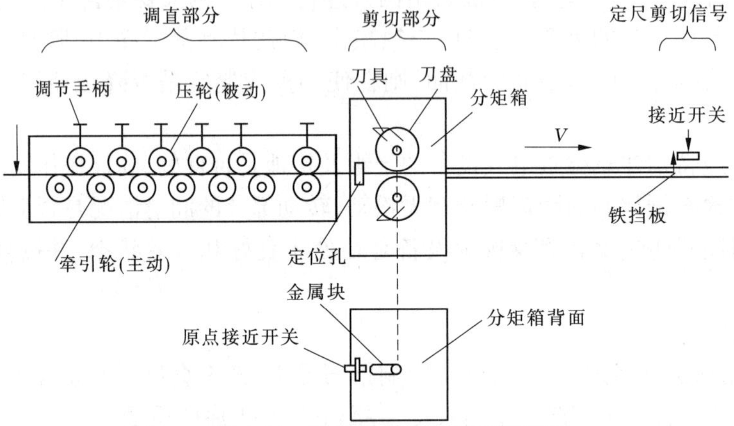

图 4-24　钢筋调直切断机工作原理

操作钢筋调直切断机应注意以下几点:

(1)按所需调直钢筋的直径选用适当的调直模、送料、牵引轮槽及速度,调直模的孔径应比钢筋直径大 2~5 mm,调直模的大口应面向钢筋进入的方向。

(2)必须注意调整调直模。调直筒内一般设有 5 个调直模,第 1、5 两个调直模须放在中心线上,中间 3 个可偏离中心线。先使钢筋偏移 3 mm 左右,经过试调直,如钢筋仍有宏观弯曲,可逐渐加大偏移量;如钢筋存在微观弯曲,应逐渐减少偏移量,直到调直为止。

(3)切断 3~4 根钢筋后,停机检查其长度是否合适。如有偏差,可调整限位开关或定尺板。

(4)导向套前部,应安装一根长度为 1 m 左右的钢管。需调直的钢筋应先穿过该钢管,然后穿入导向套和调直筒,以防止每盘钢筋接近调直完毕时其端头弹出伤人。

(5)在调直过程中不应任意调整传送压辊的水平装置,如调整不当,阻力增大,会造成机内断筋,损坏设备。

(6)盘条放在放盘架上要平稳。放盘架与调直机之间应架设环形导向装置,避免断筋、乱筋时出现意外。

(7)已调直的钢筋应按级别、直径、长短、根数分别堆放。

2.3 钢筋切断

钢筋切断前应做好以下准备工作:

(1)汇总当班所要切断的钢筋料牌,将同规格(同级别、同直径)的钢筋分别统计,按不同长度进行长短搭配,一般情况下先断长料,后断短料,以尽量减少短头,减少损耗。

(2)检查测量长度所用工具或标志的准确性,在工作台上有量尺刻度线的,应事先检查定尺卡板(见图4-25)的牢固性和可靠性。在断料时应避免用短尺量长料,防止在量料中产生累积误差。

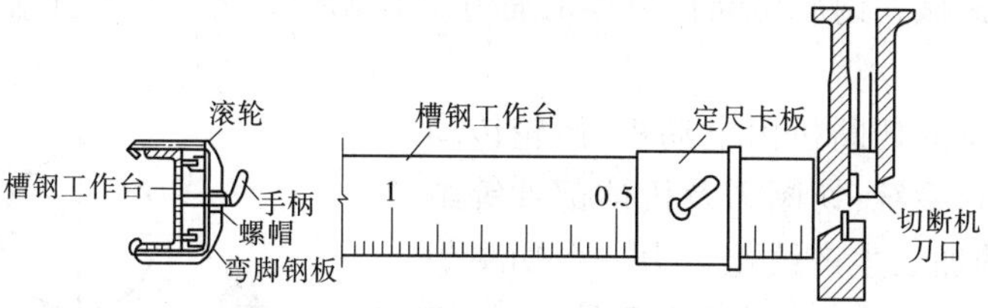

图4-25 切断机工作台和定尺卡板

(3)对根数较多的批量切断任务,在正式操作前应试切2~3根,以检验长度的准确。

钢筋切断有人工剪断、机械切断、氧气切割等3种方法。直径大于40 mm的钢筋一般用氧气切割。

2.3.1 人工切断

人工切断的工具有如下几种:

(1)断线钳。断线钳是定型产品,按其外形长度可分为450 mm、600 mm、750 mm、900 mm、1 050 mm 5种,最常用的是600 mm。断线钳用于切断5 mm以下的钢丝。

(2)手动液压钢筋切断机。手动液压钢筋切断机构造如图4-26所示。它由滑轨、刀片、压杆、柱塞、活塞、储油筒、回位弹簧及缸体等组成,能切断直径16 mm以下的钢筋、直径25 mm以下的钢绞线。这种机具具有体积小、质量轻、操作简单、便于携带的特点。

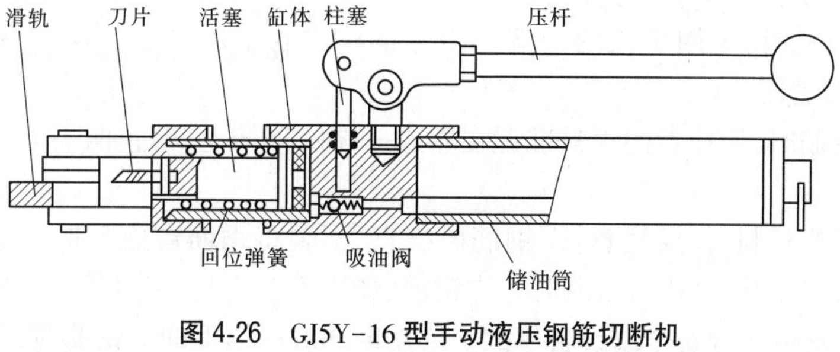

图4-26 GJ5Y-16型手动液压钢筋切断机

(3)手压切断器。手压切断器用于切断直径16 mm以下的Ⅰ级钢筋。

(4)克子切断器。克子切断器用于钢筋加工量少或缺乏切断设备的场合。使用时将下克插在铁贴的孔里,把钢筋放在下克槽里,上克边紧贴下克边,用大锤敲击上克使钢筋切断,如图 4-27 所示。

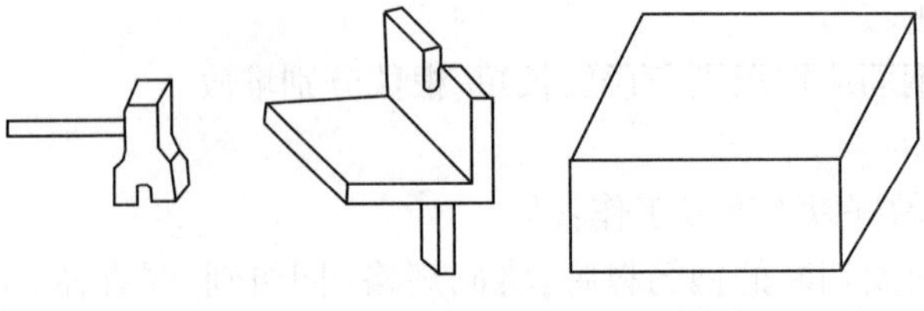
(a)上克　(b)下克　(c)铁砧

图 4-27　克子切断器

2.3.2　机械切断

钢筋切断机是用来把钢筋原材料或已调直的钢筋切断,其主要类型有机械式、液压式和手持式 3 种。机械式钢筋切断机有偏心轴立式(见图 4-28)、凸轮式和曲柄连杆式(见图 4-29)等形式。。

偏心轴立式钢筋切断机由电动机、齿轮传动系统、偏心轴、压料系统、切断刀及机体部件等组成,一般用于钢筋加工生产线上。由一台功率为 3 kW 的电动机通过一对皮带轮驱动飞轮轴,再经三级齿轮减速后,通过转键离合器驱动偏心轴,实现活动刀片往复运动与定刀片配合切断钢筋。

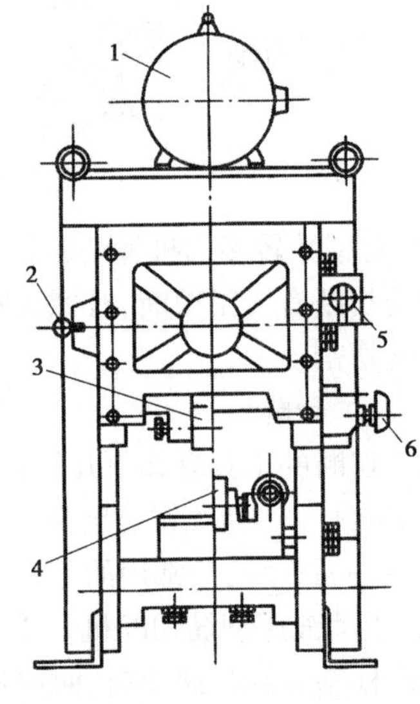

1—电动机;2—离合器操纵杆;3—动刀片;4—定刀片;5—电气开关;6—压料机构。

图 4-28　偏心轴立式钢筋切断机

曲柄连杆式钢筋切断机又分开式、半开式及封闭式 3 种,它主要由电动机、曲柄连杆机构、偏心轴、传动齿轮、减速齿轮及切断刀等组成。曲柄连杆式钢筋切断机由电动机驱动三角皮带轮,通过减速齿轮系统带动偏心轴旋转。偏心轴上的连杆带动滑块和活动刀片在机座的滑道中做往复运动,配合机座上的固定刀片切断钢筋。

操作钢筋切断机应注意:

(1)被切钢筋应先调直后才能切断。

(2)在断短料时,不用手扶的一端应用 1 m 以上长度的钢管套压。

(3)切断钢筋时,操作者的手只准握在靠边一端的钢筋上,禁止两手分别握在钢筋的两端剪切。

(4)向切断机送料时,要注意:①钢筋要摆直,不要将钢筋弯成弧形。②操作者要将钢筋握紧。③应在冲切刀片向后退时送进钢筋,如来不及送料,宁可等下一次退刀时再送料。否则,可能发生人身安全或设备事故。④切断 30 cm 以下的短钢筋时,不能用手直接送料。可用钳子将钢筋夹住送料。⑤机器运转时,不得进行任何修理、校正或取下防护罩,不得触及运转部位,严禁将手放在刀片切断位置,铁屑、铁末不得用手抹或嘴吹,一切清洁扫除应等停机后进行。⑥禁止切断规定范围外的材料、烧红的钢筋及超过刀刃硬度的材料。⑦操作过程中如发现机械运转不正常,或有异常响声,或刀片离合不好等情况,

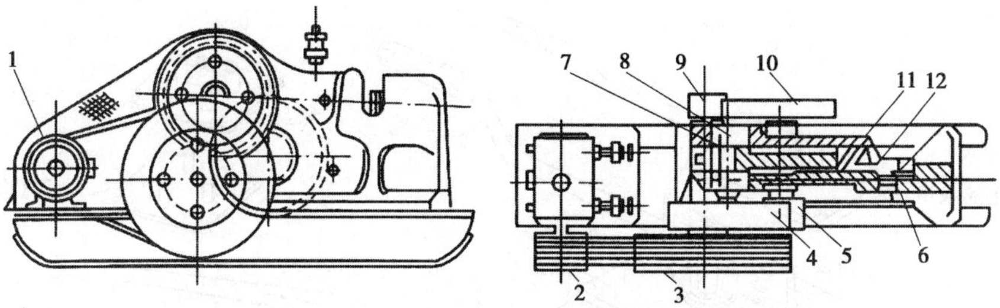

1—电动机;2、3—三角皮带轮;4、5、9、10—减速齿轮;6—固定刀片;
7—连杆;8—偏心轴;11—滑块;12—活动刀片。

图 4-29 曲柄连杆式钢筋切断机

要立即停机,并进行检查、修理。

(5)电动液压式钢筋切断机需注意:①检查油位及电动机旋转方向是否正确;②先松开放油阀,空载运转 2 min,排掉缸体内空气,然后拧紧。手握钢筋稍微用力将活塞刀片拨动一下,给活塞以压力,即可进行剪切工作。

(6)手动液压式钢筋切断机还须注意:①使用前应将放油阀按顺时针方向旋紧;切断完毕后,立即按逆时针方向旋开。②在准备工作结束后,拔出柱销,拉开滑轨,将钢筋放在滑轨圆槽中,合上滑轨,即可剪切。

2.4 钢筋弯曲成型

将已切断、配好的钢筋,弯曲成所规定的形状尺寸是钢筋加工的一道主要工序。钢筋弯曲成型要求加工的钢筋形状正确,平面上没有翘曲不平的现象,便于绑扎安装。

钢筋弯曲成型有手工弯曲和机械弯曲两种方法。

2.4.1 手工弯曲

2.4.1.1 工作台

弯曲钢筋的工作台,台面尺寸约为 600 cm×80 cm(长×宽),高度一般为 80~90 cm。工作台要求稳固牢靠,避免在工作时发生晃动。

2.4.1.2 手摇扳

手摇扳是弯曲盘圆钢筋的主要工具,如图 4-30 所示。手摇扳甲是用来弯制 12 mm 以下的单根钢筋;手摇扳乙可弯制 8 mm 以下的多根钢筋,一次可弯制 4~8 根,主要适宜弯制箍筋。

手摇扳为自制,它由一块钢板底盘和扳柱、扳手组成。扳手长度为 30~50 cm,可根据弯制钢筋直径适当调节,扳手用 14~18 mm 钢筋制成;扳柱直径为 16~18 mm;钢板底盘厚 4~6 mm。操作时将底盘固定在工作台上,底盘面与台面相平。

如果使用钢制工作台,挡板、扳柱可直接固定在台面上。

2.4.1.3 卡盘

卡盘是弯粗钢筋的主要工具之一,它由一块钢板底盘和扳柱组成。底盘约厚 12 mm,固定在工作台上;扳柱直径应根据所弯制钢筋来选择,一般为 20~25 mm。

卡盘有两种形式:一种是在一块钢板上焊 4 个扳柱,水平方向净距为 100 mm,垂直方向净距为 34 mm,可弯制 32 mm 以下的钢筋,但在弯制 28 mm 以下的钢筋时,在后面 2 个

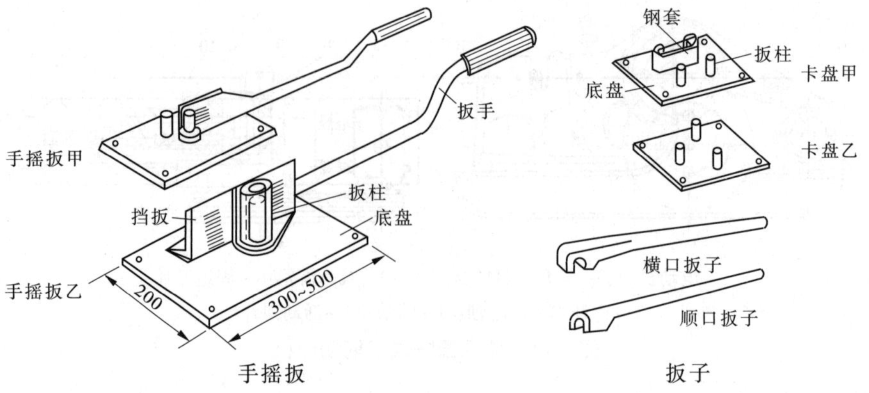

图 4-30　手工弯曲钢筋的工具　(单位:cm)

扳柱上要加不同厚度的钢套;另一种是在一块钢板上焊 3 个扳柱,扳柱的两条斜边净距为 100 mm,底边净距为 80 mm,这种卡盘不需配备不同厚度的钢套。

2.4.1.4　钢筋扳子

钢筋扳子有横口扳子和顺口扳子两种,它主要和卡盘配合使用。横口扳子又有平头和弯头两种,弯头横口扳子仅在绑扎钢筋时纠正某些钢筋形状或位置时使用,常用的是平头横口扳子。当弯制较粗钢筋时,可在扳子柄上接上钢管,加长力臂省力。

钢筋扳子的扳口尺寸要比弯制钢筋大 2 mm 较为合适,过大会影响弯制形状的正确性。

2.4.2　机械弯曲

钢筋弯曲机有机械钢筋弯曲机、液压钢筋弯曲机和钢筋弯箍机等形式。机械钢筋弯曲机按工作原理分为齿轮式及蜗轮蜗杆式两种。蜗轮蜗杆式钢筋弯曲机由电动机、工作盘、插入座、蜗轮、蜗杆、皮带轮、齿轮及滚轴等组成。也可在底部装设行走轮,便于移动。其构造如图 4-31 所示。弯曲钢筋在工作盘上进行,工作盘的底面与蜗轮轴连在一起,盘面上有 9 个轴孔,中心的 1 个孔插中心轴,周围的 8 个孔插成型轴或轴套。工作盘外的插入孔上插有挡铁轴。它由电动机带动三角皮带轮旋转,皮带轮通过齿轮传动蜗轮蜗杆,再带动工作盘旋转。当工作盘旋转时,中心轴和成型轴都在转动,由于中心轴在圆心上,圆盘虽在转动,但中心轴位置并没有移动;而成型轴却围绕着中心轴做圆弧转动。如果钢筋一端被挡铁轴阻止自由活动,那么钢筋就被成型轴绕着中心轴进行弯曲。通过调整成型轴的位置,可将钢筋弯曲成所需要的形状。改变中心轴的直径(16 mm、20 mm、25 mm、35 mm、

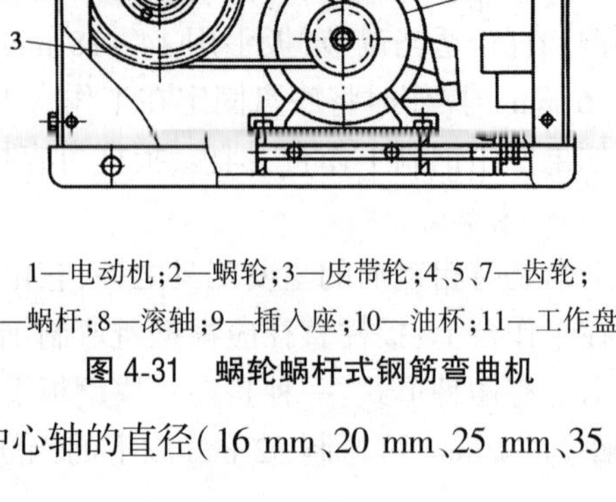

1—电动机;2—蜗轮;3—皮带轮;4、5、7—齿轮;
6—蜗杆;8—滚轴;9—插入座;10—油杯;11—工作盘。

图 4-31　蜗轮蜗杆式钢筋弯曲机

45 mm、60 mm、75 mm、85 mm、100 mm)，可保证不同直径的钢筋所需的不同的弯曲半径。

齿轮式钢筋弯曲机主要由电动机、齿轮减速箱、皮带轮、工作盘、滚轴、夹持器、转轴及控制配电箱等组成，其构造如图4-32所示。齿轮式钢筋弯曲机，由电动机通过三角皮带轮或直接驱动圆柱齿轮减速，带动工作盘旋转。工作盘左、右两个插入座可通过调节手轮进行无级调节，并与不同直径的成型轴及挡料轴配合，把钢筋弯曲成各种不同规格。当钢筋被弯曲到预先确定的角度时，限位销触到行程开关，电动机自动停机、反转、回位。

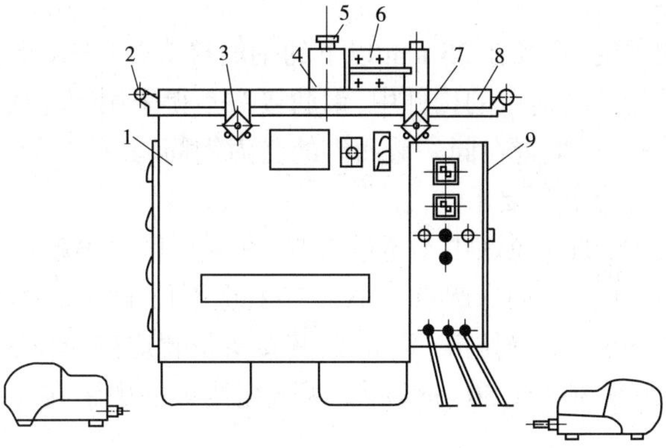

1—机架；2—滚轴；3、7—调节手轮；4—转轴；5—紧固手柄；6—夹持器；8—工作台；9—控制配电箱。

图4-32　齿轮式钢筋弯曲机

操作钢筋弯曲机应注意：

(1)钢筋弯曲机要安装在坚实的地面上，放置要平稳，铁轮前后要用三角对称楔紧，设备周围要有足够的场地。非操作者不要进入工作区域，以免扳动钢筋时被碰伤。

(2)操作前要对机械各部件进行全面检查及试运转，并检查齿轮、轴套等备件是否齐全。

(3)要熟悉倒顺开关的使用方法及所控制的工作盘的旋转方向，钢筋放置要和成型轴、工作盘旋转方向相配合，不要放反。

变换工作盘旋转方向时，要按正转—停—倒转操作，不要直接按正—倒转或倒—正转操作。

(4)钢筋弯曲时，其圆弧直径是由中心轴直径决定的，因此要根据钢筋粗细和所要求的圆弧弯曲直径大小随时更换中心轴或轴套。

(5)严禁在机械运转过程中更换中心轴、成型轴、挡铁轴，或进行清扫、加油。如果需要更换，必须切断电源，当机器停止转动后才能更换。

(6)弯曲钢筋时，应使钢筋挡架上的挡板贴紧钢筋，以保证弯曲质量。

(7)弯曲较长的钢筋时，要有专人扶持钢筋。扶持人员应按操作人员的指挥进行工作，不能任意推拉。

(8)在运转过程中如发现卡盘、颤动、电动机温升超过规定值，均应停机检修。

(9)不直的钢筋，禁止在弯曲机上弯曲。

3　钢筋绑扎安装

建基面终验清理完毕或施工缝处理完毕养护一定时间,混凝土强度达到 2.5 MPa 后,即进行钢筋的绑扎与安装作业。

钢筋的安设方法有两种:一种是将钢筋骨架在加工厂制好,再运到现场安装,叫整装法;另一种是将加工好的散钢筋运到现场,再逐根安装,叫散装法。

3.1　钢筋的绑扎接头

根据施工规范的规定:直径在 25 mm 以下的钢筋接头,可采用绑扎接头。轴心受压、小偏心受拉构件和承受振动荷载的构件中,钢筋接头不得采用绑扎接头。

钢筋接头应分散布置,配置在同一截面内的受力钢筋,其接头的截面面积占受力钢筋总截面面积的比例应符合下列要求:

(1)绑扎接头在构件的受拉区中不超过 25%,在受压区中不超过 50%。

(2)焊接与绑扎接头距钢筋弯起点不小于 $10d$,也不位于最大弯矩处。

(3)在施工中如分辨不清受拉区、受压区,其接头设置应按受拉区的规定。

(4)两根钢筋相距在 $30d$ 或 50 cm 以内,两绑扎接头的中距在绑扎搭接长度以内,均作为同一截面。

直径小于或等于 12 mm 的受压Ⅰ级钢筋的末端,以及轴心受压构件中任意直径的受力钢筋的末端,可不做弯钩,但搭接长度不应小于 $30d$。

3.2　钢筋的现场绑扎

3.2.1　准备工作

(1)熟悉施工图纸。

(2)核对钢筋加工配料单和料牌。

(3)确定安装顺序。钢筋绑扎与安装的主要工作内容包括放样划线、排筋绑扎、垫撑铁和保护层垫块、检查校正及固定预埋件等。为保证工程顺利进行,在熟悉图纸的基础上,要考虑钢筋绑扎安装顺序。板类构件排筋顺序一般先排受力钢筋后排分布钢筋;梁类构件一般先排纵筋(摆放有焊接接头和绑扎接头的钢筋应符合规定),再排箍筋,最后固定。

(4)做好材料、机具的准备。钢筋绑扎与安装的主要材料、机具包括钢筋钩、吊线垂球、木水平尺、麻线、长钢尺、钢卷尺、扎丝、垫保护层用的砂浆垫块或塑料卡、撬杆、绑扎架等。对于结构较大或形状较复杂的构件,为了固定钢筋还需一些钢筋支架、钢筋支撑。

扎丝一般采用 18~22 号铁丝或镀锌铁丝,扎丝长度一般以钢筋钩拧 2~3 圈后,铁丝出头长度为 20 cm 左右。

混凝土保护层厚度,必须严格按设计要求控制。控制其厚度可用水泥砂浆垫块或塑料卡。水泥砂浆垫块的厚度应等于保护层厚度;平面尺寸当保护层厚度小于或等于 20 mm 时为 30 mm×30 mm、大于 20 mm 时为 50 mm×50 mm。在垂直方向使用垫块,应在垫块中埋入 2 根 20 号或 22 号铁丝,用铁丝将垫块绑在钢筋上。

(5)放线。放线要从中心点开始向两边量距放点,定出纵向钢筋的位置。水平筋的放线可放在纵向钢筋或模板上。

3.2.2　钢筋的绑扎

钢筋的绑扎应顺直均匀、位置正确。钢筋绑扎的操作方法有一面顺扣法、十字花扣法、反十字扣法、兜扣法、缠扣法、兜扣加缠法、套扣法等，较常用的是一面顺扣法，如图4-33所示。

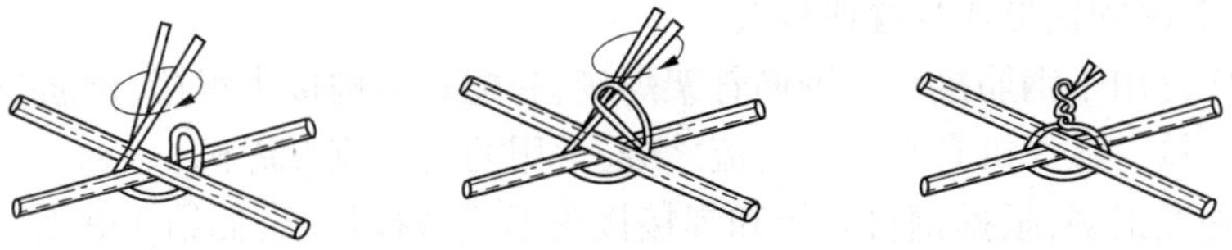

(a)　(b)　(c)

图4-33　钢筋一面顺扣绑扎法

一面顺扣法的操作步骤是：首先将已切断的扎丝在中间折合成180°弯，然后将扎丝清理整齐。绑扎时，执在左手的扎丝应靠近钢筋绑扎点的底部，右手拿住钢筋钩，食指压在钩前部，用钩尖端钩住扎丝底扣处，并紧靠扎丝开口端，绕扎丝拧转两圈套半，在绑扎时扎丝扣伸出钢筋底部要短，并用钩尖将铁丝扣紧。为使绑扎后的钢筋骨架不变形，每个绑扎点进扎丝扣的方向要求交替变换90°。

4　钢筋的焊接

焊接目的：接长（钢筋）；成型（网片、箍筋）和连接构件（由铰接变固定端）。

焊接点位置：不在最大弯矩处及弯折处（距弯折点≥$10d$），在$35d$和500 mm范围内，受拉筋接头数≤50%，不宜在框架梁端、柱端箍筋加密区内，不宜用于直接承受动力荷载的结构构件中。

影响钢筋焊接质量的因素：

（1）与钢筋的化学成分有关。C、Mn、Si含量增加则可焊性差，Ti增加则可焊性好。

（2）与原材料的机械性能有关。塑性越好，可焊性越好。

（3）与焊接工艺及焊工的操作水平有关。

（4）环境低于-20 ℃时不得焊接。钢筋常用的焊接方法有闪光对焊、电弧焊、电渣压力焊、埋弧压力焊和气压焊等。

钢筋焊接接头质量检查与验收应满足下列规定：

（1）钢筋焊接接头或焊接制品（焊接骨架、焊接网）应按《钢筋焊接及验收规程》（JGJ 18—2012）的规定进行质量检查与验收。

（2）钢筋焊接接头或焊接制品应分批进行质量检查与验收。质量检查应包括外观检查和力学性能试验。

（3）外观检查首先应由焊工对所焊接头或制品进行自检，然后由质量检查人员进行检验。

（4）力学性能试验应在外观检查合格后随机抽取试件进行试验。

（5）钢筋焊接接头或焊接制品质量检验报告单中应包括下列内容：①工程名称、取样部位；②批号、批量；③钢筋级别、规格；④力学性能试验结果；⑤施工单位。

4.1　闪光对焊

原理：通电后，两钢筋轻微接触，通过低电压的强电流，产生高温，熔化后顶锻，形成镦粗结点。适用于直径 8~20 mm 的 HPB235 级钢筋;直径 6~40 mm 的 HRB335、HRB400 级钢筋;直径 10~40 mm 的 HRB500 级钢筋等。

4.2 电弧焊

电弧焊是利用弧焊机使焊条与焊件之间产生高温电弧,使焊条和电弧燃烧范围内的焊件熔化,待其凝固便形成焊缝或接头。

电弧焊广泛用于钢筋接头与钢筋骨架焊接、装配式结构接头焊接、钢筋与钢板焊接及各种钢结构焊接。弧焊机有直流与交流之分,常用的是交流弧焊机。

焊条的种类很多,根据钢材等级和焊接接头形式选择焊条,如结 420、结 500 等;焊接电流和焊条直径应根据钢筋级别、直径、接头形式和焊接位置进行选择。钢筋电弧焊的接头形式有 3 种,即搭接焊接头、帮条焊接头及坡口焊接头,如图 4-34 所示。

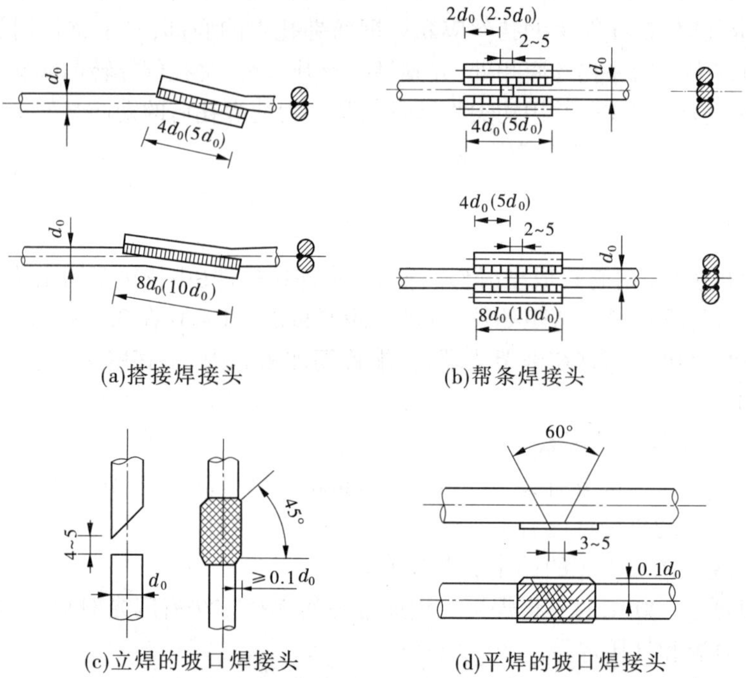

图 4-34 钢筋电弧焊的接头形式 (单位:mm)

搭接焊用于直径 10 mm 以上的 HPB235~HRB400 级钢筋,以及直径 10~25 mm 的 RRB400 级钢筋。

4.3 电渣压力焊

电渣压力焊的工作原理是电弧熔化焊剂形成空穴,继而形成渣池,上部钢筋潜入渣池中,电弧熄灭,电渣形成的电阻热使钢筋全断面熔化,断电同时向下挤压,排除熔渣与熔化金属,形成结点。

电渣压力焊适用于现场结构、构件中直径 14~32 mm 的 HPB235~HRB400 级竖向或斜向粗筋的接长。可节约钢筋,焊接速度快,成本低,质量高。

4.4 埋弧压力焊

埋弧压力焊是利用焊剂层下的电弧,将两焊件相邻部位熔化,然后加压顶锻使两焊件焊合,具有焊后钢板变形小、抗拉强度高的特点。

4.5 电阻点焊

电阻点焊适用于直径 8~16 mm 的 HPB235 级钢筋,直径 6~16 mm 的 HRB335、400 级钢筋,以及直径 4~5 mm 冷拔钢丝的交叉连接,以制作网片、骨架等。利用电阻热熔化钢筋接触点,加压形成结点,“预压—通电—锻压”,用的机械是点焊机,点焊机分为单头、多头、悬挂式及手提式,现场用的电阻点焊的要求是焊点压入深度为较小钢筋直径的 25%~40%(45%)。

4.6 钢筋气压焊

钢筋气压焊是利用乙炔、氧气混合气体燃烧的高温火焰,加热钢筋接合端部,不待钢筋熔融使其高温下加压接合。气压焊的设备包括供气装置、加热器、加压器和压接器等,如图 4-35 所示。

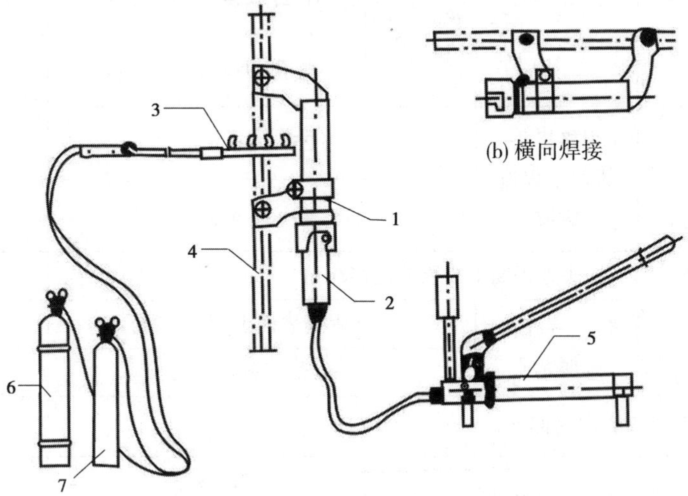

(b) 横向焊接

(a) 竖向焊接

1—压接器;2—顶头油缸;3—加热器;4—钢筋;5—加压器(手动);6—氧气;7—乙炔。

图 4-35 气压焊装置系统

5 钢筋施工质量控制

按现行施工规范,水工钢筋混凝土工程中的钢筋安装,其质量应符合以下规定:

(1)钢筋的安装位置、间距、保护层厚度及各部分钢筋的大小尺寸,均应符合设计要求,其偏差不得超过表 4-17 的规定。

检查时先进行宏观检查,未发现明显不合格处,即可进行抽样检查,对梁、板、柱等小型构件,总检测点数不少于 30 个,其余总检测点数一般不少于 50 个。

(2)现场焊接或绑扎的钢筋网,其钢筋交叉的连接应按设计规定进行。如设计未做规定,且直径在 25 mm 以下时,则除楼板和墙内靠近外围两行钢筋的交点应逐根扎牢外,其余按 50%的交叉点进行绑扎。

表 4-17　钢筋安装的允许偏差

<table>
<tr><th>项次</th><th colspan="4">项目</th><th>允许偏差及缺陷</th></tr>
<tr><td>1</td><td rowspan="8">点焊及电弧焊</td><td colspan="3">帮条对焊接头中心的纵向偏移</td><td>0. 5d</td></tr>
<tr><td>2</td><td colspan="3">接头处钢筋轴线的曲折/(°)</td><td>4</td></tr>
<tr><td rowspan="6">3</td><td rowspan="6">焊缝</td><td colspan="2">长度</td><td>−0. 5d</td></tr>
<tr><td colspan="2">高度</td><td>−0. 5d</td></tr>
<tr><td colspan="2">宽度</td><td>−0. 1d</td></tr>
<tr><td colspan="2">咬边深度/mm</td><td>0. 05d,但≤1</td></tr>
<tr><td rowspan="2">表面气孔和夹渣</td><td>在 2d 长度上的数量/个</td><td>≤2</td></tr>
<tr><td>气孔、夹渣的直径/mm</td><td>≤3</td></tr>
<tr><td rowspan="2">4</td><td rowspan="5">对焊及熔槽焊</td><td rowspan="2">焊接接头根部未焊透深度</td><td colspan="2">25~40 mm</td><td>0. 15d</td></tr>
<tr><td colspan="2">40~70 mm</td><td>0. 10d</td></tr>
<tr><td>5</td><td colspan="3">接头处钢筋中心线的位移/mm</td><td>0. 1d, ≤2</td></tr>
<tr><td rowspan="2">6</td><td rowspan="2">蜂窝、气孔排、金属杂质</td><td colspan="2">在焊缝表面上(长为 2d)</td><td>3 个/1. 5d</td></tr>
<tr><td colspan="2">在焊缝截面上</td><td>3 个/1. 5d</td></tr>
<tr><td>7</td><td colspan="4">钢筋长度方向的偏差</td><td>±1/2 净保护层厚度</td></tr>
<tr><td rowspan="2">8</td><td colspan="3" rowspan="2">同一排受力钢筋间距的局部偏差</td><td>柱及梁</td><td>±0. 5d</td></tr>
<tr><td>板、墙</td><td>±0. 1 间距</td></tr>
<tr><td>9</td><td colspan="4">双排钢筋,其排与排间距的局部偏差</td><td>±0. 1 排距</td></tr>
<tr><td>10</td><td colspan="4">梁与柱中钢箍间距的偏差</td><td>0. 1 箍筋间距</td></tr>
<tr><td>11</td><td colspan="4">保护层厚度的局部偏差</td><td>±1/4 净保护层厚度</td></tr>
</table>

注:1. d 为钢筋直径,mm;d_1 为蜂窝气孔直径,mm。

2. 表中的允许偏差值在同一项目内如有 2 个数值,按其中较严的数值控制。

(3)钢筋安装中交叉点的绑扎,对于Ⅰ、Ⅱ级钢筋,直径在 16 mm 以上且不损伤钢筋截面时,可用手工电弧焊进行点焊来代替,但必须采用细焊条、小电流进行焊接,并严加外观检查,钢筋不应有明显的咬边和裂纹出现。

(4)板内双向受力钢筋网,应将钢筋全部交叉点全部扎牢。柱与梁的钢筋中,主筋与箍筋的交叉点在拐角处应全部扎牢,其中间部分可每隔一个交叉点扎一点。

(5)安装后的钢筋应有足够的刚性和稳定性。整装的钢筋网可作为钢筋骨架,在运输和安装过程中应采取措施,以免变形、开裂及松脱。安装后的钢筋应避免错动和变形。

(6)在混凝土浇筑施工中,严禁为方便浇筑擅自移动或割除钢筋。

任务5　脚手架施工

1　概述

1.1　脚手架的作用

脚手架是建筑施工中不可缺少的空中作业工具,无论结构施工、室外装饰施工,还是设备安装都需要根据操作要求搭设脚手架。

码4-8　图片:脚手架施工

脚手架的主要作用如下:

(1)可以使施工作业人员在不同部位进行操作;

(2)能堆放及运输一定数量的建筑材料;

(3)保证施工作业人员在高空操作时的安全。

1.2　脚手架的分类

脚手架是为建筑施工或安装施工而搭设的上料、堆料及施工作业用的临时结构架。

按所用的材料,分为木脚手架、钢脚手架和软梯。

按是否可移动,分为移动脚手架和固定脚手架。

按施工的性质,分为建筑脚手架和安装脚手架。

按搭接形式和使用用途分为以下几种:

(1)单排脚手架(单排架)。只有一排立杆,横向水平杆的一端搁置在墙体上的脚手架。

(2)双排脚手架(双排架)。由内、外两排立杆和水平杆等构成的脚手架。

(3)结构脚手架。用于砌筑和结构工程施工作业的脚手架。

(4)装修脚手架。用于装修工程施工作业的脚手架。

(5)悬挑脚手架。用于设备安装或检修悬挑作业的脚手架。

(6)模板支架。用于支撑模板的、采用脚手架材料搭设的架子。

按遮挡大小分为以下几种:

(1)敞开式脚手架。仅设有作业层栏杆和挡脚板,无其他遮挡设施的脚手架。

(2)局部封闭脚手架。遮挡面积小于30%的脚手架。

(3)半封闭脚手架。遮挡面积占30%~70%的脚手架。

(4)全封闭脚手架。沿脚手架外侧全长和全高封闭的脚手架。

(5)开口型脚手架。沿建筑周边非交圈设置的脚手架。

(6)封圈型脚手架。沿建筑周边交圈设置的脚手架。

其他类型如下:

（1）移动挂梯、挂篮。可以移动的固定梯子或挂篮，一般在顶部设挂钩或设滑道，挂在牢固的部位。

（2）软梯。横杆用短木棍或钢管，绳子绑在横杆上，使用时在顶部做固定，催化大烟道、斜管、反应器、再生器等检修时常使用。

1.3　脚手架的要求

1.3.1　基本要求

（1）重要的脚手架必须制定施工方案，必要时制定安全保证措施。

（2）高度 25 m 以上的脚手架必须采用扣件式钢管脚手架，其单立杆脚手架高度宜控制在 50 m 以内；高度超过 50 m 的脚手架应采用双管立杆、钢丝绳斜拉、分段卸荷等有效措施，并另行专门设计。

（3）脚手架的设计须满足工程的需要，并标明其用途、最大静荷载、最大动荷载及水平受力等；所选定的设计参数和构配件，不得低于现行国家和行业相关安全技术规范标准。

（4）脚手架在施工中需要改变原有结构、加高（宽），改为他用等情况下，须经技术部门验证，并经审批。

1.3.2　技术要求

钢管脚手架所用材料须符合下列要求：

（1）钢管外径应为 48～51 mm，壁厚 3～3.5 mm，长度以 2.1～2.8 m 和 4～6.5 m 为宜，有严重锈蚀、弯曲、裂纹、损坏的不得使用。

（2）扣件应有出厂合格证明，凡脆裂、变形、滑丝的不得使用。

（3）钢制脚手板应采用厚 2～3 mm 的 3 号钢钢板，以长度 1.4～3.6 m、宽度 23～25 cm、肋高 5 cm 为宜，两端应有连接装置，板面有防滑孔，凡有裂纹、扭曲的不得使用。

（4）脚手架的立杆、大小横杆的间距根据脚手架的使用情况具体确定，但不得超过以下值：横向立杆、纵向立杆、大横杆、小横杆挑出的悬臂长分别为 1.5 m、2.0 m、1.2 m、1.5 m、0.45 m。

（5）斜道板、跳板的坡度不得大于 1∶3，宽度不得小于 1.5 m。

（6）木架杆：铁丝用 8 号。

1.3.3　脚手架搭设要求

（1）坚固且确保安全。脚手架要有足够的强度、刚度和稳定性，施工期间在规定的天气条件和允许荷载的作用下，脚手架应稳定不倾斜，不摇晃、不倒塌，确保安全。

（2）满足使用要求。脚手架要有足够的作业面（比如适当的宽度、步架高度、离墙距离等），以保证施工人员操作、材料堆放和运输的需要。

（3）易搭设。脚手架的构造要简单，便于搭设和拆除，脚手架材料能多次周转使用。

2　落地扣件式钢管外脚手架施工

2.1　落地式钢管外脚手架分类

我国目前主要用扣件式钢管脚手架和碗扣承插式钢管脚手架，其中扣件式钢管脚手架应用最为普遍。

落地式钢管外脚手架的优点:①架子稳定,作业条件好;②既可用于结构施工,又可用于装修工程施工;③便于做好安全围护。

落地式钢管外脚手架的缺点:①材料用量大,周转慢;②搭设高度受限制;③较费人工。

扣件式钢管脚手架可搭脚手架,也可搭模板支撑架等,应用十分广泛。扣件式钢管脚手架落地搭设时,搭设高度一般为33 m,最大不超过50 m。在高层建筑施工中,采用扣件式钢管脚手架作外脚手架时,其施工方法主要有下面两种:

(1)悬挑式脚手架。这种脚手架是将脚手架分段悬挑搭设,即每隔一定高度,在建筑物四周水平布置支撑架,脚手架自重和施工荷载由悬挑的支撑架承担。支撑架可以采用钢梁、型钢或钢管。

(2)悬吊式脚手架。这种脚手架是将落地式脚手架采用分段卸荷的办法,即每5层楼设一道吊件,吊件的上端吊在建筑物预埋的吊环上,下端吊在立杆与大、小横杆的交点处,通过吊杆将吊点以上的脚手架自重和施工荷载分段传至建筑物。

采用以上两种施工方法,可以搭设100 m左右的外脚手架。但是,这种脚手架耗用材料多,劳动强度大,工效低,并不是理想的方法。

碗扣承插式钢管脚手架,由立杆、横杆、扣碗等组成,如图4-36所示。在立杆上焊接插座,横杆和斜杆上焊接插头,即可拼装成各种尺寸的脚手架或模板支撑架。

这种脚手架的特点是装拆效率高,使用寿命长,结构强度高,不用扣件和螺栓等零散件,不易丢失,使用安全可靠等。在欧洲各国应用较为普遍,在我国正在推广应用。

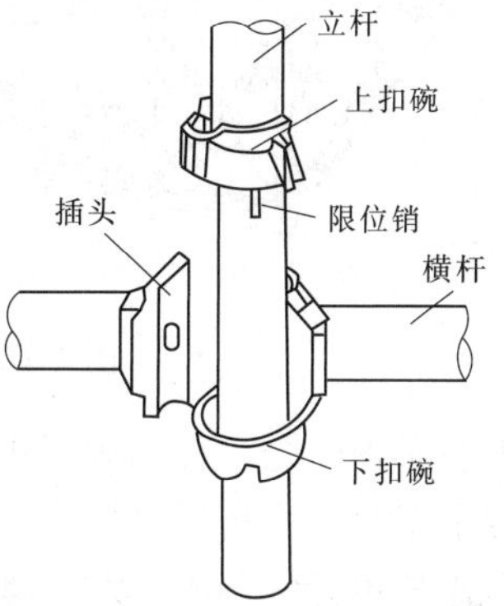

图4-36　碗扣承插式钢管脚手架

2.2　落地扣件式钢管脚手架的构造

落地扣件式钢管脚手架,由立杆、纵向水平杆(又称大横杆)、横向水平杆(又称小横杆)、剪刀撑、横向斜撑、连墙件等组成,如图4-37所示。

立杆是垂直于地面的竖向杆件,是承受自重和施工荷载的主要杆件;纵向水平杆是沿脚手架纵向(顺着墙面方向)连接各立杆的水平杆件,其作用是承受并传递施工荷载给立杆;横向水平杆是沿脚手架横向(垂直墙面方向)连接内、外排立扫地杆(连接立杆下端、贴近地面)的水平杆,其作用是约束立杆下端部的移动;剪刀撑是在脚手架外侧面设置的呈十字交叉的斜杆,可增强脚手架的稳定性和整体刚度;横向斜撑是在脚手架的内、外立杆之间设置并与横向水平杆相交呈“之”字形的斜杆,可增强脚手架的稳定性和刚度;连墙件是连接脚手架与建筑物的杆件;主节点是指立杆、纵向水平杆、横向水平杆三杆紧靠的扣接点;底座是立杆底部的垫座;垫板是底座下的支承板。

2.3　落地扣件式钢管脚手架搭设

脚手架搭设必须严格执行有关的脚手架安全技术规范,采取切实可靠的安全措施,以保证安全可靠施工。脚手架搭设前做好脚手架杆、配件的进场验收、施工技术交底、脚手架的地基处理、脚手架的放线定位、垫块的放置准备工作。

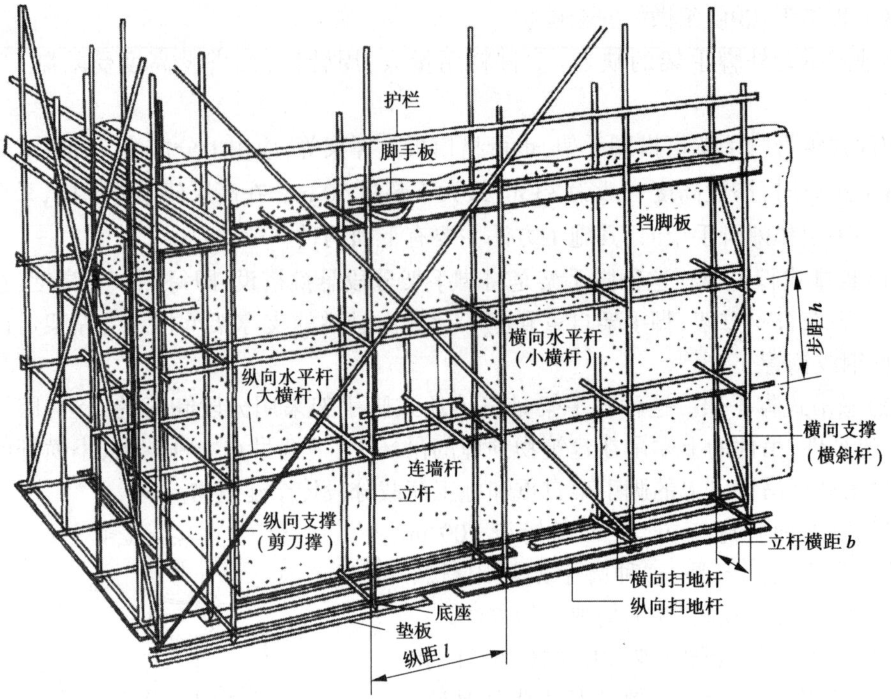

图 4-37　落地扣件式钢管脚手架构造

脚手架必须配合工程的施工进度进行搭设，一次搭设的高度不应超过相邻连墙件两步。对脚手架每一次搭设高度进行限制，是为了保证脚手架搭设中的稳定性。脚手架按形成基本构架单元的要求，逐排、逐跨、逐步地进行搭设。

矩形周边脚手架可在其中一个角的两侧各搭设一个 1~2 根杆长和 1 根杆高的架子，并按规定要求设置剪刀撑或横向斜撑，以形成一个稳定的起始架子，如图 4-37 所示，然后向两边延伸，至全周边都搭设好后，再分步满周边向上搭设。

在搭设脚手架时，各杆的搭设顺序为：

摆放纵向扫地杆并逐根竖立杆（随即与纵向扫地杆扣紧）—安放横向扫地杆（与立杆或纵向扫地杆扣紧）—安装第一步纵向水平杆和横向水平杆—安装第二步纵向水平杆和横向水平杆并加设临时抛撑（上端与第二步纵向水平杆扣紧，在设置二道连墙杆后可拆除）—安装第三、四步纵向和横向水平杆；设置连墙杆—安装横向斜撑—接立杆—加设剪刀撑—铺脚手板—安装护身栏杆和扫脚板—立挂安全网。

扣件安装注意事项如下：

（1）扣件规格必须与钢管规格相同；

（2）对接扣件的开口应朝下或朝内，以防雨水进入；

（3）连接纵向（或横向）水平杆与立杆的直角扣件，其开口要朝上，以防止扣件螺栓滑丝时水平杆脱落；

(4)各杆件端头伸出扣件盖板边缘的长度不应小于 100 mm;

(5)扣件螺栓拧紧力矩应不小于 40 N · m,不大于 60 N · m。

2.4 脚手架的检查、验收

脚手架搭到设计高度后,应对脚手架的质量进行检查、验收,经检查合格者方可验收交付使用。

脚手架的质量检查、验收,重点检查下列项目,并需将检查结果记入验收报告:

(1)脚手架的架杆、配件设置和连接是否齐全,质量是否合格,构造是否符合要求,连接和挂扣是否紧固可靠;

(2)地基有无积水,基础是否平整、坚实,底座是否松动,立杆是否悬空;

(3)连墙件的数量、位置和设置是否符合规定;

(4)安全网的张挂及扶手的设置是否符合规定要求;

(5)脚手架的垂直度与水平度的偏差是否符合要求;

(6)是否超载。

2.5 脚手架的拆除

工程施工完毕,应经单位工程负责人检查验证,确认不再需要脚手架时,方可拆除。拆除脚手架应制订方案,经工程负责人核准后,方可进行。拆除脚手架应符合下列规定:

(1)拆除脚手架前,应清除脚手架上的材料、工具和杂物。

(2)拆除脚手架时,应设置警戒区,设立警戒标志,并由专人负责警戒。

(3)脚手架的拆除,应按后装先拆的原则,按下列程序进行:

①从跨边起先拆顶部扶手与栏杆柱,然后拆脚手板(或水平架)与扶梯段,再卸下水平杆、加固杆和剪刀撑。

②自顶层跨边开始拆卸交叉支撑,同步拆下顶撑连墙杆与顶层门架。

③继续向下同步拆除第二步门架与配件。脚手架的自由悬臂高度不得超过 3 步,否则应加设临时拉结。

④连续同步往下拆卸。对于连墙杆、长水平杆、剪刀撑,必须在脚手架拆卸到相关跨门架后,方可拆除。

⑤拆除扫地杆、底层门架及封口杆。

⑥拆除基座,运走垫板和垫块。

脚手架的拆卸必须遵守下列安全要求:

(1)工人必须站在临时设置的脚手板上进行拆除作业。

(2)拆除工作中,严禁使用榔头等硬物击打、撬挖。拆下的连接棒应放入袋内,锁臂应先传递至地面并放入室内堆存。

(3)拆卸连接部件时,应先将锁座上的锁板与搭钩上的锁片转至开启位置,然后开始拆卸,不准硬拉,严禁敲击。

(4)拆除的门架、钢管与配件,应成捆用机械吊运或井架传送至地面,防止碰撞,严禁抛掷。

任务 6　常态混凝土坝体施工

1　混凝土坝分缝分块

混凝土坝施工,由于受到温度应力和混凝土浇筑能力的限制,不可能使整个坝段连续不断地一次浇筑完毕。因此,需要用垂直于坝轴线的横缝和平行于坝轴线的纵缝及水平缝,将坝体划分为许多浇筑块进行浇筑。分缝方式有垂直纵缝法、错缝法、斜缝法、通仓浇筑法等,如图 4-38、图 4-39 所示。

码 4-9　微课:混凝土坝分缝分块

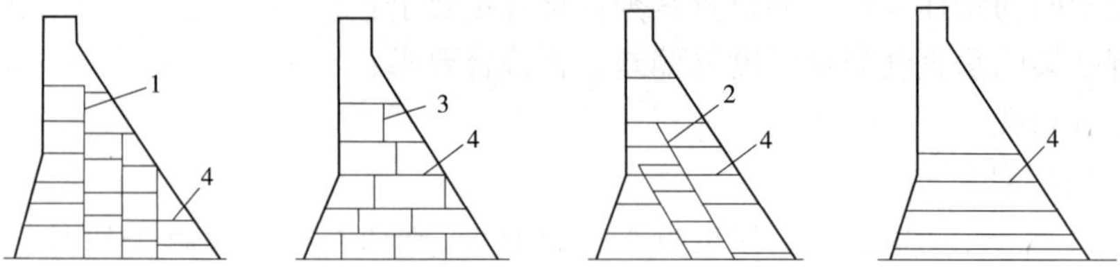

(a)垂直纵缝法　(b)错缝法　(c)斜缝法　(d)通仓浇筑法

1—纵缝;2—斜缝;3—错缝;4—水平缝。

图 4-38　混凝土坝分缝方式

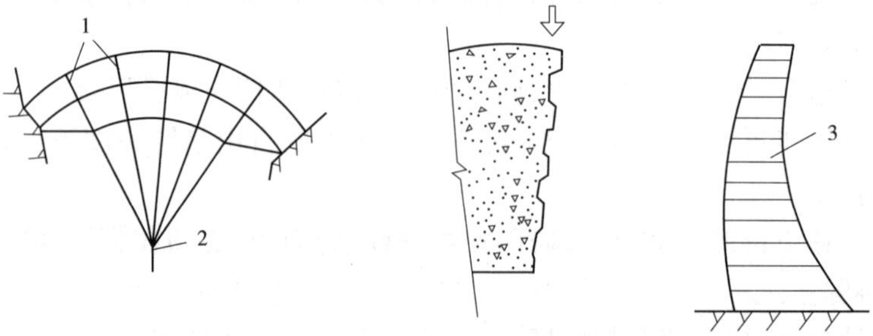

(a)临时横缝布置　(b)临时横缝的梯形键槽　(c)浇筑块

1—临时横缝;2—拱心;3—水平缝。

图 4-39　拱坝浇筑分缝分块

1.1　纵缝法

用垂直纵缝把坝段分成独立的柱状体,因此又叫柱状分块。它的优点是温度控制容易,混凝土浇筑工艺较简单,各柱状块可分别上升,彼此干扰小,施工安排灵活,但为保证坝体的整体性,必须进行接缝灌浆;模板工作量大,施工复杂。纵缝间距一般为 20~40 m,以便降温后接缝有一定的张开度,便于接缝灌浆。

为了传递剪应力的需要,在纵缝面上设置键槽,并需要在坝体到达稳定温度后进行接缝灌浆,以增加其传递剪应力的能力,提高坝体的整体性和刚度。

1.2 错缝法

错缝法又称砌砖法。分块时将块间纵缝错开，互不贯通，故坝的整体性好，进行纵缝灌浆。但由于浇筑块相互搭接，施工干扰很大，施工进度较慢，同时在纵缝上下端因应力集中容易开裂。

1.3 斜缝法

斜缝一般沿平行于坝体第二主应力方向设置，缝面剪应力很小，只要设置缝面键槽不必进行接缝灌浆，斜缝法往往是为了便于坝内埋管的安装，或利用斜缝形成临时挡洪面采用的。但斜缝法施工干扰大，斜缝顶并缝处容易产生应力集中，斜缝前后浇筑块的高差和温差需严格控制，否则会产生很大的温度应力。

1.4 通仓浇筑法

通仓浇筑法即通缝法，它不设纵缝，混凝土浇筑按整个坝段分层进行；一般不需埋设冷却水管。同时，由于浇筑仓面大，便于大规模机械化施工，简化了施工程序，特别是大量减少模板作业工作量，施工速度快，但因其浇筑块长度大，容易产生温度裂缝，所以温度控制要求比较严格。

2 混凝土浇筑

码 4-10 微课：混凝土浇筑前准备

2.1 混凝土浇筑前准备

混凝土施工准备工作的主要项目有基础处理、施工缝处理、设置卸料入仓的辅助设备、模板安装、钢筋的架设、预埋件及观测设备的埋设、施工人员的组织、浇筑设备及其辅助设施的布置、浇筑前的检查验收等。

2.1.1 基础处理

土基应先将开挖基础时预留下来的保护层挖除，并清除杂物，然后用碎石垫底，盖上湿砂，再进行压实，浇 8~12 cm 厚素混凝土垫层。砂砾地基应清除杂物，整平基础面，并浇筑 10~20 cm 厚素混凝土垫层。

对于岩基，一般要求清除到质地坚硬的新鲜岩面，然后进行整修。整修是用铁撬等工具去掉表面松软岩石、棱角和反坡，并用高压水冲洗、压缩空气吹扫。若岩面上有油污、灰浆及其黏结的杂物，还应采用钢丝刷反复刷洗，直至岩面清洁为止。清洗后的岩基在混凝土浇筑前应保持洁净和湿润。

当有地下水时，要认真处理，否则会影响混凝土的质量。处理方法是：做截水墙，拦截渗水，引入集水井排出；对基岩进行必要的固结灌浆，以封堵裂缝，阻止渗水；沿周边打排水孔，导出地下水，在浇筑混凝土时埋管，用水泵抽出孔内积水，直至混凝土初凝，7 d 后灌浆封孔；将底层砂浆和混凝土的水灰比适当降低。

2.1.2 施工缝处理

施工缝是指浇筑块之间新老混凝土之间的接合面。为了保证建筑物的整体性，在新混凝土浇筑前，必须将老混凝土表面的水泥膜（又称乳皮）清除干净，并使其表面新鲜整洁、有石子半露的麻面，以利于新老混凝土的紧密接合。但对于要进行接缝灌浆处理的纵缝面，可不凿毛，只需冲洗干净即可。

施工缝的处理方法有以下几种。

2.1.2.1　风砂枪喷毛

将经过筛选的粗砂和水装入密封的砂箱,并通入压缩空气。高压空气混合水砂,经喷砂喷出,把混凝土表面喷毛。一般在混凝土浇筑后24~48 h开始喷毛,视气温和混凝土强度增长情况而定。如能在混凝土表层喷洒缓凝剂,则可降低喷毛的难度。

2.1.2.2　高压水冲毛

在混凝土凝结后但尚未完全硬化以前,用高压水(压力0.1~0.25 MPa)冲刷混凝土表面,形成毛面,对龄期稍长的可用压力更高的水(压力0.4~0.6 MPa),有时配以钢丝刷刷毛。高压水冲毛的关键是掌握冲毛时机,过早会使混凝土表面松散和冲去表面混凝土;过迟则混凝土变硬,不仅增加工作困难,而且不能保证质量。一般春秋季节,在浇筑完毕后10~16 h开始;夏季掌握在6~10 h后进行;冬季则在18~24 h后进行。如在新浇混凝土表面洒刷缓凝剂,则延长冲毛时间。

2.1.2.3　刷毛机刷毛

在大面平坦的仓面上,可用刷毛机刷毛,刷毛机装有旋转的粗钢丝刷和吸收浮渣的装置,利用粗钢丝刷的旋转刷毛并利用吸渣装置吸收浮渣。

喷毛、冲毛和刷毛适用于尚未完全凝固的混凝土水平缝面处理。全部处理完后,需用高压水清洗干净,要求缝面无尘无渣,然后盖上麻袋或草袋进行养护。

2.1.2.4　风镐凿毛或人工凿毛

已经凝固的混凝土利用风镐凿毛或石工工具凿毛,凿深1~2 cm,然后用压力水冲净。凿毛多用于垂直缝。

仓面清扫应在即将浇筑前进行,以清除施工缝上的垃圾、浮渣和灰尘,并用压力水冲洗干净。

2.1.3　仓面准备

浇筑仓面的准备工作,包括机具设备和劳动力组合、风水电供应、混凝土原材料准备等,应事先安排就绪,应检查仓面施工的脚手架、工作平台、安全网、安全标识等是否牢固,电源开关、动力线路是否符合安全规定。

仓位的浇筑高程、上升速度、特殊部位的浇筑方法和质量要求等技术问题,须事先进行技术交底。

地基或施工缝处理完毕并养护一定时间,已浇好的混凝土强度达到2.5 MPa后即可在仓面进行放线,安装模板、钢筋和预埋件,架设脚手架等作业。

2.1.4　模板、钢筋及预埋件检查

开仓浇筑前,必须按照设计图纸和施工规范的要求,对仓面安设的模板、钢筋及预埋件进行全面检查验收,签发合格证。

(1)模板检查。主要检查模板的架立位置与尺寸是否准确,模板及其支架是否牢固稳定,固定模板用的拉条是否弯曲等。模板板面要求洁净、密封并涂刷脱模剂。

(2)钢筋检查。主要检查钢筋的数量、规格、间距、保护层、接头位置与搭接长度是否符合设计要求。要求焊接或绑扎接头必须牢固,安装后的钢筋网应有足够的刚度和稳定性,钢筋表面应清洁。

(3)预埋件检查。对预埋管道、止水片、止浆片、预埋铁件、冷却水管和预埋观测仪器等,主要检查其数量、安装位置和牢固程度。

2.2 入仓铺料

开始浇筑前,要在岩面或老混凝土面上,先铺一层厚2~3 cm的水泥砂浆(接缝砂浆)以保证新混凝土与基岩或老混凝土接合良好。砂浆的水灰比应较混凝土水灰比减小0.03~0.05。混凝土的浇筑,应按一定厚度、次序、方向分层推进。

码4-11 微课:混凝土入仓铺料、平仓

铺料厚度应根据拌和能力、运输距离、浇筑速度、气温及振捣器的性能等因素确定。

一般情况下,浇筑层的允许最大厚度不应超过表4-18规定的数值,如采用低流态混凝土及大型强力振捣设备,其浇筑层厚度应根据试验确定。

表4-18 混凝土浇筑层的允许最大铺料厚度

项次	振捣器类别或结构类型		浇筑层的允许最大铺料厚度
1	插入式	电动硬轴振捣器	振捣器工作长度的80%
		软轴振捣器	振捣器工作长度的1.25倍
2	表面式	在无筋或单层钢筋结构中	250 mm
		在双层钢筋结构中	120 mm

常用的浇筑方法有平层浇筑法、斜层浇筑法和台阶浇筑法。

2.2.1 平层浇筑法

平层浇筑法是混凝土按水平层连续地逐层铺填,第一层浇完后再浇第二层,依此类推,直至达到设计高度,如图4-40(a)所示。平层浇筑法,因浇筑层之间的接触面积大(等于整个仓面面积),应注意防止出现冷缝(铺填上层混凝土时,下层混凝土已经初凝)。

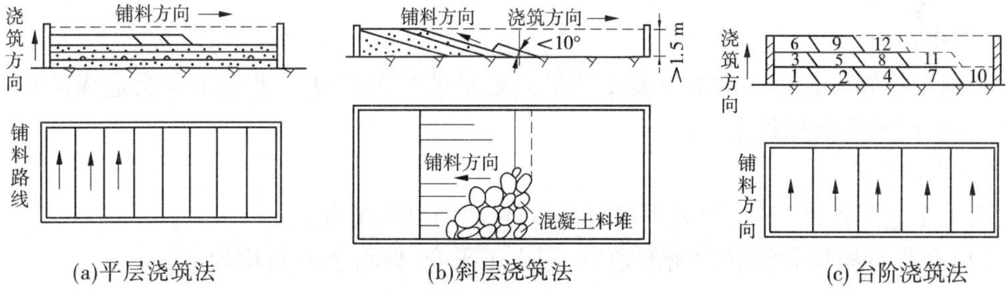

(a)平层浇筑法 (b)斜层浇筑法 (c)台阶浇筑法

图4-40 混凝土浇筑法

平层浇筑法实际应用较多,有以下特点:

(1)铺料的接头明显,混凝土便于振捣,不易漏振;

(2)平层浇筑法能较好地保持老混凝土面的清洁,保证新老混凝土之间的接合质量;

(3)适用于不同坍落度的混凝土;

(4)适用于有廊道、竖井、钢管等结构的混凝土。

2.2.2 斜层浇筑法

当浇筑仓面面积较大,而混凝土拌和、运输能力有限时,采用平层浇筑法容易产生冷缝,可用斜层浇筑法或台阶浇筑法。

斜层浇筑法是在浇筑仓面,从一端向另一端推进,推进中及时覆盖,以免发生冷缝。斜层坡度不超过10°,否则在平仓振捣时易使砂浆流动、骨料分离,下层已捣实的混凝土也可能产生错动,如图4-40(b)所示。浇筑块高度一般限制在1.5 m左右。当浇筑块较薄,且对混凝土采取预冷措施时,斜层浇筑法是较常见的方法,因浇筑过程中混凝土冷量损失较小。

2.2.3　台阶浇筑法

台阶浇筑法是从块体短边一端向另一端铺料,边前进、边加高,逐步向前推进并形成明显的台阶,直至把整个仓位浇到收仓高程。浇筑坝体迎水面仓位时,应顺坝轴线方向铺料,如图4-40(c)所示。

应该指出,不管采用上述何种铺筑方法,浇筑时相邻两层混凝土的间歇时间不允许超过混凝土铺料允许间隔时间。混凝土允许间隔时间是指自混凝土拌和机出料口到初凝前覆盖上层混凝土的这一段时间,它与气温、太阳辐射、风速、混凝土入仓温度、水泥品种、掺外加剂品种等条件有关,见表4-19。

表4-19　混凝土浇筑允许间隔时间

混凝土浇筑时的气温/℃	允许间隔时间/min	
	普通硅酸盐水泥	矿渣硅酸盐水泥及火山灰质硅酸盐水泥
20~30	90	120
10~20	135	180
5~10	195	

注:本表数值未考虑外加剂、混合料及其他特殊施工措施的影响。

2.3　平仓

平仓是把卸入仓内成堆的混凝土摊平到要求的均匀厚度。平仓不好会造成离析,使骨料架空,严重影响混凝土质量。

2.3.1　人工平仓

人工平仓用铁锹,平仓距离不超过3 m,只适用以下场合:

(1)在靠近模板和钢筋较密的地方,用人工平仓,使石子分布均匀。

(2)水平止水、止浆片底部要用人工送料填满,严禁料罐直接下料,以免止水、止浆片卷曲和底部混凝土架空。

(3)门槽、机组预埋件等空间狭小的二期混凝土。

(4)预埋件、观测设备周围用人工平仓,防止位移和损坏。

2.3.2　振捣器平仓

振捣器平仓时应将振捣器斜插入混凝土料堆下部,使混凝土向操作者位置移动,然后一次一次地插向料堆上部,直至混凝土摊平到规定的厚度为止。如将振捣器垂直插入料堆顶部,平仓工效固然较高,但易造成粗骨料沿锥体四周下滑,砂浆则集中在中间形成砂浆窝,影响混凝土匀质性。经过振动摊平的混凝土表面可能已经泛出砂浆,但内部并未完全捣实，切不可将平仓和振捣合二为一，影响浇筑质量。

2.4　振捣

振捣是振动捣实的简称，它是保证混凝土浇筑质量的关键工序。振捣的目的是尽可能减少混凝土中的空隙，以清除混凝土内部的孔洞，并使混凝土与模板、钢筋及埋件紧密接合，从而保证混凝土的最大密实度，提高混凝土质量。

码 4-12　微课：混凝土振捣、养护

码 4-13　图片：混凝土振捣机械

当结构钢筋较密，振捣器难以施工，或混凝土内有预埋件、观测设备，周围混凝土振捣力不宜过大时采用人工振捣。人工振捣要求混凝土拌和物坍落度大于 5 cm，铺料层厚度小于 20 cm。人工振捣工具有捣固锤、捣固杆和捣固铲，如图 4-41 所示。

混凝土振捣主要采用振捣器进行，振捣器产生小振幅、高频率的振动，使混凝土在其振动的作用下，内摩擦力和黏结力大大降低，使干稠的混凝土获得流动性，在重力的作用下骨料互相滑动而紧密排列，空隙由砂浆所填满，空气被排出，从而使混凝土密实，并填满模板内部空间，且与钢筋紧密接合。

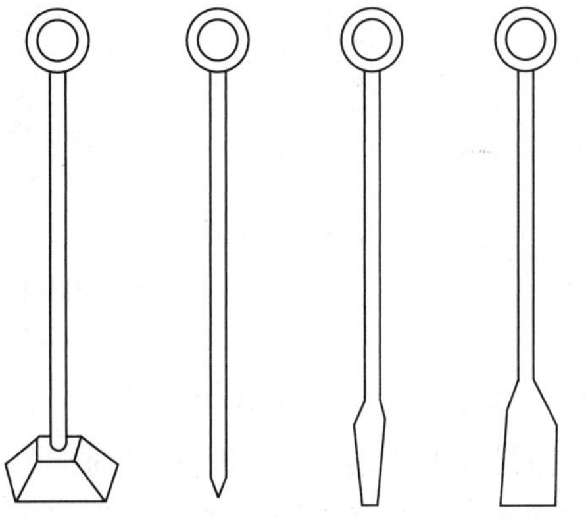

(a)捣固锤　(b)捣固杆　(c)捣固铲

图 4-41　人工振捣工具

2.4.1　混凝土振捣器分类

混凝土振捣器的分类如表 4-20、图 4-42 所示。

表 4-20　混凝土振捣器的分类

序号	分类法	名称	说明
1	按振动频率分	低频振捣器	频率为 2 000~5 000 r/min
		中频振捣器	频率为 5 000~8 000 r/min
		高频振捣器	频率为 8 000~20 000 r/min
2	按动力来源分	电动式振捣器	在工程中使用较多
		风动式振捣器	适用于无电源工地
		内燃机式振捣器	适用于无电源工地
3	按传振方式分	插入式振捣器	又称内部振捣器、振捣棒
		外部振捣器	多用于混凝土板、柱结构物
		振动台	适用于实验室

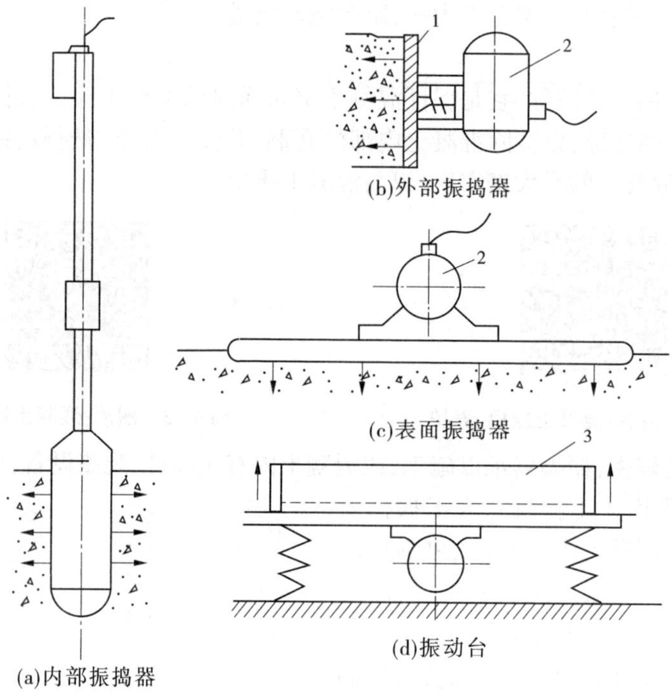

1—模板;2—振捣器;3—振动台。

图 4-42 混凝土振捣器

2.4.2 插入式振捣器的使用

振捣在平仓之后立即进行,此时混凝土流动性好,振捣容易,捣实质量好。素混凝土或钢筋稀疏的部位,宜用大直径的振捣棒;坍落度小的干硬性混凝土,宜选用高频和振幅较大的振捣器。振捣作业路线保持一致,并按顺序依次进行,以防漏振。

2.4.2.1 插入方向

振捣棒尽可能垂直地插入混凝土中。如振捣棒较长或把手位置较高,垂直插入感到操作不便,也可略带倾斜,但与水平面夹角不宜小于45°,且每次倾斜方向应保持一致,否则下部混凝土将会发生漏振。这时作用轴线应平行,如不平行会出现漏振点,如图 4-43 所示。在斜坡上浇筑混凝土时,振捣棒仍应垂直插入,并且应先振低处,再振高处,否则在振捣低处的混凝土时,已捣实的高处混凝土会自行向下流动,致使密实性受到破坏。

2.4.2.2 插入速度

振捣棒应快插、慢拔。插入过慢,上部混凝土先捣实,就会阻止下部混凝土中的空气和多余的水分向上逸出;拔得过快,周围混凝土来不及填铺振捣棒留下的孔洞,将在每一层混凝土的上半部留下只有砂浆而无骨料的砂浆柱,影响混凝土的强度。为使上下层混凝土振捣密实均匀,可将振捣棒上下抽动,抽动幅度为 5~10 cm。

2.4.2.3 插入深度

在振捣第一层混凝土时,以振捣器头部不碰到基岩或老混凝土面,但相距不超过 5 cm 为宜;振捣上层混凝土时,则应插入下层混凝土 5 cm 左右,使上下两层接合良好。软轴振捣棒插入深度为棒长的 3/4,过深会导致软轴和振捣棒接合处容易损坏。

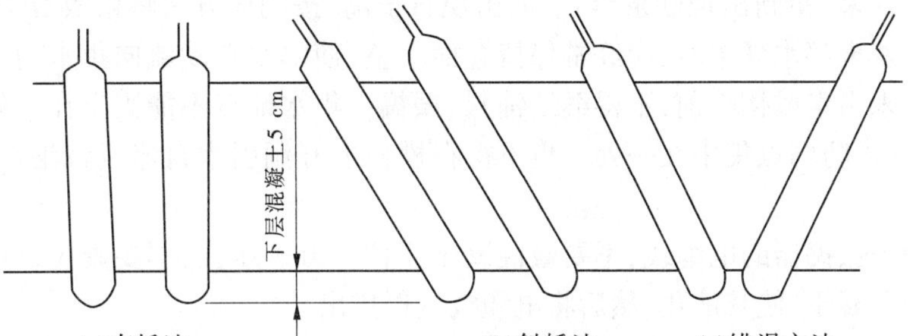

(a)直插法 (b)斜插法 (c)错误方法

图 4-43 插入式振捣器操作示意

2.4.2.4 振捣时间

振捣时间以混凝土不再显著下沉、水分和气泡不再逸出并开始泛浆为准,这3点是目测混凝土已经振捣密实的标准。振捣时间和混凝土坍落度、石子类型及最大粒径、振捣器的性能等因素有关,一般为20~30 s。振捣时间过长,不仅降低工效,而且使砂浆上浮过多,石子集中下部,混凝土产生离析,严重时,整个浇筑层呈"千层饼"状态。

2.4.2.5 插入间距及孔位布置

插入间距控制在振捣器有效作用半径的1.5倍以内,实际操作时也可根据振捣后在混凝土表面留下的圆形泛浆区域能否在正方形排列(直线行列移动)的4个振捣孔径的中点[见图4-44(a)中的A、B、C、D点],或三角形排列(交错行列移动)的3个振捣孔位的中点[见图4-44(b)中的A、B、C、D、E、F点]相互衔接来判断。在模板边、预埋件周围、布置有钢筋的部位及两罐(或两车)混凝土卸料的交界处,宜适当减少插入间距,以加强振捣,但不宜小于振捣棒有效作用半径的1/2,并注意不能触及钢筋、模板及预埋件。

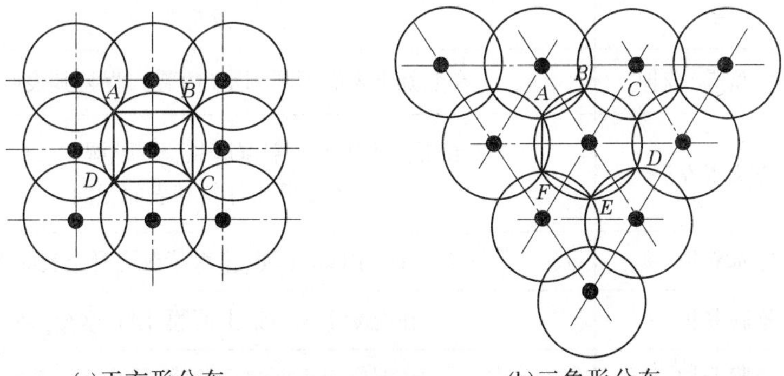

(a)正方形分布 (b)三角形分布

图 4-44 振捣孔位布置

为提高工效,振捣棒插入孔位尽可能呈三角形分布。据计算,三角形分布工效较正方形分布工效可提高30%。此外,将几个振捣器排成一排,同时插入混凝土中进行振捣。这时两台振捣器之间的混凝土可同时接收到这两台振捣器传来的振动,振捣时间可因此缩短,振动作用半径也即加大。

2.4.2.6 注意事项

振捣时出现砂浆窝应将砂浆铲出,用脚或振捣棒从旁边将混凝土压送至该处填补,不可将别处石子移来(重新出现砂浆窝)。如出现石子窝,按同样方法将松散石子铲出同时填补。振捣中发现泌水现象时,应经常保持仓面平整,使泌水自动流向集水地点,并用人工掏除。泌水未引走或掏除前,不得继续铺料、振捣。集水地点不能固定在一处,应逐层变换掏水位置,以防弱点集中在一处。也不得在模板上开洞引水自流或将泌水表层砂浆排出仓外。

应注意保护振捣器的电缆线,不要被混凝土压住。万一压住,不要硬拉,可用振捣棒振动其附近的混凝土,使其液化,然后将电缆线慢慢拔出。

软轴式振捣器的软轴不应弯曲过大,弯曲半径一般不宜小于 50 cm,也不能多于两弯,电动直联偏心式振捣器因内装电动机,较易发热,主要依靠棒壳周围混凝土进行冷却,不要让它在空气中连续空载运转。

工作时,一旦发现有软轴保护套管橡胶开裂、电缆线表皮损伤、振捣棒声响不正常或频率下降等现象,应立即停机处理或送修拆检。

2.5 混凝土养护

混凝土浇筑完毕后,在一个相当长的时间内,应保持其适当的温度和足够的湿度,以造成混凝土良好的硬化条件,这就是混凝土的养护工作。混凝土表面水分不断蒸发,如不设法防止水分损失,水化作用未能充分进行,混凝土的强度将受到影响,还可能产生干缩裂缝。因此,混凝土养护的目的,一是创造有利条件,使水泥充分水化,加速混凝土的硬化;二是防止混凝土成型后因暴晒、风吹、干燥等自然因素影响,出现不正常的收缩、裂缝等现象。

混凝土的养护方法分为自然养护和热养护两类,见表 4-21。养护时间取决于当地气温、水泥品种和结构物的重要性,见表 4-22。

表 4-21 混凝土的养护方法

类别	名称	说明
自然养护	洒水(喷雾)养护	在混凝土表面不断洒水(喷雾),保持其表面湿润
自然养护	覆盖浇水养护	在混凝土表面覆盖湿麻袋、草袋、湿砂、锯末等,不断洒水保持其表面湿润
自然养护	围水养护	四周围成土埂,将水蓄在混凝土表面
自然养护	铺膜养护	在混凝土表面铺上薄膜,阻止水分蒸发
自然养护	喷膜养护	在混凝土表面喷上薄膜,阻止水分蒸发
热养护	蒸汽养护	利用热蒸汽对混凝土进行湿热养护
热养护	热水(热油)养护	将水或油加热,将构件搁置在其上养护
热养护	电热养护	对模板加热或微波加热养护
热养护	太阳能养护	利用各种罩、窑、集热箱等封闭装置对构件进行养护

表4-22 混凝土养护时间

水泥种类	养护时间/d
硅酸盐水泥、普通硅酸盐水泥	14
火山灰质硅酸盐水泥、矿渣硅酸盐水泥、粉煤灰硅酸盐水泥、硅酸盐大坝水泥	21

注:重要部位和利用后期强度的混凝土,养护时间不少于28 d。夏季和冬季施工的混凝土,以及有温度控制要求的混凝土养护时间按设计要求进行。

3 混凝土键槽施工

混凝土键槽是指在混凝土建筑结构中设置的一些凹槽或突起,键槽可以通过混凝土浇筑时用模板形成或者采用大功率液压盘踞切割和无声破石剂膨胀分离相结合的施工手段来形成。

码4-14 微课:混凝土键槽施工

3.1 混凝土键槽的作用

(1)增强连接性能。键槽可以增加缝面在水平方向的抗剪能力,增强构件之间的连接性,使构件之间的力传递更加均匀,减少结构发生破坏的风险。

(2)提高抗震性。混凝土键槽可以使构件更加紧密地结合在一起,提高结构的整体刚度和承载力,同时能够有效地防止混凝土结构发生裂缝和变形,从而提高整个建筑结构的抗震性。

(3)优化施工工艺。混凝土键槽的设置可以使构件的施工工艺更加优化,减少后期施工中的不良影响,同时也可以使构件的施工精度更高,从而提高整个工程的质量和效益。

3.2 混凝土键槽施工时注意事项

(1)混凝土键槽的宽度、深度和间距应符合设计要求,同时在施工前应进行检查和试验,确保符合标准要求。

(2)确保混凝土的搅拌、浇筑和压实质量,保证混凝土的密实度和均匀度。

(3)对于大型混凝土构件,应采用机械化的施工方式,提高施工效率和质量。

(4)在混凝土键槽设置后,应随时进行检查和维护,及时处理质量安全问题,确保施工质量和施工速度的平衡。

任务7 混凝土特殊季节施工

1 混凝土冬季施工

1.1 混凝土冬季施工的一般要求

现行施工规范规定:寒冷地区的日平均气温稳定在5 ℃以下或最低气温稳定在3 ℃以下时,温和地区的日平均气温稳定在3 ℃以下时,均属于低温季节,这就需要采取相应的防寒保温措施,避免混凝土受到冻害。

混凝土在低温条件下,水化凝固速度大为降低,强度增长受到阻碍。当气温在-2 ℃

时,混凝土内部水分结冰,不仅水化作用完全停止,而且结冰后由于水的体积膨胀,混凝土结构受到损害,冰融化后,水化作用虽将恢复,混凝土强度也可继续增长,但最终强度必然降低。试验资料表明,混凝土受冻越早,最终强度降低越大。如在浇筑后3~6 h受冻,最终强度至少降低50%;如在浇筑后2~3 d受冻,最终强度降低只有15%~20%;如混凝土强度达到设计强度的50%(在常温下养护3~5 d)再受冻,最终强度则降低极小,甚至不受影响,因此低温季节混凝土施工,首先要防止混凝土早期受冻。

1.2 冬季施工措施

低温季节混凝土施工可以采用人工加热、保温蓄热及加速凝固等措施,使混凝土入仓浇筑温度不低于5 ℃;同时保证混凝土浇筑后的正温养护条件,在未达到允许受冻临界强度以前不遭受冻结。

1.2.1 调整配合比和掺外加剂

(1)对非大体积混凝土,采用发热量较高的快凝水泥。

(2)提高混凝土的配制强度。

(3)掺早强剂或早强剂减水剂。其中,氯盐的掺量应按有关规定严格控制,并不适应于钢筋混凝土结构。

(4)采用较低的水灰比。

(5)掺加气剂可减缓混凝土冻结时在其内部水结冰时产生的静水压力,从而提高混凝土的早期抗冻性能,但含气量应限制在3%~5%。因为混凝土中含气量每增加1%,会使强度损失5%,为弥补加气剂造成的强度损失,最好与减水剂并用。

1.2.2 原材料加热法

当日平均气温为-2~-5 ℃时,应加热水拌和;当气温再低时,可考虑加热骨料。水泥不能加热,但应保持正温。

水的加热温度不能超过80 ℃,并且要先将水和骨料拌和,这时水不超过60 ℃,拌和水温一旦超过60 ℃,水泥颗粒表面将会形成一层薄的硬壳,产生假凝现象,水泥假凝会使水泥后期强度降低,使混凝土和易性变差。

砂石加热的最高温度不能超过100 ℃,平均温度不宜超过65 ℃,并力求加热均匀。对大中型工程,常用蒸汽直接加热骨料,即直接将蒸汽通入需要加热的砂、石料堆中,料堆表面用帆布盖好,防止热量损失。

1.2.3 蓄热法

蓄热法是将浇筑法的混凝土在养护期间用保温材料加以覆盖,尽可能把混凝土在浇筑时所包含的热量和凝固过程中产生的水化热蓄积起来,以延缓混凝土的冷却速度,使混凝土在达到抗冰冻强度以前,始终保证正温。

1.2.4 加热养护法

当采用蓄热法不能满足要求时可以采用加热养护法,即利用外部热源对混凝土加热养护,包括暖棚法、蒸气加热法和电热法等。大体积混凝土多采用暖棚法,蒸气加热法多用于混凝土预制构件的养护。

(1)暖棚法。是混凝土结构周围用保温材料搭成暖棚,在棚内安设热风机、蒸气排管、电炉或火炉进行采暖,使棚内温度保持在15~20 ℃以上,保证混凝土浇筑和养护处于正温条件下。暖棚法费用较高,但暖棚为混凝土硬化和施工人员的工作创造了良好的条件。此法适用于寒冷地区的混凝土施工。

(2)蒸气加热法。利用蒸气加热养护混凝土,不仅使新浇混凝土得到较高的温度,而且可以得到足够的湿度,促进水化凝固作用,使混凝土强度迅速增大。

(3)电热法。是用钢筋或薄铁片作为电极,插入混凝土内部或贴附于混凝土表面,利用新浇混凝土的导电性和电阻大的特点,通以50~100 V的低压电,直接对混凝土加热,使其尽快达到抗冻强度。由于耗电量大,大体积混凝土较少采用。

上述几种施工措施,在严寒地区往往同时采用,并要求在拌和、运输、浇筑过程中,尽量减少热量损失。

1.3 冬季施工注意事项

(1)砂石骨料宜在进入低温季节前筛洗完毕。成品料堆应有足够的储备和堆高,并进行覆盖,以防冰雪和冻结。

(2)拌和混凝土前,应用热水或蒸汽冲洗搅拌机,并将水或冰排除。

(3)混凝土的拌和时间应比常温季节适当延长。延长时间应通过试验确定。

(4)在岩石基础或老混凝土面上浇筑混凝土前,应检查其温度。如为负温,应将其加热成正温。加热深度不小于10 cm,并经验证合格方可浇筑混凝土。仓面清理宜采用喷洒温水配合热风枪,寒冷期间亦可采用蒸气枪,不宜采用水枪或风水枪。在软基上浇筑第一层混凝土时,必须防止与地基接触的混凝土遭受冻害和地基受冻变形。

(5)混凝土搅拌机应设在搅拌棚内并设有采暖设备,棚内温度应高于5 ℃。混凝土运输容器应有保温装置。

(6)浇筑混凝土前和浇筑过程中,应注意清除钢筋、模板和浇筑设施上附着的冰雪和冻块,严禁将冻雪冻块带入仓内。

(7)在低温季节施工的模板,一般在整个低温期间都不宜拆除。如果需要拆除,要求:①混凝土强度必须大于允许受冻的临界强度;②具体拆模时间及拆模后的要求,应满足温控防裂要求,当预计拆模后混凝土表面降温可能超过6~9 ℃时,应推迟拆模时间,如必须拆模,应在拆模后采取保护措施。

(8)低温季节施工期间,应特别注意温度检查。

2 混凝土夏季施工

2.1 高温环境对新拌及刚成型混凝土的影响

(1)拌制时,水泥容易出现假凝现象。

(2)运输时,坍落度损失大,捣固或泵送困难。

(3)成型后直接暴晒或受干热风影响,混凝土面层急剧干燥,外硬内软,出现塑性裂缝。

(4)昼夜温差较大,易出现温差裂缝。

2.2 夏季高温期混凝土施工的技术措施

2.2.1 原材料

(1)掺用外加剂(缓凝剂、减水剂)。

(2)用水化热低的水泥。

(3)供水管埋入水中,贮水池加盖,避免太阳直接暴晒。

(4)当天用的砂、石用防晒棚遮蔽。

(5)用深井冷水或冰水拌和,但不能直接加入冰块。

2.2.2 搅拌运输

(1)送料装置及搅拌机不宜直接暴晒,应有荫棚。

(2)搅拌系统尽量靠近浇筑地点。

(3)混凝土移动运输设备应用保温被、保温罩、遮阳布、防晒罩中的一种遮盖物遮盖。

2.2.3 模板

(1)因干缩出现的模板裂缝,应及时填塞。

(2)浇筑前充分将模板淋湿。

2.2.4 浇筑

(1)适当减小浇筑层厚度,从而减小内部温差。

(2)浇筑后立即用薄膜覆盖,不使水分外溢。

(3)露天预制场宜设置可移动荫棚,避免制品直接暴晒。

3 混凝土工程雨季施工

混凝土工程在雨季施工时,应做好以下准备工作:

(1)砂石料场的排水设施应畅通无阻。

(2)浇筑仓面宜有防雨设施。

(3)运输工具应有防雨及防滑设施。

(4)加强骨料含水量的测定工作,注意调整拌和用水量。

混凝土在无防雨棚仓面小雨中进行浇筑时,应采取以下技术措施:

(1)减少混凝土拌和用水量。

(2)加强仓面积水的排除工作。

(3)做好新浇混凝土面的保持工作。

(4)防止周围雨水流入仓面。

无防雨棚的仓面,在浇筑过程中,如遇大雨、暴雨,应立即停止浇筑,并遮盖混凝土表面。雨后必须先行排除仓内积水,受雨水冲刷的部位应立即处理。如停止浇筑的混凝土尚未超出允许间歇时间或还能重塑,应加砂浆继续浇筑,否则应按施工缝处理。对抗冲、耐磨、需要抹面部位及其他高强度混凝土不允许在雨下施工。

任务 8 混凝土施工质量及安全控制

混凝土施工质量包括结构外观质量和内在质量。前者指结构的尺寸、位置、高程等;后者则指混凝土原材料、设计配合比、配料、拌和、运输、浇捣等方面。

1 原材料的控制检查

1.1 水泥

水泥是混凝土的主要胶凝材料，水泥质量直接影响混凝土的强度及其性质的稳定性。运至工地的水泥应有生产厂家品质试验报告，工地实验室必须进行复验，必要时还要进行化学分析。进场水泥每200～500 t同品种、同强度等级的水泥作一取样单位，如不足200 t亦作为一取样单位。可采用机械连续取样，混合均匀后作为样品，其总量不小于10 kg。检查的项目有水泥强度等级、凝结时间、体积安定性。必要时应增加稠度、细度、密度和水化热试验。

1.2 粉煤灰

粉煤灰每天至少检查一次细度和需水量比。

1.3 砂石骨料

(1)在筛分场每班检查一次各级骨料超逊径、含泥量、砂子的细度模数。

(2)在拌和厂检查砂子、小石的含水量，砂子的细度模数，以及骨料的含泥量、超逊径。

1.4 外加剂

外加剂应有出厂合格证，并经试验认可。

1.5 混凝土拌和物

拌制混凝土时，必须严格遵守实验室签发的配料单进行称量配料，严禁擅自更改。控制检查的项目如下：

(1)衡器的准确性。各种称量设备应经常检查，确保称量准确。

(2)拌和时间。每班至少抽查2次拌和时间，保证混凝土充分拌和，拌和时间符合要求。

(3)拌和物的均匀性。混凝土拌和物应均匀，经常检查其均匀性。

(4)坍落度。现场混凝土坍落度每班在机口应检查4次。

(5)取样检查。按规定在现场取混凝土试样做抗压试验，检查混凝土的强度。

2 混凝土浇捣质量的控制检查

2.1 混凝土质量检查内容

混凝土外观质量主要检查表面平整度(有表面平整要求的部位)、麻面、蜂窝、空洞、露筋、碰损掉角、表面裂缝等。重要工程还要检查内部质量缺陷，如用回弹仪检查混凝土表面强度、用超声仪检查裂缝、钻孔取芯检查各项力学指标等。

2.2 混凝土质量缺陷及防治

2.2.1 麻面

麻面是指混凝土表面呈现出无数绿豆大小的不规则的小凹点。

2.2.1.1 混凝土麻面产生的原因

(1)模板表面粗糙、不平滑。

(2)浇筑前没有在模板上洒水湿润，湿润不足，浇筑时混凝土的水分被模板吸去。

(3)涂在钢模板上的油质脱模剂过厚,液体残留在模板上。

(4)使用旧模板,板面残浆未清理,或清理不彻底。

(5)新拌混凝土浇灌入模后,停留时间过长,振捣时已有部分凝结。

(6)混凝土振捣不足,气泡未完全排出,有部分留在模板表面。

(7)模板拼缝漏浆,构件表面浆少,或成为凹点,或成为若断若续的凹线。

2.2.1.2 混凝土麻面的预防措施

(1)模板表面应平滑。

(2)浇筑前,不论是哪种模型,均需浇水湿润,但不得积水。

(3)脱模剂涂擦要均匀,模板有凹陷时,注意将积水拭干。

(4)旧模板残浆必须清理干净。

(5)新拌混凝土必须按水泥或外加剂的性质,在初凝前振捣。

(6)尽量将气泡排出。

(7)浇筑前先检查模板拼缝,对可能漏浆的缝,设法封嵌。

2.2.1.3 混凝土麻面的修补

混凝土表面的麻点,如对结构无大影响,可不做处理。如需处理,方法如下:

(1)用稀草酸溶液将该处脱模剂油点或污点用毛刷洗净,于修补前用水湿透。

(2)修补用的水泥品种必须与原混凝土一致,砂子为细砂,粒径最大不宜超过 1 mm。

(3)水泥砂浆配合比为 1∶(2~2.5),由于数量不多,可用人工在小灰桶中拌匀,随拌随用。

(4)按照漆工刮腻子的方法,将砂浆用刮刀大力压入麻点内,随即刮平。

(5)修补完成后,即用草帘或草席进行保湿养护。

2.2.2 蜂窝

蜂窝是指混凝土表面无水泥浆,形成蜂窝状的孔洞,形状不规则,分布不均匀,露出石子深度大于 5 mm,不露主筋,但有时可能露箍筋。

2.2.2.1 混凝土蜂窝产生的原因

(1)配合比不准确,砂浆少,石子多。

(2)搅拌用水过少。

(3)混凝土搅拌时间不足,新拌混凝土未拌匀。

(4)运输工具漏浆。

(5)使用干硬性混凝土,但振捣不足。

(6)模板漏浆,加上振捣过度。

2.2.2.2 混凝土蜂窝的预防方法

(1)砂率不宜过小。

(2)计量器具应定期检查。

(3)用水量如少于标准,应掺用减水剂。

(4)搅拌时间应足够。

(5)注意运输工具的完好性,及时修理。

(6)捣振工具的性能必须与混凝土的坍落度相适应。

(7)浇筑前必须检查和嵌填模板拼缝,并浇水湿润。

(8)浇筑过程中,有专人巡视模板。

2.2.2.3 混凝土蜂窝修补

混凝土蜂窝修补如为小蜂窝,可按麻面方法修补;如为较大蜂窝,按以下方法修补:

(1)将修补部分的软弱部分凿去,用高压水及钢丝刷将基层冲洗干净;

(2)修补用的水泥应与原混凝土的一致,砂子用中粗砂;

(3)水泥砂浆的配合比为1:2~1:3,应搅拌均匀;

(4)按照抹灰工的操作方法,用抹子大力将砂浆压入蜂窝内刮平,在棱角部位用靠尺将棱角取直;

(5)修补完成后即用草帘或草席进行保湿养护。

2.2.3 混凝土露筋、空洞

主筋没有被混凝土包裹而外露,或在混凝土孔洞中外露的缺陷称之为露筋。混凝土表面有超过保护层厚度,但不超过截面尺寸1/3的缺陷,称之为空洞。

2.2.3.1 混凝土出现露筋、空洞的原因

(1)漏放保护层垫块或垫块产生位移。

(2)浇灌混凝土时投料距离过高、过远,又没有采取防止离析的有效措施。

(3)搅拌机卸料入吊斗或小车时,或运输过程中有离析,运至现场又未重新搅拌。

(4)钢筋较密集,粗骨料被卡在钢筋上,加上振捣不足或漏振。

(5)采用干硬性混凝土而又振捣不足。

2.2.3.2 露筋、空洞的预防措施

(1)浇筑混凝土前应检查垫块情况。

(2)应采用合适的混凝土保护层垫块。

(3)浇筑高度不宜超过2 m。

(4)浇灌前检查吊斗或小车内混凝土有无离析。

(5)搅拌站要按配合比规定的规格使用粗骨料。

(6)如为较大构件,振捣时专人在模板外用木槌敲打,协助振捣。

(7)构件的节点、柱的牛腿、桩尖或桩顶、有抗剪筋的吊环等处钢筋较密,应特别注意捣实。

(8)加强振捣。

(9)模板四周,用人工协助捣实;如为预制构件,在钢模周边用抹子插捣。

2.2.3.3 混凝土露筋、空洞的处理措施

(1)将修补部位的软弱部分及突出部分凿去,上部向外倾斜,下部水平。

(2)用高压水及钢丝刷将基层冲洗干净。修补前用湿麻袋或湿棉纱头填满,使旧混凝土内表面充分湿润。

(3)修补用的水泥品种应与原混凝土的一致,小石混凝土强度等级应比原设计高一级。

(4)如条件许可,可用喷射混凝土修补。

(5)安装模板浇筑。

(6)混凝土可加微量膨胀剂。

(7)浇筑时,外部应比修补部位稍高。

(8)修补部分达到结构设计强度时,凿除外倾面。

2.2.4 混凝土施工裂缝

2.2.4.1 混凝土施工裂缝产生的原因

(1)暴晒或风大,水分蒸发过快,出现的塑性收缩裂缝。

(2)混凝土塑性过大,成型后发生沉陷不均,出现的塑性沉陷裂缝。

(3)配合比设计不当引起的干缩裂缝。

(4)骨料级配不良,又未及时养护引起的干缩裂缝。

(5)模板支撑刚度不足,或拆模工作不慎,外力撞击的裂缝。

2.2.4.2 预防方法

(1)成型后立即进行覆盖养护,表面要求光滑,可采用架空措施进行覆盖养护。

(2)配合比设计时,水灰比不宜过大;搅拌时,严格控制用水量。

(3)水灰比不宜过大,水泥用量不宜过多,灰骨比不宜过大。

(4)骨料级配中,细颗粒不宜偏多。

(5)浇筑过程应有专人检查模板及支撑。

(6)注意及时养护。

(7)拆模时,尤其是使用吊车拆大模板时,必须按顺序进行,不能强拆。

2.2.4.3 混凝土施工裂缝的修补

(1)混凝土微细裂缝的修补:①用注射器将环氧树脂溶液黏结剂或甲凝溶液黏结剂注入裂缝内。②注射时宜在干燥、有阳光的时候进行;裂缝部位应干燥,可用喷灯或电风筒吹干;在缝内湿气逸出后进行。③注射时,从裂缝的下端开始,针头应插入缝内,缓慢注入;使缝内空气向上逸出,黏结剂在缝内向上填充。

(2)混凝土浅裂缝的修补:①顺裂缝走向用小凿刀将裂缝外部扩凿成V形,宽5~6 mm,深度等于原裂缝。②用毛刷将V形槽内颗粒及粉尘清除,用喷灯或电风筒吹干。③用漆工刮刀或抹灰工小抹刀将环氧树脂胶泥压填在V形槽上,反复搓动,务使紧密黏结。④缝面按需要做成与结构面齐平,或稍微突出成弧形。

(3)混凝土深裂缝的修补。做法是将微细缝和浅缝两种措施合并使用:①先将裂缝面凿成V形或凹形槽;②按上述办法进行清理、吹干;③先用微细裂缝的修补方法向深缝内注入环氧或甲凝黏结剂,填补深裂缝;④上部开凿的槽坑按浅裂缝修补方法压填环氧胶泥黏结剂。

2.2.5 混凝土空鼓

混凝土空鼓常发生在预埋钢板下面。产生的原因是浇灌预埋钢板混凝土时,钢板底部未饱满或振捣不足。

2.2.5.1 预防方法

(1)如预埋钢板不大,浇灌时用钢棒将混凝土尽量压入钢板底部;浇筑后用敲击法检查。

(2)如预埋钢板较大,可在钢板上开几个小孔排除空气,亦可作观察孔。

2.2.5.2 混凝土空鼓的修补

(1)在板外挖小槽坑,将混凝土压入,直至饱满,无空鼓声为止。

(2)如钢板较大或估计空鼓较严重,可在钢板上钻孔,用灌浆法将混凝土压入。

2.2.6 混凝土强度不足

混凝土强度不足产生的原因如下:

(1)配合比计算错误;

(2)水泥出厂期过长,或受潮变质,或袋装质量不足;

(3)粗骨料针片状较多,粗、细骨料级配不良或含泥量较多;

(4)外加剂质量不稳定;

(5)搅拌机内残浆过多,或传动皮带打滑,影响转速;

(6)搅拌时间不足;

(7)用水量过大,或砂、石含水率未调整,或水箱计量装置失灵;

(8)秤具或秤量斗损坏,不准确;

(9)运输工具灌浆,或经过运输后严重离析;

(10)振捣不够密实。

混凝土强度不足是质量上的大事故,处理方案由设计单位决定。通常处理方法如下:

(1)强度相差不大时,先降级使用,待龄期增加,混凝土强度发展后,再按原标准使用;

(2)强度相差较大时,经论证后采用水泥灌浆或化学灌浆补强;

(3)强度相差较大且影响较大时,拆除返工。

3 混凝土工程安全技术

(1)浇灌混凝土前必须先检查模板支撑的稳定情况,特别要注意检查用斜支撑支的悬臂构件模板的稳定情况。浇筑混凝土过程中,要注意观察模板支撑情况,发现异常,及时报告。

(2)运输通道旁预留洞口、电梯井口,必须检查完善盖板、围护栏杆。高处临空搭设车道必须稳固,两侧设围护栏杆,推车或机动翻斗车倒混凝土时,应有挡车措施,不得过猛或撒把。

(3)垂直运输采用井架、龙门架时,推车车把不准超出吊盘,车轮前后应挡牢,卸料时吊盘停稳、制动可靠方可上盘。塔吊料斗浇捣混凝土时,指挥、扶斗人员与塔吊司机应密切配合,放下料斗时,作业人员应避让,站立稳当,严禁空中手斜拉吊物和吊钩。

(4)振捣器电源线必须完好无损,供电电缆不得有接头,混凝土振捣器作业转移时,电动机的导线应保持有足够的长度和松度。严禁用电源线拖拉振捣器。作业人员必须穿绝缘胶鞋,戴绝缘手套。

(5)浇筑混凝土所使用的桶、槽必须固定结实,使用溜管时,溜管节间应连接牢靠,操作部位设防护栏杆,严禁站在桶槽帮上操作。

(6)用泵输送混凝土时,输送管道接头必须严密可靠不漏浆,安全阀完好,管道架子结实,输送前,先试送,检修时必须停机操作。

(7)浇灌框架、梁、柱混凝土时,必须设操作平台,严禁站在模板或支撑上操作。

(8)浇筑圈梁、雨篷、阳台混凝土必须搭设脚手架,严禁站在墙体或模板上操作。

(9)浇筑拱形构造,应自两边拱脚对称地相向进展。浇筑储仓,下口应先行封闭,并搭设脚手架,以防人员坠落。

任务9　混凝土坝接缝灌浆

混凝土坝用纵缝分块进行浇筑,有利于坝体温度控制和浇筑块分别上升,但为了坝的整体性,必须对纵缝进行接缝灌浆,纵缝属于临时施工缝。坝体横缝是否进行灌浆因坝型和设计要求而异。重力坝的横缝一般为永久温度沉陷缝;拱坝和重力拱坝的横缝属于临时施工缝。临时施工的横缝,要进行接缝灌浆。接缝灌浆按照《水电水利工程接缝灌浆施工技术规范》(DL/T 5712—2014)进行。

1　接缝灌浆管路埋设

混凝土坝的接缝灌浆,需要在缝面上预埋灌浆系统。根据缝的面积大小,将缝面上划分为若干灌浆区。每一灌浆区高10~15 m,面积200~300 m^2,四周用止浆片盘自成一套灌浆系统。灌浆时利用预埋在坝体内的进浆管、回浆管、支管及出浆盒向缝送水泥浆,迫使缝中空气(包括缝面上的部分水泥浆)从排气槽、排气管排出,直至灌满设计稠度的水泥浆为止。图4-45为接缝灌浆布置示意图。

接缝灌浆的设备有拌浆筒、灌浆机及压力表等,一般布置在灌浆廊道之内。预埋的灌浆系统如下:

(1)止浆片。沿每一灌浆区四周埋设,一般用镀锌铁皮或塑料止水片跨过接缝埋入混凝土中,防止浆液外溢。

(2)灌浆管路。包括进浆管、回浆管、支管、出浆盒等。支管间距2 m,支管上每1~3 m有一孔洞,其上安装出浆盒。出浆盒由喇叭形出浆孔(采用木制圆锥或铁皮制成)和盒盖(采用预制砂浆盖板或铁皮制成)组成,分别位于缝面两侧浇筑块中,如图4-46所示。进行后浇块施工时,盒盖要盖紧出浆孔,并在孔边钉上铁钉,以防止浇筑时堵塞。后接缝张开,盒盖也相应张开以保证出浆。

(3)排气槽和排气管。排气槽断面为三角形,水平设于每一灌浆区的顶端,并通过排气管和灌浆廊道相通。其作用是:在灌浆过程中排出缝中气体,排出部分缝面浆液,判断接缝灌浆情况,保证灌浆质量。

接缝灌浆的次序如下:

(1)同一接缝的灌区,应自基础灌区开始,逐层向上灌注。上层灌区的灌浆,应待下层和下层相邻灌区灌好后才能进行。

(2)为了避免各坝块沿一个方向灌注形成累加变形,影响后灌接缝的张开度,横缝灌浆应自河床中部向两岸进展,或自两岸向河床中部进展。纵缝灌浆宜自下游向上游推进。主要是考虑到接缝灌浆的附加应力与坝体蓄水后的应力叠加,不致造成下游坝趾出现较大的压应力,同时还可抵消一部分上游坝踵在蓄水后的拉应力。但有时也可先灌上游纵缝,再自上游向下游顺次灌注,预先改善上游坝踵应力状态。

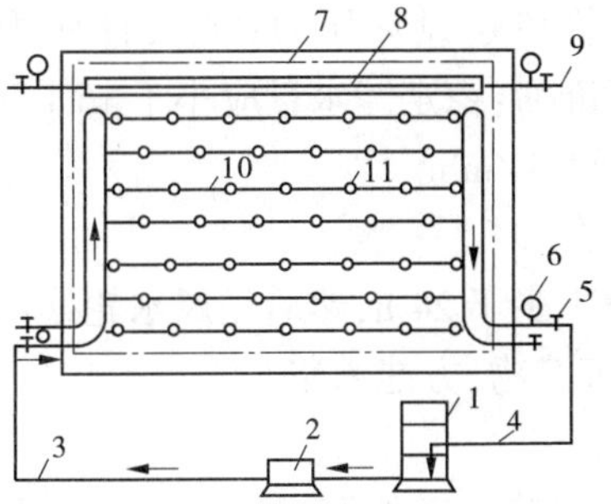

1—拌浆筒；2—灌浆机；3—进浆管；4—回浆管；
5—阀门；6—压力表；7—止浆片；8—排气槽；
9—排气管；10—支管；11—出浆盒。

图4-45　接缝灌浆布置示意

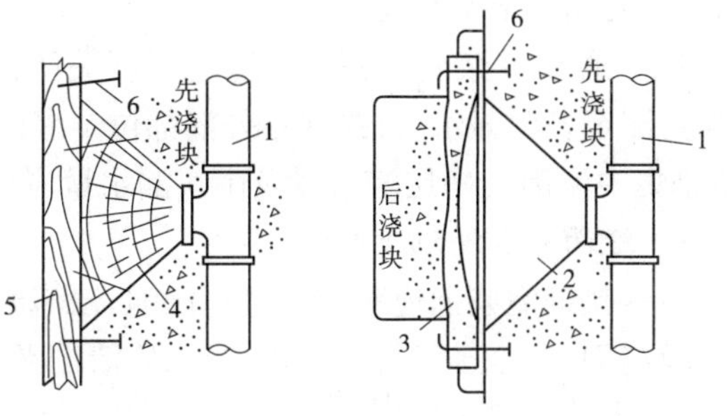

1—升浆管；2—出浆口；3—预制砂浆盒盖；
4—喇叭形出浆孔；5—模板；6—铁钉。

图4-46　出浆盒的构造与安装

(3)当条件允许时，同一坝段、同一高程的纵缝，或相邻坝段、同一高程的横缝最好同时进行灌注。此外，对已查明张开度较小的接缝，最好先行灌注。

(4)在同一坝段或同一坝块中，如同时有接触灌浆、纵缝及横缝灌浆，应先进行接触灌浆。其优点是可以提高坝块的稳定性，对于陡峭岩坡的接触灌浆，则宜安排在相邻纵缝或横缝灌浆后进行，以利于提高接触灌浆时坝块的稳定性。

(5)纵缝及横缝灌浆的先后顺序，一般是先灌横缝，后灌纵缝。但也有的工程考虑到坝块的侧向稳定，先灌纵缝，后灌横缝。

(6)同一接缝的上、下层灌区的间歇时间，应不小于14 d，并要求下层灌区灌浆后的水泥结石具有70%的强度，才能进行上层灌区的灌浆。同一高程的相邻纵缝或横缝的间歇时间应不少于7 d。同一坝块、同一高程的纵、横缝间歇时间，如果属于水平键槽的纵直缝崩浆，须待14 d后方可灌注横缝。

(7)在靠近基础的接触灌区，如基础有中、高压帷幕灌浆，接缝灌浆最好是在帷幕灌浆之前进行。此外，如接触灌区两侧的坝块存在架空、冷缝或裂缝等缺陷，应先处理缺陷，然后再进行接触灌浆。

2　接缝灌浆施工

2.1　通水检查

通水检查的主要目的是查明灌浆管道及缝面的通畅情况，以及灌区是否外漏，从而为灌浆前的事故处理方法提供依据。其步骤及要求如下。

2.1.1　单开式通水检查

分别从两进浆管进水，随即将其他管口关闭，依次有一个管口开放，在进水管口达设计压力的情况下，测定各个管口的单开出水率，其通畅标准是：进水量大于70 L/min，单开出水率大于50 L/min。若管口出水量大于50 L/min，可结束单开式通水检查；若管口出水量小于50 L/min，则应从该管口进水，测定其余管口出水量和关闭压力，以便查清管和缝面情况。

2.1.2 封闭式通水检查

从一通畅进浆管口进水,其他管口关闭,待排水管口达设计压力(或设计压力的70%),测定各项漏水量,并观察外漏部位。灌区封闭标准为:稳定漏水量应小于15 L/min(不是集中渗漏),串层漏水量及串块漏水量应分别小于5 L/min。

2.1.3 缝面充水浸泡及冲洗

每一接缝灌浆前应对缝面进行浸泡,浸泡时间一般不少于24 h,然后用风水轮换洗各管道及缝面,直至排气管回清水,当水质清洁无悬浮或沉淀物,方能灌浆。

2.1.4 灌浆前预压性压水检查

其目的是:选择与缝面排气管较为通畅的进浆管与回浆管环线路,核实接缝容积、各管口单开出水量与压力,以及漏水量等数值,同时检查灌浆运行可靠性。

2.2 接缝灌浆的程序和方法步骤

接缝灌浆的整个施工程序是,缝面冲洗—压水检查—灌浆区事故处理—灌浆—进浆结束。其中,灌浆工序本身是由稠度较稀的初始浆液(水灰比3:1)开灌,经中级浆液(水灰比1:1)变换为最终浆液(水灰比0.6:1),直到进浆结束。

初始浆液稠度较稀,主要是润湿管路及缝面,并排出缝中大部分空气;中级浆液主要起过渡作用,但也可以充填一些较细的裂缝;最终浆液用来最后充填接缝,保证设计要求的稠度。在灌浆过程中各级浆液的变换,可由排气管口控制。开灌时,最先灌入初始浆液,当排气管口出浆3~5 min后,即可改换中级浆液;当排气管口出浆稠度与注入浆液稠度接近时,即可改换最终浆液。由此可知,排气管间断放浆是为了变换浆液的需要,即排出空气和稀浆,并保持缝面畅通。在此阶段,还应适当地采取沉淀措施,即暂时关闭进浆阀门,停止向缝内进浆5~30 min,使缝内浆液变浓,并消除可能形成的气泡。这种沉淀措施,在施工中又称为间断进浆。

灌浆转入结束阶段的标准是,排气管出浆稠度达到最终浆液稠度,排气管口压力达到设计压力,缝面吸浆率小于0.4 L/min。达到上述三项标准后,即可持续灌浆30 min后结束(或关闭全部管口进行缝内进浆30 min,或从排气管倒灌30 min后结束)。

接缝灌浆的压力必须慎重选择,过小不易保证灌浆质量,过大可能影响坝的安全。一般采用的控制标准是,进浆管压力$(3.5\sim4.5)\times10^5$ kPa,回浆管压力$(2\sim2.5)\times10^5$ kPa。

3 灌区事故及其处理

经过通水检查,可基本判明灌区事故部位及事故类型,灌区事故类型及处理方法分述如下。

3.1 灌浆管道不通的处理

3.1.1 进回浆管道不通的处理

处理前,先将灌区充分浸泡7 d左右,再用风和水轮换冲洗,风压限制为0.2 MPa,水压不超过0.8 MPa(逐级加压,每0.05 MPa为一级),风和水轮换冲洗时,应将所有管口敞开,以免疏通后缝面压力骤增。如堵塞部位距表面较近,可凿开混凝土,割除管道堵塞段,恢复进回浆管。当上述措施无效时,可视具体情况采用骑缝钻孔或斜穿钻孔代替进回浆管。

3.1.2 排气系统不通的处理

当排气管不互通，或排气管与进回浆管不互通时，可初步判断为排气系统不通(也存在缝面不通的可能性)，如经疏通无效，一般采用风钻孔或机钻孔穿过灌区顶层，代替原管道，一侧排气管至少布置3个风钻孔或1个机钻孔，机钻孔单孔出水率大于50 L/min，风钻孔单孔出水率大于25 L/min时，可认为畅通。

3.2 缝面不通的处理

当进回浆管互通，排气管本身也互通，但进回浆管与排气管之间不互通时，可判断为缝面不通。缝面不通的原因可能有3种：缝面被杂物堵塞、压缝或细缝。如系前者，可以用反复浸泡、风和水轮换冲洗的办法；如为压缝，则可打风钻孔或机钻孔代替出浆盒，用联孔形成新的灌浆系统；如为细缝，则只能采取细缝灌浆措施。

3.3 止浆片失效引起外漏的处理

一般采用嵌缝堵漏的方法，根据外漏部位及漏量大小，可先沿外漏接缝凿槽，再用水泥砂浆、环氧砂浆或棉絮等材料嵌堵，能比较有效地阻止浆液外漏。

3.4 特殊情况的灌浆方法

3.4.1 灌区与混凝土内部架空区串漏时的灌浆

当灌区与混凝土内部架空区互串时，由于漏量大，灌浆时间必然延续较长。若管道及缝面不太通畅，则不宜采取降压沉淀的方法；否则，缝面由下至上泌水，阻力增大，最终可能导致梗塞。通常在变换至最终浓浆，缝面气压正常后，保持50%~70%的设计压力灌注，当吸浆量急剧下降时，再升到设计压力灌注，直至达到正常标准时结束。

3.4.2 止浆片失效引起外漏的灌浆

灌区止浆片失效引起的外漏，一般先嵌缝堵漏，再进行灌浆。当灌浆过程中发现外漏严重时，如缝面处于充填初级浆液阶段可及时冲掉，嵌缝再灌。如缝面处于充填中级浆液或终级浆液，可边嵌边灌，同时在灌浆工艺上采取间歇沉淀或降压循环的措施，迅速增大缝面浆液黏度，促使缝面尽早形成塑性状态，当吸浆率明显减少时，在设计压力下正常灌注至结束。

3.4.3 止浆片失效引起相邻灌区串漏的灌浆

一般处理方法有两种：一种是先将表面外漏处嵌缝，然后多区同灌，每个灌区配一台灌浆机，可灌性差或漏量大的灌区先进浆，以利于各灌区达到设计压力后同时灌注，避免因压力差导致串漏加剧。当某一灌区先具备结束条件时，须待串漏区的吸浆率在设计压力下明显减小时，才能先行进浆，互串区先后结束间隔时间，一般控制不超过3 h。另一种是，当不允许互串灌区同灌时，也可采取下层灌浆、上层通水平压防止下层浆液串入上层的措施，上层通水时的层底压力应与下层灌浆的层顶压力相等。

3.4.4 进回浆管道全部失效时的灌浆

若布置条件许可，可做骑缝钻孔代替进回浆管(孔距一般3 m)，风钻孔代替排气管，灌浆方法与正常条件下的灌浆方法基本相同。如无条件布置骑缝机钻孔，可采用风钻斜穿孔，一般3~6 m^2 布置一孔，各孔均设内管(进浆管)，孔口设回浆管，从灌区下层至上层将进、回浆管分别并联成若干孔组，并留出排气孔，灌浆时，下层孔组进浆，上层孔组回浆，中层孔组放浆，灌至达到结束条件时停止。

3.4.5　细缝灌浆

细缝灌区一般指冷却至灌浆温度后，张开度仅为 0.3~0.5 mm 的灌区，在灌浆施工中，一般采取下列措施：

(1)用细度为通过 6 400 孔/cm^2 的筛余量在 2%以下的 525 号硅酸盐磨细水泥。

(2)在灌浆初始阶段，提高进浆管口压力，尽快使排气管口升压，有利于细缝张开，其张开度应严格控制在 0.5 mm 以内。

(3)采取四级水灰比，即 4∶1、2∶1、1∶1、0.6∶1浆液灌注。先用 4∶1浆液润滑管道与缝面，2∶1浆液过渡，尽快以 1∶1浆液灌注，尽可能按终级浆液结束，最后从排气管倒灌补填。浆液中可掺用塑化剂(掺量以不超过水泥重量的 3‰为宜)，以改善浆液流动性。

(4)灌浆过程中，当变浆后排气管放出稀浆时，即从两侧进浆管同时进浆，或与排气管同时进浆，以改善缝面浆压分布(因缝面出浆盒有时局部阻塞)。

(5)在经过论证的情况下，采用坝块超冷(比灌浆温度低 2~4 ℃)，力求改善缝面张开状况。

(6)化学灌浆(使用不多)，必须谨慎选用化学灌浆材料和施工工艺。

4　质量检查

灌区的接缝灌浆质量，应以分析灌浆资料为主，结合钻孔取芯、槽检等质检成果，进行综合评定。主要评定项目如下：

(1)灌浆时坝块混凝土的温度；

(2)灌浆管路通畅、缝面通畅，以及灌区密封情况；

(3)灌浆施工情况；

(4)灌浆结束时排气管的出浆密度和压力；

(5)灌浆过程中有无中断、串浆、漏浆和管路堵塞等情况；

(6)灌浆前、后接缝张开度的大小及变化；

(7)灌浆材料的性能；

(8)缝面注入水泥量；

(9)钻孔取芯、缝面槽检和压水检查成果，以及孔内探缝、孔内电视等测试的成果。

任务 10　混凝土坝温度控制

1　制定温度控制标准

一般把结构最小尺度大于 2 m 的混凝土称为大体积混凝土。大体积混凝土要求控制水泥水化产生的热量及伴随发生的体积变化，尽量减少温度裂缝。

码 4-15　微课：混凝土坝温度控制

1.1　混凝土温度变化过程

水泥在凝结硬化过程中，会放出大量的水化热。水泥在开始凝结时放热较快，以后逐渐变慢,普通水泥最初 3 d 放出的总热量占总水化热的 50%以上。水泥水化热与龄期的关系曲线如图 4-47 所示。图中 Q_0 为水泥的最终发热量(J/kg),其中 m 为系数,它与水泥品种及混凝土入仓温度有关。

混凝土的温度随水化热的逐渐释放而升高,当散热条件较好时,水化热造成的最高温度升高值并不大,也不致使混凝土产生较大裂缝。而当混凝土的浇筑块尺寸较大时,其散热条件较差,由于混凝土导热性能不良,水化热基本上都积蓄在浇筑块内,从而引起混凝土温度明显升高,有时混凝土块体中部温度可达 60~80 ℃。由于混凝土温度高于外界气温,随着时间的延续,热量慢慢向外界散发,块体内温度逐渐下降。这种自然散热过程甚为漫长,大约要经历几年以至几十年的时间水化热才能基本消失。此后,块体温度即趋近于稳定状态。在稳定期内,坝体内部温度基本稳定,而表层混凝土温度则随外界温度的变化而呈周期性波动。由此可见,大体积混凝土温度变化一般经历升温期、冷却期和稳定期,如图 4-48 所示。

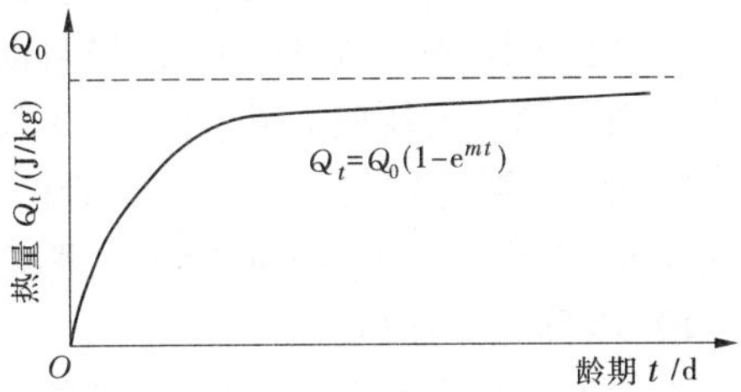

图 4-47 水泥水化热与龄期关系曲线

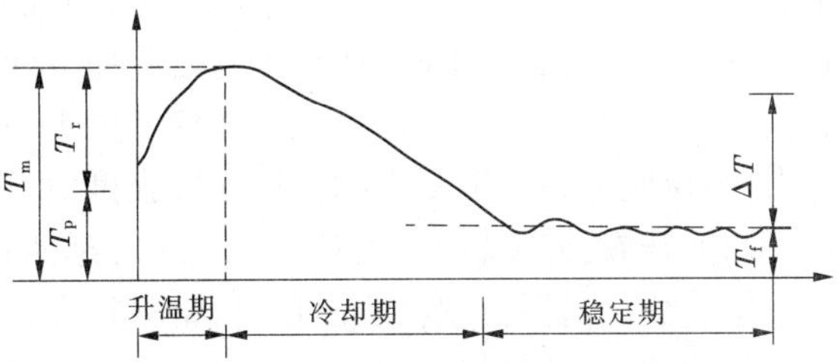

图 4-48 大体积混凝土温度变化过程

由图 4-48 可知

$$\Delta T = T_m - T_f = T_p + T_r - T_f \tag{4-7}$$

由于稳定温度 T_f 值变化不大,所以要减少温差,就必须采取措施降低混凝土入仓温度 T_p 和混凝土的最大温升 T_r。

1.2 温度应力与温度裂缝

混凝土温度的变化会引起混凝土体积变化,即温度变形。而温度变形一旦受到约束不能自由伸缩时,就必然引起温度应力。若为压应力,通常无大的危害;若为拉应力,当超过混凝土抗拉强度极限时,就会产生温度裂缝,如图 4-49 所示。

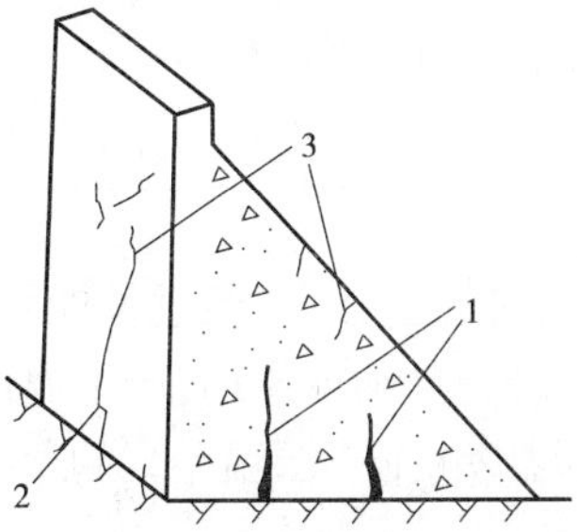

1—贯穿裂缝;2—深层裂缝;3—表面裂缝。

图 4-49 混凝土坝裂缝形式

1.2.1 表面裂缝

大体积混凝土结构块体各部分由于散热条件不同,温度也不同,块体内部散热条件差,温度较高,持续时间也较长;而块体外表由于和大气接触,散热方便,冷却迅速。当表面混凝土冷却收缩时,就会受到内部尚未收缩的混凝土的约束产生表面温度拉应力,当它超过混凝土的抗拉极限强度时,就会产生裂缝。

一般表面裂缝方向不规则,数量较多,但短而浅,深度小于 1 m,缝宽小于 0.5 mm。

有的后来还会随着坝体内部温度的降低而自行闭合,因而对一般结构威胁较小。但在混凝土坝体上游面或其他有防渗要求的部位,表面裂缝形成了渗透途径,在渗水压力作用下,裂缝易于发展;在基础部位,表面裂缝还可能与其他裂缝相连,发展成为贯穿裂缝。这些对建筑物的安全运行都是不利的,因此必须采取一些措施,防止表面裂缝的产生和发展。

防止表面裂缝的产生,最根本的是把内外温差控制在一定范围内。防止表面裂缝还应注意防止混凝土表面温度骤降(冷击)。冷击主要是冷风寒潮袭击和低温下拆模引起的,会形成较大的内外温差,最容易发生表面裂缝。因此,在冬季不要急于拆模,对新浇混凝土的表面,当温度骤降前应进行表面保护。表面保护措施可采用保温模板、挂保温泡沫板、喷水泥珍珠岩、挂双层草垫等。

1.2.2 深层裂缝和贯穿裂缝

混凝土凝结硬化初期,水化热使混凝土温度升高,体积膨胀,基础部位混凝土由于受基岩的约束,不能自由变形而产生压应力,但此时混凝土塑性较大,所以压应力很低。随着混凝土温度的逐渐下降,体积也随之收缩,这时混凝土已硬化,并与基础岩石黏结牢固,受基础岩石的约束不能自由收缩,而使混凝土内部除抵消了原有的压应力外,还产生了拉应力,当拉应力超过混凝土的抗拉极限强度时,就产生裂缝。裂缝方向大致垂直于岩面,自下而上开展,缝宽较大(可达 1~3 mm),延伸长,切割深(缝深可达 3~5 m 以上),称之为深层裂缝。当平行坝轴线出现时,常常贯穿整个坝段,则称为贯穿裂缝。

基础贯穿裂缝对建筑物安全运行是很危险的,因为这种裂缝发生后,就会把建筑物分割成独立的块体,使建筑物的整体性遭到破坏,坝内应力发生不利变化,特别大坝上游坝踵处将出现较大的拉应力,甚至危及大坝安全。

防止产生基础贯穿裂缝,关键是控制混凝土的温差,通常基础容许温差的控制范围见表 4-23。

表 4-23　基础容许温差 ΔT　　单位:℃

浇筑块边长 L/m		<16	17~20	21~30	31~40	通仓长块
离基础面高度 h/m	(0~0.2)L	25~26	22~24	19~22	16~19	14~16
	(0.2~0.4)L	27~28	25~26	22~25	19~22	17~19

混凝土浇筑块经过长期停歇,在长龄期老混凝土上浇筑新混凝土时,老混凝土也会对新混凝土起约束作用,产生温度应力,可能导致新混凝土产生裂缝,所以新老混凝土间的内部温差(上下层温差),也必须进行控制,一般允许温差为 15~20 ℃。

2 制定混凝土防裂的措施

2.1 减少混凝土发热量

2.1.1 采用低热水泥

采用水化热较低的普通大坝水泥、矿渣大坝水泥及低热膨胀水泥。

2.1.2 降低水泥用量

降低水泥用量的措施如下:

(1)掺混合材料;

(2)调整骨料级配,增大骨料最大粒径;

(3)采用低流态混凝土;

(4)掺外加剂(减水剂、加气剂);

(5)其他措施,如采用埋石混凝土,坝体分区使用不同强度等级的混凝土,利用混凝土的后期强度。

2.2　降低混凝土的入仓温度

(1)料场措施:①加大骨料堆积高度;②地弄取料;③搭盖凉棚;④喷水雾降温(石子)。

(2)冷水或加冰拌和。

(3)预冷骨料。①水冷,如喷水冷却、浸水冷却;②气冷,在供料廊道中通冷气。

2.3　散发浇筑块热量

(1)表面自然散热。采用薄层浇筑,浇筑层厚度采用3~5 cm,在基础地面或老混凝土面上可以浇1~2 m的薄层,上、下层间歇时间宜为5~10 d。浇筑块的浇筑顺序应间隔进行,尽量延长两相邻块的间隔时间,以利侧面散热。

(2)人工强迫散热——埋冷却水管。利用预埋的冷却水管通低温水以散热降温。冷却水管的作用有两个:①一期冷却。混凝土浇筑后立即通水,以降低混凝土的最高温升。②二期冷却。在接缝灌浆时将坝体温度降至灌浆温度,扩张缝隙以利灌浆。

任务11　智能大坝施工

码4-16　微课:智能大坝施工

随着科技的不断进步,数字化和信息化技术已经渗透到各个行业和领域中,在水利水电工程建设中,混凝土大坝施工也采用数字信息化技术,目前我国东庄水利枢纽工程大坝、两河口水电站大坝、黄登水电站大坝等工程都采用了智能大坝施工技术。智能大坝施工技术就是将水电工程技术与计算机技术、无线网络技术、数据传感技术等相结合,研发数字大坝施工管理信息化系统。

系统采用模块化开发,在统一的系统综合管理平台基础上,按使用功能划分为工程信息管理系统、施工过程智能监控及质量评价系统,系统预留接口,可进一步实施大坝运行后评价系统等功能模块,大坝集成利用多方面技术,提出了及时、准确、完整、可靠、适应性强的综合数据采集与传输解决方案,实现了大坝建设各专业全坝全过程的智能化监测。

系统主要业务流程包括混凝土浇筑计划、仓面设计、仓面准备、混凝土拌合生产、仓面浇筑、温控、质检等。勘测设计成果信息化管理实现了设计成果的共享与三维可视化查询。

混凝土浇筑计划动态管理主要包括:①进度动态更新与维护;②动态模拟与实时仿真;③动态调整施工计划。开仓前工序在线申报及审核,实现了施工作业流程的无纸化办公,大大提高了工作效率。

拌和楼数据自动采集与分析主要包括:①施工配料单的计算;②拌和楼生产数据的实时采集;③拌和楼生产数据的查询与反馈。

黄登水电站大坝通过在碾压机安装 GPS 流动站,实时接收 GPS 基准站差分信号,并将碾压机位置信息、振动状态实时发送到施工工艺监控系统服务器,从而实现混凝土施工工艺的监控。

系统建立的一套监测、分析、反馈、处理的高碾压混凝土坝施工工艺监控体系,可实现碾压施工质量实时监控。碾压施工质量实时监控系统,其过程主要包括:①控制标准制定,如最大碾压速度,摊铺厚度,压实厚度,碾压遍数等;②施工过程监控,施工过程中,对于超过工艺规定的施工参数进行报警;③碾压施工成果监控。

热升层层间覆盖时间实时监控,其过程主要包括:①控制标准制定,如碾压条带作业时间、层间覆盖时间、层间间隔时间等;②施工过程监控,可对热升层时间超标部位发出报警;③热升层监控成果。

防渗层加浆工艺实时监控,其过程主要包括:①控制标准制定,如单孔注浆量、孔间距,浆液比重、孔深等;②施工过程监控,对于注浆量不足、孔间距过大、孔深过浅和浆液浓度不足等情况进行报警;③加浆监控成果。

系统通过采集、分析预冷骨料温度、出机口温度、浇筑温度、冷却水温度等,结合设计指标,提出通水、控制流量,并实现定时自动换向通水混凝土内部温度、冷却水温度等,通过数字温度计实现实时在线的自动监测和调控。智能化自动通水冷却控制总体流程如下:①基于理想曲线的目标温度优化;②运用智能通水预测模型生成通水方案;③下达通水指令;④流量和通水方向精细调控;⑤温度、流量的复核验证。运行监控,主要对浇筑情况、智能通水情况、大坝总体保温情况的实时三维可视化智能监控。

通过建立风控信息的评价模型和预报警模型,实现对各种温控信息,以图形和表格的方式进行评价,并实时进行预报警信息发布。

系统通过自动灌浆记录仪与自动数据采集系统的标准接口,将灌浆作业面实时发生的数据反馈到现场监控室,实现灌浆施工的网络化实时管理。动态掌控施工现场的真实情况,保障了灌浆质量,提升了管理效率。系统将灌浆单元灌前和灌后的物探检测成果进行分析对比,可进行灌浆质量的分析。系统提供了丰富多样的报表展现形式,几乎不需要额外的整理工作,当灌浆施工作业完成时,可随时实现相应的数据成果整理,变革了灌浆成果整理方式,提高了成果整理效率。

大坝安全监测系统及管理流程为:①现场安全监测仪器的安装和埋设;②监测仪器联网;③数据归集与分析,决策支持。

智能大坝施工实现了以下方面:①温度控制智能化;②数据采集自动化;③施工信息数字化;④关键工艺标准化;⑤施工管理规范化;⑥系统功能集成化;⑦系统功能模块化。

智能大坝施工通过数字化、智能化管理手段,以及标准化的操作流程,提高了工程管理水平,减少了人工干扰及误差,有效降低了质量风险,提高了工程实体质量。随着科技的不断进步和数字化技术的不断发展,数字大坝施工将越来越广泛地应用于水利工程建设中,为水利事业的发展做出更大的贡献。

项目2 碾压混凝土坝施工

碾压混凝土采用干硬性混凝土,施工方法接近碾压式土石坝的填筑方法,采用通仓薄层浇筑、振动碾压实。碾压混凝土筑坝可减少水泥用量、充分利用施工机械、提高作业效率、缩短工期。碾压混凝土施工按照《水工碾压混凝土施工规范》(DL/T 5112—2021)进行。

任务1 碾压混凝土坝施工

1 原材料及配合比

码 4-17 微课:碾压混凝土坝施工

1.1 胶凝材料

碾压混凝土一般采用硅酸盐水泥或矿渣硅酸盐水泥,掺 30%~65%粉煤灰,胶凝材料用量一般为 120~160 kg/m^3,《水工碾压混凝土施工规范》(SL 53—1994)中规定,大体积建筑物内碾压混凝土的胶凝材料用量不宜低于 130 kg/m^3,其中水泥熟料不宜低于 45 kg/m^3。

1.2 骨料

与常态混凝土一样,可采用天然骨料或人工骨料,骨料最大粒径一般为 80 mm, 迎水面用碾压混凝土自身作为防渗体时,一般在一定宽度范围内采用二级配碾压混凝土。碾压混凝土砂率一般比常态混凝土的高,对砂子含水率的控制要求比常态混凝土严格,沙子含水量不稳定时,碾压混凝土施工层面易出现局部集中泌水现象。

1.3 外加剂

一般应掺用缓凝减水剂,并掺用引气剂,增强碾压混凝土抗冻性。

1.4 碾压混凝土配合比

碾压混凝土配合比应满足工程设计的各项指标及施工工艺要求,包括:

(1)混凝土质量均匀,施工过程中粗骨料不易发生分离;

(2)工作量适当,拌和物较易碾压密实,混凝土容重较大;

(3)拌和物初凝时间较长,易于保证碾压混凝土施工层面的良好黏结,层面物理力学性能好;

(4)混凝土的力学强度、抗渗性能等满足设计要求,具有较高的拉伸应变能力;

(5)对于外部碾压混凝土,要求具有适应建筑物环境条件的耐久性;

(6)碾压混凝土配合比经现场试验后调整确定。

2 碾压混凝土浇筑上升方式的确定

以美国和日本为代表,形成两种不同的碾压混凝土浇筑上升方式。采用美国式的碾压混凝土施工(RCC)时,一般不分纵横缝(必要时可设少量横缝),采用大仓面通仓浇筑,压实层一般厚 30 cm。对于水平接缝的处理,许多坝以成熟度(气温与层面停歇时间的乘积)作为判断标准,在成熟度超过 200~260 ℃ · h 时,对层面采取刷毛、铺砂浆等措施处理,否则仅对层面稍作清理。实际上,层面一般只需要清除松散物,在碾压混凝土尚处于塑性状态时浇筑上一层碾压混凝土,因而施工速度快,造价低,也利于层面结合。日本式的碾压混凝土坝施工(RCD),用振动切缝机切出与常态混凝土坝相同的横缝,碾压混凝土压实层厚 50~75 cm,甚至达到 100 cm,每层混凝土分几次薄层平仓,平仓层厚 15~25 cm,一次碾压。每层混凝土浇筑后停歇 3~5 d,层面冲刷毛铺砂浆,因而混凝土水平施工缝面质量良好,但施工速度较慢。我国在吸收美国、日本施工经验的基础上,既有沿用两种方法修筑的碾压混凝土坝,也采用了改进的施工方法,如辽宁观音阁碾压混凝土坝完全采用日本的施工方法,广西岩滩碾压混凝土围堰等则完全采用美国的施工方法。我国大多数碾压混凝土坝则采用自创的碾压混凝土 RCC 施工方法,即碾压混凝土在一个升程内(一般 2~3 m 高)采用大面积薄层连续浇筑上升,压实层厚 30 cm,一个升程混凝土浇筑完毕后,对层面冲刷毛,在下一升程浇筑前铺砂浆。三峡碾压混凝土纵向围堰及二期厂坝导墙即采用该法施工。

对于施工仓面较大,碾压混凝土施工强度受施工设备限制难以满足连续浇筑上升层面允许间歇时间要求时,可采用斜层铺筑法浇筑,该法首先在湖南江垭工程碾压混凝土施工中采用,施工时碾压层向上游或沿坝轴线方向倾斜,坡度根据混凝土施工强度确定,一般为 1∶20~1∶40,以满足连续浇筑上升层间允许间歇时间要求为准。该法可缩短连续浇筑上升时层间间歇时间,有利于提高层间胶结强度,升程高度一般为 3 m。

在碾压混凝土施工速度及施工强度上,其最大日浇筑量接近 2 万 m^3,日上升速度达 1.2 m。

3 碾压混凝土浇筑时间的确定

碾压混凝土采用一定升程内通仓薄层连续浇筑上升,连续浇筑层层面间歇 6~8 h,高温季节浇筑碾压混凝土时预冷碾压混凝土在仓面的温度回升大;另外,碾压混凝土用水量少,拌制预冷混凝土时加冰量少,高温季节出机口温度难以达到 7 ℃,因而高温季节对碾压混凝土进行预冷的效果不如常态混凝土。经计算分析,高温季节浇筑基础约束区混凝土温度将远远超过坝体设计允许最高温度,因而可能产生危害性裂缝。此外,高温季节浇筑碾压混凝土时,混凝土初凝时间短,表层混凝土水分蒸发量大,压实困难,层面胶结差,从而使本为碾压混凝土薄弱环节的层面结合更难保证施工质量。斜层铺筑法虽然可改善混凝土层面胶结,但难以解决混凝土温度控制等问题。

综上所述,为确保大坝碾压混凝土质量,高温季节不宜浇筑碾压混凝土,根据已建工程施工经验,在日均气温超过 25 ℃时不宜浇筑碾压混凝土。三峡工程在技术设计阶段,研究大坝采用碾压混凝土的可行性时,确定碾压混凝土仅在低温季节浇筑下部大体积混凝土时采用,气温较高时改用常态混凝土浇筑。左导墙碾压混凝土浇筑也规定在 10 月下旬至次年 4 月上旬进行,其余时间停浇。

4 碾压混凝土拌和及运输

碾压混凝土一般可用强制式或自落式搅拌机拌和,也可采用连续式搅拌机拌和,其拌和时间一般比常态混凝土延长30 s左右,故而生产碾压混凝土时拌和楼生产率比常态混凝土低10%左右。碾压混凝土运输一般采用自卸汽车、皮带机、真空溜槽等方式,也有的采用坝头斜坡道转运混凝土。选取运输机具时,应注意防止或减少碾压混凝土骨料分离。

5 平仓及碾压

碾压混凝土浇筑时一般按条带摊铺,铺料条带宽根据施工强度确定,一般为4~12 m,铺料厚度为35 cm,压实后为30 cm,铺料后常用平仓机或平履带的大型推土机平仓。为解决一次摊铺产生骨料分离的问题,可采用二次摊铺,即先摊铺下半层,然后在其上卸料,最后摊铺成35 cm的层厚。采用二次摊铺后,对料堆之间及周边集中的骨料经平仓机反复推刮后,能有效分散,再辅以人工分散处理,可改善自卸汽车铺料引起的骨料分离问题。一条带平仓完成后立即开始碾压,振动碾一般选用自重大于10 t的大型双滚筒自行式振动碾,作业时行走速度为1~1.5 km/h,碾压遍数通过现场试碾确定,一般为无振2遍,有振6~8遍。碾压条带间搭接宽度大于20 cm,端头部位搭接宽度大于100~150 cm。条带从铺筑到碾压完成宜控制在2 h左右。边角部位采用小型振动碾压实。碾压作业完成后,用核子密度仪检测其容重,达到设计要求后进行下一层碾压作业;若未达到设计要求,立即重碾,直到满足设计要求为止。模板周边无法碾压部位一般可加注与碾压混凝土相同水灰比的水泥浓浆后用插入式振捣器振捣密实。仓面碾压混凝土的VC值控制在5~10 s,并尽可能地加快混凝土的运输速度,缩短仓面作业时间,做到在下一层混凝土初凝前铺筑完上一层碾压混凝土。

当采用"金包银"法(指周边外围常态混凝土与内部碾压混凝土同步浇筑)施工时,尤其要注意周边常态混凝土与内部碾压混凝土结合面的施工质量。

6 防渗层常态混凝土浇筑

"金包银"结构的外部防渗层常态混凝土铺筑层厚一般与碾压混凝土相同,为30 cm,可采取先浇常态混凝土,在常态混凝土初凝前铺筑碾压混凝土,或先浇碾压混凝土,再浇筑常态混凝土,结合部位采用振动碾压实,大型振动碾无法碾压的部位,用小型振动碾碾压。

7 造缝

碾压混凝土一般采取几个坝段形成的大仓面通仓连续浇筑上升,坝段之间的横缝,一般可采取切缝机切缝(缝内填设金属片或其他材料)、埋设隔板或钻孔填砂形成,或采用其他方式设置诱导缝。切缝机切缝时,可采取先切后碾或先碾后切,成缝面积不少于设计缝面的60%。埋设隔板造缝时,相邻隔板间隔不大于10 cm,隔板高度宜比压实层面低2~3 cm。钻孔填砂造缝则是待碾压混凝土浇筑完一个升程后沿分缝线用手风钻造诱导孔。

8 施工缝面处理

正常施工缝一般在混凝土收仓后 10 h 左右用压力水冲毛,清除混凝土表面的浮浆,以露出粗砂粒和小石为准。施工过程中因故中止或其他原因造成层面间歇时间超过设计允许间歇时间,视间歇时间的长短采取不同的处理方法,对于间歇时间较短、碾压混凝土未终凝的施工缝面,可采取将层面松散物和积水清除干净,铺一层 2~3 cm 厚的砂浆后,继续进行下一层碾压混凝土摊铺、碾压作业;对于已经终凝的碾压混凝土施工缝,一般按正常工作缝处理。第一层碾压混凝土摊铺前,砂浆铺设随碾压混凝土铺料进行,不得超前,保证在砂浆初凝前完成碾压混凝土的铺筑。碾压混凝土层面铺设的砂浆应有一定坍落度。

9 模板

规则表面采用组合钢模板,不规则面一般采用木模板或散装钢模板。为便于碾压混凝土压实,模板一般用悬臂模板,可用水平拉条固定。对于连续浇筑上升的坝体,应特别注意水平拉条的牢固性。廊道等孔洞宜采用混凝土预制模板。碾压混凝土坝下游面为方便碾压混凝土施工,可做成台阶,并可用混凝土预制模板形成。

任务 2 碾压混凝土温度控制

1 分缝分块

码 4-18 微课:碾压混凝土温度控制

碾压混凝土施工一般采取通仓薄层连续浇筑,当仓面很大而施工机械生产率不能满足层面间歇期要求时,对整个仓面分设几个浇筑区进行施工。为适应碾压混凝土施工的特点,碾压混凝土坝或围堰不设纵缝,横缝间距一般也比常态混凝土间距大,采用立模、锯缝或在表面设置诱导缝。例如,三峡工程纵向围堰坝身段下部高程 84.5 m 以下采用了碾压混凝土施工,该坝段顺流向长度为 115 m,横缝间距 36 m 和 32 m,不分纵缝通仓施工,最大仓面面积 4 140 m^2;三峡工程厂坝导墙采用碾压混凝土,导墙分块长度 30~34 m,采用 2~3 块为一碾压仓,人工造缝形成设计分块缝。对于碾压混凝土围堰或小型碾压混凝土坝,也有不设横缝的通仓施工,例如隔河岩上游横向围堰及岩滩上下游横向围堰均未设横缝。大中型碾压混凝土坝如不设横缝,难免会出现裂缝,美国早期修建的几座未设横缝的大中型碾压混凝土坝均出现较大裂缝而不得不进行修补。

2 碾压混凝土温度控制标准

碾压混凝土胶凝材料用量少,极限拉伸值一般比常态混凝土小,其自身抗裂能力比常态混凝土差,因此其温差标准比常态混凝土严,《混凝土重力坝设计规范》(NB/T 35026—

2022)中规定,当碾压混凝土 28 d 极限拉伸值不低于 0.70×10^4 时,碾压混凝土坝基础容许温差见表 3-30。对于外部无常态混凝土或侧面施工期暴露的碾压混凝土浇筑块,其内外温差控制标准一般在常态混凝土基础上加 2~3 ℃。

3　碾压混凝土温度计算

由于碾压混凝土采用通仓薄层连续浇筑上升,混凝土内部最高温度一般采用差分法或有限元法进行仿真计算。计算时每一碾压层内竖直方向设置 3 层计算点,水平方向则根据计算机容量设置不同数量计算点。

4　冷却水管埋设

碾压混凝土一般采取通仓浇筑,且为保证层间胶结质量,一般安排在低温季节浇筑,不需要进行初、中、后期通水冷却,从而不需要埋设冷却水管。但对于设有横缝且需进行接缝灌浆,或气温较高,混凝土最高温度不能满足要求时,也可埋设水管进行初、中、后期通水冷却。三峡工程在碾压混凝土纵向围堰及纵堰坝身段下部碾压混凝土中均埋设了冷却水管。施工时冷却水管一般布设在混凝土面上,水管间距 2 m,开始采用挖槽埋设,此法费工、费时,效果亦不佳。之后改在施工缝面上直接铺设,用钢筋或铁丝固定间距,开仓时用砂浆包裹,推土机入仓时先用混凝土作垫层,避免履带压坏水管。一般在收仓后 24 h 开始进行初期通水冷却,通水流量 18~20 L/min,通水时间不少于 7 d,一般可降低混凝土最高温度 3~5 ℃。

5　温控措施

碾压混凝土主要温控措施与常态混凝土基本相同,仅混凝土铺筑季节受到较大限制,由于碾压混凝土属干硬性混凝土,用水量少,高温季节施工时表面水分散发后易干燥而影响层间胶结质量,故而一般要求在低温季节浇筑。

【工程案例】

码 4-19　工程案例

【能力训练】

码 4-20　能力训练

模块 5 隧洞施工

【学习目标】

名称	内容
知识目标	1. 熟悉隧洞开挖的基本方法； 2. 掌握新奥法隧洞钻孔爆破施工的施工工艺流程和技术要求； 3. 掌握喷锚支护施工技术； 4. 掌握隧洞衬砌施工工艺流程和技术要求； 5. 掌握地下工程施工安全技术
能力目标	1. 能编制隧洞钻孔爆破施工方案； 2. 能描述掘进机施工过程； 3. 能编制隧洞锚喷支护专项施工方案； 4. 能编制隧洞衬砌专项施工方案
素质目标	1. 培养学生乐观、积极的工作态度； 2. 培养学生，引导学生树立吃苦耐劳、甘于奉献、精益求精的大国工匠精神和“忠诚、干净、担当、科学、求实、创新”的新时代水利精神； 3. 培养学生规范意识、团队精神、协作能力

学·思·悟

1. 结合白鹤滩等大型水利工程案例，为学生介绍中国水利行业地下工程建设现状，激发学生的爱国热情，树立学生的民族自豪感及专业认同感，激发学生科技报国的家国情怀和使命担当，提高学生新时代水利人的专业素养；

2. 以电子雷管隧洞爆破新技术和掘进机隧洞施工新技术、新工艺及新方法介绍，了解水利行业的最新动态，掌握水利行业的最新技术，培养学生科学、创新的职业精神；

3. 结合隧洞施工安全案例讲解，培养学生安全施工意识和能力，提高学生吃苦耐劳、敬业奉献的职业素养；

4. 以隧洞施工工作任务为驱动，引导学生查阅混凝土坝相关施工规范，进行分组讨论，展示学习成果，锻炼学生团队协作能力和自我展示能力，养成查找规范和使用规范的能力，能够严格落实施工技术标准和施工工艺及规范要求。

南水北调穿黄工程

【参考规范】

1.《水工建筑物地下开挖工程施工规范》(SL 378—2007);

2.《水利水电工程锚喷支护技术规范》(SL/T 377—2025);

3.《水利水电工程单元工程施工质量验收标准 第3部分:地基处理与基础工程》(SL 631.3—2025);

4.《水电水利工程爆破施工技术规范》(DL/T 5135—2013);

5.《爆破安全规程》(GB 6722—2014);

6.《水电水利地下工程施工测量规范》(DL/T 5742—2016);

7.《水电水利工程预应力锚固施工规范》(DL/T 5083—2019);

8.《全断面岩石掘进机施工技术导则》(DL/T 5819—2021)。

隧洞地下工程包括水利水电工程的各种平洞、地下厂房、斜井和竖井等。地下工程往往是整个枢纽工程施工进度控制的关键项目。隧洞断面结构及所穿越的地带围岩性质不同,其施工方法也不同,通常有钻爆法、TBM 法和盾构法等。目前,钻爆法应用较为广泛,TBM 法、盾构法技术越来越成熟,是今后发展的趋势。

隧洞施工按照《水利水电工程施工组织设计规范》(SL 303—2017)进行。隧洞施工的主要作业内容包括开挖、出渣、衬砌或支护、回填灌浆等,隧洞施工图片和视频见模块5拓展资料二维码。为创造良好施工环境加快施工进度,应妥善解决好以下辅助作业内容:通风、散烟、除尘,风、水、电供应,排水。隧洞施工程序如图5-1所示。

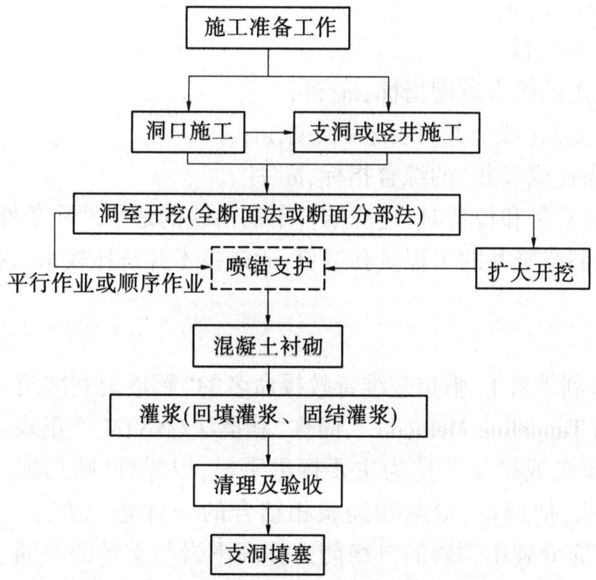

图5-1 隧洞施工程序

项目 1 隧洞钻爆法施工

任务 1 隧洞施工方案的确定

平洞施工方案就是施工方法、施工程序和施工组织统一协调的综合。平洞施工程序和方法的选择主要取决于地质条件、断面尺寸、平洞轴线长短,以及施工机械化水平等因素,同时要处理好平洞开挖与临时支撑、衬砌(或支护)的关系,以便使各项工作能在相对狭小的工作面上有条不紊地协调进行。

1 平洞施工工作面的确定

一般情况下,平洞开挖至少有进、出口两个工作面,如果洞线较长,工期紧迫,则应考虑开挖施工支洞或竖井等来增加工作面。

工作面的数目可按下式进行估算:

$$\left(\frac{L}{NV}+\frac{L_{max}}{v}\right) \leqslant [T] \tag{5-1}$$

式中 $[T]$——平洞施工的限定期,月;

L——平洞的全长,m;

N——工作面的数目;

V——平洞施工的综合进度指标,m/月;

L_{max}——施工支洞(或竖井)的最大长度,m;

v——施工支洞(或竖井)的综合指标,m/月。

在确定工作面的数目和位置时,还应结合平洞沿线的地形地质条件、洞内外运输道路和施工场地布置、支洞或竖井的工程量和造价,通过技术经济比较来选择。

2 隧洞开挖

1963 年,由奥地利学者 L. 腊布兹维奇教授命名的“新奥地利隧道施工法(New Austria Tunneling Method)”,简称“新奥法(NATM)”正式出台。它是以控制爆破或机械开挖为主要掘进手段,以锚杆、喷射混凝土为主要支护方法,把理论、量测和经验相结合的一种施工方法。其核心是及时支护,充分利用围岩的自稳能力提高围岩与支护的共同作用。

码 5-1 微课:隧洞开挖方法

应用新奥法施工必须遵循的基本原则如下:

(1)围岩是隧洞的主要承载单元,要在施工中充分保护和爱护围岩。

(2)容许围岩有可控制的变形,充分发挥围岩的结构作用。

(3)变形的控制主要是通过支护阻力(各种支护结构)的效应达到的。

(4)在施工中,必须进行实地量测监控,及时提出可靠的、足够数量的量测信息,以指导施工和设计。

(5)在选择支护手段时,一般应选择能大面积牢固地与围岩紧密接触的、能及时施设和应变能力强的支护手段。

(6)要特别注意,隧洞施工过程是围岩力学状态不断变化的过程。

(7)在任何情况下,使隧洞断面能在较短时间内闭合是极为重要的。在岩石隧洞中,因围岩的结构作用,开挖面能够"自封闭"。而在软弱围岩中,则必须改变"重视上部,忽视底部"的观点,应尽量采用能先修筑仰拱(或临时仰拱)或底板的施工方法,使断面及早封闭。

(8)在隧洞施工过程中,必须建立设计—施工检验—地质预测—量测反馈—修正设计的一体化施工管理系统,以不断提高和完善隧洞施工技术。

以上隧洞施工的基本原则可扼要地概括为"少扰动、早喷锚、勤量测、紧封闭"。新奥法的施工工序如图5-2所示。

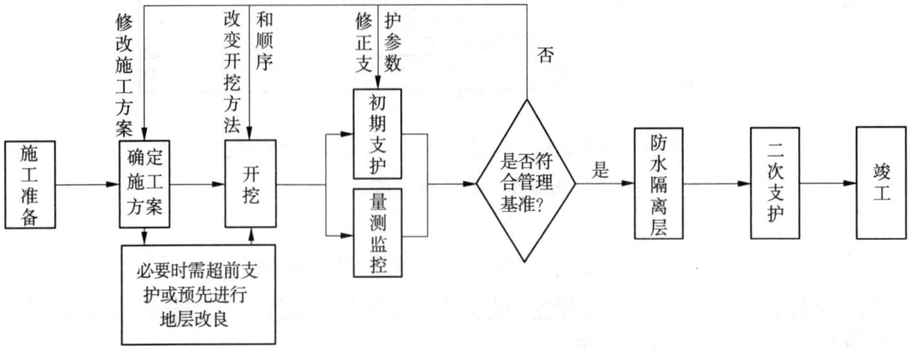

图5-2 新奥法施工工序框图

隧洞开挖方法实际上是指开挖成形方法,按开挖隧洞的横断面分布情况来分,开挖方法可分为全断面开挖法、断面分部法(台阶开挖法、导洞开挖法)。

2.1 全断面开挖法

全断面开挖法是按设计开挖断面一次开挖成形的,见图5-3。

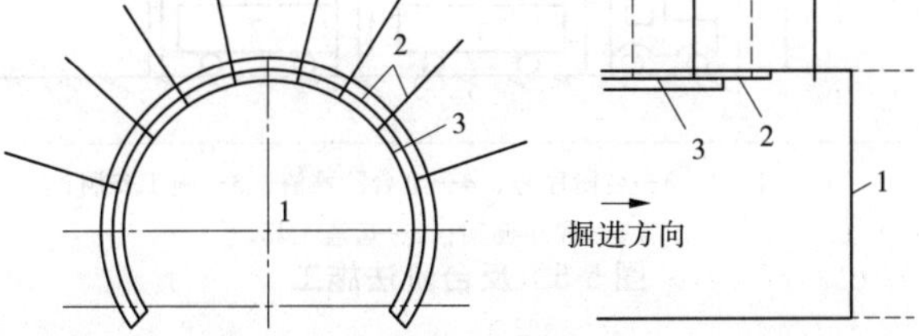

1—全断面开挖法开挖的工作面;2—锚喷支护;3—模筑混凝土衬砌。

图5-3 全断面开挖法形式

全断面开挖法适用于断面较小、围岩坚固稳定($f \geq 8 \sim 10$)、洞径小于10 m的平洞,配有充足大型开挖衬砌设备的平洞开挖。

一般情况下,循环进尺可采用以下数值:

(1)在Ⅰ~Ⅲ类围岩中,用手持凿岩机钻孔时为2~4 m;用架钻台车或多臂钻车钻孔时为3~5 m。

(2)在Ⅳ、Ⅴ类围岩中,应适当减少循环进尺。

2.2　台阶开挖法

台阶开挖法一般是将设计断面分成上、下断面(或上、中、下断面)分次开挖成形的开挖方法,有正台阶法和反台阶法两种。洞径或洞高在10 m以上,应采用台阶法开挖。

2.2.1　正台阶法

正台阶法在大断面平洞施工中应用较为普遍,其上层开挖高度一般为6~8 m,如图5-4所示。

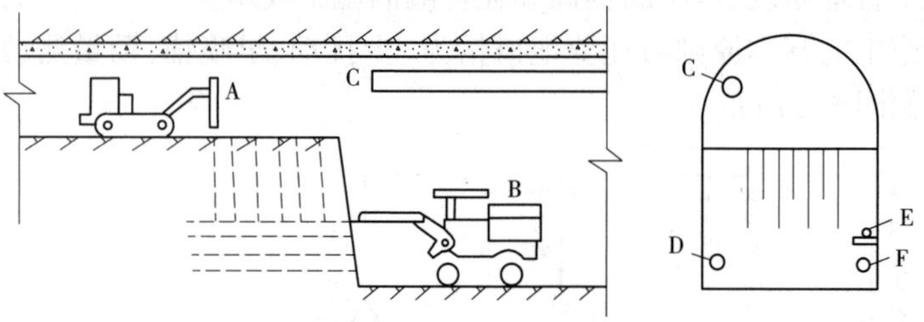

A—垂直钻机;B—水平钻机;C—通风管;D—水管;E—电缆管;F—风管。

图5-4　正台阶法施工

2.2.2　反台阶法

反台阶法用于稳定性较好的岩层中施工,将整个隧洞断面分成几层,在底层先开挖较宽的下导坑,再由下向上分部扩大开挖,进行上层钻眼时,需设立工作平台或采用漏洞棚架,后者可供装渣之用,如图5-5所示。

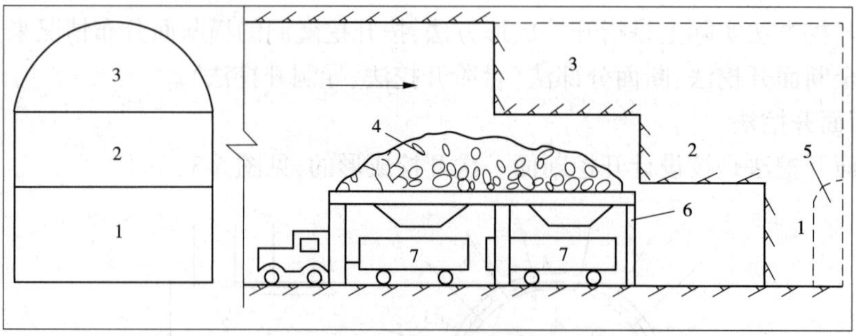

1、2、3—台阶序号;4—上台阶堆渣;5—施工支洞;
6—漏斗棚架;7—运渣工具。

图5-5　反台阶法施工

2.3　导洞开挖法

导洞开挖法先开挖断面的一部分作为导洞,再逐次扩大开挖隧洞的整个断面,是用于隧洞断面较大,地质条件或施工条件差,采用全断面开挖有困难时的一种施工方法。导洞断面不宜过大,以能适应装渣机械装渣、出渣车辆运输、风水管路安装和施工安全为度。

导洞可增加开挖爆破时的自由面,有利于探明隧洞的地质和水文地质情况,并为洞内通风和排水创造条件。导洞开挖后,扩挖可以在导洞全长挖完之后进行,也可以和导洞开挖平行作业。

根据地质条件、地下水情况、隧洞长度和施工条件,确定采用下导洞、上导洞或中心导洞等,如图5-6所示。围岩较稳定时,可采用下导洞法;围岩稳定性差时,多采用上导洞法或上下导洞法;隧洞断面大、地下水丰富时,多采用上下导洞法。

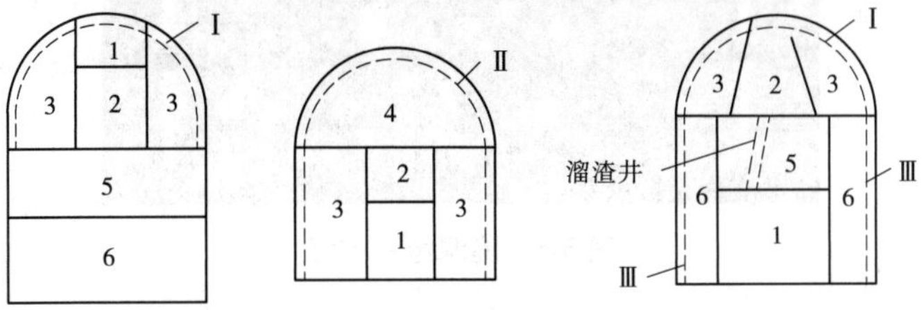

(a)上导洞法 (b)下导洞法 (c)上下导洞法

图5-6 隧洞导洞法开挖

任务2 隧洞钻孔爆破法施工

钻爆法一直是地下建筑岩体开挖的主要施工方法,根据钻爆设计图进行钻孔施工,其主要工序有测量放线布孔、钻孔、清孔装药、连接网路、起爆、通风排烟、危石处理、清渣、支护。

码5-2 微课:隧洞钻孔爆破法施工 **码5-3 图片:隧洞钻孔爆破法施工**

1 炮孔布置

炮孔布置首先应确定施工开挖线,然后进行炮孔布置,隧洞爆破通常将开挖断面上的炮孔分区布置且分区顺序起爆,逐步扩大完成一次爆破开挖。隧洞断面上的炮孔布置见图5-7。

1.1 掏槽孔布置

掏槽孔的作用是将开挖面上某一部位的岩石掏出一个槽,以形成新的临空面,为其余炮孔的爆破创造有利条件。掏槽孔一般要比其他的孔深10~20 cm,布置在开挖断面的中下部,加密布孔和装药,在整个断面上最先起爆。

根据坑道断面、岩石性质和地质构造等条件,掏槽孔排列形式有很多种,总的可分成斜孔掏槽(见图5-8)和直孔掏槽两大类。

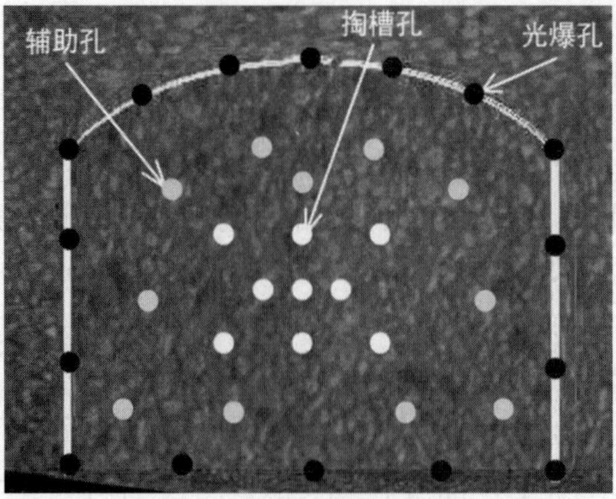

图 5-7　隧洞炮孔布置

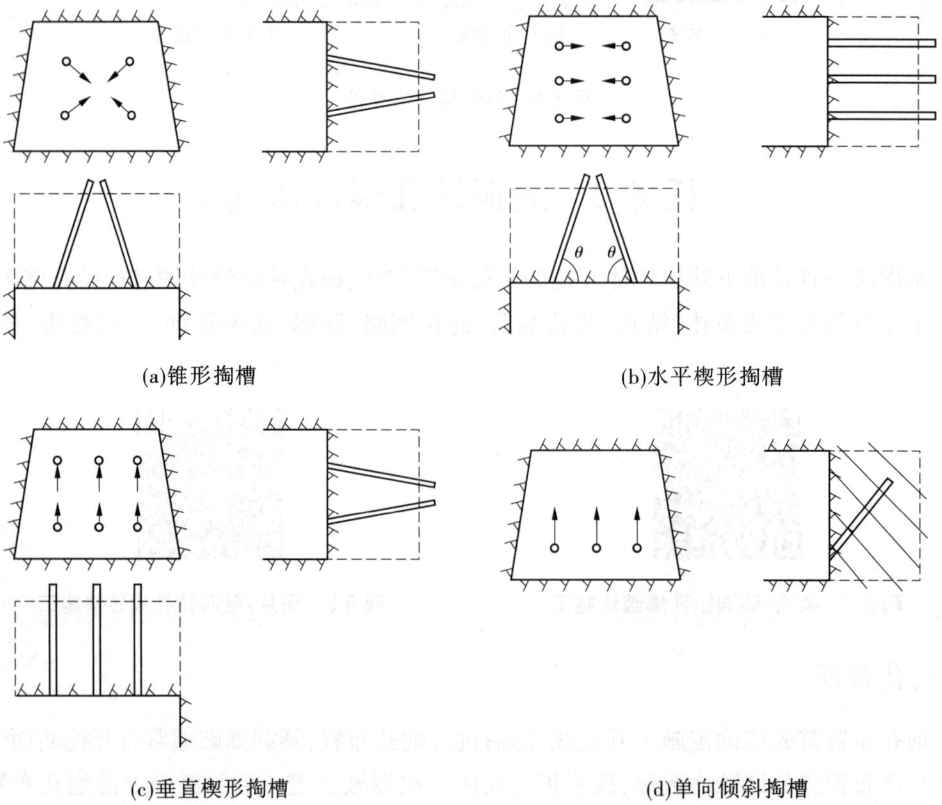

(a)锥形掏槽　(b)水平楔形掏槽　(c)垂直楔形掏槽　(d)单向倾斜掏槽

图 5-8　斜孔掏槽形式

斜孔掏槽的优点是可以按岩层的实际情况选择掏槽方式和掏槽角度,容易把岩石抛出,而且所需掏槽孔数较少,掏槽体积大,易将岩石抛出,有利于其他炮眼的爆破。缺点是孔深受坑道断面尺寸的限制,不便于多台钻机同时凿岩。

直孔掏槽的优点是凿岩作业比较方便,不需随循环进尺的改变而变化掏槽形式,仅需改变炮孔深度;直孔掏槽石渣抛掷距离也可缩短。所以,目前现场多采用直孔掏槽。缺点是炮孔数目和单位用药量较多,炮孔位置和钻孔方向也要求高度准确,才能保证良好的掏槽效果,技术比较复杂。

1.2 辅助孔布置

辅助孔(又称崩落孔)的作用是进一步扩大掏槽体积和增大爆破量,并为周边孔创造有利的爆破条件。其布置主要是解决炮孔间距 E 和最小抵抗线 W 问题,这可以由工地经验决定。一般取 $E/W=60\%\sim80\%$为宜。辅助眼应由内向外,逐层布置,逐层起爆,逐步接近开挖断面轮廓形状。

1.3 光爆孔布置

光爆孔(又称周边孔)的作用是爆破后使坑道断面达到设计的形状和规格。周边孔原则上沿着设计轮廓均匀布置,间距和最小抵抗线应比辅助孔小,以便爆出较为平顺的轮廓。孔底应根据岩石的抗爆破性来确定其位置,应将炮孔方向以 3%~5%的斜率外插,这一方面是为了控制超欠挖,另一方面是为了便于下次钻孔时容易落钻开孔。一般对于松软岩层,孔底应落在设计轮廓线上;对于中硬岩及硬岩,孔底应落在设计轮廓线以外 10~15 cm。此外,为保证开挖面平整,辅助孔及周边孔的深度应使其孔底落在同一垂直面上,必要时应根据实际情况调整炮眼深度。

周边孔的爆破,在很大程度上影响到开挖轮廓的质量和对围岩的扰动破坏程度,可采用光面爆破或预裂爆破。特别当岩质较软或较破碎时,应加强开挖轮廓面钻爆施工。

2 钻孔

隧洞工程中常使用的凿岩机有风动凿岩机和液压凿岩机。另外,还有电动凿岩机和内燃凿岩机,但较少采用。

钻头直接连接在钻杆前端(整体式)或套装在钻杆前端(组合式),钻杆尾则套装在凿岩机的机头上,钻头前端则镶入硬质高强耐磨合金钢凿刃。凿刃起着直接破碎岩石的作用,它的形状、结构、材质、加工工艺是否合理都直接影响凿岩效率和其本身的磨损。

常用钻头的钻孔直径有 38 mm、40 mm、42 mm、45 mm、48 mm 等,用于钻中空孔眼的钻头直径可达 102 mm,甚至更大。超过 50 mm 的钻孔施工时,则需要配备相应型号和钻孔能力的钻机施工。钻头和钻杆均有射水孔,压力水通过此孔清洗岩粉。钻头形式见图 5-9。

3 炮孔清理及炸药装填

首先要对炮孔参数进行检查验收,测量炮孔位置、炮孔深度是否符合设计要求。然后对钻好的炮孔进行清渣和排水。可用长柄掏勺掏出孔内留有的岩渣,再用布条缠在掏勺上,将孔内的存水吸干,或用压气管通入孔底,利用压气将孔内的岩渣和水分吹出。

待准备工作完毕并确认炮孔合格后,即可进行装药工作。装药时一定要严格按照预先计算好的每个炮眼装药量装填。总的装药长度不宜超过眼深的 2/3。用木制炮棍压紧,以增加炮眼的装药密度。在有水或潮湿的炮孔中,应采取防水措施或改用防水炸药。

当采用导爆索起爆时,应该用胶布将导爆索与每个药卷紧密贴合,才能充分发挥导爆索的引爆作用。

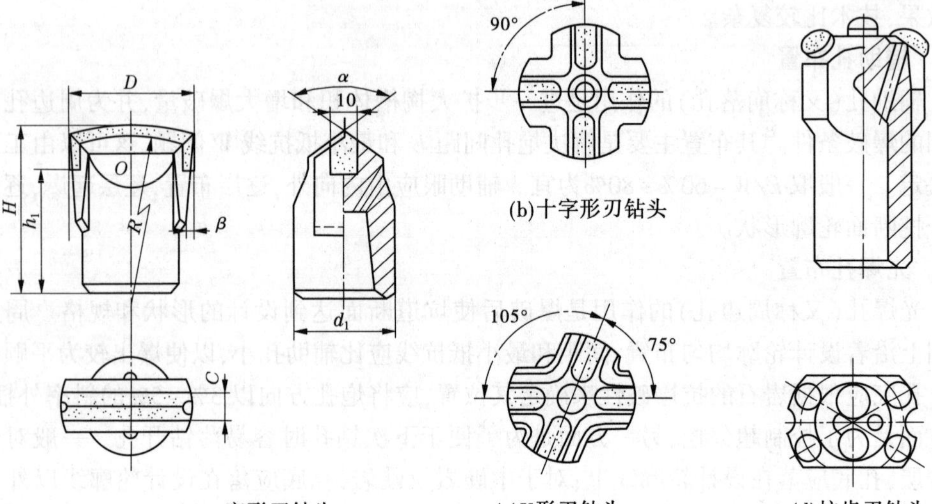

(a)一字形刃钻头 (b)十字形刃钻头 (c)X形刃钻头 (d)柱齿刃钻头

D—钻头的外径;H—钻头的总高度;h_1—镶齿安装部位的高度;

β—镶齿与钻头主体间的安装角度;O—钻头的中心位置;R—钻头内部圆弧的半径。

图 5-9 钻头形式

4 炮孔堵塞

常用的堵塞材料有砂子、黏土、岩粉等。小直径炮孔则常用炮泥堵塞。炮泥是用砂子和黏土混合配制而成的,其质量比为3:1,再加上20%的水。混合均匀后再揉成直径稍小于炮眼直径的炮泥段。堵塞时将炮泥段送入炮眼,用炮棍适当加压捣实。炮孔堵塞长度可以是全部堵塞,也可以是部分堵塞,堵塞一般不能小于最小抵抗线,堵塞应是连续的,中间不能间断。

5 炸药起爆

起爆前,应专人检查包括装药,核对起爆炮孔数、起爆网路,确认无误后,方可实施起爆。

爆破指导人员要确认周围安全警戒工作完成,并发布放炮信号后,方可发起爆命令,警戒人员应在规定警戒点进行警戒,在未确认撤除警戒前不应该擅离职守;起爆后,确认炮孔全部起爆,经检查后方可发出解除警戒信号,撤除警戒人,如发现盲炮,要采取安全防范措施后,才能解除警戒信号。

6 烟尘清理

起爆后即可进行通风散烟,待散烟结束作业人员方可进行洞内作业。

7 安全检查与危石处理

在通风散烟后,应检查隧洞周围特别是拱顶是否有粘连在围岩母体上的危石。对这些危石以前常采用长撬棍处理,但不安全,条件许可时,可以采用轻型的长臂挖掘机进行危石的安全处理。

8 初期支护

当围岩质量或自稳性较差时,为预防塌方或松动掉块产生安全事故,必须对暴露围岩进行临时的支撑或支护。

临时支撑的形式很多,有木支撑、钢支撑、钢筋混凝土支撑、喷混凝土和锚杆支撑。可根据地质条件、材料来源及安全经济等要求来选择。

喷锚支护详见“任务3 喷锚支护施工”。

9 出渣运输

出渣运输是隧道开挖中费力费时的工作,所花费时间占循环时间的1/3~1/2,它是控制掘进速度的关键工序,在大断面洞室中尤为突出。因此,必须制定切实可行的施工组织措施,规划好洞内外运输线路和弃渣场地,通过计算选择配套的运输设备,拟定装渣运输设备的调度运输方式和安全运行措施。

任务3 喷锚支护施工

喷锚支护是喷混凝土支护、锚杆支护、喷混凝土锚杆支护、喷混凝土锚杆钢筋网支护和喷混凝土锚杆钢拱架支护等不同支护形式的统称。喷锚支护是地下工程施工中对围岩进行保护与加固的主要新型技术措施,亦是新奥地利隧道工程法(新奥法)的主要支护措施。

码5-4 微课:喷锚支护施工

码5-5 图片:喷锚支护施工

新奥法施工中,喷锚支护一般分两期进行:

(1)初期支护。在洞室开挖后,适时采用薄层的喷混凝土支护,建立起一个柔性的“外层支护”,必要时可加锚杆或钢筋网、钢拱架等设施,同时通过量测手段,随时掌握围岩的变形与应力情况。初期支护是保证施工早期洞室安全稳定的关键。

(2)二期支护。待初期支护后且围岩变形达到基本稳定时,进行二期支护,如复喷混凝土、锚杆加密,也可采用模注混凝土,进一步提高其耐久性、防水性、安全系数及表面平整度等。

1 围岩破坏形式与喷锚类型

由于围岩条件复杂多变,其变形、破坏的形式与过程多有不同,各类支护措施及其作用特点也各不相同。在实际工程中,尽管围岩的破坏形态很多,但总体上,围岩破坏表现为局部性破坏和整体性破坏两大类。

1.1 局部性破坏

局部性破坏的表现形式包括开裂、错动、崩塌等，多发生在受到地质结构面切割的坚硬岩体中。

对于局部性破坏，喷锚类型通常采用锚杆支护，有时根据需要加喷混凝土支护。利用锚杆的抗剪与抗拉能力，可以提高 c、φ 值（c 为黏聚力，φ 为内磨擦角）及对不稳定岩体进行悬吊。而喷混凝土支护，其作用则表现在：①填平凹凸不平的壁面，以避免过大的局部应力集中；②封闭岩面，以防止岩体的风化；③堵塞岩体结构面的渗水通道、胶结已松动的岩块，以提高岩层的整体性；④提供一定的抗剪力。

1.2 整体性破坏

整体性破坏也称强度破坏，是大范围内岩体应力超限所引起的一种破坏现象。表现为大范围坍落、边墙挤出、底鼓、断面大幅度缩小等破坏形式。

对于整体性破坏，常采用复式喷混凝土与系统锚杆支护相结合的方法，喷混凝土锚杆钢筋网支护和喷混凝土锚杆钢拱架支护等不同支护复合形式，这样不仅能够加固围岩，而且可以调整围岩的受力分布。

2 锚杆支护

锚杆是用金属（主要是钢材）或其他高抗拉性能材料制作的杆状构件，配合使用某些机械装置、胶凝介质，按一定施工工艺，将其锚固于地下洞室围岩的钻孔中，起到加固围岩、承受荷载、阻止围岩变形的目的。

在工程中，按锚杆与围岩的锚固方式，基本上可分为集中锚固和全长锚固两类。

楔缝式锚杆和胀壳式锚杆是属于集中锚固的两种锚杆，如图 5-10（a）、（b）所示。它们是由锚杆端部的楔块或胀圈扩开以后所提供的嵌固力而得到锚固的。

全长锚固的锚杆有砂浆锚杆和树脂锚杆等，如图 5-10（c）~（g）所示，它们是由水泥砂浆或树脂在杆体和锚孔间所提供的摩擦力和黏结力而得到锚固的。全长锚固的锚杆由于锚固可靠耐久（在松软岩体中效果尤为显著），工程建设中使用较多。其中，由水泥砂浆胶结的螺纹钢筋锚杆，由于施工简便，经济可靠，使用更为普遍。

根据围岩变形与破坏的特性，从发挥锚杆不同作用考虑，锚杆在洞室的布置有局部（随机）锚杆和系统锚杆。

2.1 局部（随机）锚杆

局部（随机）锚杆主要用来加固危石，防止掉块。锚杆参数按悬吊理论计算。悬吊理论认为，不稳定岩体的重量（或滑动力）应全部由锚杆承担，即

$$n\frac{\pi d^2}{4}R_g \geqslant \gamma V g \tag{5-2}$$

式中 n——锚杆根数；

d——锚杆的计算直径，cm；

R_g——锚杆的设计抗拉强度，N/cm^2；

γ——危岩密度，kg/m^3；

V——危岩的体积，m^3；

g——重力加速度，m/s^2。

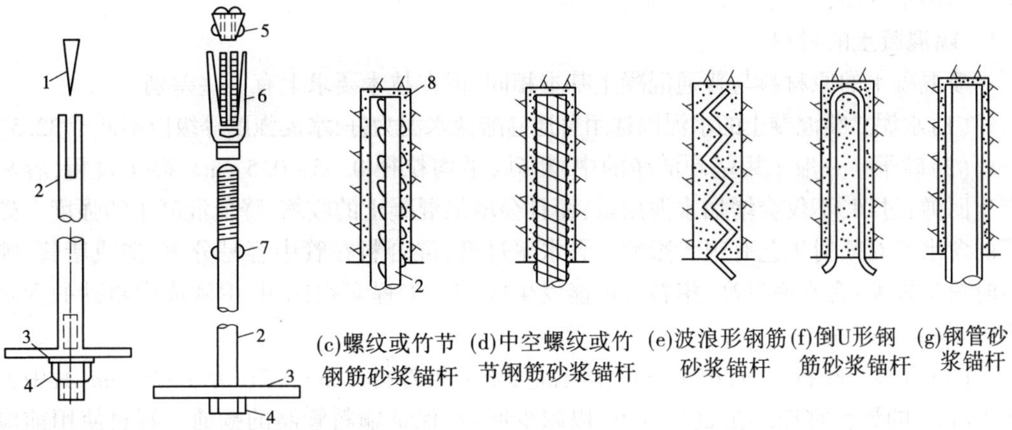

(a)楔缝式锚杆 (b)胀壳式锚杆 (c)螺纹或竹节钢筋砂浆锚杆 (d)中空螺纹或竹节钢筋砂浆锚杆 (e)波浪形钢筋砂浆锚杆 (f)倒U形钢筋砂浆锚杆 (g)钢管砂浆锚杆

1—楔块；2—锚杆；3—垫板；4—螺帽；5—锥形螺帽；6—胀圈；7—突头；8—水泥砂浆或树脂。

图5-10 锚杆的类型

对于洞室侧壁有滑动倾向的危岩，式(5-2)右边项应为危岩的滑动力和抗滑力的代数和。

为了保证危岩的有效锚固，锚杆应锚入稳定岩体，锚入深度应满足下式要求：

$$L_1 \geqslant d\frac{R_g}{4t} \tag{5-3}$$

式中 L_1——锚杆锚入稳定岩体的深度，cm；

t——砂浆与锚杆的黏结强度，N/cm^2。

因此，加固危岩的锚杆总长度应为

$$L = L_1 + L_2 + L_3 \tag{5-4}$$

式中 L——锚杆的总长度，cm；

L_2——锚杆穿过危岩的长度，cm；

L_3——锚杆外露的长度，一般取5~15 cm。

2.2 系统锚杆

系统锚杆一般按梅花形排列，连续锚固在洞壁内。它们将被结构面切割的岩块串联起来，保持与加强岩块的连锁、咬合和嵌固效应，使分割的围岩组成一体，形成一连续加固拱，提高围岩的承载能力。

系统锚杆不一定要锚入稳定岩层。当围岩破碎时，用短而密的系统锚杆，同样可取得较好的锚固效果。

锚杆施工应按施工工艺严格控制各工序的施工质量。水泥砂浆锚杆的施工，可以先压注砂浆后安设锚杆，也可以先安设锚杆后压注砂浆。其施工顺序主要包括钻孔、钻孔清洗、压注砂浆和安设锚杆等。

3 喷混凝土支护

喷混凝土是将水泥、砂、石和外加剂(速凝剂)等材料，按一定配比拌和后，装入喷射机中,用压缩空气将混合料压送到喷头处,与水混合后高速喷到作业面上,快速凝固在被支护的洞室壁面,形成一种薄层支护结构。

3.1 喷混凝土的材料

喷混凝土的原材料与普通混凝土基本相同,但在技术要求上有一些差别。

(1)水泥。喷混凝土的水泥以选用普通硅酸盐水泥为好,水泥强度等级应不低于32.5。

(2)砂子。一般采用坚硬洁净的中、粗砂,平均粒径0.35~0.5 cm。砂子过粗,容易产生回弹;过细,不仅会增加水泥用量,而且会增加混凝土的收缩,降低混凝土的强度。砂子的含水率对喷射工艺有很大影响。含水率过低,混合料在管中容易分离,造成堵管,喷射时粉尘较大;含水率过高,集料有可能发生胶结。工程实践证明,中砂或中粗砂的含水率以4%~6%为宜。

(3)石料。碎石、卵石都可以用作喷混凝土的粗骨料。石料粒径为5~20 mm,其中大于15 mm的颗粒宜控制在20%以下,以减少回弹,保证输料管路的畅通。石料使用前应经过筛洗。

(4)水。喷混凝土用水与一般混凝土对水的要求相同。地下洞室中的混浊水和一切含酸、碱的侵蚀水不能使用。

(5)速凝剂。为加快喷混凝土凝结硬化过程,提高早期强度,增加一次喷射的厚度,提高喷混凝土在潮湿含水地段的适应能力,需在喷混凝土中掺和速凝剂。

速凝剂应符合国家标准,其初凝时间不小于5 min,终凝时间不大于10 min。

3.2 主要施工工艺

喷混凝土的施工方法主要有干喷法、湿喷法及水泥裹砂法3种。

(1)干喷法。将水泥、砂、石和速凝剂加微量水干拌后,用压缩空气输送到喷嘴处,再与适量水混合,喷射到岩石表面。也可以将干混合料压送到喷嘴处,再加液体速凝剂和水进行喷射。这种施工方法,便于调节加水量,控制水灰比,但喷射时粉尘较大。

(2)湿喷法。将集料和水拌匀后送到喷嘴处,再添加液体速凝剂,并用压缩空气补给能量进行喷射。湿喷法主要改善了喷射时粉尘较大的缺点。

为了进一步改善喷混凝土的施工工艺,控制喷射粉尘,在工程实践中还研究出如水泥裹砂法(SEC法)、双裹并列法和潮料掺浆法等喷混凝土新工艺。

图5-11分别介绍了干喷法、湿喷法及水泥裹砂法的喷射工艺流程。

3.3 施工技术要求

为了保证喷混凝土的质量,必须严格控制有关的施工参数,注意以下施工技术要求;

(1)风压。正常作业时喷射机工作室内的风压一般为0.2 MPa,风压过大,喷射速度高,混凝土回弹量大,粉尘多,水泥耗量大;风压过小,则混凝土不密实。

(2)水压。喷头处的水压必须大于该处风压,并要求水压稳定,保证喷射水具有较强的穿透集料的能力。水压不足时,可设专用水箱,用压缩空气加压,以保证集料能充分湿润。

(3)喷射方向和喷射距离。喷头与受喷面应尽量垂直,偏角宜控制在20°以内,利用喷射料束抑阻集料的回弹,以减少回弹量。喷头与受喷面的距离,与风压和喷射速度有关。据试验,当喷射距离为1.0 m左右时,对于提高喷射质量、减少集料回弹都比较理想。

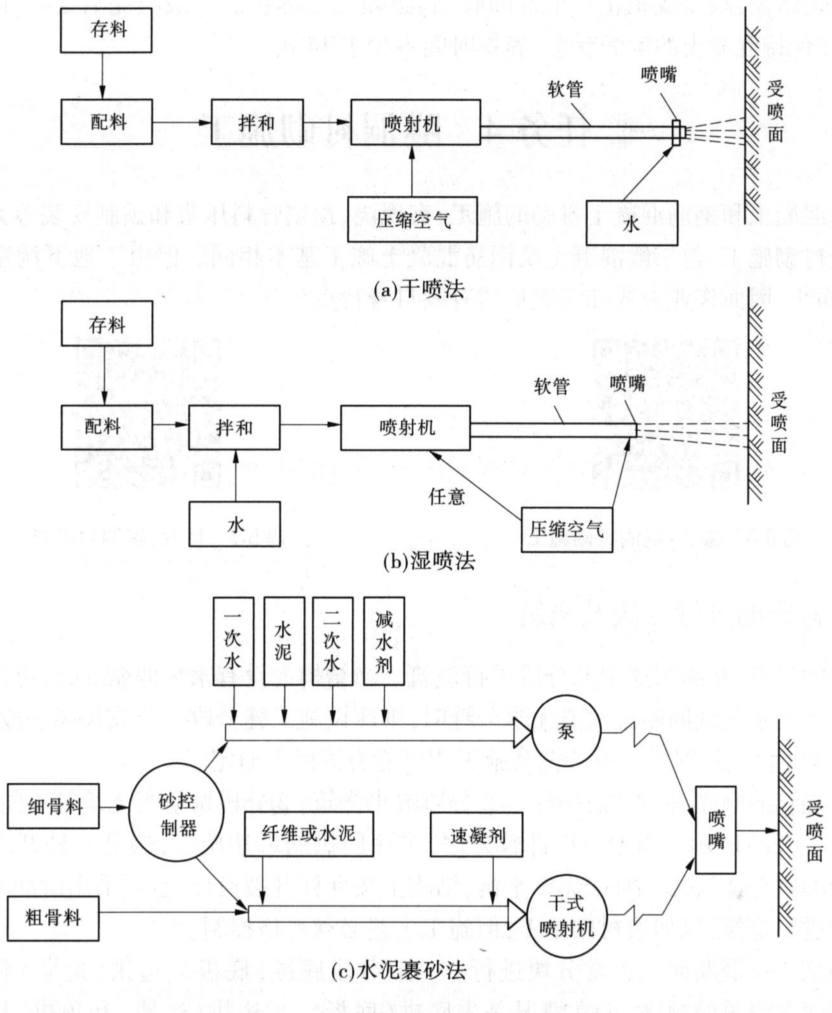

图 5-11 不同喷射方式的工艺流程

(4)喷射区段和喷射顺序。喷射作业应分区段进行,区段长度一般为 4~6 m。喷射时,通常先墙后拱,自下而上,先凹后凸,顺序进行,以防溅落的灰浆黏附于未喷岩面,影响喷混凝土的黏结强度。

(5)喷射分层和间歇时间。当喷混凝土设计厚度大于 10 cm 时,一般应分层喷射。一次喷射厚度,边墙控制在 6~10 cm,顶拱 3~6 cm,局部超挖处可稍厚 2~3 cm,掺速凝剂时可厚些,不掺时应薄些。一次喷射太厚,容易因自重而引起分层脱落或与岩面脱开;一次喷射太薄,若喷射厚度小于最大骨料粒径,则回弹率又会迅速提高。

分层喷射时,后一层喷射应在前一层混凝土终凝后进行,但也不宜间隔过久,若终凝 1~2 h 后再进行喷射,应用风、水清洗混凝土表面,以利层间结合。

当喷混凝土紧跟开挖面进行时,从混凝土喷完到下一次循环,放炮的时间间隔一般不小于 4 h,以保证喷混凝土强度有一定增长,避免引起震动裂缝。

(6)喷混凝土的养护。喷混凝土单位体积的水泥用量比较大,凝结硬化快,为使混凝土强度均匀增长，减少或防止不正常的收缩，必须加强养护。一般喷完后 2~4 h 开始洒水养护，并保持混凝土的湿润状态，养护时间不少于 14 d。

任务 4　隧洞衬砌施工

隧洞混凝土和钢筋混凝土衬砌的施工，有现浇、预填骨料压浆和预制安装等方法。

现浇衬砌施工，与一般混凝土及钢筋混凝土施工基本相同。但由于地下洞室空间狭窄，工作面小，因而作业方式和组织形式有其自身特点。

码 5-6　微课：隧洞衬砌施工

码 5-7　图片：隧洞衬砌施工

1　平洞衬砌的分缝分块及浇筑

平洞的衬砌，在纵向通常要分段进行浇筑。当结构上设有永久伸缩缝时，可以利用永久缝分段。当永久缝间距过大或无永久缝时，则应设施工缝分段。分段长度一般为 4~18 m，视平洞断面大小、围岩约束特性及施工浇筑能力等因素而定。

分段浇筑的顺序有：①跳仓浇筑；②分段流水浇筑；③分段留空当浇筑等不同方式，如图 5-12(a)~(c)所示。当地质条件较差时，采用肋拱肋墙法施工，这是一种开挖与衬砌交替进行的跳仓浇筑法。对于无压平洞，结构上按允许开裂设计，也可采用滑动模板连续施工方法进行浇筑，以加快衬砌施工，但施工工艺必须严格控制。

衬砌施工在横断面上也常分块进行。一般分成底拱(底板)、边拱(边墙)和顶拱三块。横断面上浇筑的顺序，正常情况是先底拱(底板)，后边拱(边墙)和顶拱，其中边拱(边墙)和顶拱可以连续浇筑，也可以分块浇筑，视模板形式和浇筑能力而定。在地质条件较差时，可以先浇筑顶拱，再浇筑边拱(边墙)和底拱(底板)；有时为了满足开挖与衬砌平行作业的要求，隧洞底板还未清理成形以前先浇好边拱(边墙)和顶拱，最后浇筑底拱(底板)。

后两种浇筑顺序，由于在浇筑顶拱、边拱(边墙)时，混凝土体下方无支托，应注意防止衬砌的下移和变形，并做好分块接头处反缝的处理，必要时反缝要进行灌浆。

2　平洞衬砌模板

平洞衬砌模板的形式依隧洞洞型、断面尺寸、施工方法和浇筑部位等因素而定。

对底拱而言，当中心角较小时，可以像底板浇筑那样，不用表面模板，只立端部挡板，混凝土浇筑后用型板将混凝土表面刮成弧形即可。当中心角较大时，一般采用悬挂式弧形模板，如图 5-13 所示。目前，使用牵引式拖模连续浇筑或底拱模板台车分段浇筑底拱也获得了广泛应用。

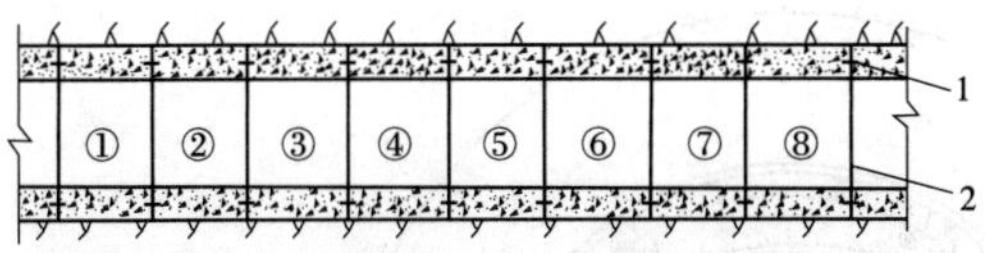

(a)跳仓浇筑(先浇①,③,⑤…段;后浇②,④,⑥…段)

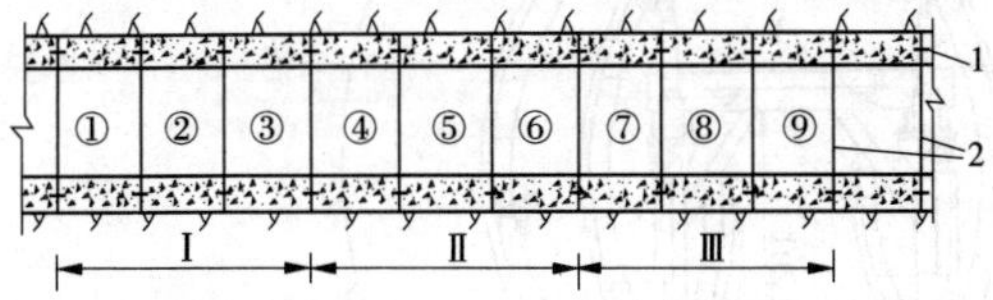

(b)分段流水浇筑(在大段Ⅰ,Ⅱ,Ⅲ…之间进行流水作业)

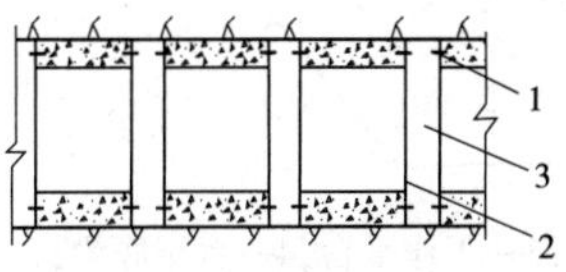

(c)分段留空当浇筑(空当约宽1 m,最后浇筑)

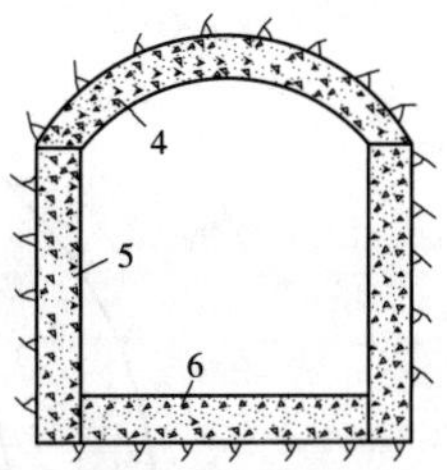

(d)在结构转折点设施工缝

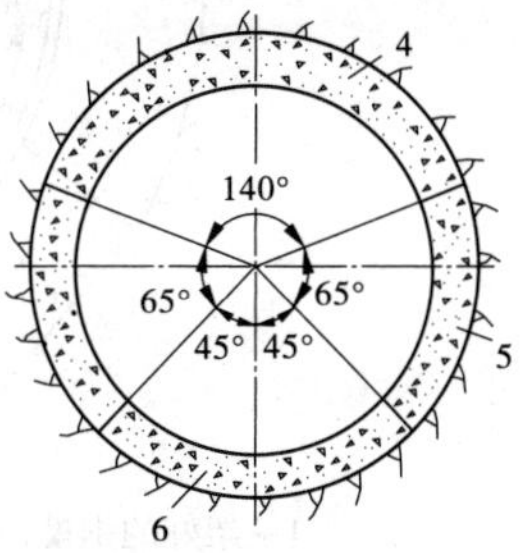

(e)在内力较小部位设施工缝

1—止水;2—分缝;3—空当;4—顶拱;5—边拱(边墙);6—底拱(底板);

①,②,…,⑨—分段序号;Ⅰ、Ⅱ、Ⅲ—流水段号。

图5-12 平洞衬砌施工中的分缝分块

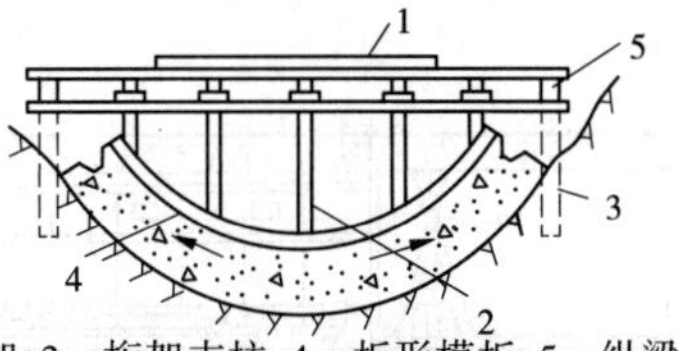

1—仓面板;2—模板桁架;3—桁架支柱;4—板形模板;5—纵梁(架在仓面板支撑上)。

图5-13 底拱模板

浇筑边拱(边墙)、顶拱时,常用桁架式或钢模台车。

桁架式模板,由桁架和面板组成,如图5-14所示。在洞外先将桁架拼装好,运入洞内就位后,再随着混凝土浇筑面的上升,逐次安设模板。

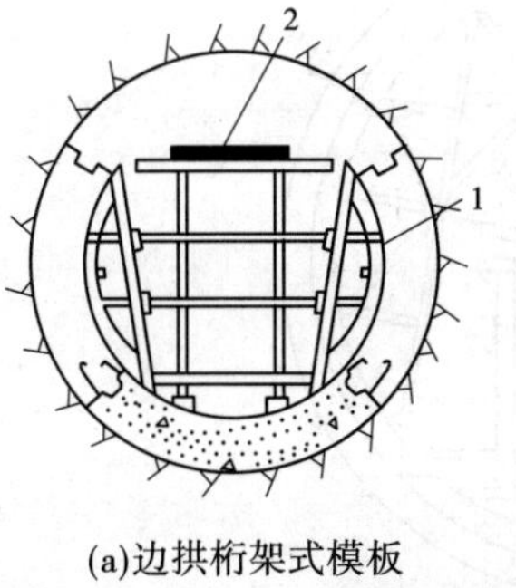

(a)边拱桁架式模板

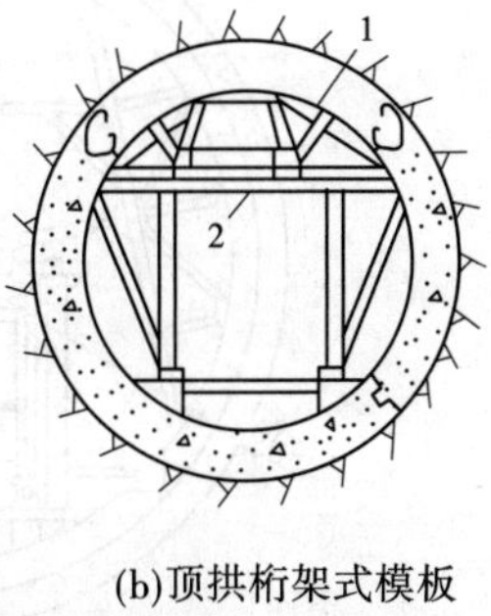

(b)顶拱桁架式模板

1—桁架式模板;2—工作平台或脚手架。

图5-14 桁架式模板

钢模台车是一种可移动的多功能隧洞衬砌模板车。根据需要,它可作顶拱钢模、边拱墙钢模及全断面模板使用,如图5-15所示。

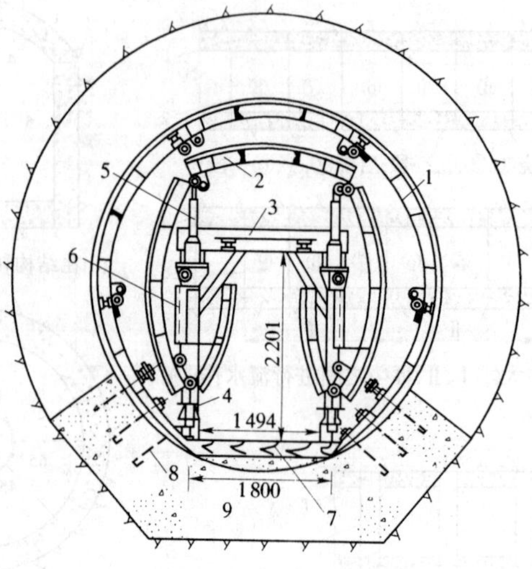

1—架好的钢模;2—移动时的钢模;3—工作平台;4—台车底梁;
5—垂直千斤顶;6—台车车架;7—枕木;8—拉筋;9—已浇底拱。

图 5-15 钢模台车简图 (单位:mm)

圆形隧洞衬砌的全断面一次浇筑,可用针梁式钢模台车。其施工特点是不需要铺设轨道,模板的支撑、收缩和移动均依靠一个伸出的针梁,如图 5-16 所示。

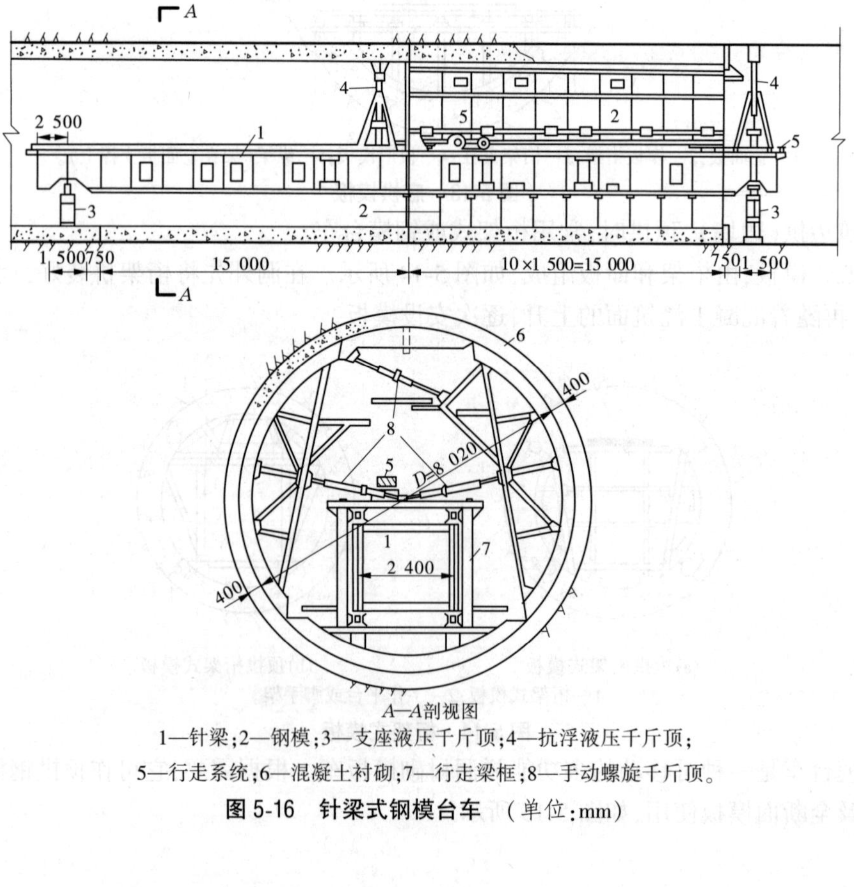

1—针梁;2—钢模;3—支座液压千斤顶;4—抗浮液压千斤顶;
5—行走系统;6—混凝土衬砌;7—行走梁框;8—手动螺旋千斤顶。

图 5-16 针梁式钢模台车 (单位:mm)

模板台车使用灵活,周转快,重复使用次数多。用台车进行钢模的安装、运输和拆卸,一部台车可配几套钢模板进行流水作业,施工效率高。

3 衬砌的浇筑

隧洞衬砌多采用二级配混凝土。对中小型隧洞,混凝土一般采用斗车或轨式混凝土搅拌运输车,由电瓶车牵引运至浇筑部位;对大中型隧洞,则多采用 3~6 m^3 的轮式混凝土搅拌运输车运输。在浇筑部位,通常用混凝土泵将混凝土压送并浇入仓内。常用的混凝土泵有柱塞式、风动式和挤压式等工作方式。它们均能适应洞内狭窄的施工条件,完成混凝土的运输和浇筑,能够保证混凝土的质量。

泵送混凝土的配合比,应保证有良好的和易性和流动性,其坍落度一般为 8~16 cm。

混凝土浇捣因衬砌洞壁厚度与采用的模板形式不同而不同,当洞壁厚度较大时,作业人员可以进入仓内用振捣棒进行浇捣;当洞壁较薄,人不能进入仓内时,可在模板不同位置流入进料窗口,并由此窗口插入振捣器进行振捣。如果是台车,也可以在台车上安装附着式振捣器进行振捣。由窗口振捣时,随着浇筑混凝土面的抬升可封堵窗口再由上层窗口进料和振捣。

4 衬砌的封拱

平洞的衬砌封拱是指顶拱混凝土即将浇筑完毕前,将拱顶范围内未充满混凝土的空隙和预留的进出口窗口进行浇筑、封堵填实的过程。封拱工作对于保证衬砌体与围岩紧密接触,形成完整的拱圈是非常重要的。

封拱方法多采用封拱盒和混凝土泵封拱。封拱盒封拱,如图 5-17 所示。在封拱前,先在拱顶预留一小窗口,尽量把能浇筑的四周部分浇好,然后从窗口退出人和机具,并在窗口四周立侧模,待混凝土达到规定强度后,将侧模拆除,凿毛之后安装封拱盒。封堵时,先将混凝土料从盒侧活门送入,再用千斤顶顶起活动封门板,将盒内混凝土压入待封部位即告完成。

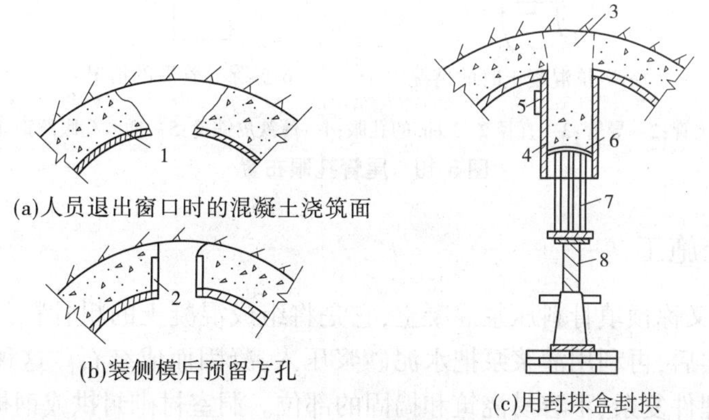

(a)人员退出窗口时的混凝土浇筑面

(b)装侧模后预留方孔

(c)用封拱盒封拱

1—已浇混凝土;2—模框;3—封拱部位;4—封拱盒;5—进料活门;6—活动封门板;7—顶架;8—千斤顶。

图 5-17 封拱盒封拱示意

混凝土泵封拱,如图 5-18 所示。通常在导管的末端接上冲天尾管,垂直穿过模板伸入仓内。冲天尾管的位置应根据浇筑段长度和混凝土扩散半径来确定,其间距一般为 4~6 m,离浇筑段端部约 1.5 m。尾管出口与岩面的距离,原则上是越贴近越好,但应保证压出的混凝土能自由扩散,一般为 20 cm 左右。封拱时应在仓内岩面最高的地方设置排气管,在仓的中央部位设置进人孔,以便进入仓内进行必要的辅助工作。

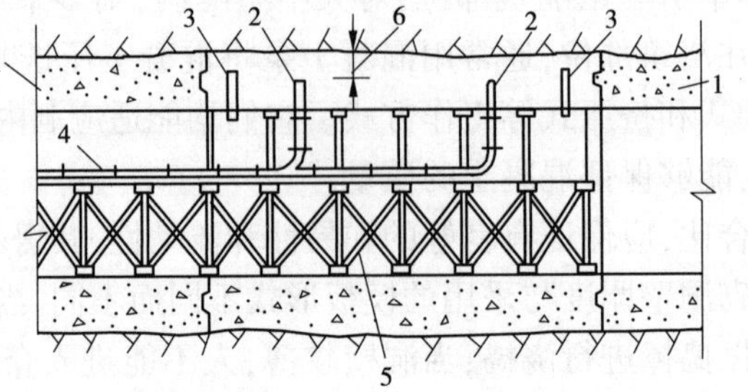

1—已浇混凝土;2—冲天尾管;3—排气管;4—导管;5—脚手架;6—尾管出口与岩面距离。

图 5-18 混凝土泵封拱示意

混凝土泵封拱的施工程序是:①当混凝土浇至顶拱仓面时,撤出仓内各种器材,尽量筑高两端混凝土。②当混凝土达到与进人孔齐平时,仓内人员全部撤离,封闭进人孔,同时增大混凝土的坍落度(达 14~16 cm),加快混凝土泵的压送速度,连续压送混凝土。③当排气管开始漏浆或压入的混凝土量已超过预计方量时,停止压送混凝土。④去掉尾管上包住预留孔眼的铁箍,从孔眼中插入防止混凝土塌落的钢筋。⑤拆除导管。⑥待顶拱混凝土凝固后,将外伸的尾管割除,并用灰浆抹平,如图 5-19 所示。

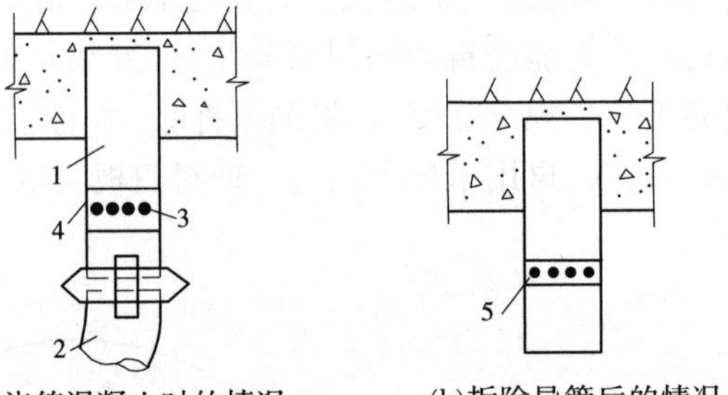

1—尾管;2—导管;3—直径 2~3 cm 的孔眼;4—薄铁皮铁箍;5—插入孔眼的钢筋。

图 5-19 尾管孔眼布置

5 压浆混凝土施工

压浆混凝土又称预填骨料压浆混凝土,它是将组成混凝土的粗骨料预先填入立好的模板中,振捣密实后,再利用灌浆泵把水泥砂浆压入,凝固而成结石。这种施工方法适用于钢筋密布、预埋件复杂、不容易浇筑和捣固的部位。洞室衬砌封拱或钢板衬砌回填混凝时,用这种方法施工,可以明显减轻仓内作业的工作强度和干扰。

6 隧洞灌浆

隧洞灌浆有回填灌浆和固结灌浆两种。前者是填塞岩石与衬砌之间的空隙,以弥补混凝土浇筑质量的不足,所以只限于顶拱范围内;后者是为了加固围岩,以提高围岩的整体性和强度,所以范围包括断面四周的围岩。为了节省钻孔工作量,两种灌浆都需要在衬砌时预留直径为 38~50 mm 的灌浆钢管并固定在模板上。

灌浆必须在衬砌混凝土达到一定强度后才能进行,并先进行回填灌浆,隔一个星期后再进行固结灌浆。灌浆时应先用压缩空气清孔,然后用压力水冲洗。灌浆在断面上应自下而上进行,并利用上部管孔排气,在洞轴线方向采用隔排灌注、逐步加密的方法。

为了保证灌浆质量和防止衬砌结构的破坏,必须严格控制灌浆压力。回填灌浆压力为:无压隧洞第一序孔用 100~304 kPa,有压隧洞第一序孔用 200~405 kPa;第二序孔可增大 1.5~2 倍。固结灌浆的压力,应比回填灌浆的压力高一些,以使岩石裂缝灌注密实。

任务5 地下工程辅助作业及施工安全

1 通风、散烟及除尘

通风、散烟及除尘的目的是控制因凿岩、爆破、装渣、喷射混凝土和内燃机运行等而产生的有害气体和岩石粉尘含量,及时供给工作面充足的新鲜空气,改善洞内的温度、湿度和气流速度等状况,创造满足卫生标准的洞内工作环境。这在长隧洞施工中尤为重要。

1.1 洞内空气卫生标准

洞内空气质量应符合洞内作业的卫生标准,如表 5-1 所示。同时,要求洞内的气温不超过 28 ℃,洞内风速满足表 5-2 规定。此外,要求工作面附近的最小风速不得低于 0.25 m/s;最大风速,平洞、竖井、斜井工作面不得超过 4 m/s,在运输洞与通风洞内不得超过 6 m/s。

表 5-1 洞内空气卫生标准

气体名称	标准限值		
	体积/%	最高容许浓度/(mg/m³)	对应的作业时间
氧气(O_2)	≥20		
二氧化碳(CO_2)	≤0.5		
甲烷(CH_4)	≤1% (报警) ≥1.5% (断电撤人)		≤1 h
一氧化碳(CO)	≤0.002 4	≤30	≤0.5 h
氮氧化合物换算成二氧化氮(NO_2)	≤0.000 25	≤5	15~20 min
二氧化硫(SO_2)	≤0.000 50	≤15	作业间隔时间≥2 h

续表 5-1

气体名称	标准限值		
	体积/%	最高容许浓度/(mg/m³)	对应的作业时间
硫化氢(H_2S)	≤0.000 66	≤10	
醛类(丙烯醛)		≤0.3	
含有 10%以上游离二氧化硅的粉尘		≤2	
含有 10%以下游离二氧化硅的水泥粉尘		≤6	
含有 10%以上游离二氧化硅的其他粉尘		≤10	
含有 80%以上游离 SiO_2 的生产粉尘		≤1	

表 5-2 洞内温度与风速的关系

温度/℃	<15	15~20	20~22	22~24	24~28
风速/(m/s)	<0.5	0.5~1.0	1.0~1.5	1.5~2.0	>2.0

1.2 通风方式

洞内通风方式有自然通风和机械通风两种。自然通风只适用于长度不超过 40 m 的短洞。实际工程中多采用机械通风。机械通风的基本形式有压入式、吸出式和混合式 3 种。

(1)压入式通风。通过风管将新鲜空气直接送到工作面附近,使污浊空气冲淡,并经由洞身排至洞外,如图 5-20(a)所示,图中 S 为开挖面面积。此法的优点是施工人员比较集中的工作面附近能够很快地获得新鲜空气;缺点是污浊空气容易扩散到整个洞室。

(2)吸出式通风。吸出式通风是通过风管将工作面前的污浊空气吸走并排至洞外,新鲜空气则由洞口流入洞内,如图 5-20(b)所示。此法的优点是工作面处的污浊空气能在较短时间内经由管路吸出,避免了其沿整个洞室流通扩散;缺点是新鲜空气流到工作面比较缓慢,且易造成污染,对较长的平洞尤为明显。

(3)混合式通风。混合式通风是指在经常通风时用压入式,爆破后进行定期通风时用吸出式,通过上述两种通风方式的结合可以充分发挥它们各自的优点,如图 5-20(c)所示。有时为了充分发挥风机效能,加快换气速度,常利用帆布、塑料布或麻袋等制成帘幕,防止炮烟扩散,使排除污浊气体的范围缩小。帘幕设在靠近工作面处,但要有 12~15 m 的防爆距离。有条件时也可以设置水幕或压气水幕来代替帆布一类的帘幕,如图 5-20(d)所示。

竖井、斜井和短洞开挖,可采用压入式通风;小断面长洞开挖时,宜采用吸出式通风;

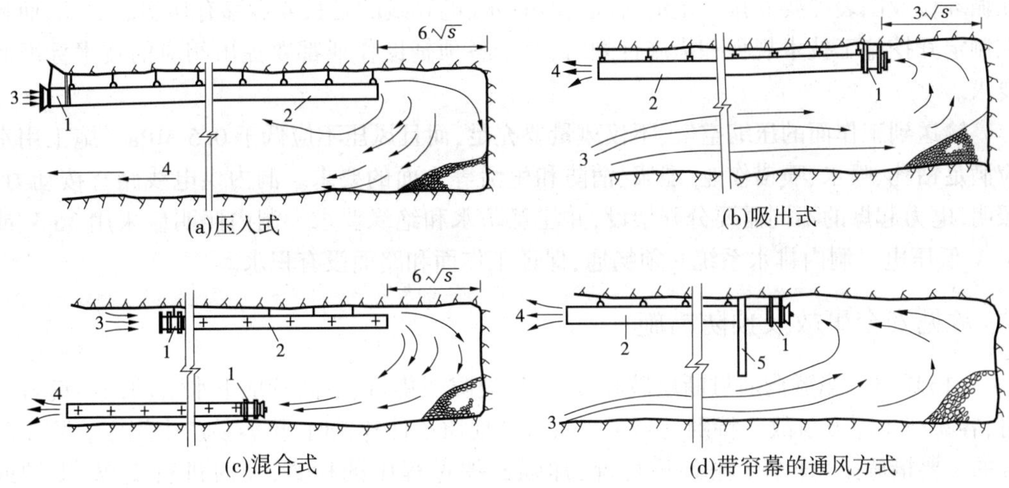

1—风机;2—风筒,3—新鲜空气;4—污浊气体;5—帘幕。

图 5-20 机械通风方式

大断面长洞开挖时,宜采用混合式通风。

1.3 通风量计算

通风量可根据下列 3 种情况分别计算,取其中最大者,并应根据通风方式和长度考虑漏风增加值,漏风系数一般取 1.2~1.5。

施工人员所需的通风量:

$$Q = mq \tag{5-5}$$

式中 Q——通风量,m^3/min;

m——同时在洞内工作的最大人数;

q——每人所需的通风量,取 $q=3\ m^3/min$。

冲淡有害气体的通风量:

$$Q = \frac{AB}{(1\,000 \times 0.02\%)t} = \frac{5AB}{t} = 10A \tag{5-6}$$

式中 A——工作面上同时爆破的最大炸药量,kg;

B——每千克炸药所产生的一氧化碳气体量,按 $B=40$ L/kg 计算;

t——通风时间,可取 20 min;1 000 表示 1 m^3 等于 1 000 L;

0.02%——爆破后连续通风使一氧化碳浓度降至 0.02%时,施工人员可进入工作面工作。

此外,在开挖过程中若有其他有害气体,应保证将其冲淡至表 5-1 规定的浓度。洞内使用柴油机械施工时的通风量按每马力 3 m^3/min 计,并与同时工作人员所需风量相加计算。计算的通风量应按最大、最小容许风速和洞室温度所需的风速进行校核。

2 风、水、电供应及排水

在洞室开挖过程中,对于供风(压缩空气)、供水、供电、照明及排水等辅助作业,对保证钻爆和运输作业的正常进行有较大影响,必须统筹考虑。对所有必要的辅助作业,不仅在循环作业图表中要安排一定的时间,使风、水、电管线的延长或拆移有切实的保证,而且在制定开挖施工技术规程和措施计划时,对于各项辅助作业都要提出相应的技术标准和要求。

输送到工作面的压缩空气,不仅风量要充足,而且风压不应低于 0.5 MPa。施工用水应满足钻孔、喷水、喷锚作业、灌浆、消防和生活等方面的要求。洞内供电线路宜按动力、照明、电力起爆的不同需要分开架设,并注意防水和绝缘要求。洞内照明应采用 36 V 或 24 V 低压电。洞内排水系统必须畅通,保证工作面和路面没有积水。

3　常见安全事故及预防措施

(1)塌方。当隧洞通过断层破碎带、节理裂隙密集带、溶洞及地下水活动的不良岩层时,容易产生塌方事故。特别是当洞室入口处地质条件较差时,更容易产生塌方。防止塌方的主要措施是:详细了解地质情况,加强开挖过程中的检查,及时进行支撑、支护或衬砌。

(2)滑坡。滑坡主要发生在洞外明挖部分。一般由地质条件不良所造成。防止滑坡的主要措施是:详细了解地质情况,加强开挖过程中的检查,及时进行支撑、支护或衬砌。

(3)涌砂涌水。当隧洞通过地下水发育的软弱地层和一些有高压含水层的不良岩层时,容易产生涌水现象。防止涌水的措施是:详细了解涌水的地质原因,采取封堵和导排相结合的措施处理,必要时利用灌浆进行处理。

(4)瓦斯中毒与爆炸。瓦斯类有害气体多产生于深层,特别是含煤的矿层中。防止瓦斯中毒与爆炸的措施是:加强洞内通风和安全检查,严格控制烟火。

(5)小块坠石。爆炸后及拆除支撑时都有可能产生小块坠石。防止小块坠石的措施是:爆破后应做好安全检查工作,将松动的石块清除干净;进洞人员必须戴安全帽。

(6)爆破安全事故。因操作不当或未严格执行操作规程和安全规程而发生事故。防止爆破安全事故的措施是:必须严格执行操作规程和安全规程,加强安全检查,完善爆破报警系统,妥善处理瞎炮。

(7)用电安全事故。洞内施工,动力、照明线路多,洞内潮湿,导致漏电或其他用电事故。防止用电安全事故的措施是:选用绝缘良好的动力、照明供电电线,线路的接头处应采取预防漏电的有效措施,加强用电安全检查。

(8)临时支撑失效。因临时支撑的布置、维护不当而发生坍塌事故。防止临时支撑失效的措施是:重视临时支撑的结构设计和施工,加强临时支撑的维护和管理。

4　洞口段施工与塌方处理

4.1　洞口段施工

隧洞的洞口地段,往往是比较破碎的覆盖层,而且在降雨时有地面水流下,很容易发生塌方。洞口又是工作人员必经之地,必须做到安全可靠。应先将洞口边坡、仰坡及地表排水系统做好,才能进洞。常用的进洞方式是导洞进洞,先架好 5~6 排明挖支撑,其上铺以装砂土的草袋,厚 1~2 m,并用斜撑顶牢,然后就放炮开挖导洞,边挖边架立临时支撑,支撑排架间距 0.5~0.8 m,以后再进行扩大部分的开挖和衬砌。

4.2 塌方处理

在不稳定的岩层中开挖隧洞,常会遇到塌方。塌方一旦发生,首先应突击加固未塌方地段,防止塌方扩大,并为抢险工作提供比较安全的基础。尽快查明塌方的性质和范围,根据具体情况,采取有效措施进行处理。

(1)小塌方,先支后清。在清除之前,须先将塌方的顶部支撑牢固。对于规模不大的塌方,可在渣堆上架设木支撑,将踏穴全面支护,边清边倒,换成洞底支撑。

(2)大塌方,先棚后穿。若塌方量很大,且已将洞口堵塞,或塌方继续不停地扩展,可将塌方体视为松软破碎的地层,先用硬质圆木向上倾斜打入塌方体中,并架立木支撑,再进行出渣,然后向前打入新的圆木并架立支撑,如此逐步向前推进。

项目 2　TBM 法隧洞施工

TBM 是全断面隧道掘进机的简称。世界第一台 TBM 是于 1856 年在美国由 John Wilson 制造的。TBM 真正进入实用阶段是 20 世纪 50 年代中期。由美国 ROBBINS 公司制造的 TBM 于 1954 年首次成功地应用于美国南部 Dakota 的 Dahe 坝的隧道掘进中,其最好的日进度为 42 m,最大周进度达 190 m。其施工效率得到了世界的承认,引起了世界隧道工程界的广泛注意,并激起了世界各国开发 TBM 的热情。

码 5-8　微课:
TBM 法隧洞施工

我国在 20 世纪 60 年代开始研制,80 年代进行了大规模的开发试验研究,80 年代末已研制出多种掘进机。

1997 年铁道部在 18.4 km 长的秦岭隧道引进了 2 台德国 WIRTH 敞开式掘进机,该隧道建成后,转场到西(安)南(京)线完成了磨沟岭隧道、桃花铺 1 号隧道的施工。创造了我国用硬岩掘进机施工连续两个月月进尺超 500 m(551.7 m/月、528 m/月),最高月进尺 573.9 m 的纪录。

我国水利、电力、铁路、煤炭、矿山、交通、地铁及地下工程等需要建设大量的隧道。我国长隧道采用掘进机施工将是发展的必然趋势。

任务 1　TBM 基础知识

1　定义

全断面岩石隧道掘进机通常简称隧道掘进机(Tunnel Boring Machine,缩写为 TBM),是一种用于圆形断面隧(巷)道、采用滚压式切削盘在全断面范围内破碎岩石,集破岩、装岩、转载、支护于一体的大型综合掘进机械,现已成为国外较长隧道开挖普遍采用的方法。TBM 具有驱动动力大、能在全断面上连续破岩、生产能力大、效率高、操作自动化程度高等特点,具有快速、一次性成洞、衬砌量少等优点。

2　分类

全断面掘进机按掘进的方式分全断面一次掘进式(又叫一次成洞)和分次扩孔掘进式(又叫两次成洞);按掘进机是否带有护壳分为敞开式和护盾式。掘进机的结构部件可分为机构和系统两大类,机构包括刀盘、护盾、支撑、推进、主轴、机架及附属设施设备等,系统包括驱动、出渣、润滑、液压、供水、除尘、电气、定位导向、信息处理、地质预测、支护、吊运等,它们各具功能、相互连接、相辅相成,构成有机整体,完成开挖、出渣和成洞功能。刀具、刀盘、大轴、刀盘驱动系统、刀盘支承、掘进机头部机构、司机室,以及出渣、液压、电气等系统,不同类型的掘进机大体相似。从掘进机头部向后的机构和结构、衬砌支护系统,敞开式掘进机和双护盾式掘进机有较大的区别。

2.1 敞开式 TBM

敞开式 TBM 是一种用于中硬岩及硬岩隧道掘进的机械。由于围岩比较好,掘进机的顶护盾后,洞壁岩石可以裸露在外,故称为敞开式。敞开式掘进机主要由三大部分组成:切削盘、切削盘支撑与主梁、支撑与推进组成。

切削盘支撑和主梁是掘进机的总骨架,两者联为一体,为所有其他部件提供安装位置;切削盘支撑分顶部支撑、侧支撑、垂直前支撑,每侧的支撑用液压缸定位;主梁为箱形结构,内置出渣胶带机,两侧有液压、润滑、水气管路等。

敞开式 TBM 的支撑分主支撑和后支撑。主支撑由支撑架、液压缸、导向杆和靴板组成,靴板在洞壁上的支撑力由液压油缸产生,并直接与洞壁贴合。主支撑的作用:一是支撑掘进机中后部的重量,保证机器工作时的稳定;二是承受刀盘旋转和推进所形成的扭矩与推力。后支撑位于掘进机的尾部,用于支撑掘进机尾部的结构。

掘进机的工作部分由切削盘、切削盘支承及其稳定部件、主轴承、传动系统、主梁、后支腿及石渣输送带组成,见图 5-21。其工作原理是支撑机构撑紧洞壁,刀盘旋转,液压油缸推进,盘型滚刀破碎岩石,出渣系统出渣而实现连续开挖作业。其工作步骤是:①主支撑撑紧洞壁,刀盘开始旋转;②推进油缸活塞杆伸出,推进刀盘掘够一个行程,停止转动,后支撑腿伸出抵到仰拱上;③主支撑缩回,推进油缸活塞杆缩回,拉动机器的后部前进;④主支撑伸出,撑紧洞壁,提起后支腿,给掘进机定位,转入下一个循环。

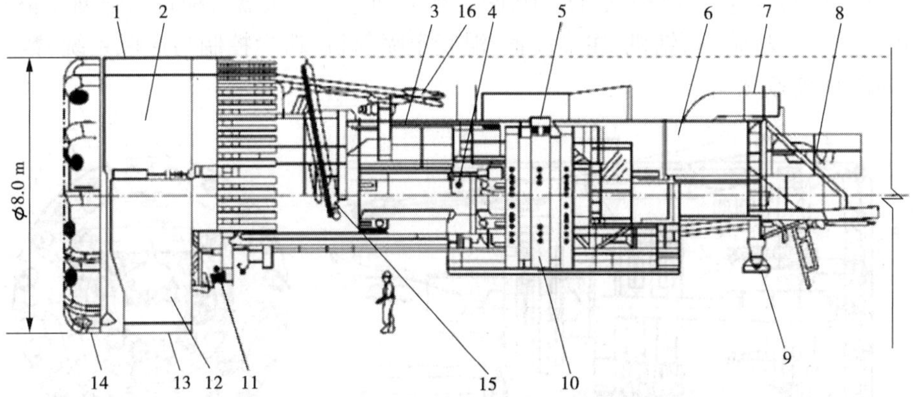

1—顶部支撑;2—顶部侧支撑;3—主机架;4—推进油缸;
5—主支撑架;6—TBM 主机架后部;7—通风管;8—皮带输送机;
9—后支撑带靴;10—主支撑靴;11—刀盘主驱动;12—左右侧支撑;
13—垂直前支撑;14—刀盘;15—锚杆钻;16—探测孔凿岩机。

图 5-21 Robbin(φ8.0 m)型敞开式全断面掘进机

敞开式掘进机掘进时,支护在顶护盾后进行,所以在顶护盾后设有锚杆安装机、混凝土喷射机、灌浆机和钢环梁安装机等,以及支护作业平台。

2.2 护盾式 TBM

护盾式 TBM 按其护壳的数量分有单护盾、双护盾和三护盾 3 种,我国以双护盾掘进机为多。双护盾为伸缩式,以适应不同的地层,尤其适用于软岩且破碎、自稳性差或地质条件复杂的隧道。

与敞开式掘进机不同,双护盾式掘进机没有主梁和后支撑,除机头内的主推进油缸外,还有辅助油缸。辅助推进油缸只在水平支撑油缸不能撑紧洞壁进行掘进作业时使用,辅助油缸推进时作用在管片上。

护盾式掘进机只有水平支撑没有 X 形支撑。

刀盘支承用螺栓与上、下刀盘支撑体组成掘进机机头。与机头相连的是前护盾,其后是伸缩套、后护盾、盾尾等构件,它们均用优质钢板卷成。前护盾的主要作用是防止岩渣掉落、保护机器和人员安全、增大接地面积以减小接地比压,有利于通过软岩或破碎带。伸缩套的外径小于前护盾的内径,四周设有观察窗,其作用是在后护盾固定、前护盾伸出时,保护前、后护盾之间推进缸和人员的安全。后护盾前端与推进缸及伸缩套油缸连接;中部装有水平支撑机构,水平支撑靴板的外圆与后护盾的外圆相一致,构成了一个完整的盾壳;后部与混凝土管片安装机相接。后护盾内四周留有布置辅助推进油缸的孔位,盾壳上沿四周留有超前钻作业的斜孔。盾尾通过球头螺栓与后护盾连接,以利于安装和调向,其尾部与混凝土管片搭接。

由于双护盾掘进机适用于不良岩体,机后用拼装式管片支护,因此掘进机上还须配置管片安装机和相应的灌浆设备。

护盾式掘进机由装切削盘的前盾、装支撑装置的后盾(主盾)、连接前后盾的伸缩部分及未安装预制混凝土块的盾尾组成,见图5-22。该类掘进机在围岩状态良好时,掘进与预制块支护可同时进行;在松软岩层中,两者须分别进行。机器所配备的辅助设备有衬砌回填系统、探测(注浆)孔钻机、注浆设备、混凝土喷射机、粉尘控制与通风系统、数据记录系统、导向系统等。

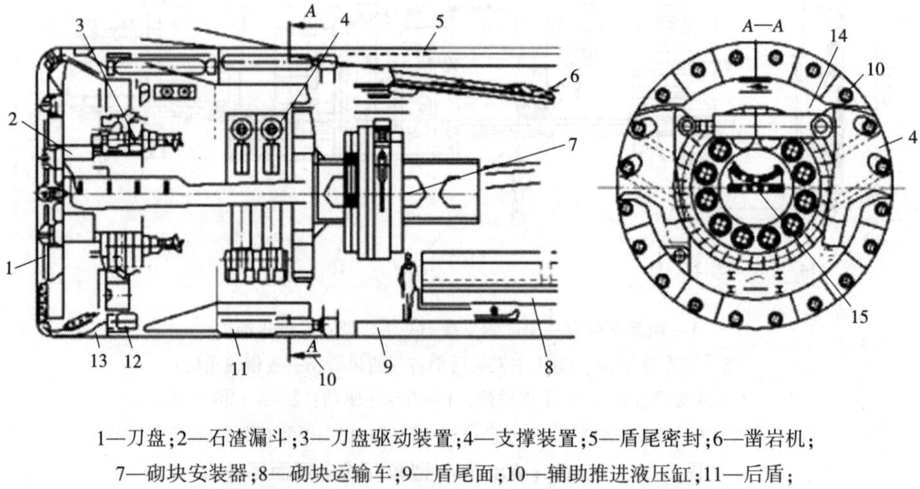

1—刀盘;2—石渣漏斗;3—刀盘驱动装置;4—支撑装置;5—盾尾密封;6—凿岩机;
7—砌块安装器;8—砌块运输车;9—盾尾面;10—辅助推进液压缸;11—后盾;
12—主推进液压缸;13—前盾;14—支撑油缸;15—带式输送机。

图5-22 TB880H/TS(ϕ8.8 m)型护盾式全断面掘进机

2.3 扩孔式 TBM

当隧道断面过大时,会带来电能不足、运输困难、造价过高等问题。在隧道断面较大、采用其他全断面掘进机一次掘进技术经济效果不佳时就可采用扩孔式全断面掘进机。

扩孔式全断面掘进机是先采用小直径TBM先行在隧道中心用导洞导通，再用扩孔机进行一次或两次扩孔。扩孔机的结构如图5-23所示。为保证掘进机支撑有足够的撑紧力，导洞的最小直径为3.3 m，扩孔的孔径一般不超过导洞孔径的2.5倍。对于直径6 m以上的隧道，除在松软破碎的围岩中作业的护盾式掘进机外，设备制造商比较主张先打4 m左右的导洞，再用扩孔机扩孔。

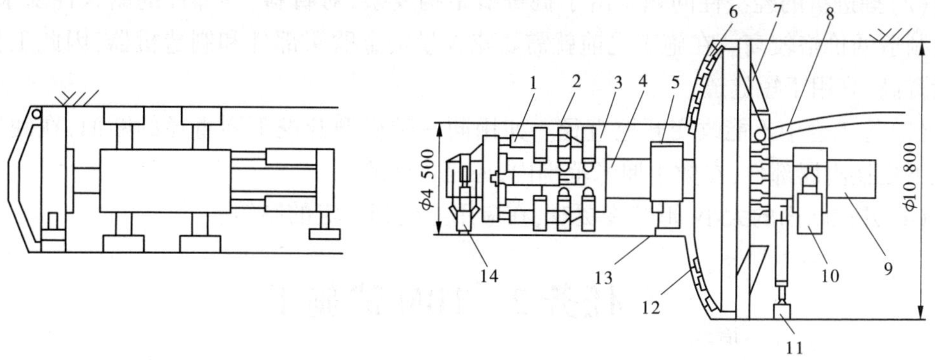

(a)导洞掘进机　　(b)Wirth扩孔机主机部分

1—推进液压缸；2—支撑液压缸；3—前凯氏外机架；4—前凯氏内机架；5—护盾；
6—切削盘；7—石渣槽；8—输送带；9—后凯氏内机架；10—后凯氏外机架；
11—后支撑；12—滚刀；13—护盾液压缸；14—前支撑。

图5-23　扩孔机施工方式

导洞内一般不考虑临时支护或者只在表面喷一层混凝土；如果必须设置锚杆时，则应在扩孔机前面将其拆除，除非采用非金属锚杆。

采用扩孔机掘进的优点是：中心导洞可探明地质情况，以作安全防范；扩孔时不存在排水问题，通风也大为简化；打中心导洞速度快，可早日贯通或与辅助通道接通；扩孔机后面的空间大，有利于今后进行支护作业；扩孔机容易改变成孔直径，以便于在不同的工程项目中重复使用。

3　TBM法特点

3.1　TBM法的优点

(1)掘进效率高。掘进机开挖时，可以实现连续作业，从而可以保证破岩、出渣、支护一条龙作业。特别在稳定的围岩中长距离施工时，此特征尤其明显。与此对比，钻爆法施工中，钻眼、放炮、通风、出渣等作业是间断性的，因而开挖速度慢、效率低。掘进效率高是掘进机发展快的主要原因。

(2)掘进机开挖施工质量好，且超挖量少。掘进机开挖的隧道(洞)内壁光滑，不存在凹凸现象，从而可以减少支护工程量，降低工程费用。而钻爆法开挖的隧道内壁粗糙不平，且超挖量大，衬砌厚，支护费用高。

(3)对岩石的扰动小。掘进机开挖施工可以大大改善开挖面的施工条件。而且周围岩层稳定性较好，从而保证了施工人员的健康和安全。

(4)施工安全，近期的TBM可在防护棚内进行刀具的更换，密闭式操纵室和高性能的集尘机的采用,使安全性和作业环境有了较大的改善。

3.2　TBM 法的缺点

(1)掘进机对多变的地质条件(断层、破碎带、挤压带、涌水及坚硬岩石等)的适应性较差。但近年来随着技术的进步,采用了盾构外壳保护型的掘进机,施工既可以在软弱和多变的地层中掘进,又能在中硬岩层中开挖施工。

(2)掘进机的经济性问题。由于掘进机结构复杂,对材料、零部件的耐久性要求高,因而制造的价格较高。在施工之前就需要花大量资金购买部件和制造机器,因此工程建设投资高,难用于短隧道。

(3)施工途中不能改变开挖直径。如用同一种机型开挖不同直径的断面,在硬岩的情况下更换附属部件,在数十厘米范围内,还是可能的。

(4)开挖断面的大小、形状变更难,在应用上受到一定的制约。

任务 2　TBM 法施工

1　施工前期准备

TBM 是一多环节紧密联系的作业系统,它包括破岩、出渣、支护、翻渣、电力供应及各种辅助设施。为了使庞大的作业系统能正常连续地作业,除 TBM 本身组装需要配属设备及场地外,其他诸如风、水、电供应,材料供应,仰拱生产,机械维修车间,配件库,应急发电机房等都应俱备。

1.1　技术准备

掘进施工前应熟悉和复核设计文件和施工图,熟悉有关技术标准、技术条件、设计原则和设计规范。应根据工程概况、工程水文地质情况、质量与工期要求、资源配备情况,编制实施性施工组织设计,对施工方案进行论证和优化,并按相关程序进行审批。施工前必须制定工艺实施细则,编制作业指导书。

1.2　设备、设施准备

按工程特点和环境条件配备好试验、测量及监测仪器。长大隧道应配置合理的通风设施和出渣方式,选择合理的洞内供料方式和运输设备,并达到环境保护的要求;供电设备必须满足掘进机施工的要求,掘进机施工用电和生活、办公用电分开,并保证两路电源正常供应;供水系统要满足生活和生产用水;仰拱预制块生产系统要满足生产总数大于掘进速度需要数量。管片、仰拱块预制厂应建在洞口附近,保证管片、仰拱块制作、养护空间,并预留好管片、仰拱块存放场地。

1.3　材料准备

掘进机施工前必须满足施工所需要的各种材料,应当结合进度、地质制订合理的材料供应计划,做好钢材、木材、水泥、砂石料和混凝土等材料的试验工作。所有原材料必须有产品合格证,且经检验合格后方能使用。隧道施工前应结合工程特点积极进行新材料、新技术、新工艺的推广应用工作,积极推进材料本地化。

1.4 作业人员准备

隧道施工作业人员应专业齐全,满足施工要求,人员须经过专业培训、持证上岗。

1.5 施工场地布置

隧道洞外场地应包括主机及后配套拼装场、混凝土搅拌站、预制车间、预制块(管片)堆放场、维修车间、料场、翻车机及临时渣场、洞外生产房屋、主机及后配套存放场、职工生活房屋等,其临时占地面积为60~80亩(1亩=1/15 hm^2),洞外场地开阔时可适当放大。施工场地布置应进行详尽的总平面规划设计,要有利于生产、文明施工、节约用地和保护环境。实现统筹规划,分期安排,便于各项施工活动有序进行,避免相互干扰。保证掘进、出渣、衬砌、转运、调车等需要,满足设备的组装和初始条件。

施工场地临时工程布置包括:确定弃渣场的位置和范围;有轨运输时,洞外出渣线、备料线、编组线和其他作业线的布置;汽车运输道路和其他运输设施的布置;确定掘进机的组装和配件储存场地;确定风、水、电设施的位置;确定管片、仰拱块预制厂的位置;确定砂、石、水泥等材料及机械设备配件存放或堆放场地;确定各种生产、生活等房屋的位置;场内供、排水系统的布置。弃渣场地要符合环境保护的要求,不得堵塞沟槽和挤压河道,渣堆坡脚采用重力式挡土墙挡护。拼装场应位于洞口,场地应用混凝土硬化,强度满足承载力要求。组装场地的长度至少等于掘进机长度、牵引设备和转运设备总长、调转轨道长度和机动长度之和。

1.6 预备洞、出发洞

隧道洞口一定长度内围岩一般不太好,掘进机的长度比较大,TBM正式工作前需要用钻爆法开挖一定深度的预备洞和出发洞。预备洞是指自洞口挖掘到围岩条件较好的洞段,用于TBM机器撑靴的撑紧;出发洞是由预备洞再向里按刀盘直径掘出TBM主机可以进入的洞段,是用TBM最早掘进的辅助洞室。如秦岭Ⅰ线隧道预备洞长300 m,出发洞长10 m。

2 TBM的运输组装和调试

TBM集机械、电子、液压、技术于一体,技术复杂、结构庞大,集开挖、支护、出渣、通风、排水于一身,是工厂化的隧道生产线。保证装配工艺的质量和精度对TBM以后的使用性能、使用寿命乃至维修周期影响重大。组装时应严格遵守装配工艺规程要求。TBM成套设备以裸件形式及集装箱形式运抵工地现场。主机部分以大总成裸件抵达,主机附属设备大部分装箱到达,后配套系统大多以裸件运到工地,而其上关键液压、电气均装箱到达,将这些不同形式、不同类型的部件按照TBM设计文件要求、精度要求用专用机具组装起来,分别完成主机、连接桥、后配套及附属设备的组装并用相关部件连接成一体。TBM完成组装并与高压电源、供水管路连接后,须进行整机及其辅助设备的功能测试,以便调试整机。

3 隧洞掘进

掘进机在进入预备洞和出发洞后即可开始掘进作业。掘进作业分起始段施工、正常推进和到达出洞三个阶段。

3.1 掘进机始发及起始段施工

掘进机空载调试运转正常后开始掘进机始发施工。开始推进时通过控制推进油缸行程使掘进机沿始发台向前推进,因此始发台必须固定牢靠、位置正确。刀盘抵达工作面开始转动刀盘,直至将岩面切削平整后,开始正常掘进。在始发掘进时,应以低速度、低推力进行试掘进,了解设备对岩石的适应性,对刚组装调试好的设备进行试机作业。在始发磨合期,要加强掘进参数的控制,逐渐加大推力。

推进速度要保持相对平稳,控制好每次的纠偏量。灌浆量要根据围岩情况、推进速度、出渣量等及时调整。始发操作中,司机需逐步掌握操作的规律性,班组作业人员逐步掌握掘进机作业工序,在掌握掘进机的作业规律性后,再加大掘进机的有关参数。

始发时要加强测量工作,把掘进机的姿态控制在一定的范围内,通过管片、抑拱块的铺设,以及掘进机本身的调整来达到状态的控制。

掘进机始发进入起始段施工,一般根据掘进机的长度、现场及地层条件将起始段定为50~100 m,起始段掘进是掌握、了解掘进机性能及施工规律的过程。

3.2 正常掘进

掘进机正常掘进的工作模式一般有3种:自动扭矩控制、自动推力控制和手动控制,应根据地质情况合理选用。在均质硬岩条件下,选择自动推力控制模式;在节理发育或软弱围岩条件下,选择自动扭矩控制模式;掌子面围岩软硬不均,如果不能判定围岩状态,选择手动控制模式。

掘进机推进时的掘进速度及推力应根据地质情况确定,在破碎地段严格控制出渣量,使之与掘进速度相匹配,避免出现掌子面前方大范围坍塌。

掘进过程中,观察各仪表显示是否正常,检查风、水、电、润滑系统、液压系统的供给是否正常,检查气体报警系统是否处于工作状态和气体浓度是否超限。

施工过程中要进行实际地质的描述记录、相应地段岩石物理特性的试验记录、掘进参数和掘进速度的记录并加以图表化,以便根据不同地质状况选择和及时调整掘进参数,减少刀具过大的冲击荷载。硬岩情况下选择刀盘高速旋转掘进,正常情况下推进速度一般为额定值的75%左右。节理发育的软岩状况下作业,掘进推力较小,采用自动扭矩控制模式时要密切观察扭矩变化和整个设备振动的变化,当变化幅度较大时,应减少刀盘推力,保持一定的贯入度,并时刻观察石渣的变化,尽最大可能减少刀具漏油及轴承的损坏。节理发育且硬度变化较大的围岩,推进速度控制在30%以下。节理较发育、裂隙较多,或存在破碎带、断层等地质情况下作业,以自动扭矩控制模式为主选择和调整掘进参数,同时应密切观察扭矩变化、电流变化及推进力值和围岩状况,控制扭矩变化范围在10%以下,降低推进速度、控制贯入度指标。在硬岩情况下,刀盘转速一般为6 r/min左右,进入软弱围岩过渡段后期时,调整为3~6 r/min,完全进入软弱围岩时维持在2 r/min左右。

在掘进过程中发现贯入度和扭矩增加时,适时降低推力,对贯入度有所控制,这样才能保持均衡的生产效率,减少刀具的消耗。硬岩时,贯入度一般为9~12 mm,软弱围岩一般为3~6 mm。扭矩在硬岩情况下一般为额定值的50%,软弱围岩时为80%左右。

在软弱围岩条件下的掘进,应特别注意支撑靴的位置和压力变化。支撑靴位置不好,会造成打滑、停机,直接影响掘进方向的准确性,如果由于机型条件限制而无法调整支撑靴位置,应对该位置进行预加固处理。

此外,支撑靴刚撑到洞壁时极易陷塌,应观察仪表盘上支撑靴压力值下降速度,注意及时补压,防止发生打滑。硬岩时,支撑力一般为额定值,软弱围岩中为最低限定值。

掘进机推进过程中必须严格控制推进轴线,使掘进机的运动轨迹在设计轴线允许偏差范围内。双护盾掘进机自转量应控制在设计允许值范围内,并随时调整。双护盾掘进机在竖曲线与平曲线段施工应考虑已成环隧道管片竖、横向位移对轴线控制量的影响。

掘进中要密切注意和严格控制掘进机的方向。掘进机方向控制包括两个方面:一是掘进机本身能够进行导向和纠偏;二是确保掘进方向的正确。导向功能包含方向的确定、方向的调整、偏转的调整。掘进机的位置采用激光导向系统确定,激光导向、调向油缸、纠偏油缸是导向、调向的基本装置。在每一循环作业前,操作司机应根据导向系统显示的主机位置数据进行调向作业。采用自动导向系统对掘进机姿态进行监测。定期进行人工测量,对自动导向系统进行复核。

掘进机进入溶洞段施工时,利用掘进机的超前钻探孔,对机器前方的溶洞处理情况进行探测。每次钻设 20 m 长,两次钻探间搭接 2 m。在探测到前方的溶洞都已经处理过后,再向前掘进。

3.3　到达掘进

到达掘进是指掘进机到达贯通面之前 50 m 范围内的掘进。掘进机到达终点前,要制定掘进机到达施工方案,做好技术交底,施工人员应明确掘进机适时的桩号及刀盘距贯通面的距离,并按确定的施工方案实施。

到达前必须做好以下工作:检查洞内的测量导线;在洞内拆卸时应检查掘进机拆卸段支护情况;检查到达所需材料、工具;检查施工接收导台。做好到达前的其他工作,如接收台检查、滑行轨的测量等,要加强变形监测,及时与操作司机沟通。

掘进机掘进至离贯通面 100 m 时,必须做一次掘进机推进轴线的方向传递测量,以逐渐调整掘进机轴线,保证贯通误差在规定的范围内。到达掘进的最后 20 m 要根据围岩情况确定合理的掘进参数,要求低速度、小推力和及时的支护或回填灌浆,并做好掘进姿态的预处理工作。做好出洞场地、洞口段的加固,应保证洞内、洞外联络畅通。

4　通风除尘

TBM 工法的通风对象是工作人员呼出的气体和 TBM 主机动力发生的热量、岩石破碎时产生的粉尘和内燃机等产生的有害气体等。

4.1　通风方式选择

TBM 通风方式有强制式、送入式、抽出式、送抽并用式、巷道式、主风机局扇并用式、自然式等。

根据以上通风方式,在选择时,要在考虑隧道规模(断面、长度)、施工方式、周围环境的基础上,选择与作业环境、施工条件相符的通风方式。

TBM 工作时产生的粉尘,是从切削部与岩石接合处释放出来的,所以必须考虑采用在切削部附近将粉尘收集,通过排风管将其送至后续台车上,而后用除尘机处理的办法。

4.2 通风管理

为应对施工中的粉尘与有害气体,实现综合治理。应做好以下工作:

(1)严格遵守湿式凿岩、喷射混凝土工艺。坚持喷雾、洒水及其他降尘措施,做好个人防护。

(2)严禁汽油进洞作业。洞内的柴油机械和运输车,使用低污染规格柴油,并采取有效净化措施。

(3)洞内的柴油机械,要定期维修保养,严格执行洞内机械的使用管理方法。不准带"病"作业,使机械始终处于最佳的工作状态。

(4)架立好风管,要保持平、直、顺,接头严密,破损风管要及时修补或更换。

(5)风门和封闭的通道漏风时,必须立即整修,保持严密。

(6)定期测试粉尘和有害气体的浓度。

(7)定期测试风量、风速、风压,检查通风设备的供风能力和动力消耗。

(8)通风测试结果,及时反馈,不断改进,完善通风系统。

5 隧道支护

隧道支护按支护时间分初期支护和二次衬砌支护,按支护形式有锚喷支护、钢拱架支护、管片支护和模筑混凝土支护。

5.1 初期支护

初期支护紧随着掘进机的推进进行,可用锚喷、钢拱架或管片进行支护。地质条件很差时还要进行超前支护或加固。因此,为适应不同的地质条件,应根据掘进机类型和围岩条件配备相应的支护设备。开敞式掘进机一般需配置超前钻机及注浆设备、钢拱架安装机、锚杆钻机、混凝土喷射泵、喷射机械手,以及起吊、运输和铺设预制混凝土仰拱块的设备。开敞式掘进机在软弱破碎围岩掘进时必须进行初期支护,以满足围岩支护抗力,确保施工安全。初期支护包括喷混凝土、挂网、锚杆、钢架等。双护盾掘进机一般配置多功能钻机、喷射机、水泥浆注入设备、管片安装机、管片输送器等。

5.1.1 喷射混凝土施工

喷射混凝土前用高压水或高压风冲刷岩面,设置控制喷混凝土的标志。喷射混凝土的配合比应通过试验确定,满足混凝土强度和喷射工艺的要求。喷射作业应分段、分片、分层,由下而上顺序进行。分层喷射混凝土时,一次喷射的最大厚度:拱部不得超过8 cm,边墙不得超过10 cm,后一层喷射应在前一层混凝土终凝后进行。喷射后应进行养护和保护。喷射混凝土的表面平整度应符合要求。

5.1.2 锚杆施工

锚杆类型应根据地质条件、使用要求及锚固特性和设计文件确定。锚杆杆体的抗拉力不应小于150 kN,锚杆直径宜为20~22 mm。锚杆孔应按设计要求布置;孔径应符合设计要求;孔位允许偏差为±10 cm,锚杆孔距允许偏差为±10 cm;锚杆孔的深度应大于锚杆体长度10 cm;锚杆用的水泥砂浆,其强度不应低于M20。

5.1.3 钢架施工

钢架安装利用刀盘后面的环形安装器及顶升装置完成，钢架安装允许偏差：钢架间距为±10 cm，横向和高程为±5 cm，垂直度为±2°。钢架与喷射混凝土应形成一体，沿钢架外缘每隔2 m应用钢楔或混凝土预制块与初喷层顶紧，钢架与围岩间的间隙必须喷混凝土充填密实，钢架必须被喷射混凝土覆盖，厚度不得小于4 cm。

5.1.4 管片施工

管片拼装时，一般应先拼装底部管片，然后自下而上左右交叉拼装，每环相邻管片应均匀拼装并控制环面平整度和封口尺寸，最后插入封顶块成环。管片拼装成环时，应逐片初步拧紧连接螺栓，脱出盾尾后再次拧紧。当后续掘进机掘进至每环管片拼装之前，应对相邻已成环的3环范围内的连接螺栓进行全面检查并再次紧固。

逐块拼装管片时，应注意确保相邻两管片接头的环面平整、内弧面平整、纵缝密贴。封顶块插入前，检查已拼管片的开口尺寸，要求略大于封顶块尺寸，拼装机把封顶块送到位，伸出相应的千斤顶将封顶块管片插入成环，做圆环校正，并全面检查所有纵向螺栓。封顶成环后，进行测量，并按测得数据做圆环校正，再次测量并做好记录。最后拧紧所有纵、环向螺栓。

拼装过程中，遇有管片损坏，应及时使用规定材料修补，管片损坏超过标准时，应更换。在拼装过程中应保持成环管片的清洁。如后期发现损坏的管片也必须修补。隧道结构加强处理方案需经业主和设计单位认可。

平曲线段隧道是使用楔形环管片拼装后形成曲线，拼装方法与直线段相同。主要靠控制楔形管片成环精度保证隧道曲线的精度，要求第一环管片定位要准确。

5.1.5 混凝土仰拱施工

混凝土仰拱是隧道整体道床的一部分，也是TBM后配套承重轨道的基础，同时又是机车运输线路的铺设基础。TBM每掘进一个循环需要铺设一块仰拱块，仰拱的生产和铺设是掘进机生产中的一个重要环节。仰拱预制块的施工工序如下：仰拱预制块锚固、洞外安装止水带、底部清理、仰拱的运输、仰拱的安放、底部灌注、表面压浆、安放中心水沟止水带。

5.2 模筑混凝土衬砌

模筑衬砌必须采用拱墙一次成型法施工，施工时中线、水平、断面和净空尺寸应符合设计要求。衬砌不得侵入隧道建筑限界。衬砌材料的标准、规格、要求等，应符合设计规范规定。防水层应采用无钉铺设，并在二次衬砌灌注前完成。衬砌的施工缝和变形缝应做好防水处理。混凝土灌筑前及灌筑过程中，应对模板、支架、钢筋骨架、预埋件等进行检查。发现问题应及时处理，并做好记录。

顶部混凝土灌筑时，按封顶工艺施工，确保拱顶混凝土密实。模筑衬砌背后需填充注浆时，应预留注浆孔。模筑衬砌应连续灌筑，必须进行高频机械振捣。拱部必须预留注浆孔，并及时进行注浆回填。

隧道的衬砌模板有台车式和组合式，前者优于后者。全断面衬砌模板台车为轨行自动式，台车的伸缩和平移采用液压油缸操纵。模板台车应配备混凝土输送泵和混凝土罐车，并自动计量，形成衬砌作业线。

衬砌作业线合理配套，才能确保衬砌不间断施工、混凝土灌注的连续性和衬砌质量。

混凝土灌注应分层进行，振捣密实，防止收缩开裂，振捣时不应破坏防水层，不得碰撞模板、钢筋和预埋件。模板台车的外轮廓在灌筑混凝土后应保证隧道净空，门架结构的净空应保证洞内车辆和人员的安全通行，同时预留通风管位置；模板台车的门架结构、支撑系统及模板的强度和刚度应满足各种荷载的组合；模板台车长度宜为9~12 m；模板台车侧壁作业窗宜分层布置，层高不宜大于1.5 m，每层宜设置4~5个窗口，其净空不宜小于45 cm×45 cm，并设有相应的混凝土输送管支架或吊架；模板台车应采用43 kg/m及以上钢轨为行走轨道。

二次衬砌在初期支护变形稳定前施工时，拆模时的混凝土强度应达到设计强度的100%；在初期支护变形稳定后施工的，拆模时的混凝土强度应达到8 MPa。

混凝土搅拌站的生产能力应根据铁路隧道每延米混凝土数量和循环进度的要求而定。

6 出渣与运输

掘进机施工，掘进岩渣的运出、支护材料的运进及人员的进出，不仅数量大，而且十分频繁，运输工作跟不上将直接影响施工速度。尤其是长隧道及特长隧道，更为突出。掘进机施工的隧道内，可用的运输方式有有轨列车运输、无轨车辆运输、带式输送机运输、压气运输和水力运输，选择时应根据隧道长度、工期、运输能力、运输干扰程度、污染情况、隧道基底形式、运输组织方式等因素进行综合比选确定。

有轨运输是最普通的运输方式，具有安装设备简单、适应性强、故障比较少等优点；在直径较大的隧道内，有利于使用较多的调车设备，可使用多组列车在单轨或双轨上运行；既可运输渣石、材料，也可运送人员，因此最为常用。无轨车辆运输的适应性强，在短隧道内使用方便，故矿山巷道和短隧道中使用较多。带式运输机运输可靠、能力大、维修费用低、连续运输，但其适应性和机动性不如有轨运输，安装时需留出一条开阔的运送人员、材料的通道。压气运输是利用压缩空气通过管路将渣石运送到洞外的卸渣池，这种方式已用于矿山，隧道则只是试验和有限使用。水力运输是利用浆液通过管路将渣石排到洞外，这种方式存在诸多不足，岩石隧道掘进机施工中应用极少。

施工进料应采用有轨运输。出渣运输可根据隧道的长度、掘进速度选择有轨运输和皮带机运输方式。

有轨运输时，应采用无渣道床；洞外应根据需要设调车、编组、卸渣、进料、设备维修等线路；运输线路应保持平稳、顺直、牢固，设专人按标准要求进行维修和养护；应根据现场卸渣条件确定采用侧翻式或翻转式卸渣形式。

有轨运输应符合下列安全规定：机车牵引不得超载。车辆装载高度不得大于矿车顶面50 cm，宽度不得大于车宽。列车连接必须良好，编组和停留时，必须有刹车装置和防溜车装置。车辆在同一轨道行驶时，两组列车的间距不得小于100 m。轨道旁临时堆放材料距钢轨外缘不得小于80 cm，高度不得大于100 cm。车辆运行时，必须鸣笛或按喇叭，并注意瞭望，严禁非专职人员开车、调车和搭车，以及在运行中进行摘挂作业。采用内燃机车牵引时，应配置排气净化装置，符合环保要求。

牵引设备的牵引能力应满足隧道最大纵坡和运输重量的要求，车辆配置应满足出渣、进料及掘进进度的要求，并考虑一定的余量。

列车编组与运行应满足掘进机连续掘进和最高掘进速度的要求，根据洞内掘进情况安排进料。材料装车时，必须固定牢靠，以防运输中途跌落。

掘进机由斜井进入隧道施工时，井身纵坡宜设计为缓坡，出渣可采用皮带运输，人、料可采用有轨运输。若受地形条件限制，斜井坡度较大，出渣宜采用皮带运输，人、料运输应进行有轨运输与无轨运输比较。

采用皮带机出渣时，应按掘进机的最高生产能力进行皮带机的选型；皮带机机架应坚固，平、正、直；皮带机全部滚筒和托辊的轴线，必须与输送带的传动方向成直角；运输皮带必须保持清洁；严格按照设备使用与操作规程进行皮带机操作；必须定期按照皮带机的使用与保养规程对皮带机电气、机械、液压系统进行检查、保养与维修；设专人检查皮带的跑偏情况并及时调整。严格按照技术要求设置出渣转载装置。

项目 3　盾构法隧洞施工

近年来,水利工程施工单位也开始了地铁工程建设,在这些地下工程中,由于受到施工场地、道路交通、市政建设等城市环境因素的限制,传统的施工方法难以普遍适用。在这种情况下,对城市正常机能影响较小的隧道施工方法——盾构施工法得到了较为广泛的应用。另外,随着城市地下空间的开发利用,隧道间相互交叉,与其他地下结构物穿插重叠,施工场地小规模化,促使常规盾构技术向着特殊化、多元化的方向发展。为适应这一实际条件,在国内外出现了大量的新型盾构技术。

码 5-9　图片:
盾构法隧洞施工

任务 1　盾构法基础知识

1　定义

盾构法(shield method)是暗挖法施工中的一种全机械化施工方法,它是将盾构机械在地中推进,通过盾构外壳和管片支承四周围岩防止发生往隧道内的坍塌,同时在开挖面前方用切削装置进行土体开挖,通过出土机械运出洞外,靠千斤顶在后部加压顶进,并拼装预制混凝土管片,形成隧道结构的一种机械化施工方法。

2　盾构机分类

盾构机(盾构)的分类方式很多,可按盾构切削断面的形状,盾构自身构造的特征、尺寸的大小、功能,挖掘土体的方式,掘削面的挡土形式,稳定掘削面的加压方式,施工方法,适用土质的状况等多种方式分类。

按切削断面的形状分,有圆形和非圆形盾构;按稳定掘削面的加压方式分,有压气式、泥水加压式、削土加压式、加水式、泥浆式和加泥式;按盾构前方的构造分,有敞开式、半敞开式和封闭式;按盾构正面对土体开挖与支护的方法分,有手掘式盾构、挤压式盾构、半机械式盾构、机械式盾构四大类。

3　盾构法特点

盾构法是隧道暗挖施工法的一种,其主要优点如下:

(1)盾构的掘进、出土、衬砌、拼装等可实行自动化、智能化和施工运输控制信息化。

(2)掘进速度较快,效率较高,施工劳动强度较低。

(3)对环境影响小。除竖井外,施工作业均在地下进行,噪声、振动引起的公害小,既不影响地面交通,又可减少噪声和振动影响。

(4)施工不受地形、地貌、江河水域等地表环境的限制。

(5)隧道的施工费用受埋深的影响不大,适宜建造覆土较深的隧道。在土质差、水位高的地方建设埋深较大的隧道,盾构法有较好的技术经济优越性。

(6)修筑的隧道抗震性能极好。

(7)对地层的适应性宽,软土、砂卵石、软岩直至岩层均可。

因此,盾构法已在城市隧道(地铁隧道,污水排放隧道,引水、供水隧道,江、河、湖、海底隧道,电力、电信、供气工程等隧道)建造中确定了绝对的统治地位,有人将其称为城市隧道工法。

盾构法尽管具有很多优点,但也存在一定的不足:

(1)当隧道曲线半径过小时,施工较为困难。

(2)在陆地建造隧道时,如隧道覆土太浅,开挖面稳定甚为困难,甚至不能施工;在水下施工时,如覆土太浅则盾构法施工不够安全,要确保一定厚度的覆土。

(3)盾构机械造价较高。

(4)设备的转移、运输、安装及场地布置等较复杂。

(5)盾构法隧道上方一定范围内的地表沉陷尚难完全防止,特别是在饱和含水松软的土层中,要采取严密的技术措施才能把沉陷限制在很小的限度内。

(6)在饱和含水地层中,盾构法施工所用的拼装衬砌,对达到整体结构防水性的技术要求较高。

4 盾构机的基本构造

盾构机由通用机械(外壳、掘削机构、挡土机构、推进机构、管片拼装机构、附属机构等)、专用机构组成,如图5-24所示。专用机构因机种的不同而异。

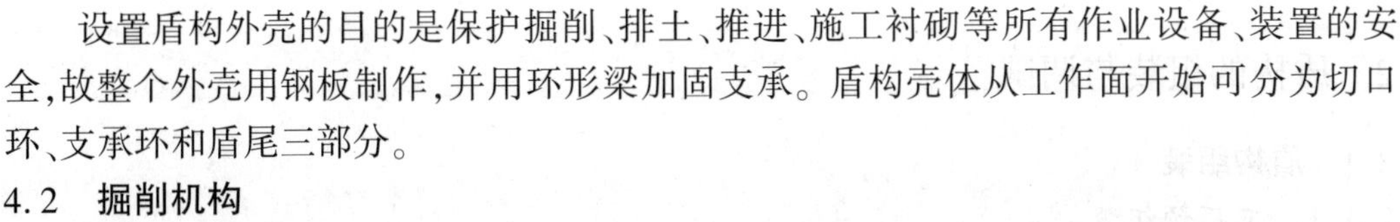

图5-24 盾构机

4.1 盾构壳体

设置盾构外壳的目的是保护掘削、排土、推进、施工衬砌等所有作业设备、装置的安全,故整个外壳用钢板制作,并用环形梁加固支承。盾构壳体从工作面开始可分为切口环、支承环和盾尾三部分。

4.2 掘削机构

对人工掘削式盾构而言,掘削机构即鹤嘴锄、风镐、铁锹等;对半机械式盾构而言,掘削机构即铲斗、掘削头;对机械式、封闭式(土压式、泥水式)盾构而言,掘削机构即切削刀盘。

4.3 推进系统

推进系统包括设置在盾构外壳内侧环形中梁上的推进千斤顶群及控制设备,其中千斤顶是使盾构机在土层中向前推进的关键性构件,施工中要进行推力的计算。

4.4 排土系统

盾构施工的排土系统因机器类型的不同而异。就机械式盾构而言,排土系统由铲斗、滑动导槽、漏斗、皮带传送机或螺旋传送机、排泥管构成。铲斗设置在掘削刀盘背面,可把掘削下来的土砂铲起倒入滑动导槽,经漏斗送给皮带传输机、螺旋传输机、排泥管。

4.5 管片拼装机构

管片拼装机构设置在盾构的尾部,由举重臂和真圆保持器构成。

4.6 挡土机构

挡土机构是为了防止掘削时掘削面坍塌和变形,确保掘削面稳定而设置的机构,该机构因盾构种类的不同而不同。

就全敞开式盾构机而言,挡土机构是挡土千斤顶;对半全敞开式网格盾构而言,挡土机构是刀盘面板;对机械盾构而言,挡土机构是网格式封闭挡土板;对泥水盾构而言,挡土机构是泥水舱内的加压泥水和刀盘面板;对土压盾构而言,挡土机构是土舱内的掘削加压土和刀盘面板。此外,采用气压法施工时由压缩空气提供的压力也可起挡土作用,保持开挖面稳定。开挖面支撑上常设有土压计,以监测开挖面土体的稳定性。

4.7 驱动机构

驱动机构是指向刀盘提供必要旋转扭矩的机构。该机构是由带减速机的油压马达或电动机,经过副齿轮驱动装在掘削刀盘后面的齿轮或销锁机构。有时为了得到更大的旋转力,也有利用油缸驱动刀盘旋转的。油压式对启动和掘削砾石层较为有利;电动机式噪声小、维护管理容易,也可相应减少后方台车的数量。驱动液压系统由高压油泵、油马达、油箱、液压阀及管路等组成。

任务2 盾构法施工

1 施工准备

前期准备工作包括前期调查、技术准备、施工计划、施工场地布置、施工准备与物资、劳动力准备等。

2 盾构的组装与调试

2.1 盾构组装

2.1.1 工厂预组装

工厂预组装时,按组装顺序进行,检查合格后,清扫干净,涂上规定的油漆。为了方便运输和现场组装,需要分块时,应准备现场组装所需要的工具和做好对合标记。为了确保现场组装结束后具有规定的质量、性能,选择必要的项目进行检查。组装后,应检查外观、尺寸、作业情况,发现有不妥之处,采取相应的措施。

盾构运输到竖井时,应对有可能产生残余应变和发生损伤部位进行加固或采取其他保护措施。

2.1.2 现场组装

现场组装时,在有足够强度的始发架(台)上,准确地组装在正确的位置上,临时拧紧或临时点焊定位后,进行尺寸检查,然后再进行焊接或螺栓拧紧。现场组装时,确保再现工厂预组装时确认的质量、性能。现场组装应特别注意安全。

2.2 盾构调试

盾构调试包括各系统调试及整机调试(空载运行),是盾构试掘进(负载运行)前的一项重要工作。应制订详细的调试方案,确定合格验收标准,按规范与合同要求进行,确保各系统正常运行及盾构正常运行。

盾构组装完毕并确定无误后,即可进行空载调试。主要调试内容为液压系统、润滑系统、冷却系统、配电系统、注浆系统,以及各种仪表、传感器的校正。

(1)空载调试证明盾构具有工作能力后,即可进行负载调试。负载调试的主要目的是检查各种管线及密封的负载能力,使盾构的各个工作系统和辅助系统达到满足正常生产要求的工作状态,通常试掘进时间即为对设备进行负载调试的时间。

(2)负载调试时采取严格的技术和管理措施保证工程安全、质量和工作精度,调试按系统进行,即对电气、液压、机械三大部分进行调试。

(3)各系统调试完成后,应进行整机联机运转调试。

(4)盾构试掘进100 m调试,在试掘进过程中,对各参数进行调整。

3 施工测量与方向控制

施工测量的目的是确保盾构按设计轴线掘进,管片拼装成型后满足隧道轴线误差控制要求。盾构施工测量应根据隧道长度、地形、竖井深度、盾构直径等条件,选择合适的测量仪器和测量方法。主要内容应包括地面控制测量、联系测量、地下控制测量、掘进施工测量、贯通测量和竣工测量。

4 衬砌

盾构法隧道衬砌通常分管片衬砌、现浇混凝土衬砌两类,管片衬砌在盾尾的保护下进行安装,一环衬砌由几块管片组成,衬砌管片是预制管片,运送到安装位置;现浇混凝土衬砌不需要提前预制,混凝土在压力下浇筑。

4.1 混凝土衬砌

4.1.1 现浇混凝土衬砌

现浇混凝土衬砌是在盾构之后整环浇筑混凝土隧道衬砌。在稳定地层中,现浇混凝土能抵抗周围地层压力,否则应在盾尾部分的薄板保护下进行浇筑。为了前进,盾构可以推在已硬化的混凝土上,混凝土达到要求的强度后,每段混凝土通过混凝土接头与其他段混凝土分开。这种施工方法掘进速度低。

4.1.2 挤压混凝土衬砌

挤压混凝土衬砌是城市隧道主流的盾构施工法,长期以来主要是以确保开挖面稳定为目的的开挖技术。ECL施工法在密闭型盾构施工工法基础上更进一步,将包括衬砌在内的全部工作系统化。

ECL 称为挤压混凝土衬砌,是指不采用常规管片而通过盾尾现场浇筑混凝土来进行施工,是开挖与衬砌同时进行的施工方法总称。因该施工方法是在盾构推进的同时对新拌混凝土加压,构成与地层紧密结合的衬砌体,所以可以得到密实、质量高的衬砌体,能控制对周围围岩的影响,降低造价,缩短工期。

4.1.3 喷射混凝土衬砌

喷射混凝土衬砌要求地层具有一定程度的自稳能力,因为在盾构之后混凝土施喷在已开挖隧道的拱腹线上,必须考虑锥形盾壳引起地层中的应力变化。在不太稳定的地层中,拖动部件内的叶片,允许部分散开已开挖的拱腹线。可以应用现行的适合喷射混凝土衬砌的一切混凝土质量和施工方法,也可使用压缩空气的方法,防止地下水的侵入。喷射混凝土的使用应注意简化程序,至于质量的控制应采用适当的观念,在计划阶段就应当考虑。对于单层衬砌,可以考虑提高其防水施工质量。

4.2 管片衬砌

管片可以采用不同的方法进行分类。

按材料分类,目前制作管片使用的材料大致有铸铁、钢材及混凝土等。此外,使用符合要求的其他材料制作的管片也日益凸显其不可比拟的优越性,在隧道防水、受力合理性和经济性等方面起着重要的作用。

按形状分类,根据施工条件和设计方法的不同,钢筋混凝土管片具有不同的形式。

按照管片手孔成型大小,可以大致分为箱形、平板形等几类。

此外,还根据具体的结构要求,开发出各种异型的管片。管片还有其他形式,楔形管片用于曲线段的施工和修正蛇行;具有锥度的管片环,当其宽度特别小,且为窄板状时,称为楔形垫板环。

5 盾构法施工流程

盾构法施工内容包括盾构的始发和到达,盾构的掘进、衬砌、压浆和防水等。

5.1 盾构始发

盾构始发是指使用安装在竖井内的临时负环管片、反力架、始发架等设备,把盾构沿着设计轴线推进,从洞门贯入围岩,沿着设计线路开始掘进的一系列作业。盾构始发前,采用合适的始发方法,制订洞门围护结构拆除方案,采取合适的洞门密封措施,保证始发安全。

5.1.1 始发架安装

盾构始发架安装在设定的位置,设定位置由设计线路中心位置和高程决定,同时考虑盾构贯入软弱地层时的下沉量及盾构安装后始发架的变形,应事先抬高一定的富余量(根据经验一般在 2 cm 左右)进行定位。由于始发架在盾构始发时要承受纵向、横向的推力,以及约束盾构旋转的扭矩,所以在盾构始发之前,对始发架两侧进行必要的加固,并对盾构姿态做复核、检查。

5.1.2 反力架设备

反力架设备包括反力架和负环管片。该设备主要由临时组装的钢管片和型钢拼装而成,保证其承受盾构推力时具有足够的强度和刚度,临时拼装的负环管片需要保证临时安装时的形状、精度,特别是真圆度应控制在允许范围内,定位时管片横断面应与隧道轴线垂直。

5.2 盾构掘进

根据隧道地质条件、埋深、周边环境等条件,确定盾构掘进参数,确保开挖面稳定。根据盾构掘进测量随时调整盾构姿态,使盾构沿着设计线路掘进。

5.2.1 盾构姿态控制

盾构姿态控制的基本原则,以隧道设计轴线为目标,偏差控制在设计范围内,同时在掘进过程中进行盾构姿态调整,确保不破坏管片。盾构掘进过程中,依靠千斤顶不断向前推进,为便于轴线控制,将千斤顶设置成不同区域。应严格控制各区域油压,同时控制千斤顶的行程,合理纠偏,做到勤纠,减小单次纠偏量,实现盾构沿设计轴线方向推进。

5.2.2 开挖面的稳定

要确保开挖面的稳定,避免发生过量取土和压力舱内堵塞,就得使开挖和推进速度协调。下文从开敞式盾构和土压平衡盾构讲述稳定开挖面的内容。

5.2.2.1 开敞式盾构

开敞式盾构根据开挖方式(手掘式、半机械式、机械式)的不同,要考虑围岩条件、隧道断面大小等,以尽量不发生围岩松动为原则来选定适当的支护方式,一边确保开挖面的稳定,一边进行推进。

(1)手掘式盾构施工法适用于开挖面能保持自立稳定的围岩。盾构推进时,先使盾构切口环贯入围岩,在盾构切口环的下面,根据围岩的条件分块进行开挖围岩,并立即用支护千斤顶等进行挡土。一边依次倒替,一边进行,以免使开挖面围岩松散。

(2)半机械式盾构施工法适用于围岩自立性好而且开挖断面比较大的隧道。需要根据开挖距离、开挖断面、围岩的抗压强度来选定适合各自条件的机械。另外,由于装备开挖机械而使支护千斤顶的设置困难,以及开挖面的暴露范围大时,需要对防止开挖面坍塌的措施进行充分研究。

(3)机械式盾构施工法,从开挖到排土都由机械进行。因此,它比半机械式盾构的效率更高,该施工法有时因过多开挖或开挖面的局部坍塌引起地表面发生下沉、陷落,所以需要掌握开挖量和监视开挖面情况。对硬质地层,如泥岩层或很密实的砂砾层进行开挖时,需要对刀盘或刀头的磨损所引起开挖效率的降低做充分的研究。

5.2.2.2 土压平衡盾构

(1)土压平衡盾构是通过渣土舱内的泥土压力平衡开挖面处的地下水压和土压,以保持开挖面稳定的盾构。刀盘切削下来的渣土通过刀盘上的开口进入刀盘与压力隔板之间的渣土舱,在渣土舱内搅拌混合或与添加材料(泡沫剂或塑性泥浆)混合形成具有良好塑性、流动性、稠度及内摩擦角小、渗透率小的泥土,螺旋输送机从压力隔板的底部开口进行排土。通过调整盾构推进速度和螺旋输送机排土量速度,控制渣土舱内泥土压力,由泥土压力平衡开挖面地下水压和土压,以保持开挖面的稳定,为了获得合适的土压力,通过螺旋输送机转速和盾构推进速度的调整实现对排土量和开挖量的控制,同时还要掌握刀盘的扭矩和推力等,进行正确的控制管理,以防止开挖面的松动和破坏。

(2)压力舱的压力管理。为了确保开挖的稳定,需要适当地维持压力舱压力。一般如果压力舱的压力不足,发生开挖面涌水或坍塌的危险性就会增大;如果压力过大,又会引起刀盘扭矩或推力的增大而发生推进速度的下降或喷涌等问题。

对于压力舱压力的管理,可采用主动土压和静止土压,或者松弛土压的方法等,但是最基本的思路是:作为上限值,以尽量控制地表沉降为目的而使用静止土压力;作为下限值,可以允许产生少量的地表沉降,但以确保开挖面的稳定为目的而使用主动土压力。

(3)掌握开挖面的稳定状态。一般通过压力计测量压力舱压力,以掌握开挖面的稳定状态。另外,还可对开挖面状态进行探查,此时使用机械触探法或非接触性电磁波、超声波调查法。两者都是用来探查开挖面的前方或上方的局部空洞,为判断开挖面稳定状态提供辅助信息。

(4)排土量管理。为了在盾构掘进过程中保持开挖面的稳定,需保持排土量和推进量相平衡。但由于围岩的土量或渣土的重度会有一定的变化,又因受添加剂种类、添加量或排土方式等因素的影响,渣土的重度也会发生变化,要准确掌握排土量比较困难。所以要根据压力舱压力和开挖土量同时进行管理。

5.2.2.3 管片拼装

一般管片拼装在掘进完成后及时进行,根据盾尾间隙与油缸行程差等,选择合适的封顶块拼装位置,按照正确的拼装方式、合理的拼装顺序进行管片拼装,确保管片拼装质量,避免管片破损。

根据管片设计类型与拼装质量要求,如左右转弯环,采用合适的拼装顺序与拼装方法。

在管片拼装过程中,根据管片的拼装顺序,逐次收回油缸,防止盾构后退。应严格控制盾构推进油缸的压力和伸缩量,使盾构位置保持不变。按各块管片位置,缩回相应位置的推进油缸,形成拼装空间使管片到位,然后伸出推进油缸完成管片的拼装作业。盾构司机在反复伸缩推进油缸时应做到保持盾构不后退、不变坡、不变向。

每块管片应控制环面平整度、错台、接缝宽度,最后插入封顶块封闭成环。封顶块的装配要用微动装置正确拼装,切勿使邻接管片损坏。封顶成环后,进行测量,并按测得数据做圆环校正,再次测量并做好记录。最后使用规定的扭矩,对接头螺栓等进行充分的紧固,管片脱出盾尾后及时进行复紧,当管片远离开挖面不再受推力影响时,再次使用规定的扭矩进行紧固。推进油缸推力对管片的影响程度,因管片的种类、地层、推力大小、隧道线路、壁后注浆等有所不同,需要根据不同接头的特性进行管理。必要时对隧道的所有连接螺栓进行检查和复紧。

在拼装过程中,拼装管片时应防止管片及防水密封条的损坏,遇有管片损坏,应及时使用规定材料修补。管片损坏超过标准时,应调换。在拼装过程中,应保持成环管片的清洁。如后期发现损坏的管片,也需修补。

对已拼装成环的管片环做椭圆度抽查,确保拼装精度。平曲线段管片拼装时,应注意使各种管片在环向定位准确,保证隧道轴线符合设计要求。

5.3 盾构到达

盾构到达是指盾构掘进到竖井的到达面位置,从事先准备好的洞门推进到达井内。盾构到达最重要的是防止洞门密封处发生涌水。

盾构到达时应事先充分研究如下事项:

(1)是否需要事先加固到达部分附近的地层及设置稠门密封。

(2)为了盾构能沿设计线路顺利到达指定位置,需要确定盾构贯通测量方法。一般在盾构到达前100 m,对盾构轴线进行测量、调整。

(3)减小盾构掘进速度,确定采用低速推进的开始位置。一般盾构刀盘离到达接收井距离小于10 m时,控制盾构推进速度、开挖面压力、排土量,以减小洞门地表变形。

(4)采用泥水盾构施工时,确定泥水减压的开始位置。

(5)防止从盾构和到达面的空隙流入或涌入土沙的对策。

(6)到达部分壁后注浆方法。

(7)盾构到达竖井时,对盾构接收井进行验收并做好接收盾构的准备工作。盾构接收时,应按预定的拆除方法与步骤拆除洞门。当盾构全部进入接收井内基座上后,应及时做好管片与洞门间隙的密封。

6 壁后注浆

根据地层条件、地层含水情况、盾构类型、隧道埋深及周边环境条件,选择合适的注浆材料和注浆方法。壁后注浆最好在盾构掘进的同时进行,应有效填充盾尾间隙,以防止地层松弛和地表沉降。

壁后注浆是为了在防止地层松动和下沉的同时防止管片漏水,并达到管片环的早期稳定和防止隧洞蛇行等目的,所以应及时实施,同时须进行充分填充。

6.1 注浆材料

根据地层性质、盾构形式、工程和周边环境等条件选择单液浆或双液浆。一般情况下,对于稳定性好的地层,多采用单液浆;对于难以稳定的黏土层或易坍塌的砂层,一般使用同步注浆的双液浆。浆液应具有不离析、流动性好、体积收缩小、强度达到原地层强度、防水性好等性质。在满足注浆要求的前提下,选择浆液原材料时需考虑经济性,应选择货源广、价格低廉,且易于运输、配制方便、配比操作容易的注浆材料。

6.2 注浆时间

一般壁后注浆分为同步注浆和即时注浆。

所谓同步注浆,是在盾构推进的同时,从安装在盾构上的注浆管和管片的注浆孔进行壁后注浆的方法。在地层难以稳定的黏土层或易坍塌的砂层,需要采用同步注浆。

所谓即时注浆,是在盾构推进后迅速进行壁后注浆的方法。对于稳定地层,往往没有必要在掘进同时进行同步注浆,多采用即时注浆的方法。

6.3 注浆方法

注浆从设置在管片上的注浆孔或设置在盾构上的注浆管进行。一般是用砂浆车将注浆材料运入隧道内,然后用设在后配套拖车上的注浆泵进行注浆,或利用设在隧道外的拌和设备,用注浆泵进行压送。为了防止注浆材料或地下水流入盾尾密封内,作为盾尾填充材料而把润滑脂注入盾尾密封刷之间。为防止盾尾密封损坏,造成注入材料流入盾尾,也需要将盾尾密封设计为可以更换的结构。注浆时,随时观察注浆状况,控制好注浆压力并记录注浆点位置、压力、注浆量。当注浆设备发生故障时,应立即通知停止盾构掘进施工,及时排除故障。注浆结束后,应在一定压力下关闭浆液分配系统,同时打开回路管停止注浆。注浆管路内压力降至零后,拆下管路并清洗干净。清洗注浆设备(注浆泵、注浆管道等)时,要设置旁通阀等,以免在下一次注浆时将冲洗水混入注浆材料中注入。

6.4 注浆质量

从壁后注浆的重要性来看,注浆所使用的材料,应符合有关质量规定,同时要定期地验收以确保其质量。为了保证注浆材料的质量,需要定期测定流量值、黏性、析出率、胶囊时间、抗压强度等。利用管片的注浆孔,对已注浆的壁后注浆材料进行取样,检查其注浆厚度、强度等。

【工程案例】

码 5-10 工程案例

【能力训练】

码 5-11 能力训练

模块6　水电站厂房施工

【学习目标】

名称	内容
知识目标	1. 掌握下部结构大体积混凝土施工； 2. 熟悉尾水管、锥管、蜗壳等大的孔洞结构施工技术要点； 3. 熟悉上部结构钢筋混凝土柱、梁、板等结构施工技术要点； 4. 掌握二期混凝土浇筑工艺流程和技术要点
能力目标	1. 能进行下部结构大体积混凝土施工； 2. 能进行二期混凝土浇筑； 3. 能进行上部结构钢筋混凝土柱、梁、板等结构施工
素质目标	1. 树立学生专业认同感，激发学生新时代水利人的使命担当； 2. 培养学生安全、认真、严谨、创新的工作作风； 3. 培养学生团队意识和协作习惯，养成良好的安全意识，逐步形成依照规范解决工程实际问题的意识和能力

学·思·悟

1. 结合水电站厂房工程案例讲解二期混凝土施工，培养学生安全、专注、求实的工作作风。

2. 通过分组分配学习任务（查找相关施工规范，组内学习成果分享）培养学生团队意识和协作习惯，养成良好的安全意识，逐步形成依照规范解决工程实际问题的意识和能力。

溪洛渡地下电站

【参考规范】

水电站厂房设计规范（SL 266—2014）。

水电站厂房通常以发电机层为界，分为下部结构和上部结构。下部结构一般为大体积混凝土，包括尾水管、锥管、蜗壳等大的孔洞结构；上部结构一般为钢筋混凝土柱、梁、板等，如图6-1所示。

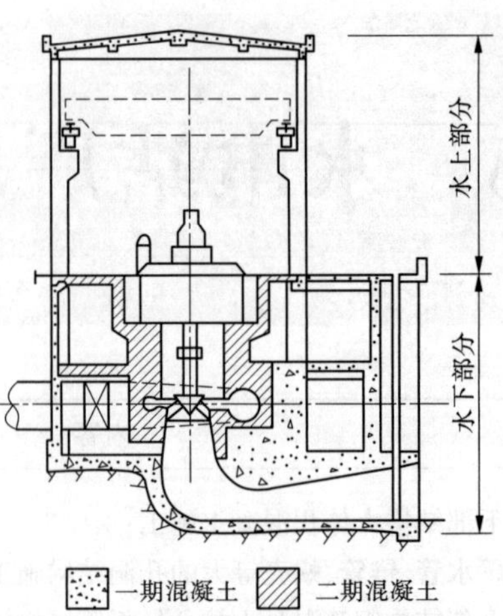

图 6-1　厂房混凝土施工各部分组成

任务 1　下部混凝土结构施工

水电站厂房下部结构尺寸大、孔洞多，受力复杂，必须分层分块进行浇筑，如图 6-2 所示。合理的分层分块是削减温度应力、防止或减少混凝土裂缝、保证混凝土施工质量和结构整体性的重要措施。

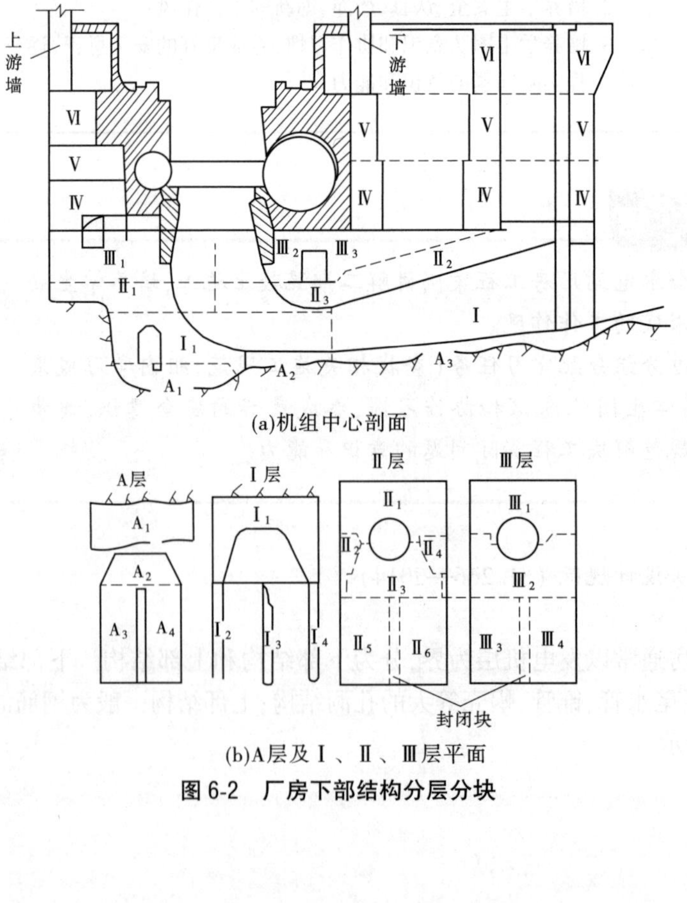

图 6-2　厂房下部结构分层分块

1　下部混凝土浇筑(通仓浇筑、错分浇筑、预留宽槽浇筑)

码 6-1　下部混凝土结构施工

厂房下部结构分层分块可采用通仓、错缝、预留宽槽、封闭块和灌浆缝等形式。

1.1　通仓浇筑法

通仓浇筑法施工可加快进度,有利于结构的整体性。当厂房尺寸小,又可安排在低温季节浇筑时,采用分层通仓浇筑最为有利。对于中型厂房,其顺水流方向的尺寸在 25 m 以下,低温季节虽不能浇筑完毕,但有一定的温控手段时,也可采用这种形式。

1.2　错缝浇筑法

大型水电站厂房下部结构尺寸较大,多采用错缝浇筑法。错缝搭接范围内的水平施工缝允许有一定的变形,以解除或减少两端的约束而减少块体的温度应力,如图 6-3 所示。

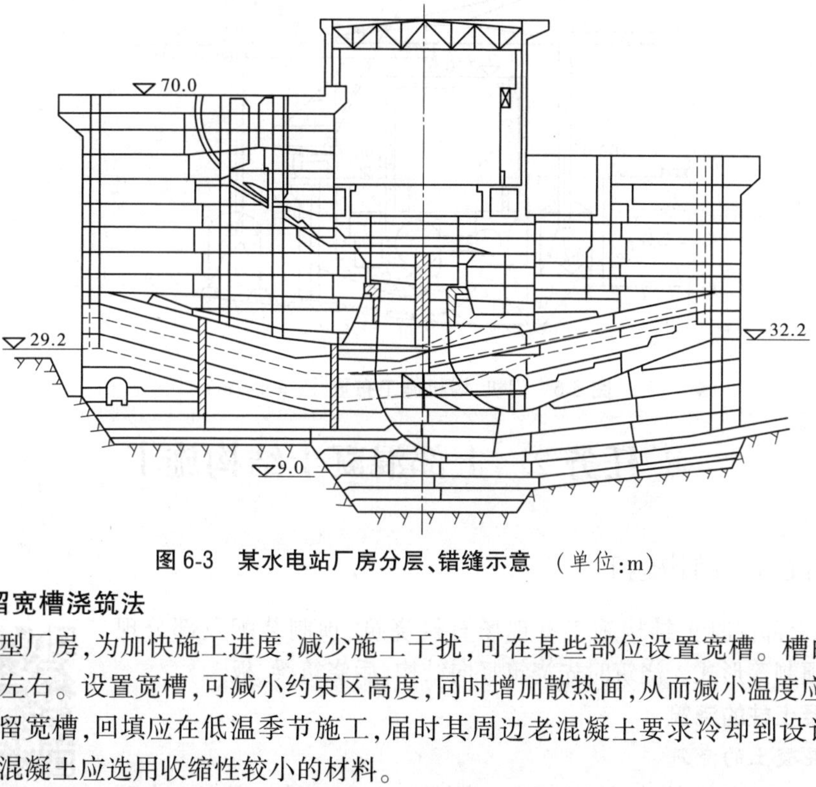

图 6-3　某水电站厂房分层、错缝示意　(单位:m)

1.3　预留宽槽浇筑法

对大型厂房,为加快施工进度,减少施工干扰,可在某些部位设置宽槽。槽的宽度一般为 1 m 左右。设置宽槽,可减小约束区高度,同时增加散热面,从而减小温度应力。

对预留宽槽,回填应在低温季节施工,届时其周边老混凝土要求冷却到设计要求温度。回填混凝土应选用收缩性较小的材料。

2　混凝土入仓方案(满堂架、活动桥、门塔机)

2.1　满堂脚手架方案

满堂脚手架是在基坑中满布脚手架,用自卸汽车(机动翻斗车、斗车)和溜筒、溜槽入仓。

2.2　活动桥方案

当厂房宽度较小、机组较多时,可采用如图 6-4 所示的活动桥浇筑混凝土。

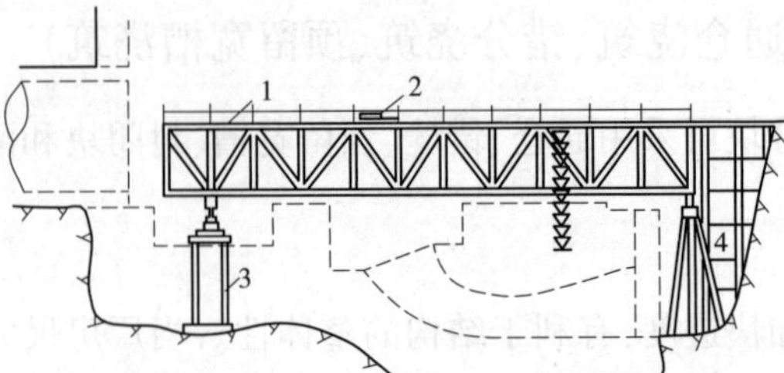

1—活动桥;2—运混凝土用小车;3—上游排架;4—下游排架。

图 6-4　活动桥浇筑厂房混凝土

2.3　门塔机方案

大型厂房一般采用门机、塔机浇筑混凝土,如图 6-5 所示。

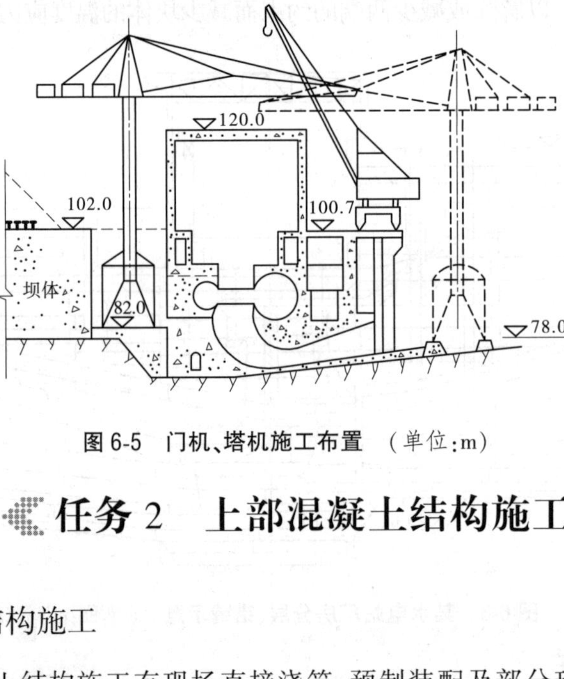

图 6-5　门机、塔机施工布置　(单位:m)

任务 2　上部混凝土结构施工

1　上部混凝土结构施工

厂房上部混凝土结构施工有现场直接浇筑、预制装配及部分现浇、部分预制等形式。浇筑时先浇筑竖向结构,后浇筑梁、板。

码 6-2　上部混凝土结构施工

1.1　混凝土柱的浇筑

1.1.1　混凝土的浇筑

(1)混凝土柱浇筑前,柱底基面应先铺 5~10 cm 厚与混凝土内砂浆成分相同的水泥砂浆,后再分段分层浇筑混凝土。

(2)凡截面在 40 cm×40 cm 以内或有交叉箍筋的混凝土柱,应在柱模侧面开口装上斜溜槽来浇筑,每段高度不得大于 2 m,如图 6-6 所示。如箍筋妨碍溜槽安装,可将箍筋一端解开提起,待混凝土浇至窗口的下口时,卸掉斜溜槽,将箍筋重新绑扎好,用模板封口,柱箍箍紧,继续浇上段混凝土。采用斜溜槽下料时,可将其轻轻晃动,加快下料速度。采用溜筒下料时,柱混凝土的浇筑高度可不受限制。

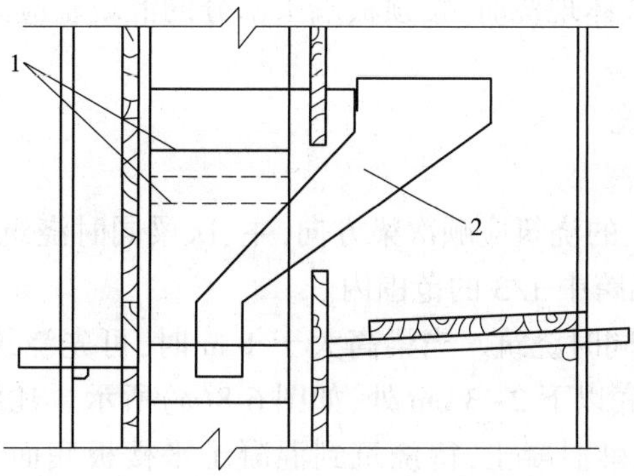

1—钢筋(虚线钢箍暂时向上移);2—带垂直料筒的下料溜槽。

图6-6　小截面柱侧开窗口浇筑

(3)当柱高不超过3.5 m、截面大于40 cm×40 cm且无交叉钢筋时,混凝土可由柱模顶直接倒入。当柱高超过3.5 m时,必须分段浇筑混凝土,每段高度不得超过3.5 m。

1.1.2　混凝土的振捣

(1)混凝土的振捣一般需3~4人协同操作,其中2人负责下料,1人负责振捣,另1人负责开关振捣器。

(2)混凝土的振捣尽量使用插入式振捣器。当振捣器的软轴比柱长0.5~1.0 m时,待下料至分层厚度后,将振捣器从柱顶伸入混凝土内进行振捣。当用振捣器振捣比较高的柱子时,则应从柱模侧预留的洞口插入,待振捣器找到振捣位置时,再合闸振捣,如图6-7所示。

(3)振捣时以混凝土不再塌陷、混凝土表面泛浆、柱模外侧模板拼缝均匀微露砂浆为好。也可用木槌轻击柱侧模判定,如声音沉实,则表示混凝土已振实。

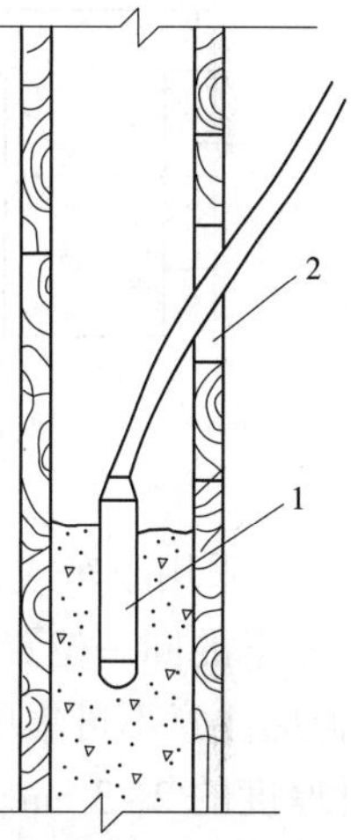

1—振捣棒;2—浇灌洞口。

图6-7　插入式振动器从浇灌洞口插入振捣

1.2　混凝土墙的浇筑

1.2.1　混凝土的浇筑

(1)浇筑顺序应先边角后中部,先外墙后隔墙,以保证外部墙体的垂直度。

(2)高度在3 m以内的外墙和隔墙,混凝土可以从墙顶向模板内卸料,卸料时须在墙顶安装料斗缓冲,以防混凝土发生离析。高度大于3 m的任何截面墙体,均应每隔2 m开洞口,装斜溜槽进料。

(3)墙体上有门窗洞口时,应从两侧同时对称进料,以防将门窗洞口模板挤偏。

(4)墙体混凝土浇筑前,应先铺5~10 cm与混凝土内成分相同的水泥砂浆。

1.2.2　混凝土的振捣

(1)对于截面尺寸较大的墙体,可用插入式振捣器振捣,其方法同柱的振捣。对较窄或钢筋密集的混凝土墙,宜采用在模板外侧悬挂附着式振捣器振捣,其振捣深度约为25 cm。

(2)遇有门窗洞口时应在两边同时对称振捣,不得用振捣棒棒头敲击预留孔洞模板、预埋件等。

(3)当顶板与墙体整体现浇时,楼顶板端头部分的混凝土应单独浇筑,保证墙体的整体性。

1.3　梁、板混凝土的浇筑

1.3.1　混凝土的浇筑

(1)肋形楼板混凝土的浇筑应顺次梁方向,主、次梁同时浇筑。在保证主梁浇筑的前提下,将施工缝留在次梁跨中1/3的范围内。

(2)梁、板混凝土宜同时浇筑。当梁高大于1 m时,可先浇筑主次梁,后浇筑板。其水平施工缝应布置在板底以下2~3 cm处,如图6-8(a)所示。凡截面高大于0.4 m、小于1 m的梁,应先分层浇筑梁混凝土,待浇筑到混凝土平楼板底面后,梁、板混凝土同时浇筑,如图6-8(b)所示。操作时先将梁的混凝土分层浇筑成阶梯形,并向前赶。当起始点的混凝土到达板底位置时,与板的混凝土一起浇筑。随着阶梯的不断延长,板的浇筑也不断向前推移。

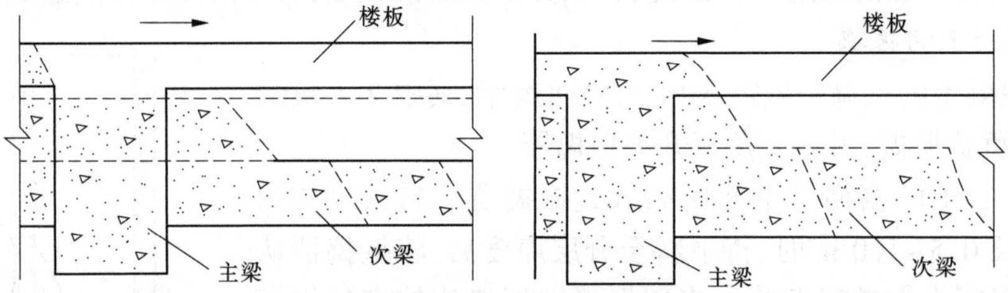

图6-8　梁、板混凝土同时浇筑示意

(3)采用小车或料罐运料时,宜将混凝土料先卸在拌盘上,再用铁锹往梁里浇灌混凝土。在梁的同一位置上,模板两边下料应均衡。浇筑楼板时,可将混凝土料直接卸在楼板上,但应注意不可集中卸在楼板边角或上层钢筋处。楼板混凝土的虚铺高度可高于楼板设计厚度的2~3 cm。楼板厚度的控制工具如图6-9所示。

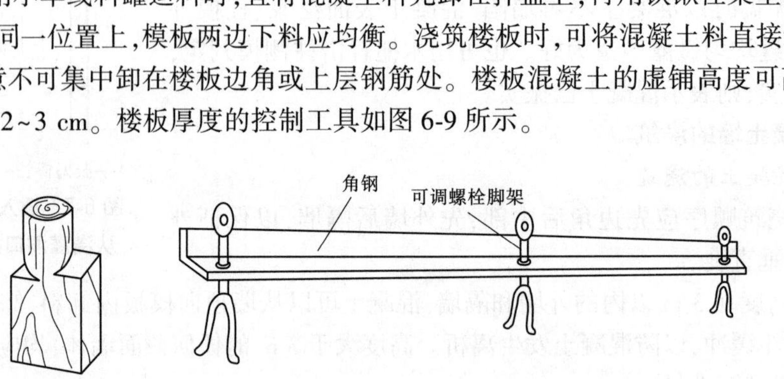

图6-9　楼板厚度的控制工具

1.3.2　混凝土的振捣

(1)混凝土梁应采用插入式振捣器振捣,从梁的一端开始,先在起头的一小段内浇一层与混凝土成分相同的水泥砂浆,再分层浇筑混凝土。浇筑时两人配合,一人在前面用插入式振捣器振捣混凝土,使砂浆先流到前面和底部,让砂浆包裹石子,另一人在后面用捣钎靠着侧板及底部往回钩石子,以免石子阻碍砂浆往前流。待浇筑至一定距离后,再回头浇第二层,直至浇捣至梁的另一端。

(2)浇筑梁、柱或主、次梁接合部位时,由于梁上部的钢筋较密集,普通振捣器无法直接插入振捣,此时可用振捣棒从钢筋空当插入振捣,或将振动棒从弯起钢筋斜段间隙中斜向插入振捣(如图6-10所示)。

(3)楼板混凝土的捣固宜采用平板振捣器振捣。当混凝土虚铺有一定的工作面后,用平板振捣器来振捣。振捣方向应与浇筑方向垂直。由于楼板的厚度一般在10 cm以下,振捣一遍即可密实。但为使混凝土板面更平整,可将平板振捣器再快速拖拉一遍,拖拉方向与第一遍的振捣方向相垂直。

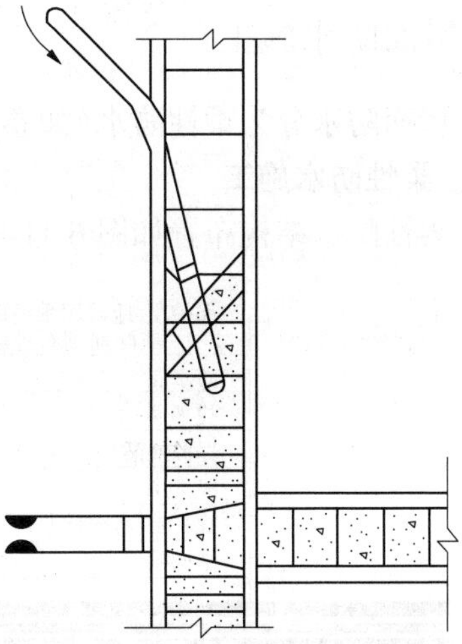

图6-10　钢筋密集处的振捣

1.3.3　混凝土施工中应注意的问题

混凝土结构因尺寸较小,施工中应注意以下问题。

1.3.3.1　振捣不实

(1)柱、墙底部未铺接缝砂浆,卸料时底部混凝土发生离析,石子集中于柱、墙底而无法振捣出浆来,造成底部"烂根"。

(2)混凝土浇筑高度超过规定要求,易使混凝土发生离析,柱、墙底石子集中而缺少砂浆呈蜂窝状。

(3)振捣时间过长,使混凝土内石子下沉集中。

(4)分层浇筑时一次投料过多,振捣器不能伸入底部,造成漏振。

(5)楼地面不平整,柱墙模板安装时与楼地面裂隙过大,造成混凝土严重漏浆。

1.3.3.2　柱边角严重蜂窝

(1)模板边角拼装缝隙过大,严重跑角造成边角蜂窝。因此,模板配制时,边角处宜采用阶梯缝搭缝。如果用直缝,模板缝隙应填塞。

(2)局部漏浆造成边角处蜂窝。

1.3.3.3　柱、墙、梁、板接合部梁底出现裂缝

混凝土柱浇筑完毕后未经沉实而继续浇筑混凝土梁,在柱、墙、梁、板接合部梁底易出现裂缝。一般浇筑与柱和墙连成整体的梁和板时,应在柱(墙)浇筑完毕后停歇1~1.5 h,使其获得初步沉实,再继续浇筑。

1.3.3.4　拆模后,楼板底出现露筋

(1)保护层垫块位置或垫块铺垫间距过大,甚至漏垫,钢筋紧贴模板,造成露筋。

(2)浇筑过程中,操作人员踩踏钢筋,使钢筋变形,拆模后出现露筋。

(3)模板缝隙过大、漏浆严重或下料时部分混凝土石多浆少造成露筋。因此,下料时混凝土料应搭配均匀,避免局部石多浆少,模板的缝隙应填塞,防止漏浆。

2　屋面防水施工

屋面防水分为柔性防水(如卷材防水、涂膜防水)和刚性防水两类。

2.1　柔性防水施工

柔性防水结构布置如图 6-11 所示。

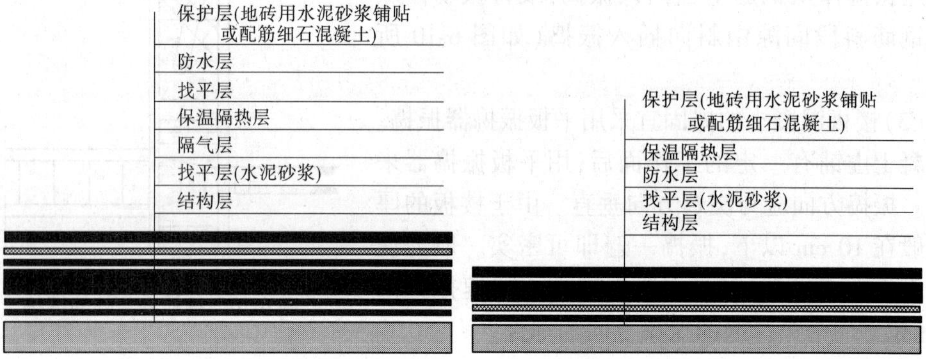

(a)普通屋面防水保温结构　　(b)倒置式屋面防水保温结构

图 6-11　屋面防水保温结构布置

2.1.1　结构层施工

屋面结构要求表面清理干净。平屋面的排水坡度:结构找坡宜为 3%、材料找坡宜为 2%。天沟、檐沟纵向坡度不应小于 1%,天沟内排水口周围应做成圆弧低洼坑,沟底水落差不得超过 200 mm。

2.1.2　找平层施工

找平层为结构层(或保温层)与防水层的中间过渡层。找平层可用水泥砂浆、小石混凝土。找平层应留设分格缝,缝宽宜为 20 mm,并嵌填密封材料。找平层表面应压实平整,排水坡度符合设计要求。

2.1.3　隔气层施工

隔气层铺设前,基层必须保持干燥、干净,隔气层应整体连续施工。隔气层材料可采用防水卷材或涂膜材料。

倒置式屋面无隔气层。

2.1.4　保温层施工

保温材料有松散材料和板状材料两类。

松散保温材料一般采用膨胀珍珠岩,施工应分层铺设,并适当压实,每层虚铺厚度宜大于 150 mm,压实程度与铺料厚度经试验确定。压实后不得直接在保温层上行车或堆放重物,施工人员应穿软底鞋。保温层施工完后,应及时进行下道工序,尽快完成上部防水层的施工。在雨季施工应采取防雨措施。此外,膨胀珍珠岩也可用水泥或沥青拌和现浇为整体。

板状保温材料有泡沫塑料板、微孔混凝土板、纤维板等,干铺的板状保温材料应紧靠在需保温的基层表面上,并应铺平垫稳。分层铺设的板块上下层接缝应相互错开,板间缝应用同类材料嵌填密实。泡沫塑料板可在基层上直接平铺。

2.1.5 防水层施工

2.1.5.1 防水卷材施工

铺设屋面防水层前,基层必须干净、干燥。当屋面保温层和找平层干燥困难时,宜设置排气屋面。

卷材铺设方向应遵守:屋面坡度小于3%时,卷材应平行屋脊铺贴;屋面坡度为3%~15%时,卷材可平行或垂直屋脊铺贴;屋面坡度大于15%时,沥青防水卷材应平行屋脊铺贴,高聚物改性沥青防水卷材或合成高分子防水卷材可平行或垂直屋脊铺贴。

沥青防水卷材施工工序为浇油,即在基层浇上或涂刷沥青玛瑞脂,粘贴卷材,收边滚压。

高聚物改性沥青防水卷材可采用冷粘法、热熔法、自粘法等粘贴。

2.1.5.2 涂膜防水层施工

涂膜防水屋面是通过涂刷一定厚度无定形液态改性沥青或高分子合成材料,经过常温交联固化形成具有一定弹性的防水薄膜。

涂膜防水层施工应分层涂刷,待先涂刷的涂层干燥成膜后,方可涂刷上一层。需铺胎体增强材料(玻璃纤维布、合成纤维薄毡、玻璃丝布、聚酯纤维无纺布等),屋面坡度小于15%时,可平行屋脊铺贴;屋面坡度大于15%时,应垂直于屋脊铺贴,并由屋面最低处向上铺贴。涂膜材料为多组分时,配料应准确,并搅拌均匀。涂膜应由两层以上涂层组成,每遍涂刷的推进方向宜与前一遍垂直,其总厚度应满足设计要求,涂层应厚薄均匀、表面平整。涂层中间夹铺胎体增强材料时,宜边涂刷边铺胎体,胎体应刮平并排除气泡,胎体与涂料应黏结良好,在胎体上涂刷时,应使涂料浸透胎体,完全覆盖。

2.1.6 保护层施工

防水材料如直接外露极易老化,一般需设保护层。保护层根据防水材料的不同,有很多类型,如绿豆砂、水泥砂浆、小石混凝土或块料保护层等,其施工方法应根据设计要求选择。

倒置式屋面[见图6-11(b)]防水保温结构比传统屋面结构省去了一道隔气层和一道找平层,目前一般采用挤塑泡沫板作保温层,其上采用活动式的块料保护层,检修维护非常方便。

2.2 刚性防水

刚性防水屋面是指用小石混凝土、块体材料或补偿收缩混凝土等材料做防水层,主要依靠混凝土自身的密实性,并采取一定的构造措施以达到防水目的。其构造如图6-12所示。

刚性防水屋面的结构层宜为整体现浇的钢筋混凝土,屋面坡度宜为2%~3%,并应采用结构找坡。

在结构层与防水层之间设置隔离层,一般采用低强度水泥砂浆、纸筋灰、麻筋灰、干铺卷材、塑料薄膜等,其作用是使结构层与防水层的变形互不制约,以减少防水层产生拉应力而导致刚性防水层产生裂缝。

刚性防水层应设分隔缝,缝内用嵌填密封材料。小石混凝土防水层中的钢筋网应设

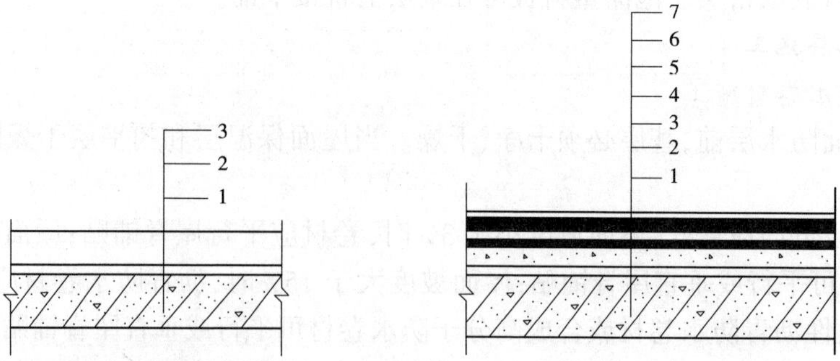

(a)现浇整体式屋面刚性防水　　(b)刚性与卷材复合防水

1—结构层;2—隔离层;3—刚性防水层;4—基层处理剂;5—黏结层;6—卷材防水层;7—保护层。

图 6-12　刚性防水屋面构造

置在混凝土内的上部,混凝土材料中应掺减水剂或防水剂,每个分格板块内混凝土必须一次浇筑完成;抹压时严禁表面洒水、加水泥浆或撒干水泥粉。混凝土收浆后应进行二次压光。

块体刚性防水层施工时,应用1∶3水泥砂浆铺砌,块体之间的缝宽应为12~15 mm,坐浆厚度不应小于25 mm,面层用1∶2的水泥砂浆,厚度不小于12 mm,水泥砂浆中应掺防水剂。面层施工时,块料之间的缝隙应用水泥砂浆满灌实,面层水泥砂浆应二次压光,做到抹平压实。

任务3　二期混凝土浇筑

水电站厂房施工特点之一是,土建施工与机电安装需同时进行,施工干扰性大。为了保证整个厂房施工的顺利进行,加快工程进度,必须合理组织土建施工与机电安装的平行交叉作业。通常将机电埋件周围的混凝土划为二期混凝土,紧密配合安装工作进行。为了满足安装上的要求并便于立模扎筋,二期混凝土也是分层浇筑,有些部位还需留待第三期浇筑。图6-13是一种大型机组二期混凝土分层图,共分5层进行浇筑。第Ⅰ层是尾水管圆锥段外围混凝土,座环与钢蜗壳的支墩;第Ⅱ、Ⅲ层是蜗壳外围混凝土;第Ⅳ层是发电机机墩部分,包括制动闸支墩、发电机定子支墩及通风槽等;第Ⅴ层是发电机风罩墙及与其相连的板梁。机组二期混凝土的施工特点是,要求与机电埋件安装紧密配合,工作面狭小,互相干扰尤为突出;某些特殊部位,如钢蜗壳与座环相连的阴角处、机墩顶部及定子螺栓孔等部位回填的混凝土,承受荷载大,质量要求高,但这些部位仓面小、钢筋密、进料和振捣都比较困难。现就主要部位的施工措施介绍如下。

1　圆锥段里衬二期混凝土

尾水管圆锥段,用钢板里衬作为二期混凝土内侧模板,根据混凝土侧压力的大小,校核里衬刚度是否满足要求。必要时,可在里衬内侧布置桁架加强,或在仓内增设拉条、支撑加固。

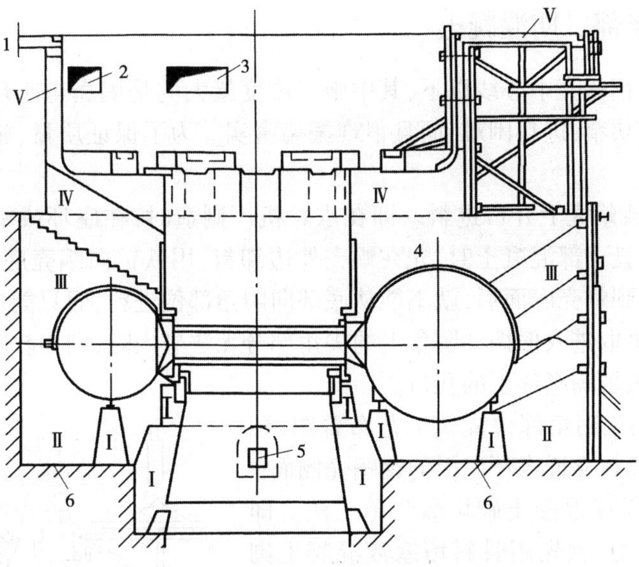

1—通风孔；2—发电机中性点电流互感器；3—发电机主引出线电流互感器孔；
4—钢蜗壳弹性垫层；5—尾水管进人孔；6——期混凝土。

图6-13 大型机组二期混凝土分层

圆锥段里衬底部与一期混凝土之间，一般留有20 cm左右的垂直间隙，以保证里衬安装的精度。二期混凝土施工时，再用韧性材料作间隙部位的模板，使里衬与一期混凝土衔接平整。

里衬二期混凝土回填，因仓位狭长，为避免产生不规则裂缝，在里衬安装完毕后，还需要在其径向设置2~4条引缝片。引缝片采用2~3 mm厚的薄钢板垂直布置，其高度约为浇筑层厚的1/3，两端焊接在里衬及一期混凝土壁埋件上。上、下浇筑层设置的引缝片，还应错开5 mm左右，如图6-14所示。

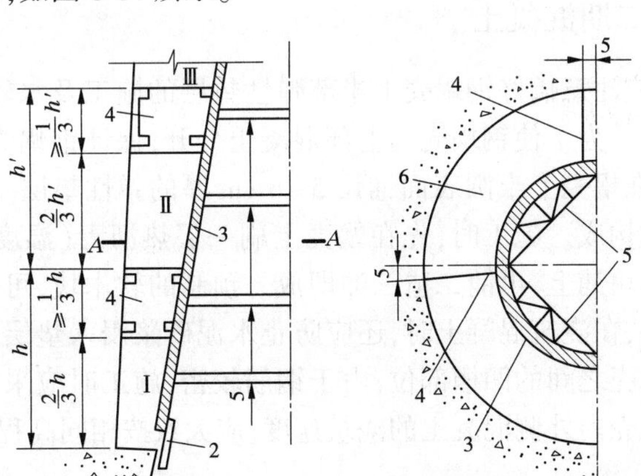

1—弯管段；2—韧性接头模板；3—钢板里衬；4—引缝钢板；5—桁架；6—二期混凝土。

图6-14 圆锥里衬二期混凝土与引缝片示意

2 钢蜗壳下半部二期混凝土

该部分位于钢蜗壳中心线以下,其中施工难度最大的是埚壳与座环相连处的阴角部位。该部位空间狭窄,进料困难,而且很难振捣密实。为了保证质量,施工时常采取以下专门措施。

(1)在座环或蜗壳上开口进料。即在水轮机厂制造时,在座环或蜗壳上预留若干进料孔。当浇筑蜗壳下部混凝土时,先在蜗壳外边卸料,用铁铲向蜗壳底部送料,并振捣密实。混凝土上升到蜗壳底面后,就不能从底部向阴角部位进料,而只能在蜗壳或座环上预留的孔口进料,争取进入振捣。阴角上的尖角部分无法进入时,则用软轴振捣器插入孔中振捣,直到混凝土填满座环上的孔口。

图 6-15 为蜗壳阴角部位浇筑工艺布置图,预留孔口位置,选择在靠近座环底板的钢蜗壳侧面。

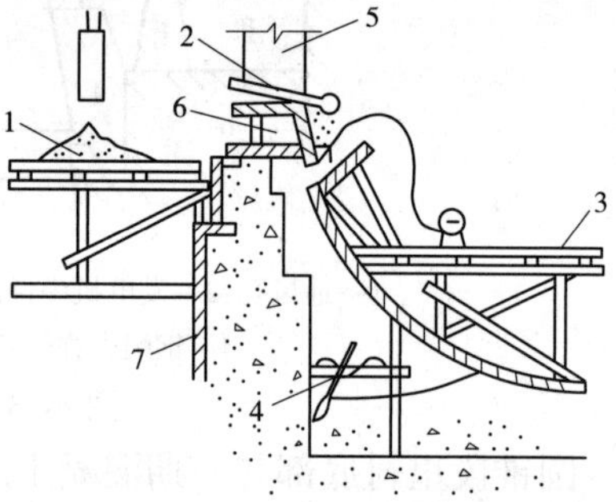

1—转料平台;2—转料工具;
3—操作平台;4—操作跳板;5—导叶;
6—座环底板;7—钢板里衬。

图 6-15 蜗壳阴角部位浇筑工艺布置图

(2)预埋骨料或混凝土砌块灌浆施工法。即在阴角部位浇筑前,预先用骨料填塞或混凝土砌块砌筑,骨料或砌块可用钢筋托住,并在阴角部分安装回填灌浆管路。灌浆管可采用直径 25 mm 左右的钢管,沿机组径向间隔 2 m 布置一根,一端管口朝上并用水泥纸包裹;另一端管口比较集中地引至水轮机层楼面,编号保管。当机组二期混凝土全部浇完 15 d 后,采用压力为 303. 9 kPa(3 个大气压)的水泥砂浆灌注,直到阴角空隙处灌满为止。进浆管也可以直接预留在座环顶部,但会使座环板产生缺陷。

3 钢蜗壳上半部二期混凝土

该部分施工时,应注意搞好钢蜗壳上半部弹性垫层的施工及水轮机井钢衬与钢蜗壳之间凹槽部位的浇筑。为了使钢蜗壳与上部混凝土分开,保证钢蜗壳不承受上部混凝土结构传来的荷载,常在蜗壳上半圆表面铺设 5~6 cm 厚的弹性垫层。弹性垫层由两层油毛毡夹一层沥青软木构成。施工时,先在蜗壳上刷一层热沥青(温度不低于 140 ℃),趁热将预制的沥青软木块铺上,再铺二毡三油即成。预制的软木块,可采用较小尺寸,以便吻合蜗壳弧度。此外,在浇筑混凝土时,还应防止水泥砂浆浸入垫层,而使垫层失去弹性作用。机井钢衬与蜗壳之间的凹槽部位,由于钢筋较密,施工时应采用细石混凝土,并注意捣实。同时注意蜗壳内外侧混凝土的浇筑速度,应大致按相同高程上升,以免接头处产生陡坡或冷缝。

钢蜗壳外围混凝土浇筑,无论上半部或下半部,还必须考虑蜗壳承受外压时的稳定性。一般在蜗壳内设置临时支架支撑,以抵抗混凝土侧压力。

4　发电机机墩及风罩二期混凝土

机墩是发电机支承结构,多采用圆筒形。圆筒厚度在1.5 m左右,圆筒顶部预留有通风槽和定子地脚螺栓孔,是二期混凝土施工中结构复杂、钢筋和预埋件较多的部位。施工时,机墩内外侧模板采用一次架立或二次架立,并需要考虑模板的整体稳定性。通风槽模板由于底面积大,应考虑浇筑时的上浮力。定子地脚螺栓孔模板应严格控制安装位置,便于拆除和清渣。机墩内的钢筋网和预埋件,宜适当增加焊固点,埋件露出面应牢固地固定在模板上。混凝土浇筑时,宜采用溜管或溜槽入仓,进行薄层浇筑,并减小混凝土骨料粒径,加大坍落度。遇有凹腔部位模板时,模板四周要均匀卸料,以防模板向一侧倾斜。浇筑结束时,应严格控制墩顶浇筑高程。机墩顶部的定子地脚螺栓孔,立模、拆模、出渣和混凝土回填都比较困难。地脚螺栓安装后,由于孔口有定子基础板盖住,振捣器不能插入时,回填的混凝土可利用预先放入孔内的骨料。

为了方便施工,某大型电站预先用钢板做成铁盒子,代替振动器、钢筋、振动环定子地脚螺栓木模板,不需要拆模。但在浇筑前须用砂子临时将盒子填满,孔口也用钢板临时封闭,以防止浇筑时盒子变形和砂浆渗入盒内。地脚螺栓安装后,再用细石混凝土回填。机组经多年运转,未发现异常现象。发电机风罩墙与机墩相连,墙厚仅30~50 cm,且有双层钢筋网,常用软轴插入式振捣器振捣。浇筑时应控制混凝土骨料级配、坍落度和整个风罩墙均匀上升速度,并可适当延长振捣时间,以保证振捣密实,其余施工方法与机墩施工相同。

【工程案例】

码6-3　工程案例

【能力训练】

码6-4　能力训练

模块7　渠系建筑物施工

【学习目标】

名称	内容
知识目标	1. 熟悉水闸构造、渡槽类型； 2. 掌握渠道施工工艺和技术要点； 3. 掌握水闸施工工艺和技术要点； 4. 掌握渡槽施工工艺和技术要点
能力目标	1. 能编制渠道施工方案； 2. 能编制水闸施工方案； 3. 能编制渡槽施工方案
素质目标	1. 培养学生乐观、积极的工作态度； 2. 培养学生敬业、精益、专注、创新的工匠精神和“忠诚、干净、担当、科学、求实、创新”的新时代水利行业精神； 3. 培养学生规范意识、团队精神、协作能力

学·思·悟

1. 通过对南水北调工程典型渠系建筑物施工的介绍，培养学生形成良好的职业素养，传承“忠诚、干净、担当、科学、求实、创新”的新时代水利行业精神，争做优秀的新时代水利人。

2. 结合陕西省漆水河造槽机渡槽施工工程案例讲解，掌握水利行业的新技术，培养学生科学、创新的职业精神。

3. 通过不同施工方法的选择，培养学生根据工程现场不同情况，综合分析问题，解决建设工程实际问题的能力。

南水北调工程

【参考规范】

《水闸施工规范》(SL 27—2014)。

任务1　渠道施工

码7-1　微课：渠道施工

渠道施工包括渠道开挖、渠堤填筑和渠道衬砌。渠道施工的特点是工程量大、施工路线长、场地分散，但工种单一、技术要求较低。

1　渠道开挖

渠道开挖的施工方法有人工开挖、机械开挖和爆破开挖等。选择开挖方法取决于技术条件、土壤种类、渠道纵横断面尺寸、地下水位等因素。渠道开挖的土方多堆在渠道两侧用作渠堤。因此,铲运机、推土机等机械在渠道施工中得到广泛应用。对于冻土及岩石渠道,宜采用爆破开挖。田间渠道断面尺寸很小,可采用开沟机开挖或人工开挖。

1.1　人工开挖

1.1.1　施工排水

受地下水影响时,渠道开挖的关键是排水问题。排水应本着上游照顾下游、下游服从上游的原则,即向下游放水时间和流量,应考虑下游排水条件,下游应服从上游的需要。

1.1.2　开挖方法

在干地上开挖渠道应自中心向外,分层下挖,先深后宽,边坡处可按边坡比挖成台阶状,待挖至设计深度时,再进行削坡,注意挖填平衡。必须弃土时,做到远挖近倒,近挖远倒,先平后高。受地下水影响的渠道应设排水沟,开挖方式有一次到底法和分层下挖法。一次到底法,如图7-1(a)所示,适用于土质较好、挖深2~3 m的渠道。开挖时,先将排水沟挖到低于渠底设计高程0.5 m处,然后采用阶梯法逐层向下开挖,直至渠底。分层下挖法适用于土质不好,且挖深较大的渠道,开挖时,将排水沟布置在渠道中部,逐层先挖排水沟,再挖渠道,直至挖到渠底,如图7-1(b)所示。如果渠道较宽,可采用翻滚排水沟,如图7-1(c)所示。这种方法的优点是排水沟分层开挖、排水沟的断面较小,土方最少,施工较安全。

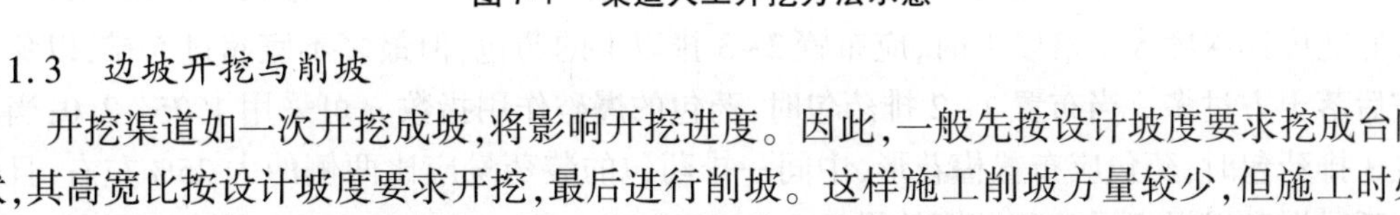

(a)一次到底法　(b)中心排水沟　(c)翻滚排水沟

2、4、6、8—开挖顺序;1、3、5、7—排水沟次序。

图7-1　渠道人工开挖方法示意

1.1.3　边坡开挖与削坡

开挖渠道如一次开挖成坡,将影响开挖进度。因此,一般先按设计坡度要求挖成台阶状,其高宽比按设计坡度要求开挖,最后进行削坡。这样施工削坡方量较少,但施工时必须严格掌握,台阶平台应水平,高必须与平台垂直,否则会产生较大误差,增加削坡方量。

1.2　机械开挖

1.2.1　铲运机开挖渠道

半挖半填渠道或全挖方渠道就近弃土时,采用铲运机开挖最为有利。需要在纵向调配土方渠道,如运距不远也可用铲运机开挖。铲运机开挖渠道的开行方式有环形开行和"8"字形开行,如图7-2(a)所示。若渠道开挖宽度大于铲土长度,而填土或弃土宽度又大于卸土长度,可采用横向环形开行。反之,则采用纵向环形开行,铲土和填土位置可逐渐错动,以完成所需断面。当工作前线较长、填挖高差较大时,则应采用"8"字形开行。

1.2.2　推土机开挖渠道

采用推土机开挖渠道,其开挖深度不宜超过 1.5~2.0 m,填筑堤顶高度不超过 2~3 m,坡度不宜陡于1:2 。在渠道施工中,推土机还可平整渠底,清除植土层,修整边坡,压实渠堤等。

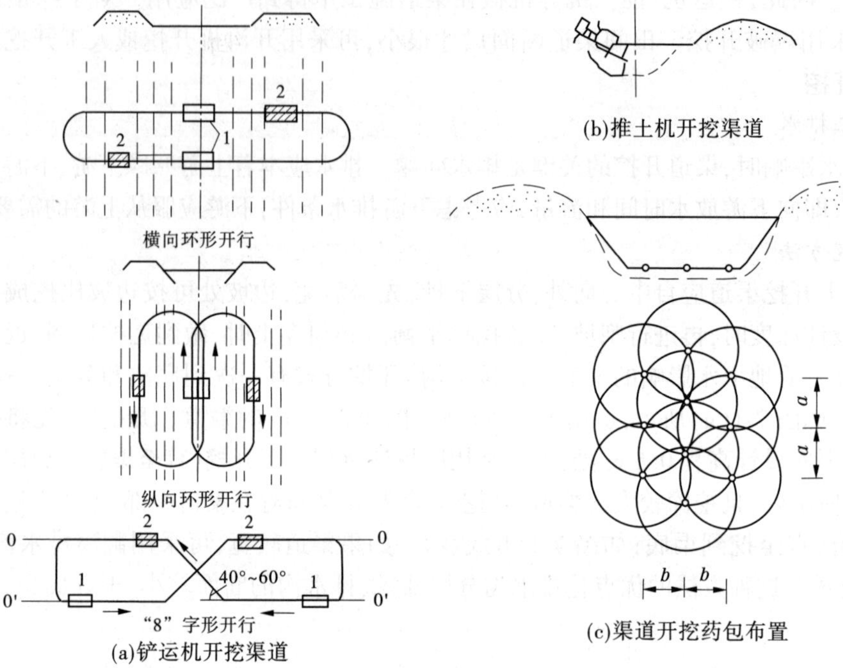

(a)铲运机开挖渠道

(c)渠道开挖药包布置

1—铲土;2—填土;0—0 —填方轴线;0′—0′—挖方轴线。

图 7-2　渠道开挖形式

当渠道开挖较深时,用反铲挖掘机开挖方便快捷,生产率高。

1.3　爆破开挖渠道

采用爆破法开挖渠道时,药包可根据开挖断面的大小沿渠线布置成一排或几排。当渠底宽度比深度大 2 倍以上时,应布置 2~3 排以上的药包,但最多不宜超过 5 排,以免爆破后落土方过多。当布置 1~2 排药包时,药包的爆破作用指数 n 可采用 1.75~2.0;当布置 3 排药包时,药包应布置梅花形,中间一排药包的装药量应比两侧的大 25%左右,且采用延时爆破以提高爆破和抛掷效果。

2　填筑渠堤

筑堤用的土黏料以黏土略含砂质为宜。如有几种土料,应将透水性小的填筑在迎水坡,透水性大的填筑在背水坡。土料中不得掺有杂质,并保持一定的含水量,以利压实。

填方渠道的取土坑与堤脚应保持一定距离,挖土深度不宜超过 2 m,取土宜先远后近。半挖半填式渠道应尽量利用挖方筑堤,只有在土料不足或土质不适用时取用坑土。

铺土前应先行清基,并将基面略加平整,然后进行刨毛,铺土厚度一般为 20~30 cm,

并应铺平铺匀,每层铺土宽度略大于设计宽度,填筑高度可预加5%的沉陷量。

3 渠道衬砌

渠道衬砌的类型有灰土、砌石或砖、混凝土、沥青材料及塑料薄膜等。选择衬砌类型的原则是防渗效果好,因地制宜,就地取材,施工简单,能提高渠道输水能力和抗冲能力,减少渠道断面尺寸,造价低廉,有一定的耐久性,便于管理养护,维修费用低等。

3.1 灰土衬砌

灰土衬砌是由石灰和土料混合而成的。灰土衬砌的渠道防渗效果好,一般可减少渗漏量的85%~95%,造价较低。衬砌的灰与土的配合比一般为1:2~1:6(质量比)。在南方,多缝岩石渠道衬砌厚度为15~20 cm,土渠多为25~30 cm;在北方,多缝岩石渠道衬砌厚度为20~40 cm,并根据冰冻情况加设30~50 cm砌石保护层。灰土施工时,先将过筛后的细土和石灰粉干拌均匀,再加水拌和,然后堆放一段时间,使石灰粉充分熟化,稍干后即可分层铺筑夯实,拍打坡面消除裂缝,灰土夯实后应养护一段时间再通水。

3.2 砌石衬砌

砌石衬砌具有就地取材、施工简单、抗冲、防渗、耐久等优点。石料有卵石、块石、石板等,砌筑方法有干砌和浆砌两种。

在砂砾地区,采用干砌卵石衬砌是一种经济的抗冲防渗措施,施工时应先按设计要求铺设垫层,然后再砌卵石,砌卵石的基本要求是使卵石的长边垂直于边坡或渠底,并砌紧砌平,错缝,坐落在垫层上。每隔10~20 m距离用较大的卵石干砌或浆砌一道隔墙。渠坡隔墙可砌成平直形,渠底隔墙砌成拱形,其拱顶迎向水流方向,以加强抗冲能力,隔墙深度可根据渠道可能冲刷深度确定。卵石衬砌应按先渠底后渠坡的顺序铺砌卵石。

块石衬砌时,石料的规格一般以长40~50 cm、宽30~40 cm、厚度不小于8~10 cm为宜,要求有一面平整。干砌勾缝的护面防渗效果较差,防渗要求较高时,可以采用浆砌块石。

砖砌护面也是一种因地制宜、就地取材的防渗衬砌措施,其优点是造价低廉、取材方便、施工简单、防渗效果较好,砖衬砌层的厚度可采用一砖平砌或一砖立砌。

3.3 混凝土衬砌

混凝土衬砌一般采用板形结构,其截面形式有矩形、楔形、肋形、槽形等。矩形板适用于无冻胀地区的渠道,楔形板和肋形板适用于有冻胀地区的渠道;槽板用于小型渠道的预制安装。大型渠道多采用现场浇筑。现场整体浇筑的小型渠槽具有水力性能好、断面小、占地少、整体稳定性好等优点。

混凝土衬砌的厚度与施工方法、气候、混凝土强度等级等因素有关。现场浇筑的衬砌层比预制安装的厚度稍大。预制混凝土板的厚度在有冻胀破坏地区一般为5~10 cm,无冻胀地区可采用4~8 cm。

混凝土衬砌层在施工时要留伸缩缝,纵向缝一般设在边坡与渠底连接处。渠道边坡上一般不设纵向伸缩缝。横向伸缩缝间距可参考表7-1,伸缩缝宽度一般为1~4 cm,缝中填料一般采用沥青混合物、聚氯乙烯胶泥和沥青油毡等。

表7-1 混凝土衬砌层横向伸缩缝间距

衬砌厚度/cm	伸缩缝间距/m	衬砌厚度/cm	伸缩缝间距/m
5~7	2.5~3.5	10	4.0~5.0
8~9	3.5~4.0		

3.4 沥青材料衬砌

由于沥青材料具有良好的不透水性,一般可减少90%以上的渗漏量。沥青材料渠道衬砌有沥青薄膜与沥青混凝土两类。沥青薄膜防渗施工可分为现场浇筑和装配式两种。现场浇筑又分为喷洒沥青和沥青砂浆等。沥青混凝土衬砌分现场浇筑和预制安装两种。

3.5 塑料薄膜衬护

采用塑料薄膜进行渠道防渗,具有效果好、适应性强、质量轻、运输方便、施工速度快和造价较低等优点。用于渠道防渗的塑料薄膜厚度以0.12~0.20 mm为宜。塑料薄膜的铺设方式有表面式和埋藏式两种。表面式是将塑料薄膜铺于渠床表面,薄膜容易老化和遭受破坏。埋藏式是在铺好的塑料薄膜上铺筑土料或砌石作为保护层。由于塑料表面光滑,为保证渠道断面的稳定,避免发生渠坡保护层滑塌,渠床边坡宜采用锯齿形。保护层厚度一般不小于30 cm。

塑料薄膜衬护渠道施工:大致可分为渠床开挖和修整、塑料薄膜的加工和铺设、保护层的填筑等3个施工过程。薄膜铺设前,应在渠床表面加水湿润,以保证薄膜能紧密地贴在基土上。铺设时,将成卷的薄膜横放在渠床内,一端与已铺好的薄膜进行焊接或搭接,并在接缝处填土压实,此后即可将薄膜展开铺设,然后再填筑保护层。铺填保护层时,渠底部分应从一端向另一端进行,渠坡部分则应自下向上逐渐推进,以排除薄膜下的空气。保护层分段填筑完毕后,再将塑料薄膜的边缘固定在顺渠顶开挖的堑壕里,并用土回填压紧。

塑料薄膜的接缝可采用焊接或搭接。焊接有单层热合与双层热合两种。搭接时为减少接缝漏水,上游一块塑料薄膜应搭在下游一块之上,搭接长度为5 cm,也可用连接槽搭接,如图7-3所示。

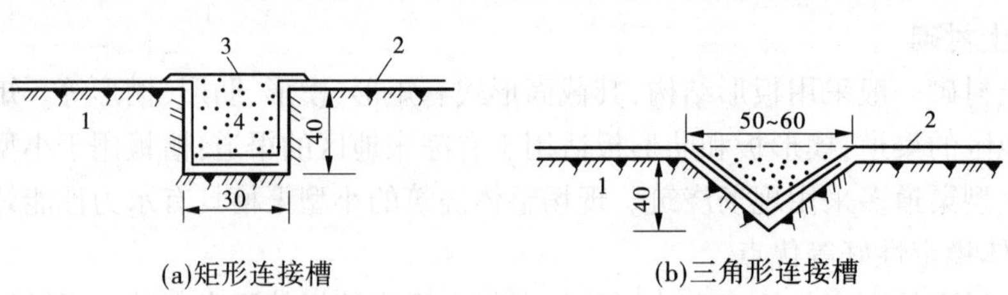

(a)矩形连接槽　　(b)三角形连接槽

1—渠床;2—塑料薄膜;3—封顶塑料薄膜;4—回填夯实土。

图7-3 有连接槽搭接式接缝 (单位:cm)

任务2 水闸施工

1 水闸基本知识

水闸是一种利用闸门挡水和泄水的低水头水工建筑物,多建于河道、渠系及水库、湖泊岸边。关闭闸门,可以拦洪、挡潮、抬高水位以满足上游引水和通航的需要;开启闸门,可以泄洪、排涝、冲沙或根据下游用水需要调节流量。水闸在水利工程中的应用十分广泛。

码7-2 微课:水闸施工

水闸按闸室结构形式可分为开敞式、胸墙式及涵洞式等,如图7-4所示。

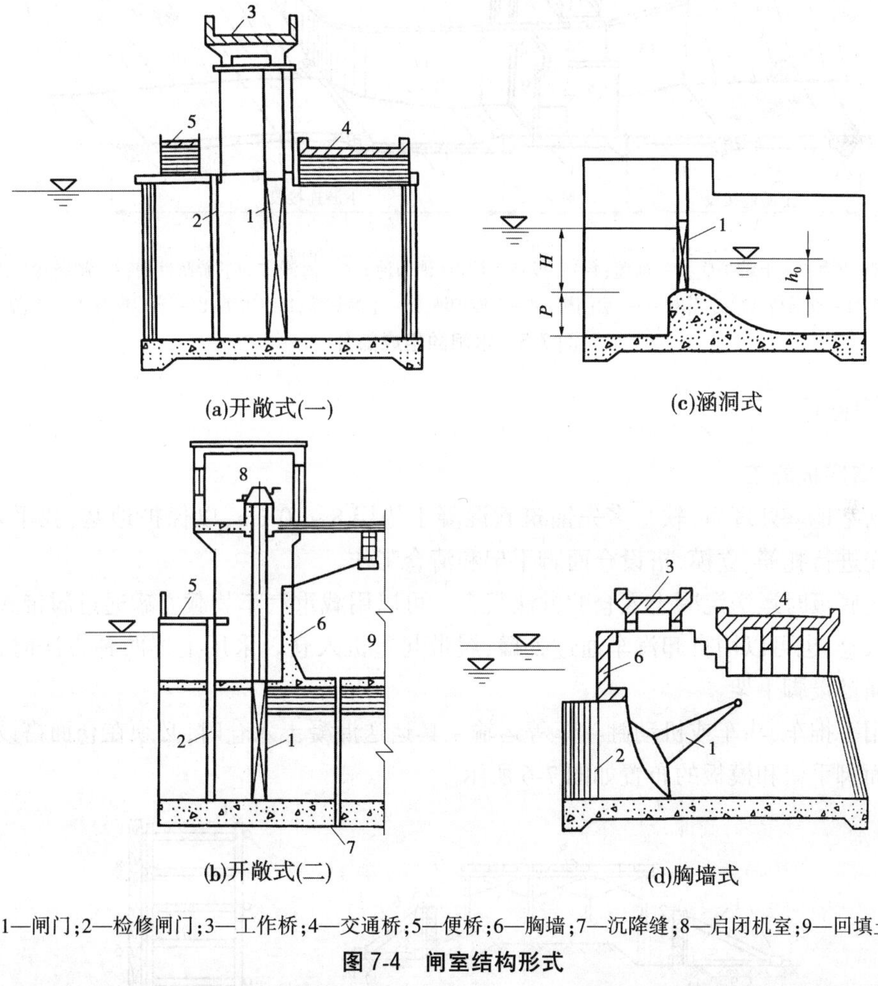

(a)开敞式(一) (c)涵洞式

(b)开敞式(二) (d)胸墙式

1—闸门;2—检修闸门;3—工作桥;4—交通桥;5—便桥;6—胸墙;7—沉降缝;8—启闭机室;9—回填土。

图7-4 闸室结构形式

有泄洪、过木、排冰或其他漂浮物要求的水闸,如节制闸、分洪闸大都采用开敞式,胸墙式一般用于上游水位变幅较大、水闸净宽又为低水位过闸流量所控制、在高水位时尚需用闸门控制流量的水闸,如进水闸、排水闸、挡潮闸多采用这种形式。涵洞式多用于穿提取水或排水。

另外，还可按过闸流量大小，将水闸划分为大、中、小型，如：过闸流量在 1 000 m^3/s 以上的为大型水闸；100～1 000 m^3/s 的为中型水闸，也还有按设计水头高低划分水闸类型的。

水闸一般由闸室、上游连接段和下游连接段三部分组成，如图 7-5 所示。

闸室是水闸的主体，包括闸门、闸墩、边墩（岸墙）、底板、胸墙、工作桥、交通桥、启闭机等。闸门用来挡水和控制过闸流量，闸墩用以分隔闸孔和支承闸门、胸墙、工作桥、交通桥。底板是闸室的基础，用以将闸室上部结构的重量及荷载传至地基，并兼有防渗和防冲的作用。工作桥和交通桥用来安装启闭设备、操作闸门和联系两岸交通。

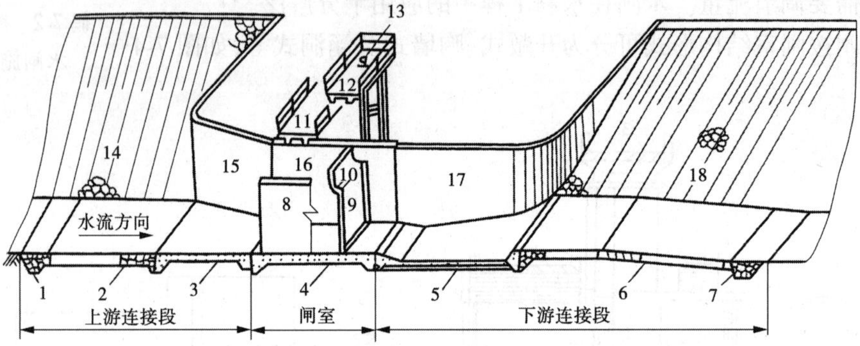

1—上游防冲槽；2—上游护底；3—铺盖；4—底板；5—护坦（消力池）；6—海漫；7—下游防冲槽；8—闸墩；9—闸门；10—胸墙；11—交通桥；12—工作桥；13—启闭机；14—上游护坡；15—上游翼墙；16—边墩；17—下游翼墙；18—下游护坡。

图 7-5　水闸的组成部分

2　闸室施工

2.1　闸室底板施工

在闸室地基处理后，软基多先铺筑素混凝土垫层 8～10 cm，以保护地基，找平基面。浇筑前先进行扎筋、立模、搭设仓面脚手架和清仓工作。

浇筑底板时运送混凝土入仓的方法很多。可以用载重汽车装载立罐通过履带式起重机吊运入仓，也可以用自卸汽车通过卧罐、履带起重机入仓。采用上述两种方法时，都不要在仓面搭设脚手架。

若用手推车、斗车或机动翻斗车等运输工具运送混凝土入仓时，必须在仓面搭设脚手架。仓面脚手架和模板的布置如图 7-6 所示。

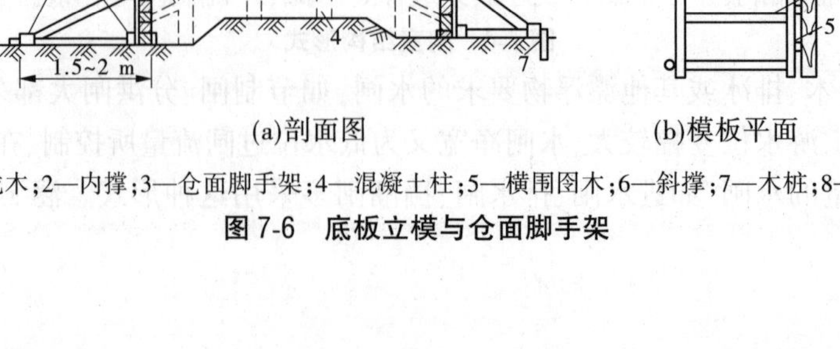

1—地龙木；2—内撑；3—仓面脚手架；4—混凝土柱；5—横围囹木；6—斜撑；7—木桩；8—模板。

图 7-6　底板立模与仓面脚手架

在搭设脚手架前,应先预制混凝土支柱(断面约为 15 cm×15 cm,高度略小于底板厚度,表面应凿毛洗净)。柱的间距,视横梁的跨度而定,然后在混凝土柱顶上架立短木柱、斜撑、横梁等以组成脚手架。当底板浇筑接近完成时,可将脚手架拆除,并立即对混凝土表面进行抹面。

底板的上、下游一般都设有齿墙。浇筑混凝土时,可组成两个作业组分层浇筑。先由两个作业组共同浇筑下游齿墙,待齿墙浇平后,第一组由下游向上游进行,抽出第二组去浇上游齿墙,当第一组浇到底板中部时,第二组的上游齿墙已基本浇平,然后将第二组转到下游浇筑第二坯。当第二组浇到底板中部,第一组已到达上游底板边缘,这时第一组再转回浇第三坯。如此连续进行,可缩短每坯间隔时间,因而可以避免冷缝的发生,提高工程质量,加快施工进度。

钢筋混凝土底板,往往有上、下两层钢筋。在进料口处,上层钢筋易被砸变形,故开始浇筑混凝土时,该处上层钢筋可暂不绑扎,待混凝土浇筑面将要到达上层钢筋位置时,再进行绑扎,以免因校正钢筋变形延误浇筑时间。

水闸的闸室部分质量很大,沉陷量也大;而相邻的消力池,则质量较轻,沉陷量也小。如两者同时浇筑不均匀沉陷,往往造成沉陷缝的较大差动,可能将止水片撕裂。为了避免上述情况,最好先浇筑闸室部分,让其沉陷一段时间再浇消力池。但是这样对施工安排不利,为了使底板与消力池能够穿插施工,可在消力池靠近底板处留一道施工缝,将消力池分成大、小两部分。在浇筑闸墩时,就可穿插浇筑消力池的大部分;当闸室已有足够沉陷后,便可浇筑消力池的小部分。在浇筑第二期消力池时,施工缝应进行凿毛冲洗等处理。

2.2 闸墩施工

由于闸墩高度大、厚度小、门槽处钢筋较密,闸墩相对位置要求严格,所以闸墩的立模与混凝土浇筑是施工中主要难点。

2.2.1 闸墩模板安装

为使闸墩混凝土一次浇筑达到设计高程,闸墩模板不仅要有足够的强度,而且要有足够的刚度。所以闸墩模板安装以往采用“铁板螺栓、对拉撑木”的立模支撑方法。此法虽需耗用大量木材(对于木模板而言)和钢材,工序繁多,但对中小型水闸施工仍较为方便。具体安装如图 7-7 所示。目前有些施工单位,闸墩混凝土浇筑逐渐采用滑模施工。

当水闸为三孔一联整体底板时,则中孔可不予支撑。在双孔底板的闸墩上,则宜将两孔同时支撑,这样可使 3 个闸墩同时浇筑。

由于钢模板在水利水电工程上的广泛应用,施工人员依据滑模的施工特点,发展形成了适用于闸墩施工的翻模施工法。立模时一次至少立 3 层,当第三层模板内混凝土浇至腰箍下缘时,第二层模板内腰箍以下部分的混凝土须达到脱模强度(以 98 kPa 为宜),这样便可拆掉第一层,去架立第四层模板,并绑扎钢筋,依次类推,保持混凝土浇筑的连续性,以避免产生冷缝。如江苏省高邮船闸,仅用了 2 套共 630 m^2 组合钢模,就替代了原计划 4 套共 2 460 m^2的木模,节约木材 200 多 m^3,具体组装如图 7-8 所示。

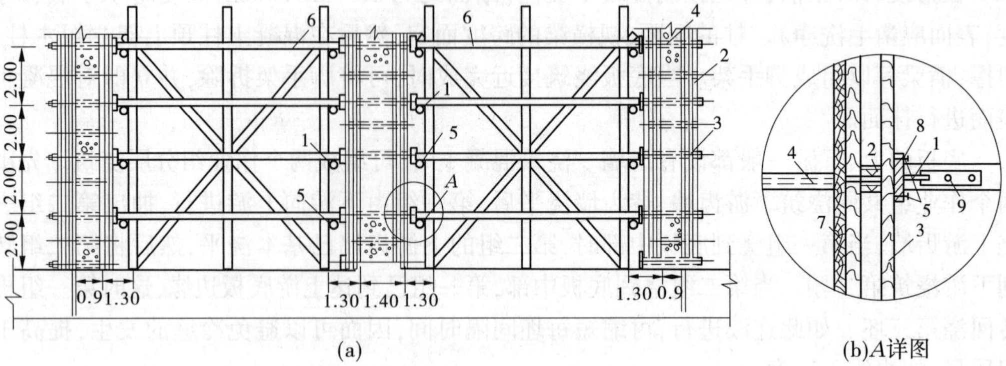

(a)　(b)A详图

1—铁板螺栓；2—双夹围囹；3—纵向围囹；4—毛竹管；5—马钉；
6—对拉撑木；7—模板；8—木楔块；9—螺栓孔。

图 7-7　铁板螺栓、对拉撑木支撑的闸墩模板　(单位：m)

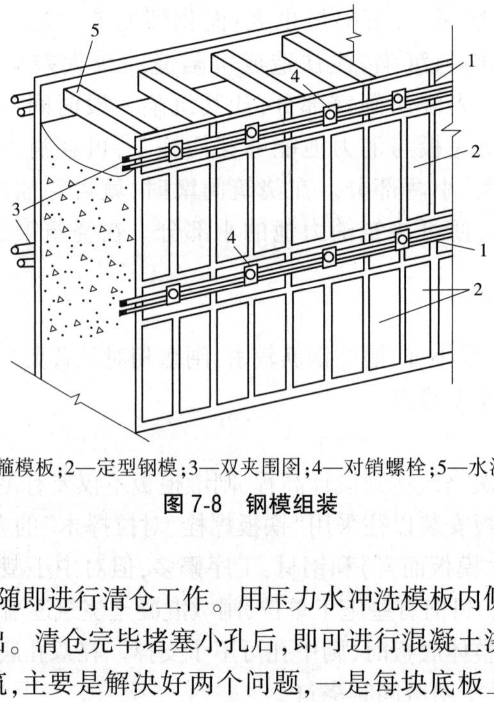

1—腰箍模板；2—定型钢模；3—双夹围囹；4—对销螺栓；5—水泥撑头。

图 7-8　钢模组装

2.2.2　*混凝土浇筑*

闸墩模板立好后，随即进行清仓工作。用压力水冲洗模板内侧和闸墩底面，污水由底层模板上的预留孔排出。清仓完毕堵塞小孔后，即可进行混凝土浇筑。

闸墩混凝土的浇筑，主要是解决好两个问题，一是每块底板上闸墩混凝土的均衡上升；二是流态混凝土的入仓及仓内混凝土的铺筑。

为了保证混凝土的均衡上升，运送混凝土入仓时应很好地组织，使在同一时间运到同一底板各闸墩的混凝土量大致相同。为防止流态混凝土由高度下落时产生离析，应在仓内设备溜管，可每隔 2~3 m 设置一组。由于仓内工作面窄，浇捣人员走动困难，可把仓内浇筑面分划成几个区段，每区段内固定浇捣工人，这样可提高工效。每层混凝土厚度可控制在 30 cm 左右。

小型水闸闸墩浇筑时，工人一般可在模板外侧，浇筑组织较为简单。

2.3 基础和墩墙止水

基础和墩墙止水施工时要注意止水片接头处的连接,一般金属止水片在现场电焊或氧气焊接,橡胶止水片多用胶结,塑料止水片用熔接(熔点 180 ℃左右),使之联结成整体,浇筑混凝土时注意止水片下翼橡皮的铺垫料,并加强振捣,防止形成孔洞,垂直止水应随墙身的升高而分段进行,止水片可以分为左右两半,并接竖立在沥青井内,以适宜沉陷不均的需要,如图 7-9 所示。

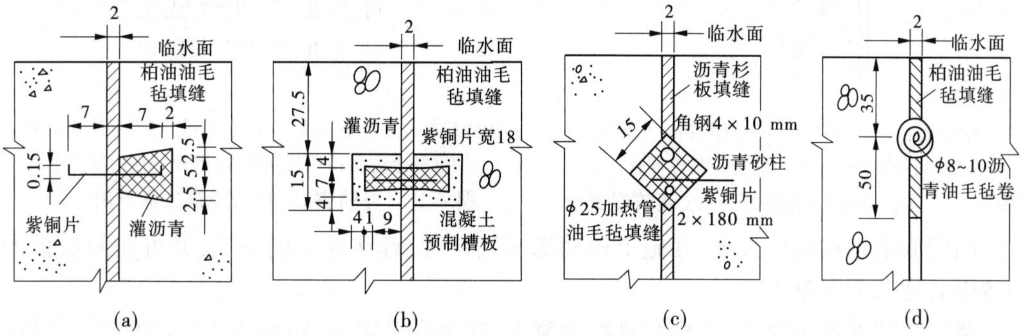

图 7-9 垂直止水构造 (单位:cm)

2.4 门槽二期混凝土施工

采用平面闸门的中小型水闸,在闸墩部位都设有门槽。为了减少闸门的启闭力及闸门封水,门槽部分的混凝土中埋有导轨等铁件,如滑动导轨、主轮、侧轮及反轮导轨等。这些铁件的埋设可采取预埋及留槽后浇两种方法。小型水闸的导轨铁件较小,可在闸墩立模时将其预先固定在模板的内侧。闸墩混凝土浇筑时,导轨等铁件即浇入混凝土中。由于大、中型水闸导轨较大、较重,在模板上固定较为困难,宜采用预留槽后浇二期混凝土的施工方法。

2.4.1 门槽垂直度控制

门槽及导轨必须铅直无误,所以在立模及浇筑过程中应随时用吊锤校正。校正时可在门槽模板顶端内侧,钉一根大铁钉(钉入 2/3 长度),然后把吊锤系在铁钉端部,待吊锤静止后,用钢尺量取上部与下部吊锤线至模板内侧的距离,如相等则该模板垂直,否则按照偏斜方向予以调整,具体如图 7-10 所示。

当门槽较高时,吊锤易于晃动,可在吊锤下部放一油桶,使吊锤浸于黏度较大的机油中。吊锤可选用 0.5~1 kg 的大锤球。

2.4.2 门槽二期混凝土浇筑

在闸墩立模时,于门槽部位留出较门槽尺寸大的凹槽。闸墩浇筑时,预先将导轨基础螺栓按设计要求固定于凹槽的侧壁及正壁模板,模板拆除后基础螺栓即埋入混凝土中,如图 7-11 所示。

导轨安装前,要对基础螺栓进行校正,安装过程中必须随时用锤球进行校正,使其铅直无误。导轨就位后即可立模浇筑二期混凝土。

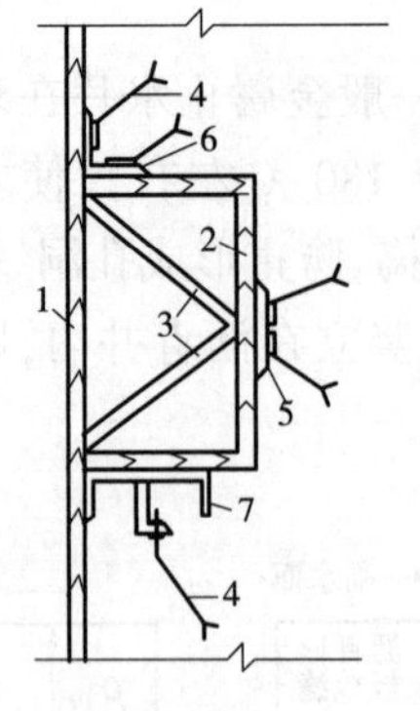

1—闸墩模板；2—门槽模板；3—撑头；4—开脚螺栓；
5—侧导轨；6—门槽角铁；7—滚轮导轨。

图 7-10　闸门导轨一次装好、一次浇筑混凝土

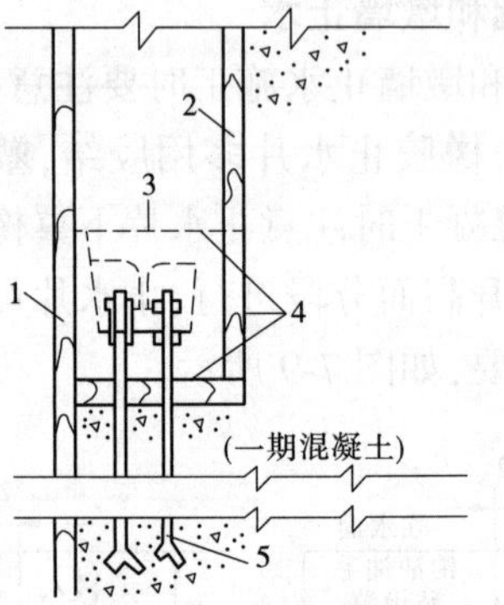

1—闸墩模板；2—门槽模板（撑头未标示）；3—导轨横剖面；
4—二期混凝土边线；5—基线螺栓（预埋一期混凝土中）。

图 7-11　导轨安装，然后浇筑二期混凝土

闸门底槛设在闸底板上，在施工初期浇筑底板时，若铁件不能完成，亦可在闸底板上留槽以后浇二期混凝土。

浇筑二期混凝土时，应采用细骨料混凝土，并细心捣固，不要振动已装好的金属构件。门槽较高时，不要直接从高处下料，而采取分段安装和浇筑。二期混凝土拆模后，对埋件进行复测，并做好记录，同时检查混凝土表面尺寸，清除遗留的杂物、钢筋头，以免影响闸门启闭。

2.4.3　弧形闸门的导轨安装及二期混凝土浇筑

弧形闸门的启闭是绕水平轴转动，转动轨迹由支臂控制，所以不设门槽，但为了减小启闭门力，在闸门两侧亦设置转轮或滑块，因此也有导轨的安装及二期混凝土施工。

任务 3　渡槽施工

1　渡槽基本知识

当渠道与山谷、河流、道路相交，为连接渠道而设置的过水桥，称为渡槽。

码 7-3　微课：渡槽施工

渡槽设计的主要内容有：选择适宜的渡槽位置和形式，拟定纵横断面进行细部设计和结构设计等。

渡槽由进口段、槽身、出口段及支承结构等部分组成。按支承结构的形式可分为梁式渡槽和拱式渡槽两大类，如图 7-12 所示。

1.1　梁式渡槽

渡槽的槽身直接支撑在槽墩或槽架上，既可用于输水又起纵向梁作用。各伸缩缝之间的每一节槽身，沿纵向有两个支点，可以做成简支的，也可做成双悬臂的，前者的跨度常用 8~10 m，后者可达 30~40 m。

槽身横断面常用矩形和 U 形。矩形槽身可用浆砌石或钢筋混凝土建造。对无通航要求的渡槽，为增强侧墙稳定性和改善槽身的横向受力条件，可沿槽身在槽顶每隔 1~2 m

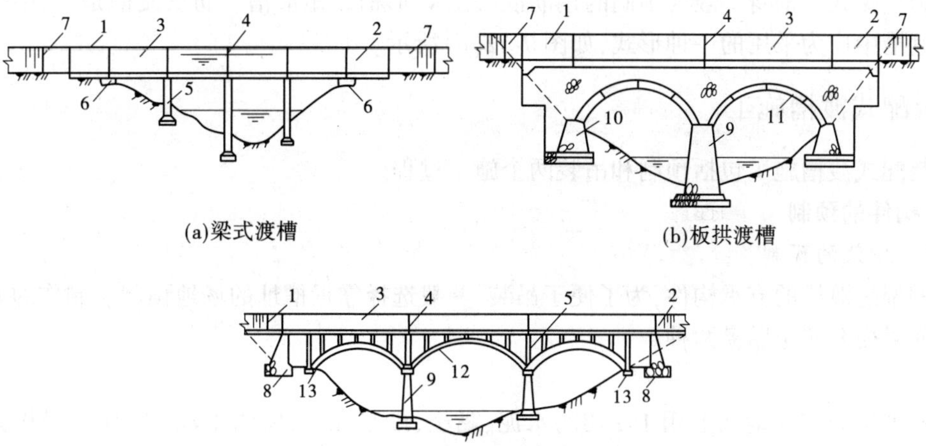

(a)梁式渡槽　(b)板拱渡槽

(c)肋拱渡槽

1—进口段;2—出口段;3—槽身;4—伸缩缝;5—排架;6—支墩;7—渠道;

8—重力式槽台;9—槽墩;10—边墩;11—砌石板拱;12—肋拱;13—拱座。

图 7-12　渡槽形式

设置拉杆。如有通航要求,则有适当增加侧墙厚度或沿槽长每隔一定距离加肋,如图 7-13 所示。槽身跨度常采用 5~12 m。

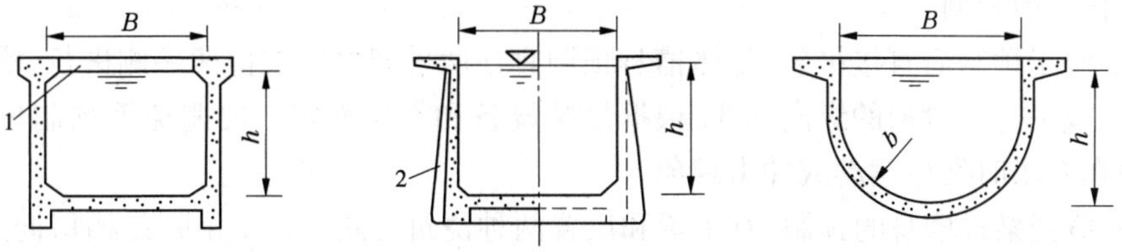

(a)设拉杆的矩形槽　(b)设肋的矩形槽　(c)设拉杆的U形槽

1—拉杆;2—肋。

图 7-13　矩形及 U 形槽身横断面

U 形槽身是在半圆形的上方加一直段拉杆构成,常用钢筋混凝土或预应力钢筋混凝土建造,为改善槽身的受力条件,可将底部弧形段加厚。与矩形槽身一样,可在槽顶加设横向拉杆。

矩形槽身常用的深宽比为 0.6~0.8,U 形槽身常用的深宽比为 0.7~0.8。

1.2　拱式渡槽

当渠道跨越地质条件较好的窄深山谷时,以选用拱式渡槽较为有利。拱式渡槽由槽墩、主拱圈、拱上结构和槽身组成。

主拱圈是拱式渡槽的主要承重结构,常用的主拱圈有板拱和肋拱两种形式。

板拱渡槽主拱圈的径向截面多为矩形,可用浆砌石、钢筋混凝土或预制钢筋混凝土块砌筑而成。箱形板拱为钢筋混凝土结构。拱上结构可做成实腹或空腹,如图 7-12(b)所示。

肋拱渡槽的主拱圈为肋拱框架结构,当槽宽不大时,多采用双肋,拱肋之间每隔一定距离设置刚度较大的横梁系,以加强拱圈的整体性。拱圈一般为钢筋混凝土结构。拱上结构为空腹式。槽身一般为预制的钢筋混凝土 U 形槽或矩形槽。肋拱渡槽是大、中跨度拱式渡槽中广为采用的一种形式，如图 7-12(c)所示。

2　装配式渡槽施工

装配式渡槽施工包括预制和吊装两个施工过程。

2.1　构件的预制

2.1.1　槽架的预制

槽架是渡槽的支承构件，为了便于吊装，一般选择靠近槽址的场地预制。制作的方式有地面立模和砖土胎模两种。

2.1.1.1　地面立模

在平坦夯实的地面上用 1∶3∶8的水泥、黏土、砂浆抹面，厚约 1 cm，压抹光滑作为底模，立上侧模后浇制，拆模后，当强度达到 70%时，即可移出存放，以便重复利用场地。

2.1.1.2　砖土胎模

其底模和侧模均采用砖或夯实土做成，与构件的接触面用水泥黏土砂浆抹面，并涂上脱模剂即可。使用土模应做好四周的排水工作。

高度在 15 m 以上的排架，如受起重设备能力的限制，可以分段预制。吊装时，分段定位，用焊接固定接头，待槽身就位后，再浇二期混凝土。

2.1.2　槽身的预制

为了便于预制后直接吊装，整体槽身预制宜在两排架之间或排架一侧进行，槽身的方向可垂直或平行于渡槽的纵向轴线，根据吊装设备和方法而定。要避免因预制位置选择不当，而在起吊时发生摆动或冲击现象。

U 形薄壳梁式槽身的预制，有正置和反置两种浇筑方式。正置浇筑是槽口向上，优点是内模板拆除方便，吊装时不需翻身，但底部混凝土不易捣实，适用于大型渡槽或槽身不便翻身的工地。反置浇筑是槽口向下，优点是捣实较易，质量容易保证，且拆模快、用料少等，缺点是增加了翻身的工序。

矩形槽身的预制，可以事先预制也可分块预制。中、小型工程，槽身预制采用砖土材料制模，如图 7-14 所示。

1—1∶4水泥砂浆层，3～5 mm 厚；2—砖砌体；3—渡槽；4—填土。

图 7-14　砖泥材料内外模

反置浇筑钢丝网水泥渡槽槽身木内模的结构如图 7-15 所示。

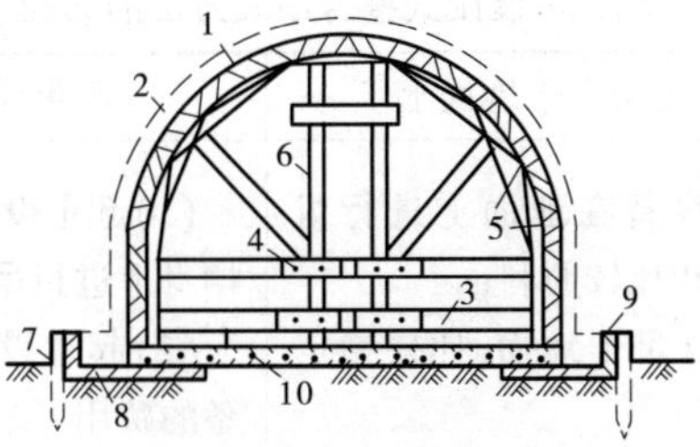

1—木内模;2—待浇槽身;3—活动横撑;4—活动销;5—内龙骨;
6—内支架;7—木桩;8—底模;9—侧模;10—预制横拉梁。

图7-15 反置浇筑钢丝网水泥渡槽槽身木内模结构

2.1.3 预应力构件的制造

在制造装配式梁、板及柱时采取预应力钢筋混凝土结构,不仅能提高混凝土的抗裂性与耐久性,减轻构件自重,并可节约钢筋20%~40%。预应力就是在构件使用前,预先加一个力,使构件产生应力,以抵消构件使用时荷载产生相反的应力。制造预应力钢筋混凝土构件的方法很多,基本上分为先张法和后张法两大类。

2.1.3.1 先张法

在浇筑混凝土之前,先将钢筋张拉固定,然后立模浇筑混凝土。等混凝土完成硬化后,去掉张拉设备或剪断钢筋,利用钢筋弹性收缩的作用通过钢筋与混凝土间的黏结力把压力传给混凝土,使混凝土产生预应力。

2.1.3.2 后张法

后张法就是在混凝土浇好以后再张拉钢筋。这种方法是在设计配置预应力钢筋的部位,预先留出孔道,等混凝土达到设计强度后,再穿入钢筋进行张拉,张拉锚固后,让混凝土获得压应力,并在孔道内灌浆,最后卸去锚固外面的张拉设备。

2.2 装配式渡槽的吊装

装配式渡槽的吊装工作是渡槽施工中的主要环节。必须根据渡槽的形式、尺寸、构件重量、吊装设备能力、地形和自然条件、施工队伍的素质及进度要求等因素,进行具体分析比较,选定快速简便、经济合理和安全可靠的吊装方案。

2.2.1 槽架的吊装

槽架下部结构有支柱、横梁和整体排架等。支柱和排架的吊装通常有垂直起吊插装和就地转起立装两种。垂直起吊插装是用起重设备将构件垂直吊离地面后,插入杯形基础,先用木楔(或钢楔)临时固定,校正标高和平面位置后,再填充混凝土作永久固定。就地转起立装法,与扒杆的竖立法相同。两支柱间的横梁,仍用起重设备吊装。吊装次序由下而上,将横梁先放置在固定于支柱上的三角撑铁上。位置校正无误后,即焊接梁与柱连系钢筋,并浇二期混凝土,使支柱与横梁成为整体。待混凝土达到一定强度后,再将三角撑铁拆除。

2.2.2 槽身的吊装

装配式渡槽槽身的吊装,基本上可分为两类,即起重设备架立于地面上吊装及起重设备架立于槽墩或槽身上吊装。两类吊装方法的比较见表7-2。

表 7-2　装配式槽身吊装方法的比较

项目	起重设备架立于地面上	起重设备架立于槽墩或槽身上
优点	(1)起重设备在地面上进行组装、拆除,工作比较便利; (2)设备立足于地面,比较稳定安全	(1)起重设备架立在槽墩上或已安装好的槽身上进行吊装,不受地形的限制; (2)起重设备的高度不大,降低了制造设备的费用
缺点	(1)起吊高度大,因而增加了起重设备的高度; (2)易受地形限制,特别是在跨越河床水面时,架立和移动设备更为困难	(1)起重设备的组装、拆除均为高空作业,较在地面上进行困难; (2)有些吊装方法还使已架立的槽架产生很大的偏心荷载,必须加强槽架结构和基础
使用范围	适用于起吊高度不大和地形比较平坦的渡槽吊装工作	适应性强,在吊装渡槽工作中应用最广泛
采用的吊装起重机或起重机构	可利用扒杆成对组成扒杆抬吊,龙门扒杆吊装,摇臂扒杆或绳索起重机进行吊装。此外,履带式起重机、汽车式起重机等均可应用	在槽墩上架立T形钢塔、门形钢塔进行吊装;在槽墩上利用推拖式吊装进行整体槽身架设;在槽身上设置摇头扒杆和双人字扒杆吊装槽身等已被广泛采用

3　造槽机渡槽施工

码 7-4　图片:造槽机渡槽施工

在水利工程建设中,水工渡槽槽身混凝土浇筑采用造槽机施工方法,有效地解决了大型薄壁渡槽混凝土施工技术难题。造槽机是借鉴有轨滑模和架桥机施工技术研制而成的,是一套由架桥机原理移植到水工渡槽施工中的专用设备。造槽机混凝土现浇施工工法又称为移动模架现浇施工工法,是一种新的渡槽施工方法。它源于公路及铁路的桥梁现浇施工技术——MSS造桥机工法,即在槽墩上安装支撑架及其整孔模板(内模及外模),然后在此模板内进行浇筑作业,施加预应力,待完成一孔作业后,模板脱模并与模架支承结构一起移动至下一孔,然后调整并固定模架支承结构,待组拼并调整好模板后,进行新的渡槽槽身浇筑作业。如此循环工作,直至完成所有渡槽槽身的浇筑。

造槽机的工作原理主要包括以下几个关键步骤:

(1)模板系统的设置。造槽机的模板系统设置于活动的钢梁上,待整跨槽身浇筑完成后,将活动支架及模板向前移动至下一跨就位。

(2)液压和移位系统。外模系统悬挂在外主梁的挑梁上,由液压千斤顶控制模板的张合。内模系统依靠液压千斤顶跟横担和内模钢臂与内主梁连接,同时液压系统控制内模的伸缩。

(3)导轨移动。携带模板系统的内外主梁在变频液压卷扬机的牵引下沿导轨移动过孔,完成槽身的浇筑。

造槽机的结构主要包括以下几个部分:

(1)外梁系统。包括箱形外主梁、前后支腿挑梁、吊挂走道、自行走道等。

(2)外模系统。包括外模板、外肋、撑杆、端模、隔墙模板、顶拉杆、外模启闭油缸等。

(3)内梁系统和内模系统。负责支撑和固定模板,确保混凝土浇筑的质量。

(4)移位系统。负责模板系统的移动和定位,以便连续进行槽身的浇筑。

(5)液压系统。控制模板的张合和伸缩,以及整个造槽机的移动。

造槽机特别适用于大型薄壁渡槽的施工,如东江供水改造工程中的旗岭渡槽、樟洋渡槽和金湖渡槽等。这些工程通常具有较大的跨度和高度,传统的施工方法难以满足要求。造槽机混凝土现浇施工工法具有结构简便、机械化程度高、安全可靠、施工周期短、作业效率高及施工质量容易控制等特点。

【工程案例】

码 7-5 工程案例

【能力训练】

码 7-6 能力训练

参考文献

[1]《水利水电工程施工技术》课程建设团队. 水利水电工程施工技术[M]. 北京:中国水利水电出版社,2011.

[2] 司兆乐. 水利水电枢纽施工技术[M]. 北京:中国水利水电出版社,2002.

[3] 吴立,等. 凿岩爆破工程[M]. 武汉:中国地质大学出版社,2005.

[4] 冯叔瑜. 爆破员读本[M]. 北京:冶金工业出版社,1992.

[5] 袁光裕. 水利工程施工[M]. 北京:中国水利水电出版社,2005.

[6] 钟汉华. 水利水电工程施工技术[M]. 北京:中国水利水电出版社,2004.

[7] 梅锦煜. 水利水电工程施工手册(土石方工程)[M]. 北京:中国电力出版社,2002.

[8] 李德武. 隧洞[M]. 北京:中国铁道出版社,2004.

[9] 水利电力部水利水电建设总局. 砌石坝施工[M]. 北京:中国水利水电出版社,1983.

[10] 中华人民共和国水利部. 水利水电工程施工导流设计规范:SL 623—2013[S]. 北京:中国水利水电出版社,2004.

[11] 国家能源局. 水电水利工程爆破施工技术规范:DL/T 5135—2013[S]. 北京:中国电力出版社,2014.

[12] 国家安全生产监督管理总局. 爆破安全规程:GB 6722—2014[S]. 北京:中国电力出版社,2014.

[13] 国家能源局. 水电水利工程施工基坑排水技术规范:DL/T 5719—2015[S]. 北京:中国电力出版社,2015.

[14] 国家能源局. 水电水利工程截流施工技术规范:DL/T 5741—2016[S]. 北京:中国电力出版社,2017.

[15] 中华人民共和国水利部. 水工建筑物岩石地基开挖施工技术规范:SL 47—2020[S]. 北京:中国水利水电出版社,2020.

[16] 水利部建设与管理司. 水利水电工程单元工程施工质量验收评定标准 地基处理与基础工程:SL 633—2012[S]. 北京:中国水利水电出版社,2012.

[17] 国家能源局. 水电水利工程覆盖层灌浆技术规范:DL/T 5267—2012[S]. 北京:中国电力出版社,2012.

[18] 国家能源局. 水电水利工程混凝土防渗墙施工规范:DL/T 5199—2019[S]. 北京:中国电力出版社,2020.

[19] 中华人民共和国水利部. 水工建筑物水泥灌浆施工技术规范:SL/T 62—2020[S]. 北京:中国水利水电出版社,2020.

[20] 中华人民共和国水利部. 水工建筑物地基处理设计规范:SL/T 792—2020[S]. 北京:中国水利水电出版社,2020.

[21] 水利部建设与管理司. 水利水电工程单元工程施工质量验收标准 第 1 部分:土石方工程:SL/T 631.1—2025[S]. 北京:中国水利水电出版社,2025.

[22] 国家能源局. 碾压式土石坝施工规范:DL/T 5129—2013[S]. 北京:中国电力出版社,2014.

[23] 中华人民共和国水利部. 混凝土面板堆石坝设计规范:SL 228—2013[S]. 北京:中国水利水电出版社,2013.

[24] 国家能源局. 混凝土面板堆石坝挤压边墙技术规范:DL/T 5297—2013[S]. 北京:中国电力出版社,

2014.
[25] 中华人民共和国水利部. 混凝土面板堆石坝施工规范:SL 49—2015[S]. 北京:中国水利水电出版社,2015.
[26] 中华人民共和国水利部. 碾压式土石坝设计规范:SL 274—2020[S]. 北京:中国水利水电出版社,2020.
[27] 水利部建设与管理司. 水利水电工程单元工程施工质量验收标准 第2部分:混凝土工程:SL/T 631. 2—2025[S]. 北京:中国水利水电出版社,2025.
[28] 中华人民共和国住房和城乡建设部,国家市场监督管理总局. 混凝土坝安全监测技术标准:GB/T 51416—2020[S]. 北京:中国计划出版社,2013.
[29] 中华人民共和国水利部. 水工混凝土施工规范:SL 677—2014[S]. 北京:中国水利水电出版社,2015.
[30] 国家能源局. 水电水利工程接缝灌浆施工技术规范:DL/T 5712—2014[S]. 北京:中国电力出版社,2015.
[31] 中华人民共和国水利部. 混凝土拱坝设计规范:SL 282—2018[S]. 北京:中国电力出版社,2018.
[32] 中华人民共和国水利部. 水工建筑物地下开挖工程施工规范:SL 378—2007[S]. 北京:中国电力出版社,2007.
[33] 中华人民共和国水利部. 水电水利工程锚喷支护技术规范:SL/T 377—2007[S]. 北京:中国水利水电出版社,2025.
[34] 水利部建设与管理司. 水利水电工程单元工程施工质量验收标准 第3部分:地基处理与基础工程:SL/T 631. 3—2025[S]. 北京:中国水利水电出版社,2025.
[35] 国家能源局. 水电水利工程爆破施工技术规范: DL/T 5135—2013[S]. 北京:中国电力出版社,2014.
[36] 国家能源局. 水电水利地下工程施工测量规范:DL/T 5742—2016[S]. 北京:中国电力出版社,2017.
[37] 国家能源局. 水电水利工程预应力锚固施工规范:DL/T 5083—2019[S]. 北京:中国电力出版社,2019.
[38] 国家能源局. 全断面岩石掘进机施工技术导则:DL/T 5819—2021[S]. 北京:中国电力出版社,2019.
[39] 中华人民共和国水利部. 水闸施工规范:SL 27—2014[S]. 北京:中国水利水电出版社,2015.